致密油气开采技术与实践

王步娥 宋开利 编

中国石化出版社
HTTP://WWW.SINOPEC-PRESS.COM

图书在版编目(CIP)数据

致密油气开采技术与实践 / 王步娥，宋开利编 . —
北京：中国石化出版社，2015. 6
ISBN 978-7-5114-3335-0

Ⅰ. ①致… Ⅱ. ①王… ②宋… Ⅲ. ①致密砂岩-油
气开采 Ⅳ. ①TE3

中国版本图书馆 CIP 数据核字(2015)第 109877 号

中国石化出版社出版发行
地址：北京市东城区安定门外大街 58 号
邮编：100011　电话：(010)84271850
读者服务部电话：(010)84289974
http://www.sinopec-press.com
E-mail：press@sinopec.com
北京柏力行彩印有限公司印刷
全国各地新华书店经销
787×1092 毫米 16 开本 20 印张 505 千字
2015 年 6 月第 1 版　2015 年 6 月第 1 次印刷
定价：68.00 元

前　言

长期以来，油气开采一直以砂岩、碳酸盐岩及火山岩等为主要目标，但目前页岩气和致密油气的开采给世界油气勘探开发带来了重大变革，正逐渐影响着世界能源供需的格局。由于世界大部分地区都发现了致密油气资源，致密油气已经成为全球石油勘探的新亮点。过去5年来，致密油的开采使美国和加拿大的石油产量得到很大补充。美国石油资源中约有500×10^8bbl来自致密油发现，而致密油的开采更使美国持续24年的石油产量下降趋势得以扭转。

我国致密油气在松辽盆地、鄂尔多斯盆地、四川盆地等广泛分布，且都有重大发现，显示了巨大开采潜力。但是总体来说，我国致密油气的勘探开发和相关研究仍处于准备阶段，有关致密油气勘探开发的理论和技术还面临很多难题。

2015年1月9日，国家能源致密油气研发中心在北京正式揭牌成立。该中心由中国石油天然气集团科学技术研究院、中国工程院能源与矿业工程学部和中国石油大学共同组建，是国家能源局2014年8月批复的第5批国家能源研发中心之一。

作为国家能源局批复建设的重要创新平台之一，国家能源致密油气研发中心的建立，正是基于国家能源战略安全的高度，将对致密油气勘探开发技术的发展和规模动用具有重要意义。

大力发展致密油气，推动致密油气实现规模化勘探开发，逐渐形成战略接替，对于稳定我国能源布局具有重大的现实和历史意义。以天然气为例，展望未来20年中国天然气产量构成前景，预计到2030年，非常规天然气的产量占到天然气总产量的50%以上，致密砂岩气将为之做出巨大贡献。

我国在上世纪70年代就加入了世界勘探致密油气的行列，并在这个领域不断取得进展。本书收集了近年来在中国石化油气开采技术论坛上发布的有关致密油气开采的技术和实践的论文，旨在集中展现国内致密油气开采技术的研究应用进展，更好地促进我国致密油气开发的进程。

目　录

第一部分　综述篇

第二部分　数值模拟与优化设计篇

第三部分　压裂实践篇

第四部分　压裂液与支撑剂篇

第五部分　监测与测试篇

第六部分　钻完井篇

第一部分

综　述　篇

致密油气发展形势

非常规资源包括致密油气、煤层气、油砂(油页岩)和页岩气4种。在这4种非常规天然气中，页岩气最受青睐，这主要是受美国页岩气形成了工业化产量的影响。与煤层气、页岩气开发的火热场面相比，另一种重要的非常规天然气资源——致密油气的开发却没有获得同等重要的地位。

事实上，我国致密油气的开发利用技术已基本成熟，并实现了规模开发。鄂尔多斯盆地长庆油田的低渗透油气，实际上就已经是常规油气向非常规的过渡和延伸，其渗透率已达到$0.10\times10^{-3}\mu m^2$以下。而按照国际标准，苏里格气田就是一个致密气田，年产量100多亿立方米，占全国天然气产量的10%以上。

1 国外致密油气开发居非常规油气首位

致密油气是非常规油气中的一类，也是油气资源潜力最大的一类。除最常见的致密砂岩油气外，还应包括致密碳酸盐岩和火成岩变质岩致密油气等。

世界致密岩气藏资源量为$114\times10^{12}m^3$，分布于全球许多盆地中，主要集中在北美、亚洲及独联体，是未来重要的油气勘探增储领域。美国能源部的报告显示，最近6年，在全美储量增长前100个气藏中，有58个是致密岩气藏。美国能源资料协会(EIA)的评价显示：全美致密岩气藏的资源量为$(19.8\sim42.5)\times10^{12}m^3$，为常规气资源量($66.5\times10^{12}m^3$)的29.8%~63.9%。目前，美国商业性开发的非常规气包括致密气、煤层气、页岩气3种。美国以致密气为主的非常规油气，在2009年产量达$3089\times10^8m^3$，占美国全部天然气产量$5828\times10^8m^3$的53%，称得上是“半壁江山”。

统计显示，2009年全球致密气占非常规气产量的80%，居全球非常规油气首位。依托致密气这个主体，全球非常规油气产量达$5200\times10^8m^3$，占全球天然气产量的17%。

从资源量构成上看，2010年，Martin等对常规油气、致密气、页岩气、煤层气等各类资源较全的阿帕拉契亚、大绿河、圣胡安、尤因塔—皮申斯等4个盆地进行统计，致密砂岩气占40%~47%，平均占43%；页岩气占9%~30%，平均占19%；煤层气占15%~38%，平均占25%；常规气占6%~17%，平均占10%；常规油占1%~7%，平均占3%。可见，在这些盆地中，非常规油气资源明显大于常规油气资源，致密气居非常规油气资源首位。

致密油在美国石油产量中占重要地位。在上世纪70年代中期的美国油气田，致密砂岩单井日均产量仅为2.5t，近年更是降至1~1.5t；单井日产量小于0.5t的致密砂岩油井，占生产井总数的70%，占总产量的15%。在其他非常规油生产尚未兴起时，这些低产却相对稳产的致密砂岩油井，却成了美国长期保持产油大国地位的重要支柱之一。对非常规油气的重视进一步推动了美国致密油气藏的勘探。

加拿大是致密气产量大国。目前该国排名前3位的大气田，都属致密油气田，探明可采储量高达$1.9\times10^{12}m^3$。近年来，油气资源大国俄罗斯在西西伯利亚新探明的油气储量中，致密油气占50%以上。而在该国老油气区，致密油气更成为主要的资源储备。

2 我国致密油气进入规模化生产阶段

我国在上世纪70年代就加入了世界勘探致密油气的行列，并在这个领域不断取得进展。进入本世纪以来，中国在其勘探开发的主体技术水平井和压裂等方面有长足的进步，致密油气产量增长很快。

基于地质演化特点，我国中低丰度油气田占比较大。因而，在油气生产实践中，没有特别在意相关规范中关于致密储层的孔渗参数和重(稠)油相关参数的界线，不断降低经济可采储量门槛。在资源统计中，也不刻意强调致密油气与非致密油气、重(稠)油的差别，并把致密油气和重(稠)油的储量、产量列入油气储量平衡表，成为所谓的“表内储量”。这样，在实际生产过程中，致密油气和重(稠)油被划归常规油气，约定俗成地把可以进行开采的非常规气，限定于煤层气和页岩气。因而在国内外对比中，应注意不要把煤层气和页岩气产量之和，直接与美国的非常规气相比。

从累计探明储量上看，截至2003年，我国致密油已占非常规油的30.9%。近年来新探明储量中，致密油的占比明显增大，估计可能达到35%。因这类油储量动用率较低，在剩余可采储量中，可占40%以上。如胜利油田目前未动用储量中，致密油占45%。近年来该油田每年新增1亿吨储量中，低(包括特低)孔渗储层占60%。鄂尔多斯盆地探明储量占全国总储量的10.7%，其中致密砂岩储层占80%以上。研究预测，我国待发现油气资源量中，致密油的比例高达40%。

我国已在鄂尔多斯、四川、松辽、塔里木等7大盆地发现丰富的致密气资源。截至目前，统计数据表明，我国致密气地质资源量为$(17.4\sim25.1)\times10^{12}m^3$，可采资源量为$(8.8\sim12.1)\times10^{12}m^3$，已形成了鄂尔多斯盆地、四川盆地两个致密气现实区，其中苏里格气田2010年产量超过了$100\times10^8m^3$；松辽盆地、渤海湾盆地、吐哈盆地、塔里木盆地、准噶尔盆地5个致密气潜力区。预计2015年我国致密气产量将达到$(300\sim400)\times10^8m^3$，2020年达到$(500\sim600)\times10^8m^3$。同时，致密砂岩油的分布也十分广泛，统计表明我国致密油地质资源量为$(74\sim80)\times10^8t$，可采资源量为$(13\sim14)\times10^8t$，目前已落实鄂尔多斯盆地、准噶尔盆地、松辽盆地、渤海湾盆地、四川盆地、酒泉盆地等致密油分布区。预计2015年我国致密油产量将达到$(100\sim200)\times10^4t$，2020年达到$(300\sim500)\times10^4t$(贾承造等2012)。

与这种致密油气大规模开发相应，不但水平井和压裂各自形成了完整的技求系列，而且与钻井、完井、固井、测试、微地震监测、含油气性预测等配套，构成了庞大的技术链。虽然在某些核心技术上与国际标准仍有差距(多数国家、公司都有这种情况)，但整体上可以说达到了国际先进水平。以压裂为例，我国不仅已成批生产达到国际先进水平的2500压裂车并使其配套化和车载化，而且已完成最先进的3000压裂车的制造和生产测试，达到国际领先水平。

但是总体来说，我国致密油气的勘探开发和相关研究仍处于准备阶段，有关致密油气勘探开发的理论和技术还面临很多难题。

3 致密油气开发进一步加强

2015年1月9日，国家能源致密油气研发中心在北京正式揭牌成立。该中心由中国石油集团科学技术研究院、中国工程院能源与矿业工程学部和中国石油大学共同组建，是国家能源局2014年8月批复的第5批国家能源研发中心之一。

致密油气对中国油气工业稳定发展意义重大，作为国家能源局批复建设的重要创新平台之一，国家能源致密油气研发中心的建立，正是基于国家能源战略安全的高度，将对致密油气勘探开发技术的发展和规模动用具有重要意义。

大力发展致密油气，推动致密油气实现规模化勘探开发，逐渐形成战略接替，对于稳定我国能源布局具有重要意义。以天然气为例，展望未来中国天然气产量构成前景，预计到2030年，非常规天然气的产量占到天然气总产量的50%以上，致密砂岩气将为之做出巨大贡献。

资料来源：《中国石化报》2012年5月及中国行业研究网 http：//www.chinairn. com

致密油藏开发技术研究进展

魏海峰　凡哲元　袁向春

（中国石化石油勘探开发研究院）

摘　要：从中外不同类型的致密油藏的定义和标准中总结出其特点，统计分析了国外致密油的资源量及分布状况。选取开发规模较大或开发技术成熟的致密油区为研究对象，从地质特征、开发历程及现状、技术发展状况、开发成本、开发效果及规律等多个角度进行分析，提升并总结出不同地质条件下的主要开发技术及其政策、单井初期产油量、递减率和成本等关键指标的变化规律。综合分析了中国石化致密油藏的地质特点和开发状况，得到以下认识：地质认识是致密油藏有效开发的基础，开发配套技术是致密油藏有效开发的保障，开发基础研究是致密油藏有效开发的关键，低成本战略是致密油藏有效开发的核心。

关键词：致密油藏　水平井　多级分段压裂　技术进展　开发规律

致密油藏开发改变了美国持续24年石油产量下降的趋势，使产量进入快速增长阶段，进而引发了致密油藏开发的热潮。水平井分段压裂开发技术是致密油藏开发的主体技术，为储量增加提供了技术支撑，提高了资源转化为产能的效率，突破了常规勘探开发理念，使致密油藏成为增储上产的突破点和主阵地。近年来，我国在致密油藏开发技术及相应配套技术方面已具有一定的应用规模，但是整体水平与国外相差较远。为此，笔者跟踪研究了国外致密油藏开发技术研究进展，以期能够提升认识，为我国致密油藏开发提供参考。

1　致密油藏的特点

致密油藏主要包括致密砂岩油藏和致密页岩油藏，由于其岩性不同，主要地质及油藏特征差别较大。

致密砂岩油藏的主要特征为：

①岩性以泥质粉砂岩、粉砂岩和细砂岩为主；②含油范围主要受储层物性及其岩性控制；③石油主要以游离状态赋存于储层中；④储层岩性致密，非均质性强；⑤储层中油水关系复杂；⑥地层压力异常，多为高压异常或低压异常。

致密页岩油藏的主要特征为：

①油藏为“自生自储”型或紧邻烃源岩发育区；②石油以游离态为主，吸附和溶解态为辅，赋存于页岩层系中；③以连续聚集油藏为主；④地层压力异常，通常为异常高压；⑤存在受控于地质条件的“甜点”；⑥产水很少或几乎不产水。

2 国外致密油资源分布

全球约有40多个国家拥有致密油资源，不同机构和专家对世界致密油储量的估算在数值上有差异，但都具有资源量规模巨大的特点。全球致密油资源量约为6900×10^8t，是常规石油资源量的2.5倍以上。

国外致密油资源主要分布在美国、加拿大和俄罗斯。美国致密油集中在巴肯、鹰滩和Barnett(巴内特)；加拿大致密油主要分布在马尼托巴省、萨斯喀彻温省、艾伯塔省和不列颠哥伦比亚省；其他地区的致密油主要分布在俄罗斯等国，包括叙利亚的Mah Formation、波斯湾北部的Sargelu Formation、阿曼的Athel Formation、西西伯利亚的Bazhenov Formation和Achimov Formation以及墨西哥的Chicontepec Formation等。

3 国外致密油藏开发技术研究进展

目前致密油藏开发规模较大的国家是美国和加拿大，以这2个国家的致密油藏主要开发区带为研究对象，分别从地质特点、开发历程及现状、主体开发技术及技术政策、开发规律和勘探开发成本等方面对致密油藏开发技术的研究进展及其变化过程进行总结。具体包括地跨美国和加拿大的巴肯致密油区、美国的巴内特和鹰滩致密油区。

3.1 地质特点

国外致密油藏储层均为海相沉积，有利区分布面积广，一般超过1×10^4 km^2，主力产层埋深及油层厚度横向变化大，渗透率小于3.5×10^{-3} μm^2，孔隙度小于15%，属于低孔低渗透储层(表1)。

表1 国外典型致密油区储层特征

致密油区	有利区面积/10^4km^2	埋深/m	油层厚度/m	渗透率/$10^{-3}\mu m^2$	孔隙度/%
美国巴肯	>4	2500~3500	3~40	0.0003~3.36	5~15
巴内特	1.3	1980~2895	20~315	0.0005~0.1	4~10
鹰滩	2.4	1200~4300	60~150	0.004~1.3	5~14

油藏均为“自生自储”型，自然裂缝发育，如巴肯致密油区主力生产层80%的井钻遇了自然裂缝。主力产层的岩性为致密砂岩或者碳酸盐岩，页岩仅作为夹层存在，纯页岩主要为盖层，不是主力产层，且均为脆性地层。如巴肯组的上段和下段以暗色泥岩和页岩为主，富含有机质，都是很好的烃源岩；中段以灰褐色极细—细粒砾岩、白云质砂岩和粉砂岩为主，是主要储层和生产层；巴内特组储层在纵向上分为4段，主力产层为二、三和四段，由脆性钙质和硅质组成，多重叠层反旋回沉积，泥岩仅作为夹层存在，最下端为纯泥岩段，几乎没有生产井。

除以上共性之外，每个储层又有其独特性。美国巴肯组储层的上覆和下伏地层分别是洛奇波尔组和斯里福克斯组，该套储层岩性为致密灰岩，分布连续性很好，厚度相对其他致密油区薄，但是有利区面积最大，超过4×10^4 km^2，处于相对封闭的系统之中，气油比为

2000m^3/t，天然能量充足，一次采收率可以达到8%~16%；加拿大的巴肯组储层与美国的相比，储层厚度较薄，埋藏较浅，且存在水层；巴内特组储层的二氧化硅含量高，地层的杨氏模量高，同时具有低且均匀的水平应力，导致水力裂缝与自然裂缝垂直相交，形成范围更宽更复杂的网状裂缝系统；鹰滩组储层岩性为有机质丰富的钙质泥岩和灰岩，储层物性横向变化快，非均质性强，油气呈带状分布；矿物成分及力学性质变化较大，因此不同地区钻井和完井技术须进行针对性分析。以上这些特点给开发带来一定的经济风险。

3.2 开发历程及现状

水平井分段压裂是致密油藏开发的核心技术，该技术在每个致密油区都经过了3~5年的探索期，产量均能实现较快增长。2006年水平井分段压裂全面应用于致密油藏开发，美国3大致密油区产油量进入快速增长阶段，2010年产油量已达1333×10^4t，是2008年产油量的3倍；2011年致密油区的产油量为2414×10^4 t，比上年增长81%，占美国当年总产油量的9%。加拿大致密油藏产油量在2007年之后开始大规模增长，2010年底达771×10^4 t，是2007年的113倍，投产油井4100口。1953年勘探发现的美国巴肯油区的巴肯组(简称美国巴肯组)，2000年开始应用水平井分段压裂，2007年开始规模化应用，截至2011年底，投产油井3273口(水平井3098口)，年产油量为1838×10^4 t，是2006年产油量的17倍；2011年新钻压裂水平井的平均单井产油量为17t/d，是不压裂水平井的1.4倍，是直井的2.8倍。2003年将水平井分段压裂技术应用于巴内特油区的巴内特组(简称巴内特组)，单井产气量大幅度提高，是直井的2~5倍；2006年开始应用于致密油区，年产油量从2006年的22×10^4t增至2011年的53×10^4 t。2008年鹰滩致密油区投入开发，初期只有钻机20台，至2012年2月达到220台，60个压裂作业队，生产井从2008年的5口增至2010年的71口，年产油量从2008年的1.87×10^4 t增至2010年的62.5×10^4 t，2011年产油量为523.23×10^4 t；2011年12月平均单井产油量约为16.1 t/d；截至2011年年底，年产油量为592×10^4 t，共投产水平井1527口，其中油井989口，气井538口；计划部署钻井4230口。

3.3 开发技术及技术政策

(1) 水平井和分段压裂技术

水平井和分段压裂技术是致密油藏开发的主体技术，具体到每个典型开发区，其技术政策存在差异。美国巴肯组储层厚度薄、分布广，水平井水平段比较长，水平井的井型包括单分支井、双分支井和三分支井，以单分支井和双分支井为主；水平段长度以1600m和3200m为主，最长达6090m；一次井距主要为1100m，加密后约为500m。巴内特组和鹰滩油区的鹰滩组(简称鹰滩组)储层相对较厚，且物性横向变化较大，分段压裂水平井的水平段长度都较短，如巴内特组水平井平均水平段长度为1100m，鹰滩组水平井水平段长度主要为900~3000m，平均为1600m。

(2) 完井方式

完井方式不同，分段压裂的技术有差异。美国巴肯组储层开发初期，探索应用了各种完井方式，主要为胶结或未胶结套管完井、裸眼完井；目前以裸眼完井为主，封隔器和滑套单缝分段压裂；水平段长度为1600m的井，压裂段数从2008年的10段上升到2011年的15~20段；水平段长度为3200m的井，压裂段数从2008年的10段上升到2011年的20~40段，最多达47段，段间距从初始的120~170m缩短为75~100m。部分应用胶结和未胶结套管完井，泵送桥塞分段压裂，段内分簇射孔压裂，每段分3~6簇。加拿大巴肯油区的巴肯组储层控制水平井的水平段长度、压裂段数及压裂规模，水平段长度主要为800~1350m。巴内特组和鹰滩组主要为套管完井，段内分簇压裂；在水平段长度相同时，巴内特组的水平井压裂段数少、段间距大、段内簇数少，同时控制压裂的缝长，段间距为200~250m，段内簇数为1~2簇。

(3) 压裂液类型和支撑剂用量

美国巴肯组开发早期主要采用清水压裂，虽成本低，但压裂半径小；中期采用减阻水力压裂技术，但由于含有凝胶剂，会对地层产生一定的损害；目前主要采用滑溜水或者滑溜水和线性胶的复合体系，实现大排量、大砂量、小粒径、低砂比压裂；每口井压裂液和支撑剂用量都在不断上升，目前每段压裂液和支撑剂的用量分别为1000~1500m^3和100~200t。巴内特组开始采用大体积减阻水压裂液，但是压裂规模小，目前主要采用减阻水和交联凝胶复合体系压裂液；鹰滩组钙质岩石成分与其他已知页岩不同，可以单独使用交联压裂液压裂，对地层无损害。

(4) 配套完善关键技术

微地震裂缝诊断技术对于水平井及压裂技术的规模应用起到推动作用，2002年微地震监测技术开始应用于研究水平井压裂过程中监测裂缝扩展形态及动态变化，目前在优化开发方案、提高采收率等方面都起着关键作用；体积压裂改造技术形成的是复杂的网状裂缝系统，颠覆了经典压裂理论和常规压裂技术沿井筒射孔层段形成双翼对称裂缝的假设；井工厂技术是指在井场钻多口水平井，核心是降低成本，既可通过减少作业时间、设备动迁次数、井场使用面积等，优化工程施工过程、降低成本，也可通过压裂产生更复杂的缝网，提高压裂效果、初始产油量及最终采收率，进而降低成本。同时，井工厂技术是致密油藏开发可重复及批量化作业的体现，模式主要有钻井、作业不同井场型和钻井、作业相同井场型2种。这些配套技术对于实现工程与地质一体化、提高工作效率、实现技术的可复制性及降低成本都起到关键性作用。

3.4 关键指标变化规律及成本控制

致密油藏开发前2个月一般产油量均较高，但在随后的1年内递减很快，递减率达40%~90%；后期递减变缓，递减率为3%~8%；生产过程中含水率较低且稳定。

由于储层特征及工艺技术不同，致密油开发区单井初期产油量和递减率差异大。如美国巴肯油区具有优质的烃源岩、成藏和储集条件，且气油比高，开发效果好，单井初始产油量为50~160t/d；1~4个月递减率为40%~70%，5个月至2年递减率为20%~50%；第1年产油量为$(1\sim1.5)\times10^4$t，第2年产油量为$(0.5\sim1)\times10^4$ t，含水率约为10%~20%。巴内特致密油区单井初始产油量为5~50 t/d，第1年递减率为40%~50%，年产油量为0.5×10^4t；第2年递减率为10%~20%，后期递减率为2%，年产油量为0.2×10^4t，与其他致密油区相比，由于压裂过程中产生复杂裂缝系统，该油区递减率最低。加拿大巴肯油区储层地质条件差，主要开发区生产井的初始产油量小于25 t/d，第1年递减率为35%~70%，年产油量为$(0.2\sim0.5)\times10^4$ t；第2年递减率为10%~25%，后期递减率为4%，年产油量为$(0.1\sim0.2)\times10^4$ t。

开发规律的认知深化了地质及工程工艺的再认识，优化了开发技术政策，引发了渗流机理研究，探索了能量补充方式，实现了从块间过渡到井间接替开发模式的转变。如美国巴肯致密油区开发过程中，初期产油量高，但递减率大，通过渗流机理研究，提出同规模压裂、增加压裂段数、控制缝长的开发技术政策，提高单井控制储量的动用程度，减缓产能递减。在巴内特致密油区开发过程中，通过重新研究储层的物性条件，提出压裂段数、压裂缝长等不同于其他致密油区的技术政策；各致密油区通过快速规模打井，实现了产量接替、规模上产和效益开发。同时，国外基于渗流理论，开展了致密油开发提高采收率技术的室内研究，主要是CO_2等气驱提高采收率技术研究。

开发成本在逐步降低，低成本是国外致密油藏开发的根本动力。巴肯致密油区单井可采储量从1.6×10^4 t提高到$(7\sim10)\times10^4$ t，开发成本从40美元/桶降低到12~17美元/桶，发现及开发成本已经由2006年初的40美元/桶降至2011年年底的12美元/桶左右；巴内特致密油区的开发钻井、压裂费用各占总费用的40%左右；机制、管理、组织运行模式的创新都是降低成本的重要途径。

4 中国石化各油区致密油藏地质特征及开发现状

中国石化各油区致密油藏探明储量规模较大。2011年底，探明石油地质储量超过3×10^8t，主要分布在胜利、华北、中原及东北油区；动用储量仅为0.4×10^8 t，采收率为11.4%，采油速度为0.6%，平均含水率为52.1%。致密油动用储量以胜利和华北油区为主，胜利油区以小井距或大型压裂直井开发为主，华北油区以水平井分段压裂开发技术为主。

截至2012年7月，中国石化致密油藏共实施分段压裂水平井超过150口，平均压裂段数为7.1段，压裂后前3个月平均单井产油量为12.1t/d，目前平均单井产油量为5.6 t/d；实施井主要分布在胜利、华北及东北油区。

综合分类分析结果表明，中国石化致密油藏主要为陆相沉积，储层纵向和平面非均质性强，石油地质储量丰度高，为$(36\sim42)\times10^4$t/km^2，油藏埋深为1800~4500 m，孔隙度为9%~15%，空气渗透率为$(0.2\sim3)\times10^{-3}$ μm^2，原始含油饱和度为50%~60%。各开发区沉积相、断层、微裂缝发育程度差别较大：胜利致密油区的岩性主要为滩坝砂、砂砾岩和浊积岩；华北致密油区的岩性主要为河道砂岩，局部发育微裂缝；东北致密油区断层发育，油水关系复杂。

由于地质条件和工程工艺技术的差异，不同致密油区的开发效果不同。胜利油区实施分段压裂水平井的平均水平段长度为1174m，平均压裂段数为12.4段，单井初期产油量为15t/d，第1年递减率为50%，年产油量为4008t；第2年递减率为25%，年产油量为2455t。华北油区实施分段压裂水平井的平均水平段长度为943m，平均压裂段数为8.8段，单井初期产油量为8.9t/d，第1年递减率为65%，年产油量为2071t；第2年递减率为20%，年产油量为1087 t。

5 结　语

(1) 地质认识是致密油藏有效开发的基础

纯页岩主要为盖层，不是主力生产层系，致密砂岩或灰岩层是主要生产层，页岩仅作为夹层存在；中外致密油藏开发效果差异较大的本质原因是地质条件。国外致密油藏储层主要是海相沉积，储层分布广，自然裂缝发育，气油比都很高，天然能量很充足；储层中石英与硅质共存，为脆性地层，都可产生网络缝；而中国主要是陆相沉积，储层厚而窄，非均质性强，部分油区断层和局部微裂缝发育，储层基质渗透率和孔隙度都比国外稍好。

（2）开发配套技术是致密油藏有效开发的保障

水平井分段压裂技术是这些致密油藏储层规模开发的核心技术，在致密油藏开发中的推广应用前基本都经过3~5年的探索试验期；发展核心技术的同时要注重配套完善关键技术，形成适应不同致密油藏特点的开发技术系列；适用的创新技术系列要具有可复制性。致密油藏成功开发的关键是适宜的创新技术与工厂化的运行模式的有机结合，通过加快实施速度、并行作业、标准化工具和技术流程、在不同区带的可复制性工厂化模式，实现致密油藏的规模化及效益化开发。

（3）开发基础研究是致密油藏有效开发的关键

通过渗流机理研究制定开发技术政策、优化致密油开发方案，开展提高采收率技术研究，探索能量补充方式。目前国外已经开展致密油开发提高采收率技术的室内研究，主要研究的是气驱；开展开发动态关键指标规律研究，可更新油藏地质认识、优化技术、降低成本。

（4）低成本战略是致密油藏有效开发的核心

推动致密油快速上产，实现规模有效开发的核心是低成本战略；机制、管理、组织运行模式的创新都是降低成本的重要途径。

致密气藏压裂改造理念与实践

郭建春[1]　苟波[1]　任山[2]　刘林[2]　王兴文[2]

（1. 西南石油大学 2. 中国石化西南油气分公司工程技术研究院）

摘　要： 目前致密气藏改造存在页岩体积压裂与传统双翼缝大型压裂并举，如何选取适合储层特征的改造方式争议较多。基于致密气藏、页岩气藏的储层地质特征、渗流机理，分析了致密气藏改造理念与页岩气改造理念的差异。致密气藏改造方式的选取应以储层地质特征、渗流能力为依据，最大程度改善储层渗流能力为目标。压裂实践表明：非对称3D压裂可以有效实现裂缝参数与储层砂体、渗流能力相匹配；增加人工裂缝的无序性可以提高体积压裂技术对致密砂岩与页岩交互储层的充分改造。

关键词： 致密气藏　页岩气　压裂理念　非对称3D压裂　裂缝无序性　体积压裂

1　前　　言

致密气藏(tight gas)是指覆压基质渗透率小于或等于$0.1\times10^{-3}\mu m^2$气藏，单井一般无自然产能或自然产能低于工业气流下限，但在一定经济条件和技术措施下可获得工业天然气产量。储层地质特征决定了需要通过压裂酸化技术改善油气渗流条件，实现此类储层的高效开发。我国致密气储层的改造经历了直井分层压裂、大型压裂以及水平井分段压裂技术阶段，改造目的旨在形成双翼长水力裂缝，沟通远井储层，增加渗流面积达到提高产能的目的。近年来"水平井完井+体积压裂"在页岩气(shale gas)改造中的成功应用，引发了新一轮压裂"革命"。我国尝试将页岩气开发的技术模式推广到致密气藏的改造，但效果差异较大。目前对于致密气藏的改造存在多种改造方式并存的局面，面对复杂的储层特征选用何种压裂方式才能实现储量的充分动用仍然令人十分困惑。笔者从致密气藏储层地质特征、渗流特征出发，以压裂改善致密气储层渗流能力为目标，结合油田现场实践提出了致密气压裂改造的理念。

2　致密气压裂改造理念

2.1　致密气与页岩气储层区别

非常规油气资源包括致密气、页岩气、煤层气、天然气水合物、天然沥青和油页岩等，其中致密气与页岩气是目前我国勘探开发的热点。致密气储层包括致密碳酸盐岩储层、砂岩储层以及火层岩储层，其中致密砂岩气储层是目前压裂技术开发的焦点(本文所讨论的致密气藏即为致密砂岩气藏）。致密砂岩气与页岩气在储层地质特征、渗流机理、气藏特征等方面都存在较大差异（表1），这些因素会导致两类气藏在压裂改造方式上的差异。

表1　致密砂岩气、页岩气特性对比表

项　　目	致密砂岩气	页岩气
分布特征	盆地中心或斜坡部位	靠近盆地沉降-沉积中心
埋藏深度/m	1500~4500	200~3500
聚集作用	溶蚀区或裂缝区富集高产	页岩内弥散式分布，裂缝区富集
源储关系	源储直接接触或近邻	生储盖三位一体，自生自储
聚集方式	“透镜体多层叠置”、“多层状砂体”、“块状砂体”	“连续性”气藏
气赋存状态	不受或部分受浮力控制，主要以游离态赋存在孔隙中	以吸附态和游离态存在，溶解气仅少量存在
孔隙度/%	<10	<6
孔吼直径/10^{-9}m	25~900	5~200
渗透率/$10^{-3}\mu m^2$	<0.1	纳达西
渗流机理	压差作用下在多孔介质中流动	压差作用下发生解吸，扩散进入纳米裂缝和微裂缝
开发井型	直井、水平井、大斜度井、S型井	水平井
可采资源/$10^{12}m^3$	15~20	15~20

2.2　致密气压裂改造理念

2.2.1　致密气、页岩气压裂改造理念差异

由表1知，致密气藏与页岩气藏在地质特征、成藏特征、储层物性特征以及渗流机理等方面存在明显差异，这些差异直接导致了两类气藏在改造目的与理念上的不同，主要体现在以下两个方面：

（1）储层物性及渗流特征的差异

致密砂岩气藏表现出比常规砂岩气藏更低的孔隙度及渗透率的特征，因此渗流过程受启动压力梯度、应力敏感、滑脱效应影响明显，但渗流机理仍然是经典的孔隙中的游离气向人工裂缝的“长距离”渗流。因此致密气储层的压裂理念仍然是以形成一定长度和导流能力的双翼长裂缝，增大渗流面积为主（图1）。

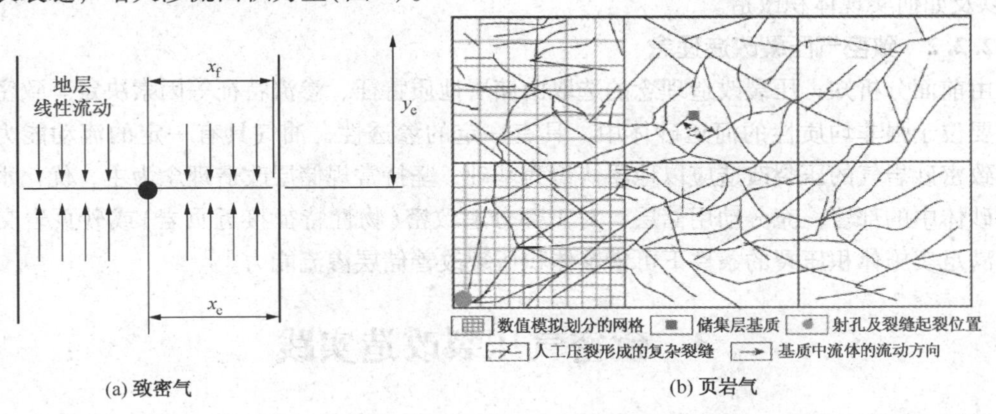

图1　致密气藏、页岩气藏压裂缝渗流示意图

页岩气藏储层的孔吼直径明显比致密气藏储层低(表1)，渗透率为纳达西级，在整个生产周期页岩气渗流的有效距离非常短，要实现如致密气藏的"长距离"渗流需要的驱动压力非常大。因此要实现页岩气的开发，必须通过压裂的方式将具有渗流能力的有效储集体"打碎"，形成复杂的裂缝网络，实现储层基质流体向裂缝的"最短距离"渗流，极大地提高储层整体渗透率，这就是体积压裂理念。体积压裂的实质是采用更多的无序性裂缝"打碎"储层，实现"人造气藏"，充分解放储层基质中的吸附气、游离气。页岩气藏的储层特征、渗流特征决定了体积压裂理念是实现它有效开发的最优选择。

(2) 地质特征差异

致密气藏、页岩气藏虽然都属于"连续性聚集"成藏，但是致密气的主要储集空间仍然是位于"透镜体"、"多层状"、"块状"的河道砂体中，由于河道砂体在空间展布上的强非均质性要求压裂裂缝能够有效控制在砂体内，充分动用砂体控制内的油气储量。因此压裂优化设计的关键点在于在砂体中如何最优地部署水力裂缝，实现砂体在横向、纵向、垂向上的三维(3D)充分改造(图2)。

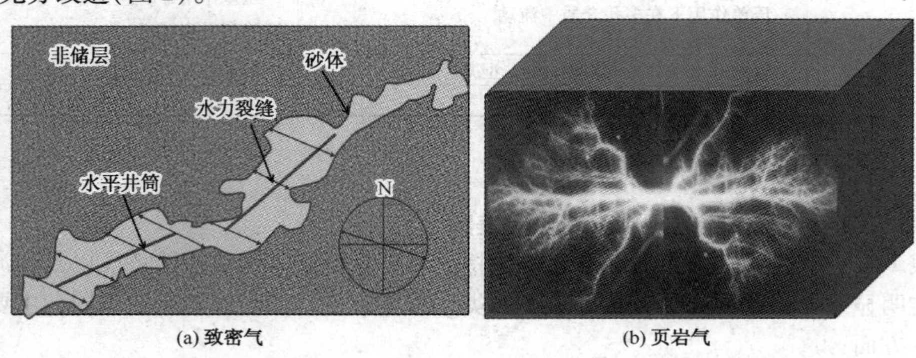

(a) 致密气　　(b) 页岩气

图2　致密气藏、页岩气藏压裂理念示意图

页岩气藏属于典型的"连续性"气藏，具备自生自储的功能。页岩压裂的目的就是选取高含气量、高TOC、高脆性指数、低破裂压力的层段，以最大化增加裂缝无序性、改造体积实现"人造气藏"，压裂优化设计的关键点在于如何选取压裂改造的"地质甜点"和"工程甜点"以及如何实现体积改造。

2.2.2　致密气压裂改造理念

由前面分析知，压裂改造理念的选取由储层地质特征、渗流特征等因素决定。致密气储层主要位于强非均质性的河道砂体中，具有一定的渗透性，油气具有一定的流动能力。因此，致密砂岩气的压裂改造应以地质认识为基础，坚持常规储层改造理念为主，优化水力裂缝在砂体中的部署，充分动用储层；对于部分超致密(物性特征接近页岩)或砂页岩交互储层在满足实施体积压裂的条件下可借鉴体积压裂改善储层渗流能力。

3　致密气压裂改造实践

川西地区发育了两套致密砂岩储层，一套是位于中浅层的蓬莱镇组"叠覆型"致密砂岩气藏，另一套是位于中深层的须家河组须五段的"砂页岩交互"致密气藏。基于对储层地质特征等分析，以压裂改善渗流能力为目标，针对“叠覆型”致密砂岩提出了基于砂体分布的非对称三维(3D)压裂优化技术；针对“砂岩页交互”储层提出了增加裂缝无序性的体积压裂优化技术。

3.1 基于砂体分布的非对称 3D 压裂

3.1.1 储层地质特征

川西中浅层蓬莱镇组“叠覆型”致密砂岩气藏埋深 1000~2250m，属于三角洲—湖泊环沉积境，水下分流河道、河口坝为最有利的含气微相，其中Ⅱ、Ⅲ类储层是目前开发的主要致密砂岩储层，其地质特征具有以下三个基本特征：

(1) 储层致密启动压力梯度高。

目的层蓬莱镇组Ⅱ类储层孔隙度 4.5%~7.5%，渗透率$(0.1\sim1.0)\times10^{-3}\mu m^2$，Ⅲ类储层孔隙度小于 4.5%，渗透率小于 $0.1\times10^{-3}\mu m^2$，属于典型的致密砂岩气藏。室内实验表明，储层有较强水敏感性，气藏水锁现象严重，启动压力梯度高。实验回归目的层启动压力梯度 λ 与渗透率 K 的关系如下：

$$\lambda=0.114K^{-0.46} \tag{1}$$

(2) 砂体展布特征复杂。

目的层砂体展布主要有孤立型、对接型、重叠型、复合型四种方式(图 3)。沿河道方向，以孤立型为主，砂体连通性好。垂直河道方向，以对接型或孤立型为主，砂体的连通性较差。

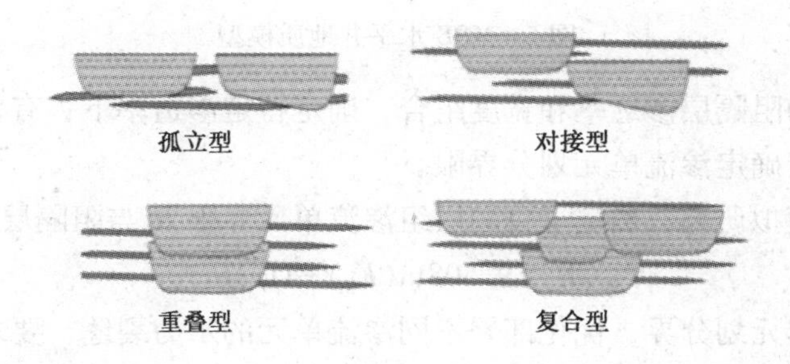

图 3 砂体展布类型图

(3) 水平段钻遇储层类型多变、分布无规律、非均质性强、含气性差异大(图 4)。

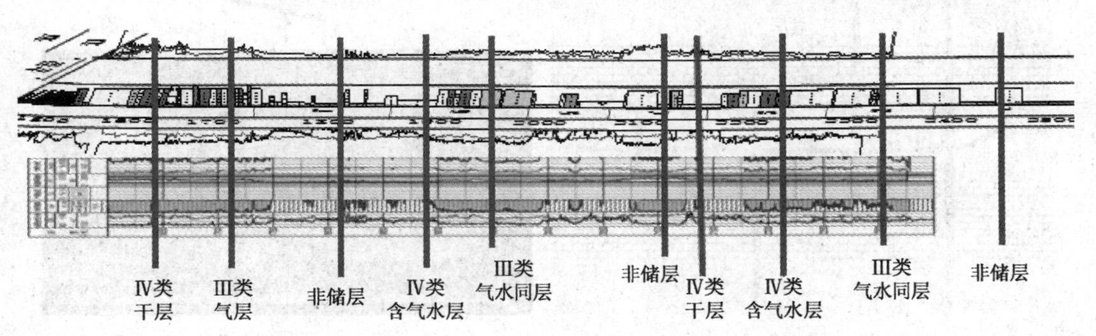

图 4 MPA 水平井水平段钻遇储层

3.1.2 压裂亟待攻关难点

由储层地质特征及物性特征分析，可知目的层的压裂改造亟待解决三个难点：①该区储层非均质性强，存在气水两相以及启动压力梯度，渗流机理十分复杂，弄清存在人工裂缝条件下的渗流机理有助于选择最优裂缝参数达到最大限度的动用砂体；②储层砂体在3D方向均展示出了较强的非均质性，建立合适的地质模型描述储层仍是挑战；③优化分段压裂裂缝参数实现充分释放强非均质水平段储层的产能。

3.1.3 非对称3D压裂优化设计

选取该区典型水平井MPB井为例，阐释非对称3D压裂优化设计理念及实践过程。

（1）根据测井段储层物性解释，建立3D非均质储层地质模型。

建模时纵向上考虑导眼井垂直层段的物性和砂体展布特征，横向上基于砂体的精细刻画特征，轴向上基于测井解释特征，这样即可建立接近储层实际特征的3D地质模型(图5)。

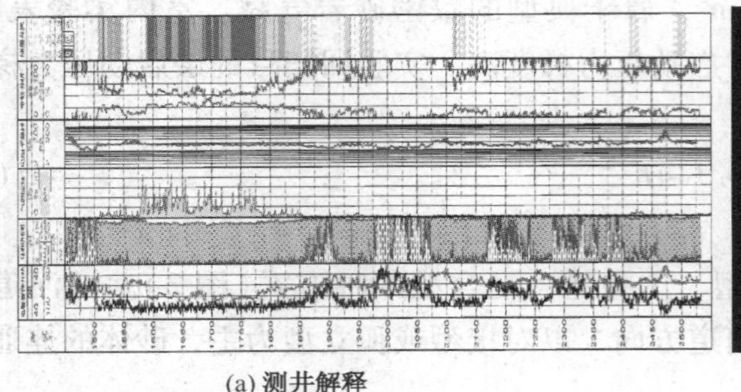

(a) 测井解释　　(b) 地质模型

图5 MPB水平井地质模型

（2）基于不同的阻隔层渗透率和宽度组合，确定特定渗透率下，有效阻挡压力传播的最小阻隔层厚度，用以确定渗流单元划分界限。

基于室内数值模拟研究，确定了目的层组渗流单元界限H_c与阻隔层渗透率K_s的关系：

$$H_c = 9.508\ln(K_s) + 41.16 \tag{2}$$

（3）根据渗流单元划分界，优化部署不同渗流单元的水力裂缝，要求垂向上控制缝高或穿越多个层段[图6(a)]；轴向上优化裂缝条数尽可能轴向充分动用不同砂体[图6(b)]；长度方向上优化裂缝长度，控制砂体。

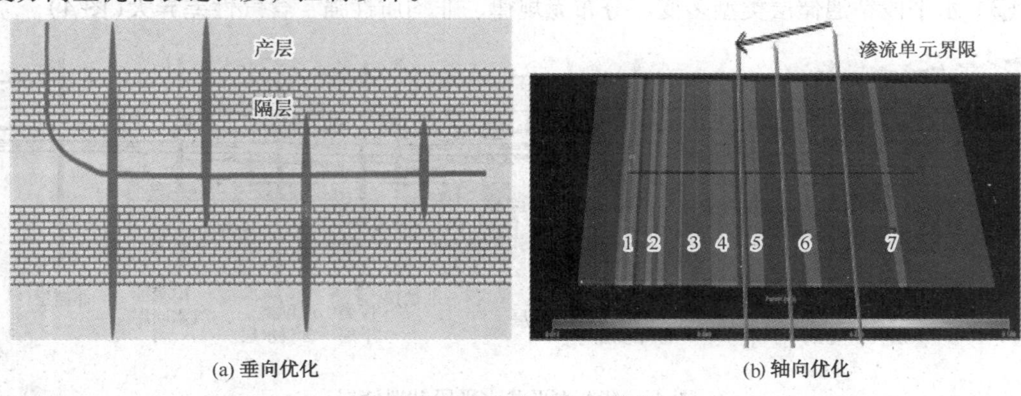

(a) 垂向优化　　(b) 轴向优化

图6 3D压裂优化示意图

以累计产量为最优目标，根据控制的渗流单元界限，优化结果为：优化的裂缝条数为7条，其中Ⅱ类储层长度为180m，导流能力20$\mu m^2 \cdot cm$；Ⅲ类储层长度为200m，导流能力15$\mu m^2 \cdot cm$；根据储层岩石力学参数及特征，采用压裂软件模拟表明缝高能有效控制在产层内。

3.2　砂页岩交互储层体积压裂

3.2.1　储层地质特征

川西中深层须家河组须五段沉积环境为湖沼相泥页岩加三角洲前缘水下分流河道和河口坝沉积，形成的砂体较连续，水平井水平段上页岩、砂岩相互交互(图7)，垂向上砂页岩互层，厚度为80m，泥地比为55%。砂岩平均孔隙度2.50%，平均渗透率0.0152×$10^{-3}\mu m^2$；黑色页岩平均孔隙度3.08%，平均渗透率0.0655×$10^{-3}\mu m^2$，属于致密砂岩与页岩交互储层。其中页岩作为烃源岩，砂岩作为储集层，因此为充分动用储层砂岩、页岩均需改造。

图7　须五段A井钻遇岩性示意图

3.2.2　体积压裂可行性

国内外室内研究及实践表明实施体积压裂需要满足以下三个条件：①水平面主应力差异系数小，一般要求小于0.25，有利于压裂过程中诱导应力导致井筒周围应力场发生变化引起裂缝转向；②储层含有大量的脆性矿物，脆性指数大于30%，有利于岩石脆性破裂；③天然裂缝发育，有利于实现水力裂缝与天然裂缝沟通形成更加无序的缝网。

A井水平主应力差异系数为0.23；脆性矿物含量53%~70%，脆性指数50%；目的层段发育一定的天然裂缝。因此A井满足实施体积压裂的基本条件。

3.2.3　增加裂缝无序性的体积压裂设计

A井属于典型的砂页岩交互储层，储层的物性特征与典型的页岩储层存在差异，因此需要开展缝网参数优化设计，达到经济合理的压裂参数与储层地质特征相匹配。

以A井为例阐释体积压裂设计理念及实践过程，目标是增加裂缝无序性，实现压裂参数与储层地质特征相匹配。

① 根据水平井段的储层有效厚度和水平井段的物性参数建立水平井压裂地质模型。

考虑到轴向上、垂向上岩性差异及储层储集性能差异，采用双孔介质模型，页岩段考虑吸附作用，砂岩段不予考虑。

② 将体积压裂形成的无序性裂缝系统简化成高渗透带区域植入到地质模型中，以累计产量为目标优化高渗透带(SRV)数量、体积、渗透率。

由于目前无法真实模拟复杂网络裂缝形态，依据等效渗流原理，将网络裂缝的改造体积等效为高渗透带，将复杂裂缝简化为类似常规的双翼裂缝(图8)。

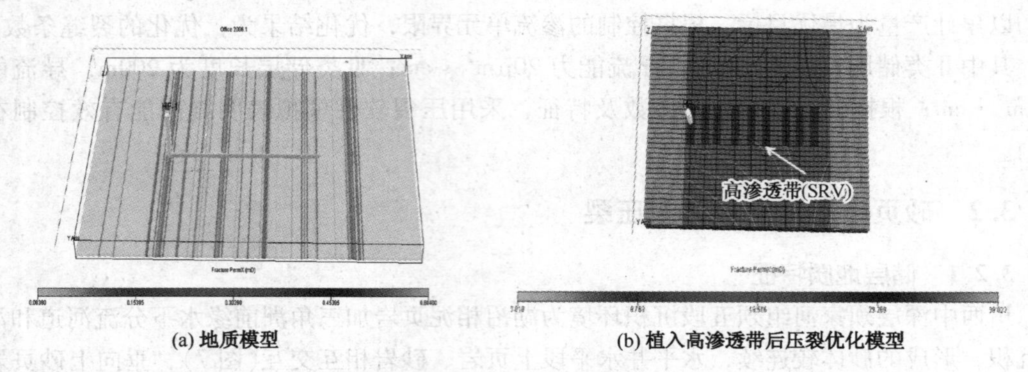

(a) 地质模型　　(b) 植入高渗透带后压裂优化模型

图 8　须五段 A 井压裂模型

根据高渗透带参数对累计产量的影响程度，选取高渗透带的数量为 10，体积为 $133.5\times10^4m^3$，渗透率为 $4\times10^{-3}\mu m^2$。

③ 根据压裂规模优化模型，确定各段压裂支撑剂量，并借助页岩压裂软件在支撑剂量确定的条件下优化液量、平均砂比以实现优化的高渗透带(SRV)体积、渗透率。

压裂支撑剂量确定方法，根据下式：

$$V_f = \frac{(\overline{K} - K_m)V}{K_f - K_m} \tag{3}$$

式中，K_m，K_f，$\overline{K}$ 分别为基质渗透率，支撑裂缝渗透率，高渗透带平均渗透率，$10^{-3}\mu m^2$；V_m，V_f，V 分别为基质体积，支撑裂缝体积(砂量)，高渗透带体积，m^3。

根据 A 井储层物性特征及优化的高渗带(SRV)参数，优化的压裂支撑剂量为：40/70 目 $60m^3$；根据页岩压裂软件模拟结果推荐单段总液量 $1680m^3$ 左右，平均砂比 8%、最高砂比 28%。

④ 增加裂缝无序性的配套工艺。为最大化增加体积压裂裂缝的无序性，还需优化分段射孔参数，采用的工艺措施有多级停泵加砂压裂，缝内暂堵转向压裂以及同步压裂、无序压裂等。

4　结论与建议

① 致密气藏压裂方式较页岩气压裂更加多样化，致密气藏压裂理念的选取应以储层地质特征、渗流能力为基础，以最大化改善储层渗流能力为目的。

② 非对称 3D 压裂设计理念可以有效实现裂缝参数与砂体展布、储层渗流能力相匹配；为实现裂缝参数与储层具有更好的匹配能力需要加强砂体的精细刻画。

③ 增加裂缝无序性的体积压裂设计理念适用于砂页岩交互储层以及储层渗流能力接近页岩的储层；为最大化增加裂缝无序性、改造体积，需要加强储层地应力场、诱导应力场研究以及天然裂缝发育情况分析；同时加强裂缝地面、井间监测，根据裂缝监测情况完善压裂设计。

致密砂岩储层体积压裂技术进展

李凤霞　张汝生　刘长印　黄志文　杨科峰

（中国石化石油勘探开发研究院）

摘　要： 体积压裂是在页岩储层改造研究与实践的基础上提出的，主要是通过压裂的方式将渗流的有效储集体“打碎”，使天然裂缝不断扩张和脆性岩石产生剪切滑移，形成天然裂缝与人工裂缝相互交错的裂缝网络，从而增加改造体积，形成体积裂缝，使裂缝壁面与储层基质的接触面积最大，油气从任意方向的基质向裂缝的渗流距离最短。目前针对致密砂岩储层，通过多簇射孔、高排量、大液量、低黏液体及转向材料等体积压裂技术的应用，大幅度提高了单井产能，并最大限度提高了储量动用程度。

关键词： 致密砂岩　体积压裂　水平井　分段压裂

前　言

近几年，中石化新发现储量主要为致密砂岩油，这部分储量已成为中石化重要能源接替方向。胜利油田、华北分公司及东北分公司是中石化致密油的主要开发区域。自2008年以来，水平井分段压裂技术在中石化致密砂岩储层得到广泛应用，尤其在华北、西南等分公司成为了主要的开发技术，针对致密砂岩油气藏地质特征，在压裂优化设计技术方面形成与之相适应的一套技术方法，主要采用裸眼管外封隔器分段压裂工艺、连续油管带底封分段压裂、泵送可钻桥塞分段压裂等工艺技术，完成了1200多井次的压裂施工，取得了较大进展。但在水平井分段压裂优化设计方面，压裂设计方法单一，当前致密砂岩储层压裂以形成双翼裂缝设计理念为主，形成的双翼裂缝对储层流动区域控制范围相对较小。针对致密砂岩储层，改变改造思路，尤其针对裂缝发育的致密砂岩储层，以形成复杂的裂缝为主。目前，国内致密砂岩储层体积压裂工艺技术刚起步研究，形成缝网的定量化储层条件定量化的分析模型、裂缝扩展模型及理论体系尚不成熟，仅在实践的基础上进行了评价，亟需形成先进的理论方法，研究一套针对致密砂岩不同储层类型特点的压裂优化设计技术，增大改造体积和渗流通道，提高致密砂岩油藏的压裂效果。

1　致密砂岩储层体积压裂概念

裂缝的延伸是一个集渗流、应力与损伤为一体的复杂过程，该耦合模型的建立需考虑多个因素。常规压裂技术是建立在以线弹性断裂力学为基础的经典理论，仅考虑应力条件，其特点是假设压裂人工裂缝起裂为张开型，且沿井筒射孔层段形成双翼对称裂缝(图1)，以单条主裂缝实现对储层渗流能力的改善，主裂缝垂向上仍然是基质向裂缝的“长距离”渗流，垂向渗流能力未得到改善，无法改善储层的整体渗流能力。后期的研究中尽管研究了裂缝的非平面扩展，但也仅限于对近井起裂、多裂缝、弯曲裂缝、T型缝等复杂裂缝的分析，理论上未有突破。

水力压裂过程中，当裂缝延伸净压力大于两个水平主应力的差值与抗张强度之和时，容易产生裂缝转向，形成分叉缝，多个分叉缝会形成“缝网”系统，其中，以主裂缝为“缝网”系统的主干，分叉缝可能在距离主裂缝延伸一定长度后又恢复到原来的裂缝方位，最终形成以主裂缝为主的纵横交错的“体积裂缝”(图2)。

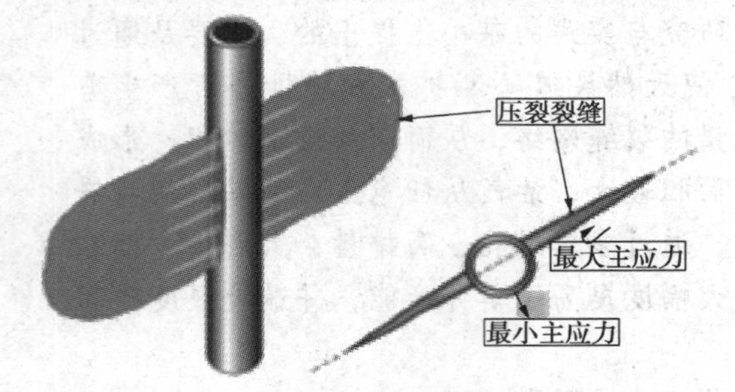

图1 常规压裂裂缝形态示意图

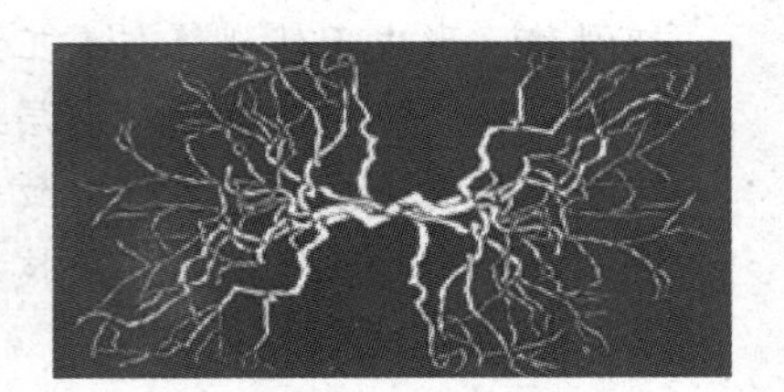
图2 复杂裂缝形态示意图

2 致密砂岩储层体积压裂技术现状

2.1 国外技术现状

目前，北美是致密油开发最多的地区，美国，主要分布在 Bakken、Eagle Ford 和 Barnett 三个聚集区带内，加拿大，主要分布在 Western Canada Sedimentary Basin 的 Cardium Formation。国外经过多年的探索，致密砂岩油藏的开发模式由初期的直井开发逐步发展到目前以水平井开发为主。进入21世纪以来，水平井分段压裂技术已经成为致密油气开发的主导技术。

美国巴内特致密油，特点是地层压力异常，天然裂缝很发育，最小水平应力方向与天然裂缝方向一致，杨氏模量高，储层脆性好，基本满足体积压裂的条件。体积压裂概念最先是在巴内特页岩气缝网压裂的启发下提出的。目前巴内特形成了以体积压裂为主的技术系列，其适用条件要求两个水平主应力差相对较小(一般认为应力差小于6MPa)，且天然裂缝发育。致密砂岩储层体积压裂工艺特点是施工时首先控制净压力小于水平应力差值，到主缝长达到预期要求，后提高施工排量，大幅提高缝内净压力，张开天然裂缝或改变局部应力场，促使裂缝转向；施工后期采用端部脱砂或转向压裂技术(暂堵剂或较大粒径支撑剂)，如施工压力允许，规模进一步增大，使得分叉缝再转向，达到主裂缝与分支缝的合理匹配，从而提高改造体积。另外一个工艺特点是应用水平井压裂“多段多簇”射孔技术，优化段间距，采用“段内多簇”一起压裂的模式，利用缝间应力干扰，产生复杂缝网。

国外体积压裂技术主要采用“工厂化”水平井钻井和作业模式，大幅度降低成本，比较有特色的是巴肯致密砂岩油藏，储层埋深2800~3300m、油层厚度5~15m、孔隙度5%~

10%、渗透率小于 1mD，属于脆性地层，天然裂缝发育，储层改造的主体技术为：水平井套管完井+分段多簇射孔+快速可钻式桥塞+滑溜水压裂液的分段压裂工艺，实现体积改造的技术关键主要体现为：大液量、施工大排量、设计大砂量、小粒径支撑剂等。主要技术参数为：水平段长 1000～1500m，分 8～15 段，每段分 3～6 簇，簇间距 20～30m，排量 $10m^3/min$ 以上，平均砂比 3%～5%，每段压裂液量 $1000～2000m^3$，每段支撑剂量 100～200t，以 40/70 目支撑剂为主，压裂液体系用滑溜水+线性胶组合方式。

2.2　国内技术现状

近几年来，通过跟踪、引进及自主创新，国内的很多致密砂岩油田也探索并采用体积压裂技术，如中石油大庆油田、长庆油田及中石化华北油田等。

长庆油田密切跟踪国外致密油储层改造先进技术，分析体积压裂增产机理及适应地层条件，研究盆地致密油储层特征，如地应力、天然裂缝发育程度及开启条件等，并在渗透率在 0.3mD 以下的盆地致密油储层开展体积压裂试验，评价不同工艺参数对缝网改造体积的影响，优化工艺参数，探索了致密油层中开展体积压裂的适应性。2011 年长庆油田还实施了“丛式井”多井同步体积压裂技术，取得了初步效果。依据国外的经验：采用降阻水大排量施工压开近井天然裂缝，形成近井裂缝网络，低砂比加砂结束后停泵至裂缝闭合，再用线性胶进行主裂缝加砂压裂。压裂后期，加入转向剂，临时封堵前次裂缝，迫使流体转向，来达到压开多条新裂缝，压后增产效果良好。

在产能计算方面，中国石油大学王文东等人通过对在长庆油田体积压裂应用分析认为：单井的储层改造体积并不是越大越好，在保证压裂设备承受能力的范围内，产量最大化是改造体积设计的首要目标。当储层改造体积相同时，单井的开发效果主要受到缝网长度即主裂缝长度的影响；相同储层改造体积下，主、次裂缝导流能力越大，累积产油量越高；主裂缝长度和导流能力一定时，储层改造体积继续增加对累积产油量的贡献并不明显，次裂缝导流能力大于 4mD 后，累积产油量随储层改造体积的增加而迅速提高；有效裂缝体积较大的椭圆形缝网形态储层动用程度最大，开发效果最好。

2012 年，大庆油田应用“分段多簇”体积压裂技术对齐平 1 井致密砂岩油储层进行了压裂改造，分 12 段压裂施工，共压入液量 $1.86×10^3m^3$，日产油 $11.52m^3$。

2012 年，中石化华北分公司按照“井工厂”及缝内暂堵体积压裂模式，采用“地质+工程”一体化思路，优化井网井距，优选压裂地质甜点和工程甜点，通过水平井多井多级同步压裂，增大了储层改造体积，有效提升了盒 1 气层的动用程度，初步形成丛式水平井组“井工厂”模式分段压裂技术。

综上所述，体积压裂技术在国内取得了一定的效果。但在基础理论研究方面，尤其是在体积压裂复杂缝网裂缝扩展模拟及优化设计模型方面，刚刚起步。

3　致密砂岩储层体积压裂裂缝延伸特征

3.1　体积压裂作用机理

体积改造理念的出现，颠覆了经典压裂理论，是现代压裂理论发展的基础。体积压裂改造形成的已经不再是双翼对称裂缝，而是复杂的裂缝系统，裂缝的起裂和扩展不简单是裂缝的张性破坏，而是存在受剪切、滑移、错段等复杂的力学行为的岩石损伤(图3)。

3.2 岩石破裂与延伸

对于天然裂缝发育的致密砂岩储层，缝网压裂的重点在于先形成具有一定缝长的主裂缝，而后采取一些工艺方法提升缝内净压力，使得天然裂缝或储层弱面张开，进而达到实现锋网的目的。对于天然裂缝发育储层的裂缝扩展，前人做过大量研究，目前广泛应用的是 Warpinski 和 Teufei 提出的线性准则。缝网压裂的分支缝形成的力学条件可以在天然裂缝性储层裂缝扩展的基础上进行分析，形成缝网需要天然裂缝开启，包括天然裂缝的剪切破坏和张开。

如果天然裂缝不发育，形成缝网需要使岩石基质破裂形成分支缝，破裂形式为岩石基质破裂，由此所需的缝内净压力更高，要使水力裂缝局部诱导应力场完全改变了初始应力场的方向，才能促使裂缝转向，形成分支缝。

3.2.1 天然裂缝的剪切破坏

Warpinski 和 Teufe 对压裂过程中天然裂缝发生剪切破坏进行了深入的研究。在压裂时，水力裂缝很可能会遭遇天然裂缝(图4)，夹角为 θ。

图3 体积裂缝行为结果示意图

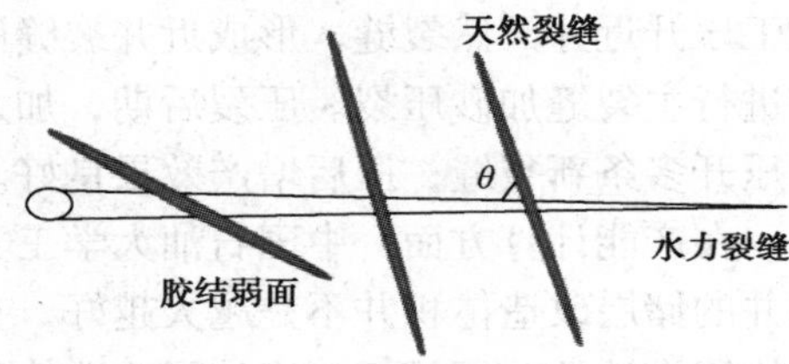

图4 天然裂缝性储层缝网形成示意图

当天然裂缝的剪应力增加到一定程度后，天然裂缝会发生剪切滑移，此种条件下：

$$|\tau| > \tau_0 + K_f(\sigma_n - p_0)$$

式中 τ_0——岩石的内聚力，MPa；

τ——作用在天然裂缝面上的剪应力，MPa；

K_f——天然裂缝面的摩擦系数，无因次；

σ_n——为作用于天然裂缝面的正应力，MPa；

p_0——天然裂缝近壁面的孔隙压力，MPa。

裂缝净压力条件为：

$$P_{net} > \frac{1}{K_f}\left[\tau_0 + \frac{\sigma_H - \sigma_h}{2}(K_f - \sin 2\theta - K_f \cos 2\theta)\right]$$

当 $\theta = \frac{\pi}{2}\arctan K_f$ 时，净压力存在最小值，为：

$$p_{min} = \frac{\tau_0}{K_f} + \frac{\sigma_H - \sigma_h}{2K_f}[K_f \sin(\arctan K_f) - K_f \cos(\arctan K_f)]$$

当 $\theta = \frac{\pi}{2}$ 时，净压力有最大值：

$$p_{max} = \frac{\tau_0}{K_f} + (\sigma_H - \sigma_h)$$

因此天然裂缝或地层弱面天然裂缝是否会发生剪切破裂的影响因素包括水平地应力差、逼近角和天然裂缝面的摩擦系数。

3.2.2　天然裂缝的张开

当水力裂缝与天然裂缝相交后，如果

$$p_0>\sigma_n$$

则，原先闭合的天然裂缝便会张开，此时，天然裂缝张性断裂所需的裂缝净压力条件为：

$$p_{net}>\frac{\sigma_H-\sigma_h}{2}(1-\cos2\theta)$$

由上式可知，当 $\theta=\pi/2$ 时，得到天然裂缝或弱胶结面发生张性断裂的最大值为 $\sigma_H-\sigma_h$，天然裂缝或地层弱面发生张性断裂的最小值为水平主应力差值。

3.2.3　岩石基质破裂

如果天然裂缝不发育，要形成缝网则必须在岩石本体破裂形成分支缝（模型如图 5 所示），裂缝内有均匀净压力 p_{net} 作用。

根据弹性破坏准则：

$$p_{net}=-(\sigma_H-\sigma_h)-S_t$$

式中　S_t——岩石的抗张强度，MPa。

由上式可知，如果要使裂缝在岩石基质破裂，裂缝内的净压力在数值上应至少大于两个水平主应力的差值与岩石的抗张强度之和。

3.2.4　诱导应力场及诱导裂缝

目前的水平井分段压裂工艺主要以簇式射孔方式来实现同时压开多条裂缝。水力裂缝的产生存在着先后顺序，初始裂缝产生后会对井筒周围的地应力造成影响，形成诱导应力场，后续压裂裂缝的起裂和延伸必然受到此诱导应力场的作用。

目前对于水平井分段压裂技术的研究，主要集中在初始单一裂缝破裂压力的计算，而针对压裂多条裂缝时，诱导应力场的研究还不深入，尤其是诱导应力场对裂缝破裂压力的研究还很少。针对此问题，许多研究开展了基于对初次裂缝诱导应力场的分析，建立诱导应力场中井筒地应力分布模型和破裂压力计算模型，分析了影响破裂压力的因素和破裂压力的变化规律。

由于水力裂缝沿最大主应力方向延伸，在主应力方向上，水力裂缝面不受剪应力作用，只受张应力作用。假设裂缝面受均匀内压作用，在无穷远不受任何作用力，采用图 6 所示的物理模型：平板中央一直线状裂纹（可以当作短半轴→0 的椭圆的极限情形），长为 $2a$，裂纹穿透板厚，作用于裂纹面上的张力为 $-p$。

边界条件：

$$\begin{cases}\sqrt{x^2+y^2}\to\infty：\sigma_x=\sigma_y=\sigma_{xy}=0\\ y=0，0<x<\infty：\sigma_{xy}=0\\ y=0，|x|\leqslant a：\sigma_y=-p\\ y=0，x>a：u_y=0\end{cases}$$

式中　σ_x——x 方向受到的应力，MPa；

　　σ_y——y 方向受到的应力，MPa；

　　σ_{xy}——x 对 y 方向的剪切力，MPa；

μ_y——y 方向的位移，m。

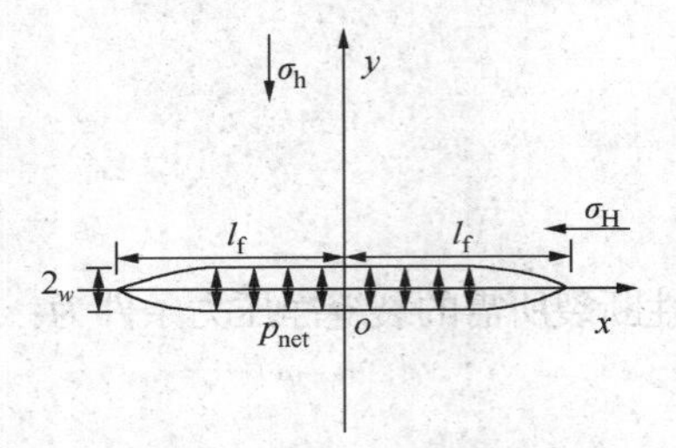

图 5　岩石基质破裂形成分支缝的平面力学模型

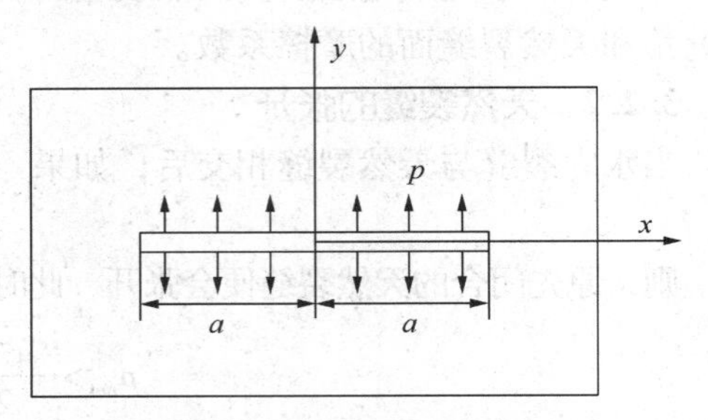

图 6　裂缝受张应力作用情况下的物理模型

把图 7 所示裂缝的长度方向看作高度方向，即把 $x-y$ 平面换作 $x-z$ 平面，则可得二维垂直裂缝所诱导的应力场，上面所求出的 σ_y，σ_x 分别就是图 7 所示情形的 σ_x，σ_z。

则二维垂直裂缝所诱导的应力场为：

$$\Delta\sigma_x = p\left\{\frac{r}{\sqrt{r_1 r_2}}\left(\cos\theta - \frac{\theta_1+\theta_2}{2}\right) + \frac{c^2 r}{\sqrt{(r_1 r_2)^3}}\sin\theta\sin\left[\frac{3}{2}(\theta_1+\theta_2)\right] - 1\right\}$$

$$\Delta\sigma_z = p\left\{\frac{r}{\sqrt{r_1 r_2}}\left(\cos\theta - \frac{\theta_1+\theta_2}{2}\right) - \frac{c^2 r}{\sqrt{(r_1 r_2)^3}}\sin\theta\sin\left[\frac{3}{2}(\theta_1+\theta_2)\right] - 1\right\}$$

$$\Delta\tau_{zx} = p\left\{\frac{c^2 r}{\sqrt{(r_1 r_2)^3}}\sin\theta\cos\left[\frac{3}{2}(\theta_1+\theta_2)\right]\right\}$$

由虎克定律：

$$\Delta\sigma_y = v(\Delta\sigma_x + \Delta\sigma_y)$$

p 是裂缝面上受到的净压力，H 是裂缝高度，$c=H/2$。

通过计算，可以得出：水力压裂诱导应力大小随到裂缝面距离增大而减小；垂直于裂缝方向所诱导的水平应力大，在裂缝方向上所诱导的水平应力小。由于产生的水力裂缝在地层中产生了诱导应力场，在原来的应力上均附加诱导应力。由于在垂直于裂缝方向附加的诱导应力大，在裂缝方向上附加的诱导应力小，因此有可能使原来的最小水平主应力大于原来的最大水平主应力，从而改变以前的应力状态，但随着裂缝距离的增加，诱导应力迅速减小，距离裂缝一定距离后，地应力场仍为初始状态(图 8)。

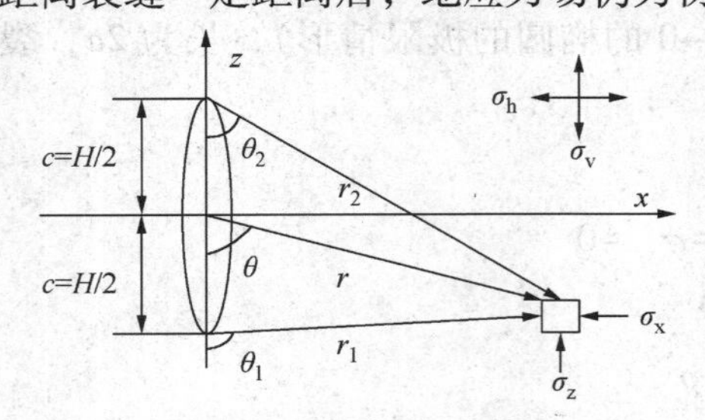

图 7　二维垂直裂缝的应力转化示意图

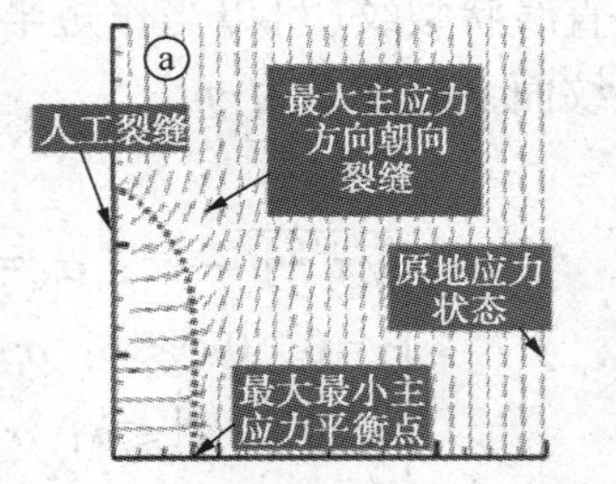

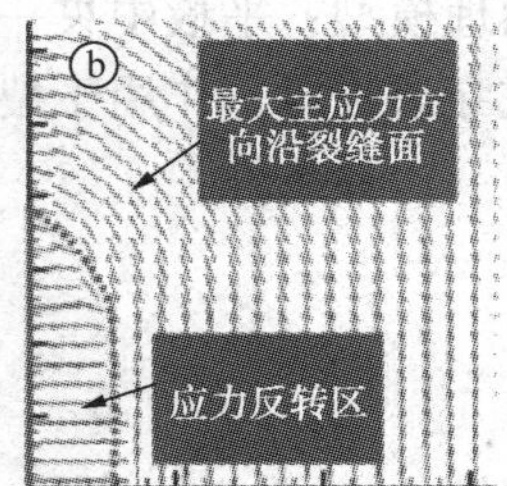

图 8　局部应力场变化示意图

诱导应力的存在改变了局部应力场，是裂缝发生转向的必要因素，影响诱导应力的条件很多，除储层本身的应力条件外还受到工程条件的影响。

3.3　形成体积裂缝的地层条件

体积压裂要形成上述说的网络裂缝形态，首先要具备一定的储层条件。

（1）天然裂缝发育，且天然裂缝方位与最小主地应力方位一致。在此情况下，压裂裂缝方位与天然裂缝方位垂直，容易形成相互交错的网络裂缝。

天然裂缝的开启所需要的净压力较岩石基质破裂压力低50%。通过研究复杂天然裂缝与人工裂缝的关系及天然裂缝开启的应力变化等，建立了天然裂缝发育与人工裂缝相互作用的扩展模型，研究表明，在体积改造中，天然裂缝系统更容易先于基岩启裂，原生和次生裂缝的存在能够增加体积裂缝的复杂性，从而极大地增大改造体积

（2）地应力各向异性对裂缝特征影响较大。压裂裂缝的形态特征或者说是裂缝的复杂性直接取决于应力各向异性，应力各向异性越小（0~5%），裂缝越容易发生扭曲/转向，同时产生多裂缝；应力各向异性增大（5%~10%）可能产生大范围的网络裂缝；应力各向异性进一步增大（>10%），裂缝发生部分扭曲，主要形成两翼裂缝。

不同水平应力差异系数表征了页岩可压性及通过压裂产生裂缝复杂程度（图9），压力差异系数 k_h 可采用下式计算：

$$k_h=(\sigma_H-\sigma_h)/\sigma_h$$

式中，σ_H、σ_h 为最大最小水平主应力

（3）天然裂缝的开启以及是否能够形成缝网，与储层的岩石力学参数也有密切的关系。泊松比反映了岩石在应力作用下的破裂能力，而弹性模量反映了岩石破裂后的支撑能力。弹性模量越高、泊松比越低，岩石脆性越强，越容易形成复杂裂缝。

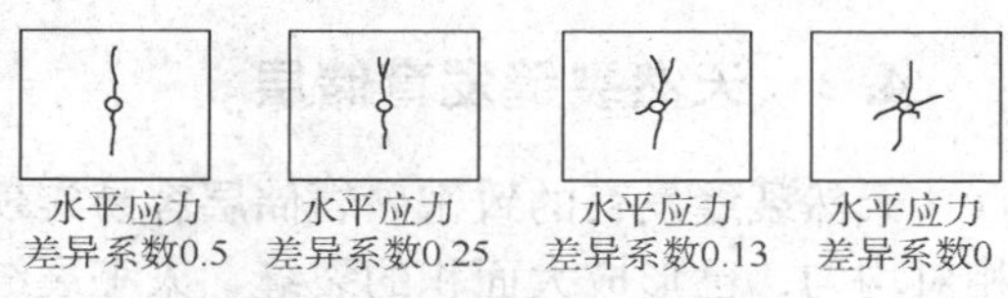

图9　不同水平应力差异系数对应的裂缝复杂程度

（4）岩石硅质含量高（大于35%），脆性系数高。岩石硅质（石英和长石）含量高，使得岩石在压裂过程中产生剪切破坏，不是形成单一裂缝，而是有利于形成复杂的网状缝，从而大幅度提高裂缝体积。

（5）对于弱水敏地层，适合滑溜水和线性胶压裂液，有利于提高压裂液用液规模，同时使用滑溜水压裂，滑溜水黏度低，可以进入天然裂缝中，迫使天然裂缝扩展到更大范围，大大扩大改造体积。

3.4　形成体积裂缝的工程条件

一般情况下，施工的净压力越高，越易出现转向多裂缝。在工程设计时，延伸净压力沿缝长方向的分布，可形成“缝网”系统，实现最大的压裂增产改造效果。

根据数值模拟，施工净压力越高，水力裂缝沿天然裂缝转向延伸涵盖范围越大，水力裂缝越容易发生转向延伸。一方面，采用大排量施工是提高裂缝净压力的有效措施。排量越高，整个缝内的流体压力越高，可增加转向段的流动能力、增加转向裂缝段的缝宽，从而提升支撑剂通过裂缝段转向延伸的能力，降低支撑剂桥塞的风险。另一方面，压裂液黏度越低，流体越容易进入天然裂缝和微小裂缝，流体压力在裂缝体系内的传播越容易，缝内流体压力降越小，作用于缝内的压力越容易达到天然裂缝起裂压力门限值，因此，采用低粘压裂液更容易形成复杂的裂缝系统。在体积压裂设计时，压裂液用量越大，裂缝体系在储层中的作用体积越大，则相应的压后产量就越高，因此，采用大规模压裂增加储层改造体积是提高产量的重要措施。

综上所述，页岩要形成体积裂缝，首先要考虑储层条件，即裂缝延伸净压力大于两个水平主应力的差值与岩石抗张强度之和。但务必在主裂缝支撑缝长达到预期目标要求时再进一步增加净压力，在远场提高裂缝延伸复杂性，力争达到形成“缝网”。压裂注入排量、压裂液黏度及施工规模是改变缝内压力分布的主要因素，也是重要可控因素。

4 致密砂岩储层体积压裂优化设计

致密油藏成因各异，沉积特征多样，岩性和物性复杂，裂缝特征各有不同。将体积压裂技术应用到致密油藏，决不能一味照搬页岩气的开发理念，关键是对储集层进行压前适应性评价，而后采用配套的工艺技术。致密砂岩储层非均质性强、天然裂缝发育程度不同，形成的裂缝复杂程度不同，体积压裂设计思路和方法也不相同，需要分类考虑。

4.1 储层存在大的裂缝带

在致密砂岩储层，往往存在部分大的构造裂缝带，这类天然裂缝带规模较大，且方向性较一致，压裂裂缝与之相遇时一般不会穿过，而是沿着天然裂缝发育的方向进行扩展延伸，裂缝形态较单一。

4.2 天然裂缝发育储层

天然裂缝发育的致密砂岩储层容易实现体积裂缝，此类储层裂缝延伸时缝网内压力波及相对均匀，已形成大面积的裂缝，人工裂缝和天然裂缝相互作用交叉，会形成常提及的“缝网”。因此，设计时按照“大排量、大液量、大砂量、小粒径、低黏液体”施工控制技术，开展缝网压裂，以有效沟通、开启天然裂缝。

4.3 基质渗流为主的储层

致密砂岩储层还有一种情况就是储层低孔低渗，裂缝不发育或发育程度较差，以基质渗流为主，常规压裂后初期产能低，递减较天然裂缝发育储层慢，但由于常规储层改造形成的流体流动通道少，一定压降控制范围内基质渗流半径小，产能低、采油速度低。采用“段内多簇射孔”的主要技术手段，减少射孔间距，造出多条水力裂缝，施工时还可以使用暂堵转向技术促使裂缝转向形成新的裂缝，以增大裂缝体积。

5 下步发展方向

在致密油藏成为开发热点的今天，体积压裂技术或将成为突破开发瓶颈的关键技术。通过致密砂岩储层体积压裂裂缝扩展及优化设计方法研究，形成体积压裂理论模型及设计方法，实现储层缝网体积改造目的，对致密砂岩油藏有效开发具有重要意义。

针对致密砂岩储层体积压裂，国内研究与应用刚起步，理论基础较薄弱，成功实践经验较少。在今后的研究中，需针对储层特点进一步更新理念，通过致密砂岩储层体积压裂裂缝扩展及优化设计方法研究，形成体积压裂理论模型及设计方法，着重研究体积压裂裂缝复杂程度影响因素，确定体积压裂工艺控制条件，形成裂缝参数及工艺参数设计模型，以实现储层体积改造目的。

第二部分
数值模拟与优化设计篇

低渗透油藏菱形井网压裂优化设计

贺甲元　李宗田　苏建政　刘长印

（中国石化石油勘探开发研究院采油工程研究所）

摘　要：研究了鄂尔多斯盆地超低渗透油藏长8油层以菱形反九点井网压裂开发时各参数的优化。依托鄂尔多斯盆地某油田典型区块A井区地质情况，对比启动压力梯度对日产油量和累产油量等因素的影响，在考虑启动压力梯度的影响下，采用正交设计和熵信息权重分配方法，确定出对影响区块产能的井距、排距、油井裂缝缝长比和裂缝导流能力等因素的最佳组合，为低（超低）渗透油藏在具体的整体压裂开发设计提供参考。

关键词：启动压力　低渗透油藏　整体压裂　菱形井网　正交设计

鄂尔多斯盆地长8层整体储层物性差，属于低（超低）渗透油藏。前人的研究表明，低（超低）渗透储层在开发过程中启动压力现象明显，因此，确定不同井网条件下的井排距和裂缝参数最佳组合时需要考虑启动压力梯度的影响，本文针对菱形反九点井网、以鄂尔多斯盆地某油田A井区长8油层为例，利用数值模拟方法，对低渗透油藏整体压裂进行优化设计。

1　目标区块概况

目标油田A井区长8储层为该油田主力油藏，物性差、不经储层改造无产能。长8储层以三角洲前缘亚相沉积为主，主要发育有水下分流河道、水下分流河道间等微相，相变快。非均质性强，储层物性横向变化大。长8储层具低孔、低压、超低渗特点，孔隙度主要分布在4%~16%，平均为9.6%；渗透率主要分布在$(0.1\sim0.8)\times10^{-3}\mu m^2$，平均为$0.41\times10^{-3}\mu m^2$；地层压力系数在0.55~0.99。从部分井的取心和测井资料以及压裂压力曲线证实储层天然裂缝发育。

长8油层压裂裂缝方位监测资料显示，裂缝中心方向为NE60°~75°和255°~270°方向。地下原油密度0.818~0.829g/cm^3，饱和压力1.8~1.4MPa，黏度5~7mPa·s；地面原油密度在0.84~0.9g/cm^3，平均为0.867g/cm^3，黏度在5~20mPa·s。

2　启动压力梯度影响

A井区已开发井的井网主要是400m×150m菱形反九点注采井网，井排方向和人工裂缝方向基本一致。通过建立该地区长8储层渗流模型，选取压裂计算单元（图1），选取已生产井数据，模拟计算并对产量进行拟合。

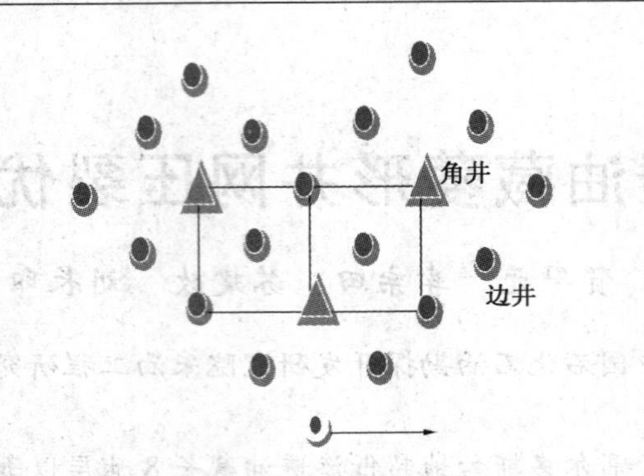

图 1 菱形反九点井网计算单元示意图

2.1 启动压力梯度实验研究

影响启动压力梯度的因素很多，包括油藏孔隙度、渗透率、流体性质等。在本文的数值模拟中，主要考虑启动压力梯度与渗透率的关系，采用压差-流量法对长 8 层位岩心测取启动压力梯度。

$$G=a\times k^{-b}$$

式中，G 为启动压力梯度(MPa/m)；k 为渗透率($10^{-3}\ \mu m^2$)；a、b 为启动压力梯度与渗透率的关系参数，由实验获取。

根据岩心实验数据绘制出流量与驱替压力梯度之间的关系曲线，如图 2 所示。由图可以看出曲线并不通过原点，证明了启动压力梯度的存在。通过延长流量与驱替压力梯度关系曲线和横坐标相交，可求得启动压力梯度。然后在此基础上回归出启动压力梯度与渗透率的关系式，绘制了启动压力梯度与渗透率的理论图版，如图 3 所示。

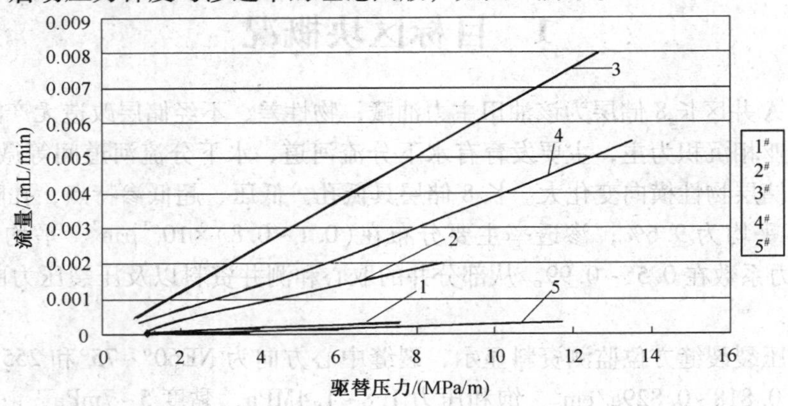

图 2 流量与驱替压力梯度的关系曲线

由以上图表可以得出该区块启动压力梯度与渗透率的关系式为：

$$G=0.0188\times k^{-0.8317}$$

2.2 历史拟合

选取 A 井区已开发井 A-1 井进行模拟计算，进行产量历史拟合。日产液量和累产液量拟合效果见图 4、图 5。

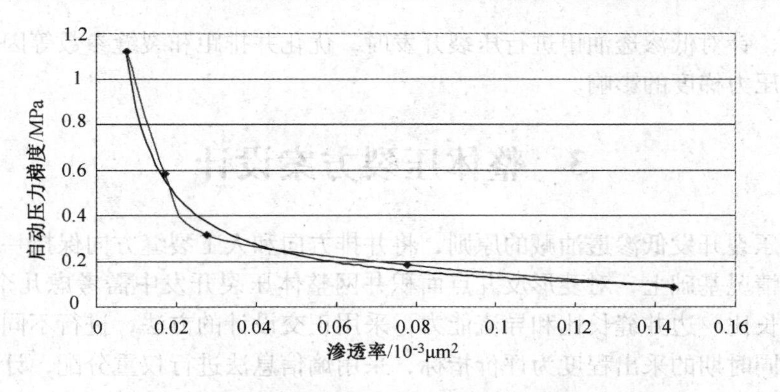

图 3　启动压力梯度与渗透率关系曲线

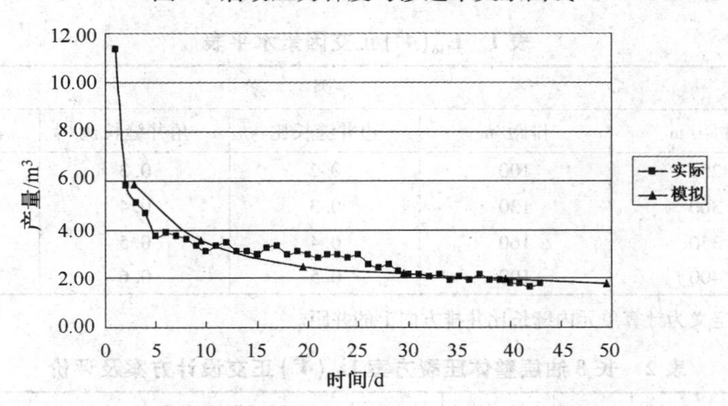

图 4　A-1 井日产液量拟合图

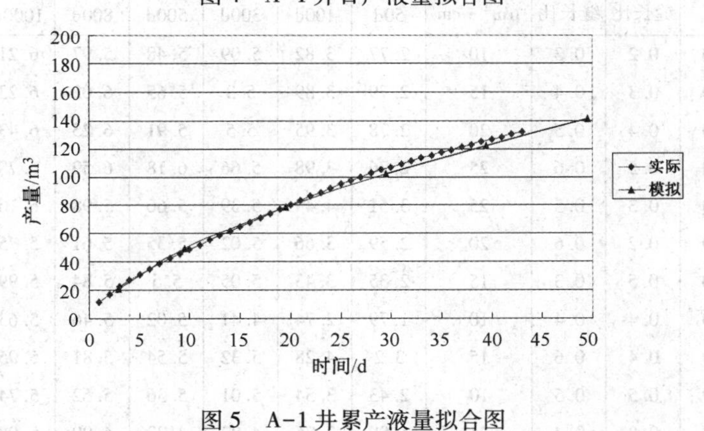

图 5　A-1 井累产液量拟合图

2.3　启动压力梯度影响

大量实验研究已证明，低渗透油藏普遍存在启动压力现象，其中，渗透率越低，启动压力越大，且水相启动压力梯度要比油相启动压力梯度小的多。因此在研究油水相启动压力梯度影响时，取 $G_w = G_0 = 0$、$G_w = 0$，$G_0 = 0.039464$MPa/m、$G_w = G_0/10 = 0.0039464$MPa/m 和 $G_w = G_0 = 0.039464$MPa/m 四种情况进行模拟计算，对比采出程度、油井产量和含水率的变化情况。

可以看出，考虑启动压力梯度时，油井日产液量和采出程度将降低，含水率与时间关系曲线将大幅提前，其中，油相的启动压力梯度影响较大。

综上所述，针对低渗透油田进行压裂开发时，优化井排距和裂缝参数等因素的最佳组合时需考虑启动压力梯度的影响。

3 整体压裂方案设计

按照整体压裂开发低渗透油藏的原则，将井排方向和人工裂缝方向保持一致，并在注水井不压裂实际情况基础上，对菱形反九点面积井网整体压裂开发中需考虑几个因素：井距、排距、角井缝长比、边井缝长比和导流能力，采用正交设计的方法，进行不同水平的组合模拟计算，以不同时期的采出程度为评价指标，采用熵信息法进行权重分配，计算评价得出最佳整体压裂开发方案组合。具体的模拟方案正交设计表和评价结果见表1和表2。

表1 $L_{16}(4^5)$正交因素水平表

水平	因素				
	井距/m	排距/m	边井缝长比	角井缝长比	导流能力/μm²·cm
1	250	100	0.2	0.3	10
2	300	130	0.3	0.4	15
3	350	160	0.4	0.5	20
4	400	190	0.5	0.6	25

注：油井的缝长比定义为计算单元内缝长比井排方向上的井距。

表2 长8油层整体压裂方案$L_{16}(4^5)$正交设计方案及评价

方案号	井距/m	排距/m	边井缝长比	角井缝长比	导流能力/μm²·cm	不同时期采出程度/%						综合决策值	决策排序
						50d	100d	300d	500d	800d	1000d		
1	250	100	0.2	0.3	10	2.77	3.82	5.09	5.48	5.97	6.21	0.836729	7
2	250	130	0.3	0.4	15	2.79	3.89	5.3	5.65	6.02	6.23	0.849788	6
3	250	160	0.4	0.5	20	2.78	3.95	5.5	5.91	6.25	6.43	0.861853	5
4	250	190	0.5	0.6	25	2.76	3.98	5.66	6.18	6.59	6.78	0.872063	4
5	300	100	0.3	0.5	25	3.51	4.49	5.39	5.66	5.98	6.16	0.980681	1
6	300	130	0.2	0.6	20	2.59	3.66	5.02	5.35	5.61	5.75	0.794788	8
7	300	160	0.5	0.3	15	2.35	3.43	5.05	5.5	5.84	5.99	0.755085	11
8	300	190	0.4	0.4	10	1.79	2.74	4.41	5.02	5.46	5.63	0.617559	12
9	350	100	0.4	0.6	15	3.2	4.28	5.32	5.54	5.81	5.95	0.922524	3
10	350	130	0.5	0.5	10	2.43	3.54	5.01	5.36	5.62	5.74	0.766684	10
11	350	160	0.2	0.4	25	1.89	2.76	4.22	4.72	4.99	5.08	0.617359	13
12	350	190	0.3	0.3	20	1.62	2.46	4.01	4.64	5.1	5.29	0.561597	15
13	400	100	0.5	0.4	20	3.31	4.37	5.35	5.6	5.93	6.09	0.945388	2
14	400	130	0.4	0.3	25	2.5	3.53	4.91	5.21	5.41	5.52	0.768325	9
15	400	160	0.3	0.6	10	1.6	2.5	4.07	4.67	5.05	5.2	0.561983	14
16	400	190	0.2	0.5	15	1.38	2.14	3.62	4.25	4.69	4.85	0.493128	16

模拟计算结果表明：模拟方案5具有最高的决策值。因此针对鄂尔多斯长8低渗透油层应在菱形反九点井网中采取井位部署时井排方向与人工裂缝一致，井距300m，排距100m，注水井不压裂，菱形反九点井网中边井缝长比0.3，角井缝长比取0.5，导流能力25μm^2·cm。

4　结　论

① 通过室内实验和分析求取了鄂尔多斯长 8 油层的启动压力梯度与渗透率的关系曲线，关系曲线表明，渗透率越低，启动压力越大。

② 研究了启动压力梯度对各个生产指标的影响。在通过对已开发井的历史产量拟合的基础上，对比分析启动压力梯度对油井日产液量、采出程度和含水率关系曲线的影响。分析结果表明，油相启动压力梯度对各项生产指标影响较大，考虑启动压力梯度时，油井日产液量和采出程度明显降低，含水率与时间关系曲线明显提前。

③ 进行考虑启动压力梯度的压裂开发方案优化。优化的结果显示鄂尔多斯长 8 低渗透油层在采用菱形反九点井网中开发时，井位部署时应将井排方向与人工裂缝一致，井距 300m，排距 100m，注水井不压裂，菱形反九点井网中边井缝长比 0.3，角井缝长比取 0.5，导流能力 $25\mu m^2 \cdot cm$，这样能达到最佳的开发效果。

胜利油田致密砂岩水平井多级分段压裂设计优化技术研究

左家强　李爱山　王景瑞　卢娜娜　鞠玉芹

（中国石化胜利油田分公司采油工艺研究院）

摘　要：本文重点介绍了胜利油田在致密砂岩水平井多级分段压裂设计优化技术方面取得的一些研究进展，主要包括水平井裂缝起裂和裂缝延伸规律，裂缝间距及缝长优化设计技术，压裂液的优化及评价技术，水平井多级裂缝微地震监测技术。在此基础上，将上述技术集成配套，并在胜利油田 F154-P1 井进行了试验，根据现场试验和分析结果，对下一步水平井多级分段压裂缝长和缝间距的优化提出了建议。该技术的应用，极大地增加了特低渗透油藏的泄油体积，较大幅度地提高了特低渗油藏的单井产能和生产有效期，提高了该类油藏的开发经济效益，为胜利油田致密砂岩油藏的开发，找到了一条可行的经济开发技术路线，为胜利油田特低渗非常规油藏高效开发奠定了基础。

关键词：致密砂岩　水平井　裸眼封隔器　多级分段压裂

对于低丰度特低渗透单一厚层或多薄层致密砂岩油藏，采用水平井多级分段压裂工艺，可以提高单一厚层或多套储层的储量控制程度，多段压裂相当于多口直井，水平井多级分段压裂主要解决了低丰度特低渗透储量的动用问题。为了提高特低渗油藏开发效果，2008 年以来，胜利油田开展了水平井分段压裂改造试验共 15 井次，先后应用了套管限流分段压裂、连续油管喷射套管加砂压裂、水平井裸眼多级分段压裂等技术，取得了非常好的改造效果。本文主要针对水平井裸眼封隔器压裂滑套完井工艺技术及其相关理论、配套裂缝监测技术相关研究进行重点介绍。

1　水平井裂缝起裂和裂缝延伸规律研究

1.1　水平井裂缝延伸方向

水力压裂裂缝的起裂与扩展是一个复杂非平衡、非线性的演化过程。水平井压裂裂缝有三种形态：横向缝、纵向缝、水平缝。横向缝是裂缝面与水平井井筒相垂直的裂缝。对于水平井，实际压裂后将产生哪一种形态的缝，要取决于地应力和井筒井眼轨迹的情况。水平井的裂缝的几何形状高度取决于地层应力状态。储层中的地层处于三种相互垂直的主应力状态中：垂向应力 σ_v、最大水平应力 σ_H和最小水平应力 σ_h。裂缝总是沿垂直于最小水平应力方向的平面延伸。

低渗透油气藏深度一般在2000~4000m左右，产生垂直缝。一般对于裂缝发育的储层，沿着最大水平主应力方向的裂缝最大可能开启，这样如果沿着最小水平主应力方向钻进水平井，一方面可以最大可能与裂缝沟通，另一方面如果进行压裂改造，也可以形成多条横向缝，很好的增加渗流面积，提高水平井的产量。如果沿着最大水平主应力方向钻井，可以通过射孔段的优选，来控制形成的轴向裂缝形成的位置。因此井身轨迹要取决于储层的非均质性及完井工艺的要求，一般来讲沿着最小水平主应力方向钻进有利于提高低渗透水平井的产能和后期措施的实施。

1.2 裂缝起裂与地应力的关系

在水力压裂作业时，无论是对裸眼井压裂还是对射孔孔眼压裂，井筒中的流体压力都会产生沿井轴方向的应力分量。对于裸眼井，压裂液作用在封隔器上，井壁围岩受到沿井轴方向拉应力的作用。随着井筒内流体压力增大，压裂液将不断渗滤进入井筒周围地层。压裂液滤失是压裂过程中需要考虑的一个重要因素。

我们采用岩石的张性破裂准则，即当井筒壁处岩石的拉伸应力达到并大于其抗张强度时，岩石材料将产生初始断裂，形成初始裂缝。假设井筒壁处岩石的三个主应力分别为σ_1、σ_2、σ_3，径向应力σ_r是主应力之一，其他两个主应力可以利用复合应力理论计算，其表达式为(裸眼完井)：

$$\begin{cases}\sigma_1=\sigma_r\\ \sigma_2=\dfrac{1}{2}\left[(\sigma_\theta+\sigma_z)+\sqrt{(\sigma_\theta-\sigma_z)^2+4\tau_{\theta z}^2}\right]\\ \sigma_3=\dfrac{1}{2}\left[(\sigma_\theta+\sigma_z)-\sqrt{(\sigma_\theta-\sigma_z)^2+4\tau_{\theta z}^2}\right]\end{cases}$$

根据张性破裂准则，上述的三个应力中只要任意一个主应力超过岩石抗张强度时，裂缝就会在井筒壁处起裂。

根据前面所建的理论模型，分别计算压裂过程中裂缝起裂相关影响因素如下：

(1) 最大水平主应力对裂缝起裂压力的影响

从图1中可以看出：当水平井井轴与最大水平主应力的夹角小于45°时，最大水平主应力对裂缝的起裂压力基本上没有什么影响，但随着水平井方位角的增大，最大水平主应力越大，则裂缝的起裂压力越小。因为最小水平主应力不变，而随着最大水平主应力的增大，相

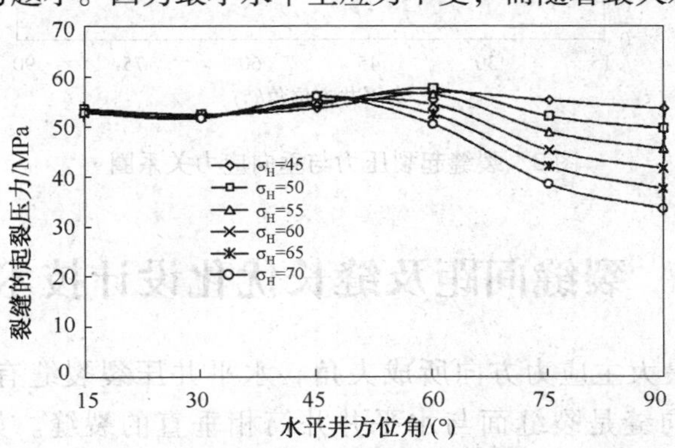

图1 裂缝起裂压力与最大水平主应力

当于最大与最小水平主应力之比增加了，所以裂缝的起裂压力减小。

（2）最小水平主应力对裂缝起裂压力的影响

从图2中可以看出：随着最小水平主应力的增加，无论水平井的方位角如何，裂缝的起裂压力都是增加的，这是与实际相符的。当水平井井轴与最大水平主应力夹角较小时，随着最小水平主应力的增加裂缝起裂压力增加的较多；而夹角较大时裂缝起裂压力增加量有所减小。通过研究可以得出裂缝起裂压力对最小水平主应力敏感。

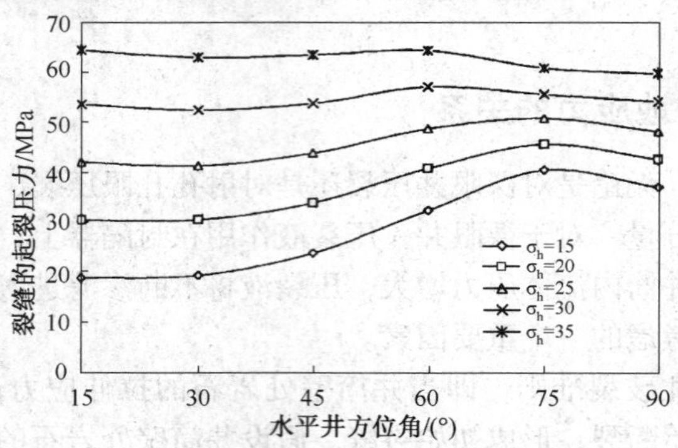

图2　裂缝起裂压力与最小水平主应力

（3）垂向应力对滑移断层裂缝起裂压力和起裂角的影响

图3是垂向应力对裂缝起裂压力影响的计算结果图，从图中可以看出：随着垂向应力和水平井方位角的变化，裂缝起裂压力变化的比较复杂。当水平井方位角小于30°时，裂缝的起裂压力随着垂向应力的增加而减小，当水平井方位角大于75°时，裂缝的起裂压力随着垂向应力的增加而增加，在30°~75°之间的变化没有一定规律可寻。

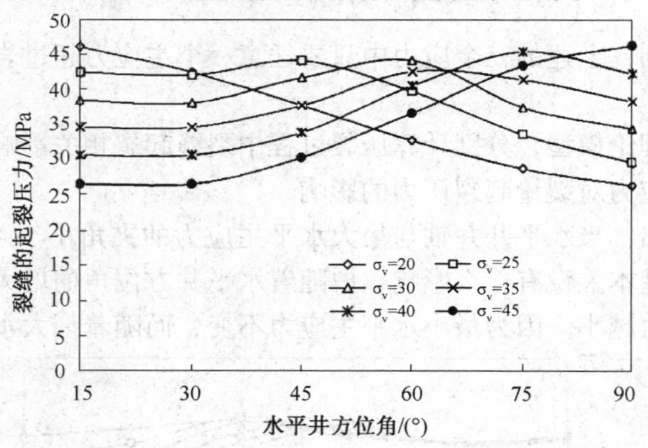

图3　裂缝起裂压力与垂向应力关系圈

2　裂缝间距及缝长优化设计技术

根据井身轨迹与最大主应力方向所成夹角，水平井压裂裂缝有三种形态：横向缝、纵向缝、水平缝。横向缝是裂缝面与水平井井筒相垂直的裂缝。如果射孔多段，一般可以产生多条横向缝；纵向缝是裂缝面沿水平井井筒方向延伸的裂缝；水平缝是裂缝面沿水平方向延伸的裂缝。目前一致认为通过水平段平行于最小主应力方向，实施射孔或裸眼多级压裂，可以形成有效的多级裂缝，最大化地沟通油藏。由于胜利油田低渗透油藏构造复杂(断层多)，横向展布不连续，限制了水平段的长度，因此对于横向裂缝的间距优化就具有重要意义。

2.1　根据极限泄流半径优化裂缝间距

对于特低渗透油藏，由于存在启动压力梯度，渗流特征为非达西渗流，存在极限泄流半径，因此，主要采用极限泄流半径来优化裂缝间距。胜利特低渗透油藏樊154区块极限供油半径公式如下：

$$r_{极限}=3.226(P_e-P_w)\left(\frac{k}{\mu}\right)^{0.5992}$$

式中　$r_{极限}$——极限供油半径，m；

P_e——目前地层压力，根据F154-1井测压资料，34.2MPa；

P_w——井底流压，根据F154块平均动液面(2100m)折算，5.0MPa；

k——有效渗透率，取本块平均空气渗透率$1.1\times10^{-3}\mu m^2$的1/3；

μ——地层原油黏度，0.834mPa·s(樊154-X6高压物性分析结果)。

根据F154块的油藏数据，其极限供油半径为54.5m，设计分段压裂水平井两条裂缝间距平均为100m，F154-平1井水平段长度为1200m，因此需要压裂12段。另外结合测井曲线，优选物性好的层段进行改造，以提高压裂定点改造的针对性，实际实施每条裂缝间距不等，为90~110m，平均100m，具体见表1。

表1　F154-P1井裂缝间距优化结果　单位：m

序　号	1	2	3	4	5	6	7	8	9	10	11	12
射孔上界	4009.31	3904.33	3816.34	3723.69	3637.82	3506.41	3427.8	3325.95	3238.1	3091.73	2999.23	2876.31
射孔下界	4010.13	3905.51	3817.52	3724.88	3639.01	3507.6	3428.98	3327.13	3239.28	3092.91	3001.67	2877.5
封隔器上界		3958.03	3860.22	3775.2	3673.5	3560.03	3478.14	3365.83	3275.65	3176.84	3075.16	2962.76
封隔器下界		3959.21	3861.4	3776.38	3674.68	3561.21	3479.32	3367.01	3276.83	3178.02	3076.34	2963.94
射孔间距		103.8	86.81	91.46	84.68	130.22	77.43	100.67	86.67	145.19	90.06	121.73
控制范围	105.79	96.63	83.84	100.52	112.29	80.71	111.13	89	97.63	100.5	111.22	100.82

2.2　根据储层物性及岩石可压性优化裂缝间距

采用两倍极限泄流半径作为裂缝间距，由于存在采油速度极低的问题。因此尝试根据裂缝监测结果来划分裂缝间距。首先根据裂缝监测结果计算离散裂缝网络(DFN)的宽度，结果见表2。

表2　F154-P1井离散裂缝网络宽度　单位：m

序　号	1	2	3	4	5	6	7	8	9	10	11	12
裂缝簇宽度	109	170	70	86	105	130	170	145	130	110	90	170
可压性	30.45	48.06	0.00	22.59	15.83	43.52	64.32	60.00	63.08	100.00	77.62	62.33
平均	110						135					

从可压性分析，后6段的可压性要好于前6段，所形成的裂缝簇宽度大，说明沟通的泄油面积更大，根据裂缝簇的宽度，可以按照如下原则优化裂缝间距：对于可压性好的水平段，裂缝间距为140m，可压性不好的水平段，裂缝间距取110m；对于可压性最差的水平段，可以进一步缩小裂缝间距到80m。

2.3 裂缝缝长优化

裂缝长度增加，增产效果越好，图4是利用油藏模拟计算不同裂缝长度对增产效果的影响，在4条裂缝的情况下考察的裂缝长度对于压裂后产能的影响，从计算情况看裂缝长度的增加几乎与产能的增加成正比，因此在压裂改造过程中尽可能增大压裂改造规模。

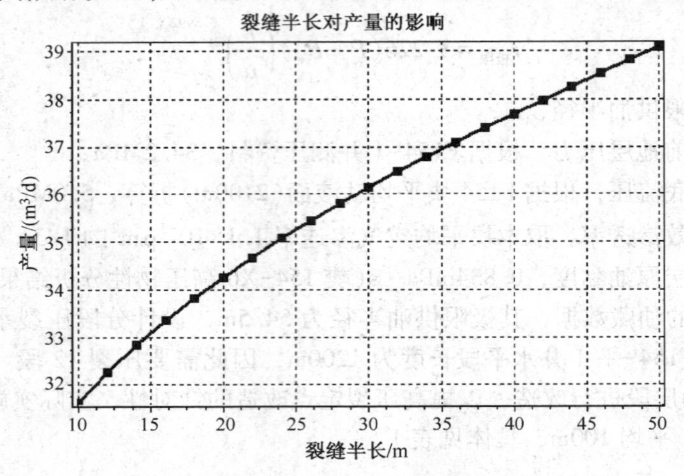

图4 水平井多级分段压裂裂缝长度对产量的影响

压裂方式不同，对加砂规模具有限制，比如采用裸眼完井压裂，由于受球座内径的限制，排量不能过高；另外长水平井段也会大大增加施工摩阻，增加施工难度，因此具体裂缝缝长需要综合考虑多方面的因素，然后根据确定的加砂规模、排量再优化。

3 压裂液的优化及评价技术

3.1 实时混配压裂液技术

自1975年Dowell公司在Rocky Mountain和East Texas低渗透气藏采用实时混配压裂工艺进行现场施工开始，该技术逐渐在全世界得到了广泛的应用。通常认为，实时混配压裂技术是指在压裂施工开始时配制压裂液的施工工艺技术。由于该工艺技术不用预先配制压裂液，所以具有极大的应用优势：①有效保证压裂施工过程中的压裂液质量。由于不需要提前配制压裂液，所以瓜胶压裂液储存过程中的降解变质问题得到了解决；同时实时混配压裂工艺中使用的压裂液要求配制过程中没有“鱼眼”，相对来说提高压裂液体系的实际使用黏度，确保造缝和携砂过程的顺利进行。②节省压裂液费用。实时混配压裂工艺可以根据施工需要配制所需的压裂液，与提前配液的压裂工艺相比，可以节省压裂设计中富余的压裂液量。③在施工过程中可以实时调整聚合物浓度，从而改变基液黏度，保证施工正常进行，改善压后增产效果。④与其他压裂工艺兼容性好。实时混配压裂技术可以和多数压裂技术结合实施，特别是对于大型压裂和水平井分段压裂，若采用实时混配压裂则只要在井场准备足量清水，施工过程中根据需要实时调整压裂液用量和性能即可，大大提高了施工效率。

该技术由实时混配压裂液技术和施工工艺技术组成，目前胜利油田采油院已经形成了适合特低渗透油藏水平井压裂用的实时混配型压裂液体系。该压裂液体系用速溶瓜胶作为增稠剂，用高温交联剂形成交联体系。

速溶瓜胶产品在 20min 溶解时间内表观黏度达到 Rhodia 公司 Jaguar415 和 Jaguar418 的黏度水平，而 1min 溶解速率更高；速溶瓜胶产品 1min 溶解百分数达到 86%，0.6%水溶液表观黏度为 137mPa·s，水不溶物 7.1%。因此该速溶瓜胶产品可以适用于特低渗透油藏水平井实时混配压裂需要。

用上述速溶瓜胶作为增稠剂，用高温有机硼作为交联剂，测试了该压裂液体系的耐温耐剪切能力，实验方法为：混调器中加入 300mL 水，4 滴消泡剂，低速搅拌下加入速溶瓜胶，低速搅拌 2min，加入 Na_2CO_3后停止搅拌 1min，再低速搅拌下加入 HTC-160 交联，交联时间 30s。配方为 0.6%速溶瓜胶+0.2%Na_2CO_3+0.3%HTC-160。

2h 加热剪切后冻胶黏度还有 110mPa·s，说明在较短溶解时间内速溶瓜胶交联较好，可以适应实时混配需要。

3.2 乳液态缔合聚合物压裂液技术

近年来，合成水溶性聚合物压裂液已经成为国内外研究的热点。与天然聚合物相比，合成聚合物压裂液有着破胶性能好、无水不溶物的特点，目前所应用的合成聚合物主要是聚丙烯酰胺或者聚甲叉基丙烯酰胺交联体系，其主要的缺点是不耐温、不耐剪切。针对这个问题，胜利油田采油院提出乳液态疏水缔合聚丙烯酰胺(HAPAM)做为压裂液的方法。

随着温度的升高，HAPAM 溶液表观黏度降低，当温度达到设定值后黏度降低至最低点，而温度恒定后黏度又随着剪切时间的增长而增大，这主要由于 HAPAM 分子间的疏水缔合作用引起的。170℃、170s^{-1}条件下剪切 2h 后黏度高于 50mPa·s，根据 SY/T 6376—2008《压裂液通用技术条件》规定，从黏度指标来看，4% HAPAM 体系可适应地层温度 170°C 的油井压裂需要。该压裂液体系配制原料为液态，完全能够满足实时混配压裂施工的要求。

4 水平井多级裂缝微地震监测技术

裂缝监测技术是判断裂缝形态、优化压裂设计的重要手段，目前国内外应用最多的就是采用微地震监测，利用声学运动学原理，起源于天然地震的监测。水力压裂井中，由于压力的变化，地层被强制压开一条主裂缝，沿着这条主裂缝，能量不断地向地层中辐射，形成主裂缝周围地层的张裂或错动，这些张裂和错动可以向外辐射弹性波地震能量，包括压缩波和剪切波，类似于地震勘探中的震源。震源信号被位于地面或井下的检波器所接收，将接收到的信号进行资料处理，反推出震源的空间位置，这个震源位置就代表了裂缝的位置。

F154-P1 井采用了三种裂缝监测技术，分别是套管微地震监测、微破裂影像和井下微地震监测技术，下面主要介绍后面两种技术。

4.1　微破裂影像技术

微破裂影像技术使用专用微破裂三分量地震仪器、在地表稀疏布设台站、不影响生产、不破坏环境、操作简单、成本低。其核心技术是为“看”到破裂的时空分布，以扫描地下破裂释放能量的方法，处理淹没在噪音中的微破裂信号。

现场采用稀疏台网布置：18 台三分量检波器布置在井口 1km 之外区域，控制面积 $16km^2$；2011 年 5 月 7 日现场监测小型压裂 6h；2011 年 5 月 21 日现场监测正式压裂。

4.2　井下微地震监测

对 F154-P1 井进行压裂施工，在 F154-x6 井内下入井下三分量检波器，对压裂裂缝进行监测，采用 16 级检波器串，仪器设计的深度为 2585～2685m，下桥塞封隔射孔段，桥塞下入位置 2690m±2m，另外通过射孔定位。

对比以上监测结果，由于裂缝形态复杂，解释结果偏差较大，因此有必要继续开展裂缝监测及解释技术的研究。

5　现场应用试验

近年来国外利用水平井裸眼多级分段压裂技术在开发致密砂岩油气藏和非常规油气藏方面取得突破性进展，为了提高特低渗油藏的水平井分段压裂增产效果，选取 F154-P1 井进行水平井裸眼多级分段压裂先导试验。

水平井裸眼多级分段压裂技术在钻井完成后直接下入带有多级裸眼封隔器和压裂滑套的管柱串，压裂时采用逐级投球打开压裂滑套的方式来实现连续分层压裂。该技术不需要固井，大大地增加了井筒与地层的渗流面积，不用射孔，连续压裂，可以大大节约压裂作业时间。

F154-P1 井位于大芦湖油田的东部的 F154 块，油层埋深 2690m，平均孔隙度 14.9%，平均渗透率 $1.1\times10^{-3}\mu m^2$，属低孔特低渗油藏。F154-P1 井水平段长度为 1200m，压裂 12 段。该井设计水平段井眼直径 152.4mm，压裂完井管柱由 12 个管外封隔器，11 个投球滑套以及 1 个压力打开滑套的设备组成。该井 12 段连续施工 14.5 小时，均顺利完成加砂，共注入压裂液 $2946.1m^3$，加入支撑剂 $254.7m^3$，砂比 6.5%～38.7%。

F154-P1 井压后 3mm 油嘴自喷，初期日液 $178m^3$，日油 76.8t，含水 57%，截至 8 月 20 日，累计自喷 83d，累产液 $4006.3m^3$，累产油 1982.6t，目前油压 2.3MPa，日液 $31m^3$，日油 19.2t，含水 38%。该区块邻井压后初期日液一般在 $15m^3$，日油 8t 左右。该井的成功实施表明水平井多级分段压裂技术在开发特低渗油藏方面具有较强优势。

6　结论及建议

① 针对特低渗透油藏改造技术难点，开展了水平井裂缝起裂和裂缝延伸规律研究、裂缝间距及缝长优化技术研究、压裂液体系优化及评价技术研究和水平井多级裂缝微地震监测技术等方面的研究，初步形成了胜利油田特低渗致密砂岩油藏水平井压裂设计优化技术，并开展了现场试验，取得了圆满成功。

② 水平井多级分段压裂的裂缝延伸复杂，结合三种压裂裂缝监测解释结果部分段一致性不好，有必要继续开展水平井裂缝监测及解释技术的研究。

③ 下一步将在胜利油田致密砂岩 F154、F162、B435 等地区继续开展水平井多级分段压裂技术研究与现场试验探索，尽快完善与配套水平井多级分段压裂技术，为实现胜利油田十二五期间非常规油气藏储量达到 100 万吨提供有力的技术支撑。

安棚深层系致密砂岩大型压裂水平井参数优化方法研究

黎明　梁丽梅　黄磊　苏剑红　韩丰华　翟明群

（中国石化河南油田研究院）

摘　要：泌阳凹陷安棚深层系主要指埋深在3000~3600m左右，以核三段下部为主的目的层系，储层纵向油层多，厚度大，开发潜力大。但由于储层致密低渗，早期直井常规压裂稳产状况差、产量递减快。引进水平井分段压裂工艺技术开发后，效果较为明显。为进一步提高分段压裂水平井整体开发效果，提出一套适合本区的分段压裂水平井技术参数及井网形式显得尤为重要。本文以深层系油藏特征为原型，利用油藏数值模拟和油藏工程方法，对不同物性条件下、不同水平段长度下的压裂水平井的裂缝条数、裂缝长度、裂缝导流能力等技术参数进行优化，建立了安棚深层系不同物性和不同水平段条件下裂缝参数优化图版，在此基础上考虑经济因素对设计的井网形式进行对比分析，最终得到适合本地区的水平井开发井网形式，为安棚深层系的高效开发动用奠定了必要的基础。

关键词：泌阳凹陷　安棚深层系　致密砂岩　水平井大型压裂　水平井参数优化

前　　言

泌阳凹陷安棚深层系主要指埋深在3000~3600m左右，以核三段下部为主的目的层系，构造面积约17.5km^2，分为Ⅶ、Ⅷ、Ⅸ三个油组54个小层。储层平均孔隙度4.16%，平均渗透率2.82×10^{-3}μm^2，致密低渗是该套储层突出特点。安棚致密砂岩油源充足，油气显示丰富，储层分布广泛，蕴含着巨大的潜力。直井常规试油产能低，一般小于2t/d，压裂后初期效果明显，平均13t/d左右。2001年始采用直井同步注水开发，开发效果差，采出程度较低，截至2011年12月开发区累计产油9.8×10^{4}t，综合含水93.55%，目前油井开井数9口，日产油9.6t，水井开井数3口，日注水142m^3。随着水平井分段大型压裂技术的出现，使得这类油气藏的整体有效开发动用成为可能。

水平井分段压裂技术是通过沿着水平井筒形成多条水力裂缝，各个水力裂缝相互独立，没有相互干扰，从而大幅度改善渗流条件，提高油气产能。本文主要针对安棚深层系致密砂岩挥发油藏展开研究，利用油藏数值模拟和油藏工程方法，研究了致密砂岩油藏水平井分段压裂开发的井网优化模式，主要包括不同物性条件下的压裂水平井的裂缝条数、水力压裂缝长、导流能力等参数的优选，建立了不同物性及不同水平段长度条件下水平井分段压裂参数优化图版，并在此基础上考虑经济因素对设计的井网形式进行对比分析，最终得到适合本地区的水平井开发井网形式，为下步安棚深层系致密砂岩整体开发动用奠定了必要的基础。

1　单井压裂参数优选

在储层厚度及水平井井筒长度确定的情况下，水平井压裂裂缝条数、裂缝长度及裂缝导流能力是影响水平井产能的主要因素。目前对优选压裂参数的研究，主要集中在数值模拟方法和室内物理模拟方法。本次研究建立水平井+油气藏数值模拟模型，通过网格加密和等效导流能力的方法处理分段压裂裂缝，考察裂缝条数、裂缝长度、导流能力对水平井压后效果的影响规律，从而确定不同水平段长度下各参数的优化结果。

1.1　模型的建立

本文以安棚深层系致密砂岩储层参数为基础，建立数值模拟机理模型，模型所选用的网格为：X×Y×Z = 80×30×5，单个网格的长宽在平面上所选用的步长相等，即DX = DY = 20m，纵向砂体厚度为5m三层，泥岩隔层厚度为2m两层，模型能代表的实际区域大小为1800m×600m×19m。针对研究区的储层物性，设置储层平均孔隙度6%，平均水平渗透率$1.0\times10^{-3}\mu m^2$，平均垂向渗透率$0.48\times10^{-3}\mu m^2$，初始含水饱和度40%。由于研究区油藏埋深较深，认为水力压裂缝为横向缝，缝面垂直于层面穿透模型砂层及泥岩隔层，利用网格加密设置人工裂缝缝宽为5mm。水平井压裂投产后，采取定井底流压衰竭式开采，设定水平井废弃压力为3.5MPa，模拟时间500天，模型如图1(900m水平段压裂10条缝)。

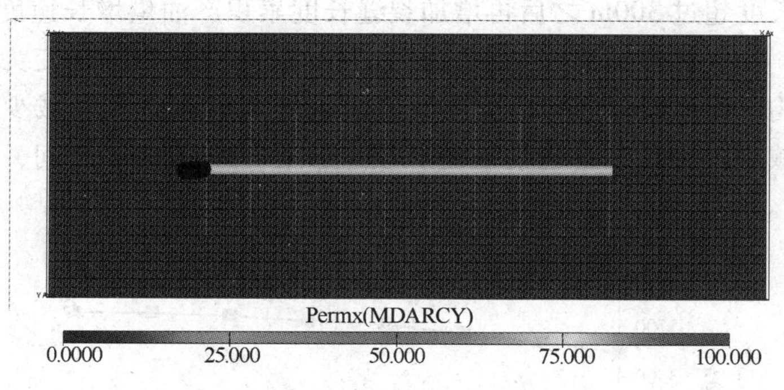

图1　分段压裂水平井模型

1.2　单井压裂参数优化

(1) 裂缝条数优化

对于实际油气田生产来说，裂缝条数是影响产能的一个重要参数。合理的裂缝间距应综合考虑储量动用程度并能保证水平井具有较高的产能。如果裂缝间距过大，会造成裂缝间储量的损失；间距过小，裂缝之间存在相互干扰现象。以500m水平段长度为例，方案设计裂缝条数为1、2、3、4、5、6、7、8共8个模拟方案，裂缝沿水平段均匀分布，对应水平井压裂级数为 1、2、3、4、5、6、7、8 段，对比随着裂缝条数的增加，各方案累积产油量变化情况，并优选合适的裂缝条数。

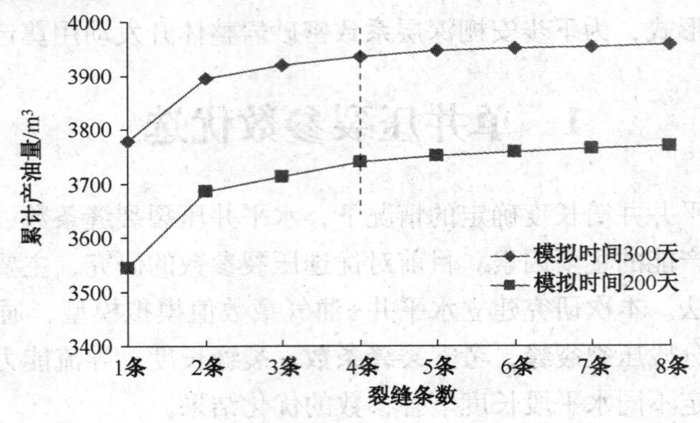

图 2　500m 水平段长度下压裂缝条数优选

由图 2 可以看出，在压裂后气井投产初期，裂缝数目越多，生产气井的累积产油量越大，但随着生产时间的延续，不同裂缝条数下的井日产量之间的差距越来越小，但当裂缝条数超过 4 条之后上升趋势明显变缓，因此可取 4 条作为合理的裂缝条数。

（2）裂缝缝长优选

为了研究水平井压裂裂缝长度对水平井产能的影响，模拟方案设计半缝长为 30m、50m、70m、90m、110m、130m、150m、170m 共计 8 种不同裂缝长度的模拟方案，以研究在不同裂缝长度条件下，采用不同的方案对应累积产油量的变化情况，对比各方案，确定合理的裂缝长度。经模拟计算得到的裂缝长度与累积产油量的关系如图 3 所示。由图 3 可以看出，随着裂缝长度的增加，水平井累积产油量也呈上升趋势，但上升速度逐渐变缓，在裂缝长度超过 300m 之后再增加裂缝长度累积产油量增长速度明显变缓。这是因为在压裂井中，油气渗流速度快，油气流入井的流动由达西流转变为非达西流。由于非达西流动的影响，使得裂缝内和地层内油气流入井筒的流量相对减少，导致气井的产量增加幅度有所减小。因此，合理的裂缝长度应该在 180～260m 之间，即裂缝半长应该在 90～130m 之间。

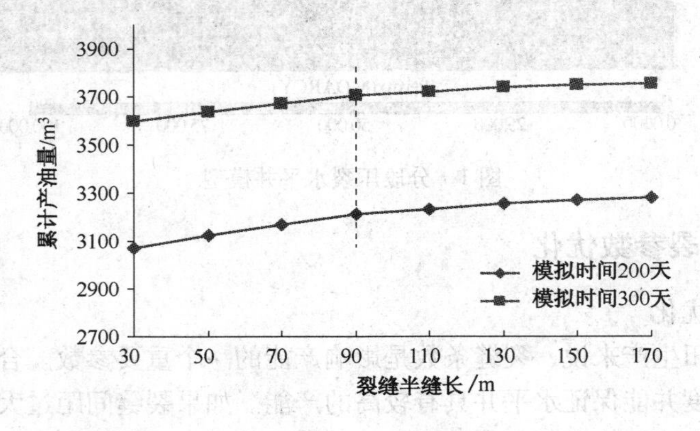

图 3　500m 水平段长度下压裂缝长度优选

（3）裂缝导流能力优选

裂缝导流能力对压裂水平井产能影响较大，当储层渗透率、裂缝长度和裂缝条数和裂缝的方位确定时，可能存在一个最佳裂缝导流能力值。本文选取同样的模型进行数值模拟，将裂缝半长设为100m，裂缝方向与水平段垂直，不考虑水平井多条垂直裂缝相互干扰，设计不同的导流能力，以研究与之相对应的产量。方案采用与裂缝长度和方位优化方案相同的模型，设计的裂缝导流能力分别为 5μm^2 · cm、10μm^2 · cm、15μm^2 · cm、20μm^2 · cm、30μm^2 · cm、40μm^2 · cm、50μm^2 · cm、60μm^2 · cm 共 8 个模拟方案以便于对比。随着裂缝导流能力的增加，累积产油量也会随之发生变化。方案最终通过累积产油量来优选比较合适的裂缝导流能力。裂缝导流能力与方案累积产油量之间的关系曲线如图 4 所示。

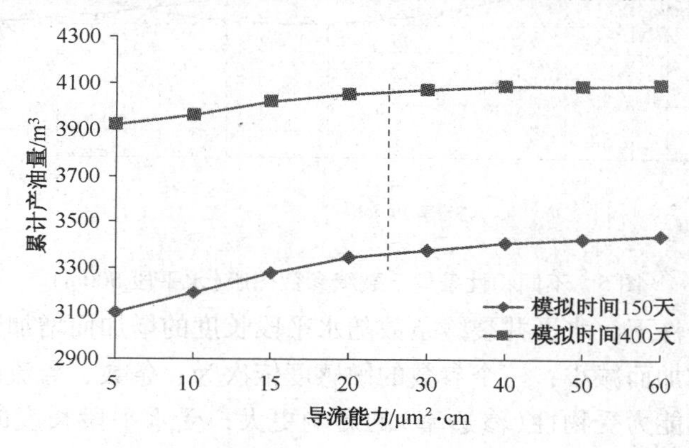

图 4　500m 水平段长度下压裂缝导流能力优选

从图 4 可以看出，随着裂缝导流能力的提高，水平井压后产能增加，但增加幅度逐渐变缓，这与裂缝长度对产量的影响结果很相似。当裂缝导流能力达到 30μm^2. cm 以后累积产油量上升趋势变缓，因此在理论上，合理的裂缝导流能力应在 20~30μm^2. cm 之间。但是，最佳的裂缝导流能力与油藏基质渗透率相关。对于非均质气藏来说，还要参考其他的因素才能确定最佳导流能力。同时，在一定裂缝长度和裂缝的条数下，裂缝导流能力的增加，势必使压裂的加砂量增加，导致施工成本增加。在设计时应合理选取合适的导流能力，使得压裂井的潜能得到较好地发挥，又获得好的经济效益。

2　考虑不同物性条件下裂缝参数优化图版的建立

除了水平井压裂缝参数外，储层物性（渗透率）是影响水平井产能的重要因素之一，在渗透率高的地层中钻水平井并压裂可获得高的绝对产能。不同渗透率条件下，裂缝参数对水平井产量的影响趋势不同，即渗透率影响裂缝优化结果。因此，在不同物性及水平井筒长度条件下，针对各敏感参数在区块的变化区间确定合理步长，求取各参数值条件下分段裂缝参数的优化结果，回归连接成为曲线，形成裂缝条数、缝长、导流能力的优化图版。

在水平井筒长度固定的情况下，裂缝长度和裂缝条数随渗透率的增加而增加，导流能力随渗透率的增加而减小，三个参数的敏感度依次为缝长、条数、导流能力，且在渗透率（0. 1~1）×10^{-3}μm^2 范围内最敏感，如图 5。

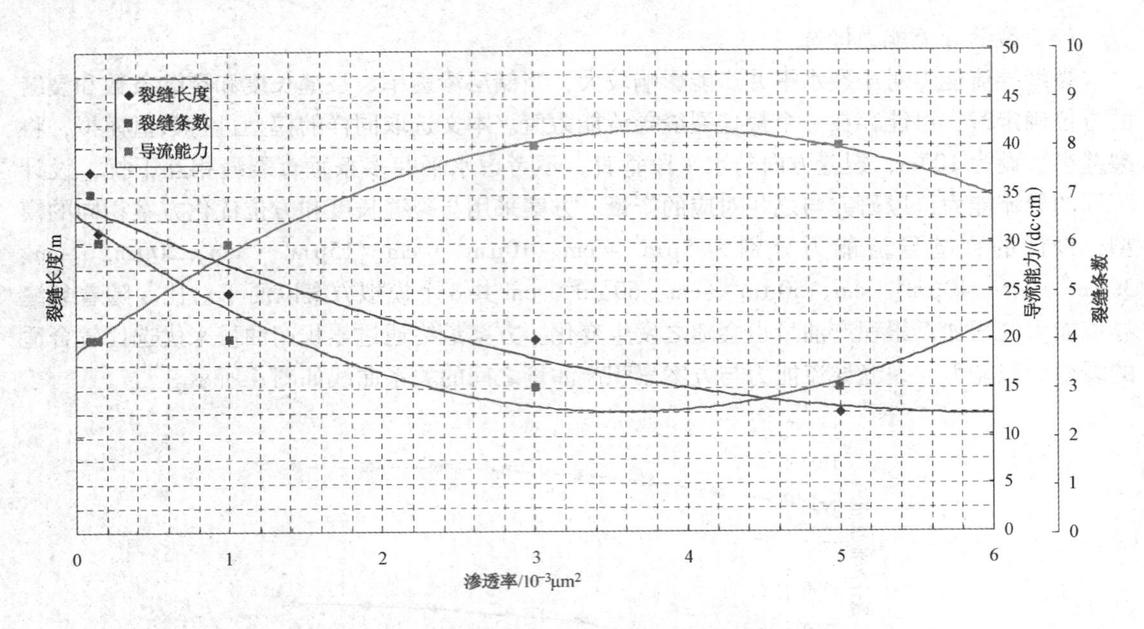

图 5 不同物性条件下裂缝参数图版(水平段 500m)

在物性相同的条件下，水平井裂缝条数随水平段长度的增加而增加，裂缝导流能力、缝长随水平段长度的增加而减小；三个参数的敏感度依次为：条数、导流能力、缝长、水平井分段裂缝长度和导流能力受物性(渗透率)的影响更大，受水平段长度的影响相对较小；裂缝条数受水平段长度的影响更大(图 6)。

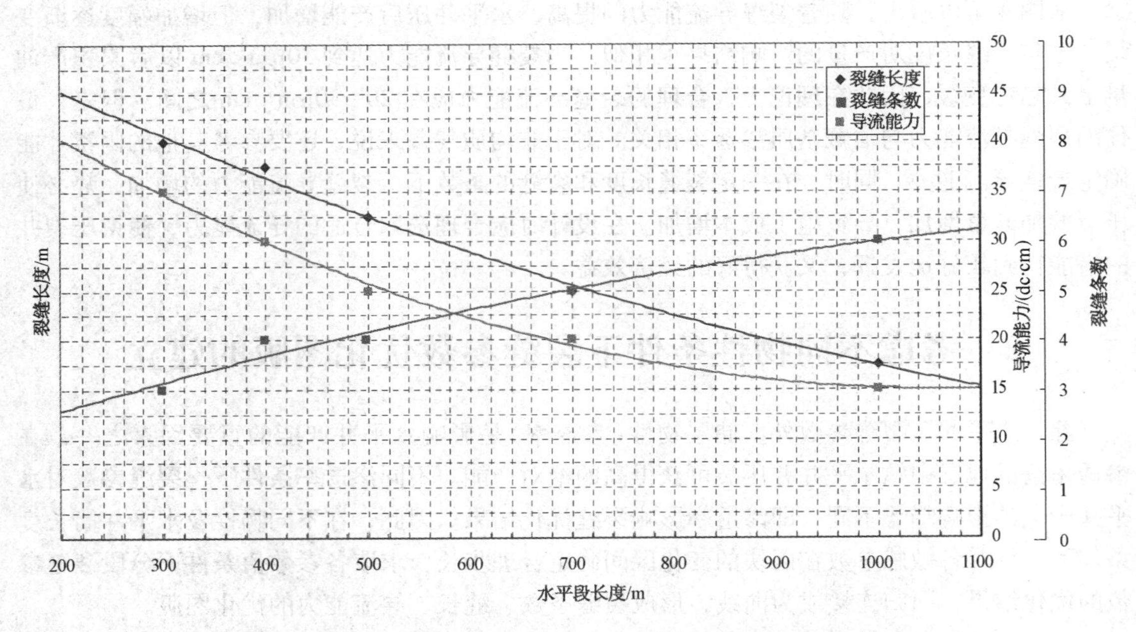

图 6 不同水平段长度条件下的裂缝参数图版(渗透率 2mD)

3　水平井注采井网形式优选

根据安棚深层系油藏工程关于井网井距及单井经济极限水平段长度和控制储量的研究成果，500m 水平段水平井单井控制面积可认为是 600m×400m，并且认为油价为 100 美元时具有一定的经济效益。因此，本次井网形式优选以 500m 水平段为例，以安棚深层系致密砂岩挥发油藏地质参数为原形建立模型，选择油藏渗透率和孔隙度高的有利区域部署水平井，部署的区域面积为 17.4km^2，地层孔隙度取 6%，渗透率变化范围为$(0.5\sim3)\times10^{-3}\mu m^2$。结合裂缝参数优化图版的研究成果，在不同物性条件下，按一定直井和水平井的注采井数比设计水平井井网。

3.1　井网形式及注采单元

为了便于比较，在渗透率为 $1\times10^{-3}\mu m^2$条件下，井网之间采用等面积对比，每种井网对比单元均为 1000m×800m，共设计了 3 种方案，包括分段压裂水平井衰竭式开采井网、直井注水平井采油井采二者联合井网等类型，通过数值模拟计算开发动态，同时开展经济分析，从中优选合适的开发井网模式。方案 1 采用分段压裂水平井衰竭式开采，以五点法井网 500m 井距布井；方案 2 采用 4 口直井注水联合 1 口水平井采油五点法井网注水开采；方案 3 采用 6 口直井注水联合 1 口水平井采油五点法井网注水开采。对应的井网模式如图 7 所示。

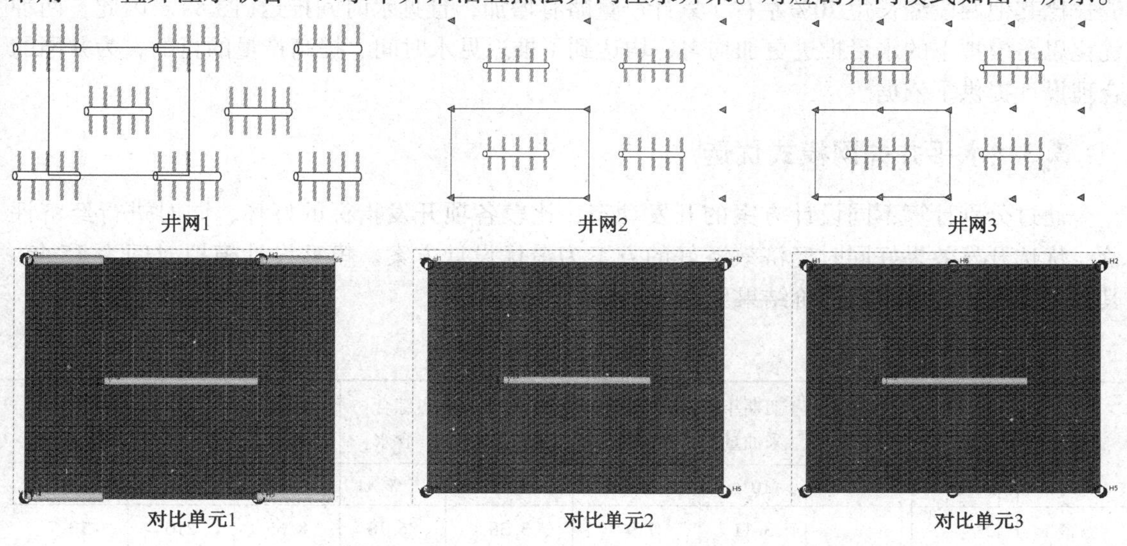

图 7　注采井网及对比单元

3.2　降低水平井注采井网见水风险的优化思路

水平井注采井网很难回避压裂裂缝与注水之间的矛盾，多段压裂的水平井段一旦一条裂缝见水，整个水平井含水很快上升。水平井井网与裂缝优化时，不能沿用直井井网在物性相同、位置一致的井等缝长、等注水量的思路，而是应该尝试设计不同的单井裂缝参数或水井注水量，推迟水平井见水时间，降低水平井注采井网的见水风险。笔者根据设计的井网形式，主要从两个方面来对水平井注采井网见水时机进行优化：①改变与注水井对应的裂缝长度，尤其是水平井筒中间裂缝(井网三)；②注水量不均匀分布，降低直接对应水平井裂缝的井的注水量。

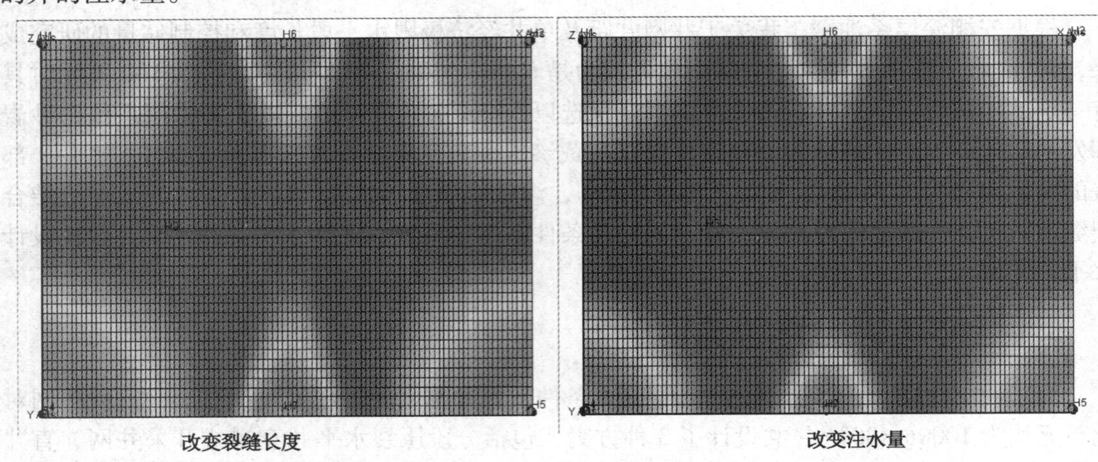

图 8　直井-水平井注采动态图

从优化的结果看，缩短对应注水井的裂缝长度起到了控制水平井见水时间，提高低含水期产量和最终累计产量的作用。同样，中间与注水井对应的裂缝长度变短后，对应注水井的缝长比其他两段缝长短 70%左右，累计产量略有增加，且见水时间推迟(图 8)。因此，两种优化思路模拟下的水量推进更加均匀，均达到了推迟见水时间、提高产量的目的，为井网的合理设计提供了依据。

3.3　水平井井网模式优选

通过分别计算不同设计方案的开发动态，比较各项开发指标的好坏，同时进行经济评价，优选开发效果好同时经济效益好的方案为最优设计方案。模型设计模拟时间为 15 年，其各项开发指标及经济评价结果见表 1。

表 1　井网模拟结果对比表

井网	直井注水	水平井油井	初期年采油量	初期年采油速度	第 15 年累积采油	综合含水	采出程度	净现值	内部收益率
	口	口	10^4t	%	10^4t	%	%	万元	%
方案 1		2	3.11	7.97	3.38	86.18	8.66	210	13.7
方案 2	1	1	1.79	4.60	8.30	81.14	21.27	500	45.9
方案 3	2	1	1.36	3.47	14.42	91.25	26.16	467	39.8

方案比较可知：方案 1 比方案 2、方案 3 的开发效果和经济评价结果都要差，这与安棚地区致密砂岩的储层特征及流体性质有很大的关系，储层致密低渗，油藏流体为挥发油，决定了这类油藏的开发需要水平井分段压裂提高产量的同时也需要注水保持地层能量；仅从开发效果进行对比方案 2、方案 3，方案 3 较好，但方案 3 注水井数多，结合经济评价，方案 2 较好，因此优选方案 2 为最终方案。

4 结　论

① 致密砂岩油气藏储层物性差、非均质性严重、油层导流能力差、地层能量较弱，难以建立有效的驱替压力系统，利用水平井多级分段压裂开采致密砂岩油藏，能够充分利用地层能量，提高油井产量。

② 安棚深层系致密砂岩油藏由于存在挥发油，流体性质更为复杂，采用水平井多级分段压裂提高产量的同时需要注水保持地层能量，达到提高采收率的目的。

③ 水平井注采井网容易发生由于注水波及前沿到达某条裂缝而带来整个水平井水淹的情况，对于多段压裂的水平井而言，裂缝与井网的合理配置非常重要，直井-水平注采井网中考虑不等长布缝、不均匀注水的思路，可在一定程度上避免水平井含水急剧上升的风险。

④ 大型压裂数值模拟是在真实的油藏地质模型的基础上进行的，模型的准确性需要大量的岩芯实验和流体分析数据作为支撑，因此，实验数据的质量和准确性至关重要。

腰英台油田裂缝性油藏多裂缝控制技术

张冲　刘立宏　刘清华

（中国石化东北油气分公司工程技术研究院）

摘　要： 腰英台油田属于低孔特低渗储层，天然裂缝发育，压裂施工难度大。压裂成功率仅为70%~80%；单井平均砂比14.2%；平均单井加砂17.2m^3；压后有效期短。本文通过岩石力学及地应力特征研究，结合前期压裂施工特征分析，找出了腰英台油田压裂成功率低、有效期短的原因，并针对性地提出了高砂比粉陶段塞压裂工艺技术，解决该类储层由于天然裂缝引起的高滤失导致提前脱砂的问题，现场应用取得了良好的效果，也为该类双重介质储层的压裂改造提供了借鉴。

关键词： 腰英台油田　天然裂缝　多裂缝控制　超前高砂比粉陶段塞技术

1　引　言

腰英台油田为低孔、特低渗储层，物性条件差，天然微裂缝发育，油水关系复杂，单井产量低，压裂加砂困难，施工成功率低，压后有效期短。通过钻井取芯及岩石力学实验表明，腰英台油田压裂难度大、效果差的主要原因是天然裂缝发育，压裂容易形成多裂缝，造成液体滤失大易砂堵，难以形成主裂缝而导致压后有效期短。通过技术攻关，形成了超前高砂比粉陶段塞为主的多裂缝控制技术，成功解决了腰英台油田压裂施工难度大，有效期短的问题，为腰英台油田的高效开发提供了技术支持。

2　储层特点

腰英台油田构造上位于长岭凹陷东北部大情字井低凸起带与东部华字井阶地的结合部，紧邻黑帝庙次凹。腰英台油田油藏全区无统一油水界面，油水系统受构造和储层的岩性、物性等多种因素控制。腰英台油田探明储量3500×10^4t，动用储量3179×10^4t，油藏埋深2100~2400m，主力油层：青一、青二。腰英台油田储层岩性致密，岩性以细-粉砂岩为主，含少量细砂岩和泥质粉砂岩。孔隙度主要分布在8%~16%，平均值为11.22%；渗透率(0.1~2)×10^{-3}μm^2，平均1.95×10^{-3}μm^2。

腰英台油田通过近几年已经实施的300多井次的压裂实践，对前期压裂施工参数和压后效果分析表明腰英台油田压裂存在以下难点：

① 施工成功率低，仅为70%~80%。

② 施工砂比低，单井平均砂比14.2%，平均单井加砂17.2m^3。

③ 压后有效期短。

影响腰英台油田压裂施工成功率和压后效果的主要原因有两点，一是天然裂缝发育，压裂容易产生多裂缝；二是储层杨氏模量高，地应力差异大，裂缝形态复杂。

2.1　天然裂缝发育

腰英台油田为典型的裂缝型油藏。储层属于中低孔（12%～15%）、特低渗［（1～10）×$10^{-3}\mu m^2$］的裂缝性砂岩油藏，天然裂缝和微裂缝发育，多数裂缝在地层原始状态下是闭合的，在钻井或试油压裂过程中裂缝原始状态被破坏而张开，形成诱导缝，沟通孤立溶孔和微孔，从而大大改善了低渗透储层的渗流状况。天然裂缝与人工压裂裂缝大体一致，呈东西向。青一段、泉四段裂缝较青二段发育，其裂缝密度分别为平均每米 0.312 条和 0.159 条；裂缝多见为成组的剪裂缝，缝面光滑，一般无充填物，有的缝为方解石未完全充填。

目前压裂过程中面临的多裂缝问题主要发生于天然裂缝发育地层。

在井筒附近如果射孔井眼周围存在天然裂缝，则优先破裂的射孔孔眼就可能是存在微裂缝的孔眼，如果新开启孔眼与前面已经开启孔眼在周向存在一定的角度，该处的小裂缝不易与已经开启裂缝在延伸过程中连接，则发展成独立的大裂缝，最终形成多裂缝。

对于天然裂缝发育地层，在裂缝延伸过程中可能形成更复杂的多裂缝系统。这些天然裂缝不定时地引导了流体的流向，因而形成了分叉裂缝，当这些分叉裂缝的尖端受阻时，裂缝又沿其他方向发展，但最终的方向是沿最大水平主应力方向发展，因此形成的裂缝形态是极其复杂的。

2.2　储层杨氏模量高，地应力差异大，裂缝形态复杂

腰英台地区青山口砂岩弹性模量处于 24651～48375MPa 之间，平均 26877.7MPa，见图 1，表 1，杨氏模量较相同深度低渗透储层高，导致压裂过程中裂缝宽度窄；最大、最小水平主应力分布区间较大，最大水平主应力接近垂向主应力梯度值，压裂易形成复杂的裂缝系统，垂直缝与水平缝共存，可导致水平面产生滑移，增加施工难度。

表 1　腰英台油田岩石力学试验结果统计表

区块	层位	井名	岩芯编号	起始深度/m	终止深度/m	岩性	弹性模量/MPa	泊松比	抗压强度/MPa	黏聚力/MPa	内摩擦角/(°)
腰英台地区	青一段	腰东 101	3-60/65	1947.2	1947.8	灰色粉砂岩	26093	0.229	171.58	17.72	49.76
		腰北 1	5-35/82	2236	2238	粉砂岩夹泥岩条带	22456	0.235	82	—	—
		腰 301	4-29/36	2076	2079	粉砂岩	27574.5	0.227	185.45	22.88	50.85
			5-3/57	2087.6	2087.8	粉砂岩	24555	0.196	115.3	21.56	48.95
			3-18/50	1988.22	1990.99	粉砂岩夹泥岩条带	22474.5	0.239	118.92	21.59	50.12
			3-43/50	1990.9	1992.6	粉砂岩夹泥岩条带	28375	0.198	236.61	24.66	51.57
		DB34-9-5	1-15/26	2323.68	2325.88	油斑粉砂岩	30426.5	0.196	152.27	29.15	59.05
			1-25/26	2325.8	2328	油斑粉砂岩	28300	0.195	148.97	27.34	54.78
		DB28	2-30/43	2013.3	2015.16	粉砂岩夹泥岩条带	23900	0.229	136.9	24.03	45.57

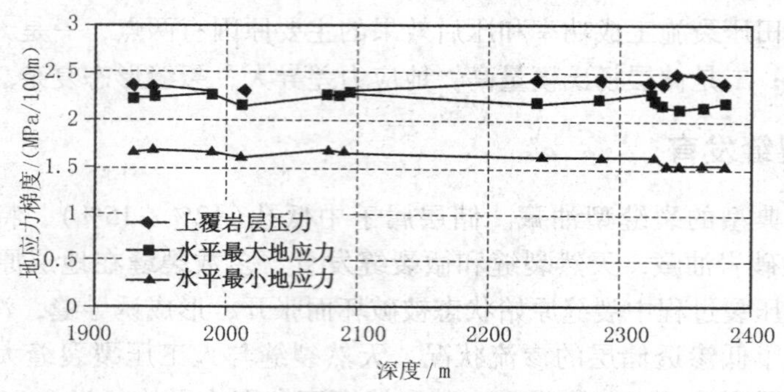

图 1　腰英台地区青一段三主地应力分布特征

3　多裂缝控制技术

在天然裂缝发育的地层，多裂缝的产生不可避免；在均质地层，对于不同的地应力状况和井况，在目前的完井方式与技术条件下，也不能完全避免出现多裂缝的状况，对于上述两种情况，或两种情况交叉的情况，应采用合理的完井措施，采用合理的施工参数来避免或减少多裂缝，以顺利施工，完成加砂，形成较长的主缝。

因此，如何减少多裂缝的产生是裂缝发育储层压裂成功的关键。采用适当的工艺手段可以减少裂缝的条数，首先被堵掉的是那些近井地带闭合应力大、转向轨迹复杂的裂缝。多裂缝的形态各异，形成原因诸多，在处理措施上应从根本上避免产生多裂缝、已产生多裂缝则尽可能降低危害两个方向进行探讨。

3.1　多裂缝控制技术原理

超前高砂比粉陶段塞的特点是在前置液阶段早期利用少量粉陶以高砂比段塞注入，可以对储层的天然裂缝进行封堵，控制多裂缝的产生。

高砂比段塞强调早期加入，在天然裂缝开启初期以高砂比进入储层，对大多数裂缝进行封堵，从而控制多裂缝。而随着储层静压力的升高，主裂缝的缝高缝宽会进一步发育，从而形成单一的裂缝，有效控制和减少多裂缝的产生，提高施工成功率和压后有效率。

针对由于多裂缝而导致低砂比阶段易砂堵的特点，压裂设计要充分考虑到不同井区天然裂缝类型及分布特征，裂缝宽度的变化规律，并采用与储层相适应的压裂工艺技术以提高压裂施工成功率。采用何种支撑剂段塞堵塞多裂缝，需同时考虑裂缝的发育程度，即与之紧密相关的裂缝的产状、滤失特征，利用多裂缝滤失理论进行分析，对比施工排量与滤失速度之间的关系，确定支撑剂段塞的加入时机、加入浓度和段塞液量。

3.2　段塞多裂缝控制技术参数优化结果

3.2.1　段塞级数优化

如果在闭合点前叠加导数曲线显示“上凸”，则表明储层天然裂缝发育。叠加导数曲线与直线汇合时被认定为是裂缝的张开压力。当该叠加导数曲线从直线向下偏离时为裂缝闭合。因此段塞级数的设计应根据测试压裂分析结果，根据曲线特征所表现出来的多裂缝数量和与之相对于的闭合压力值的大小，进行段塞级数设计。

3.2.2 段塞浓度优化

段塞浓度的优化以极限缝宽理论为基础进行优化。极限缝宽，即在考虑储层多裂缝条数、裂缝滤失特性、裂缝宽度因子等参数的基础上，确定的满足支撑剂顺利输送的最低缝宽条件。

极限砂浓度计算

为了避免砂堵的发生，应该考虑两个方面的情况，一方面是压裂液效率，如果地层天然裂缝发育，压裂液滤失严重，压裂液效率偏低，那么携砂液砂浓度将会急速增加，达到砂浓度极限值(C_0)，容易出现砂堵，因此，应对最高砂浓度进行控制，在携砂液砂浓度还没有增加到极限时，完成施工；另一方面是近井多裂缝，如果近井有效多裂缝(同一水平面内出现的多裂缝)较发育，由于多裂缝的相互竞争，造成有效加砂缝宽变窄，同时在携砂液进入地层一定量后，部分裂缝被支撑剂堵塞，当后续携砂液经过时，只通过压裂液，不通过支撑剂，即对压裂液进行了分流，分流而不过砂，这样也造成了近井附近砂浓度的增大，增加了施工风险。

因此，为了防止出现砂堵，最高砂浓度优化应充分考虑以上两个方面的影响，假设最初形成的多裂缝宽度相等，条数为 n，最高砂浓度的优化结果为：

$$\begin{cases} C<C_0 \cdot \eta \\ \dfrac{C}{\dfrac{1}{\phi \cdot (n-1)+1} \cdot (1-C)+C}<C_0 \cdot \eta \end{cases} \tag{1}$$

式中　C——实际加砂最高浓度,%；

C_0——理论最高加砂浓度,%，通常取值 0.73；

η——压裂液效率,%；

n——多裂缝条数；

ϕ——支撑剂孔隙度,%。

3.2.3 段塞加入时机优化

段塞的加入时机需要考虑注入液量与多裂缝滤失液量间的差异对缝宽的影响，在此基础上确定段塞的加入时间。考虑多裂缝滤失过程裂缝的滤失量、滤失面积关系见图 2。

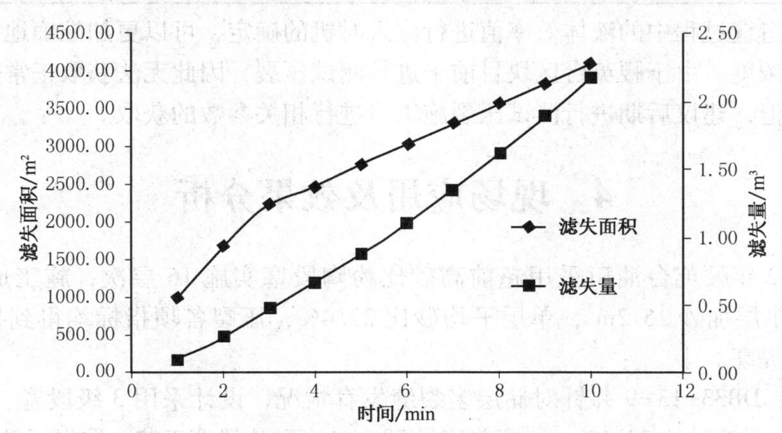

图 2　考虑多裂缝的滤失面积与滤失量关系

由模拟结果可以看出，随着液体注入的进行，滤失的液量大幅度增加，按照施工排量 4.0m^3/min、施工时间 10min 计算，其井口注入的压裂液造缝的有效排量仅为 1.82m^3/min，此时由于有效排量降低、净压力随之减小导致缝宽极窄，无法满足支撑剂的运移，砂堵风险极大。因此需要在较常规的段塞降滤工艺的基础上进行超前的段塞注入，堵塞多裂缝造成的大量液体滤失，从而满足主缝延伸及支撑剂顺利铺置的前提条件。

段塞注入过早，因多裂缝撑开程度有限，同时人工裂缝的缝宽不足以满足支撑剂的运移，导致缝口处的支撑剂架桥堵塞，导致井筒内的砂堵；段塞注入延迟会导致天然裂缝张开程度过大，人工裂缝缝宽过大，导致低砂比的支撑剂无法实现架桥堵塞降滤的目的。因此考虑管柱容积及现场加砂压裂施工的实际情况，进行超前段塞降滤的注入实际控制在 10~15m^3的入地液量。

另外，通过模拟计算，可得前置阶段考虑滤失情况下有效支撑天然裂缝和造人工裂缝的有效排量(表 2)。

表 2　液体效率计算结果

时间/min	缝宽/cm	极限砂浓度	有效排量/(m^3/min)	液体效率/%
1	0.168	0.131	3.905	97.62913
2	0.189	0.156	3.731	93.28261
3	0.203	0.173	3.518	87.94808
4	0.240	0.218	3.338	83.45817
5	0.265	0.248	3.127	78.18229
6	0.285	0.272	2.899	72.47281
7	0.300	0.290	2.650	66.24325
8	0.314	0.307	2.388	59.69221
9	0.326	0.321	2.111	52.78677
10	0.337	0.335	1.820	45.49008

依据液体造缝过程中的液体效率值进行注入时机的确定，可以更加准确地判断用于计算支撑剂段塞的浓度。由于腰英台区块目前未进行测试压裂，因此无法获取正常加砂压裂过程中的液体效率值，建议后期进行测试压裂施工，进行相关参数的获取。

4　现场应用及效果分析

2011~2012 年腰英台油田采用超前高砂比粉陶段塞实施 16 层次，施工成功率提高到 93.8%，平均单层加砂 26.2m^3，单层平均砂比 22.4%，压裂各项指标均得到提升，压后有效期也有大幅提高。

典型井例：DB33-13-9 井针对储层多裂缝发育情况，设计采用 3 级段塞、粉陶支撑剂、段塞液量 8m^3、段塞砂比 29.4%、段塞前液量 20m^3的高砂比段塞工艺，取得了较好的效果，有效控制了多裂缝滤失导致的缝宽不足、加砂困难的情况，顺利完成了 40m^3陶粒支撑剂的加入，施工排量 4.0m^3/min，施工压力 22.3~26.9MPa，整体施工压力平稳，施工曲线见图 3。

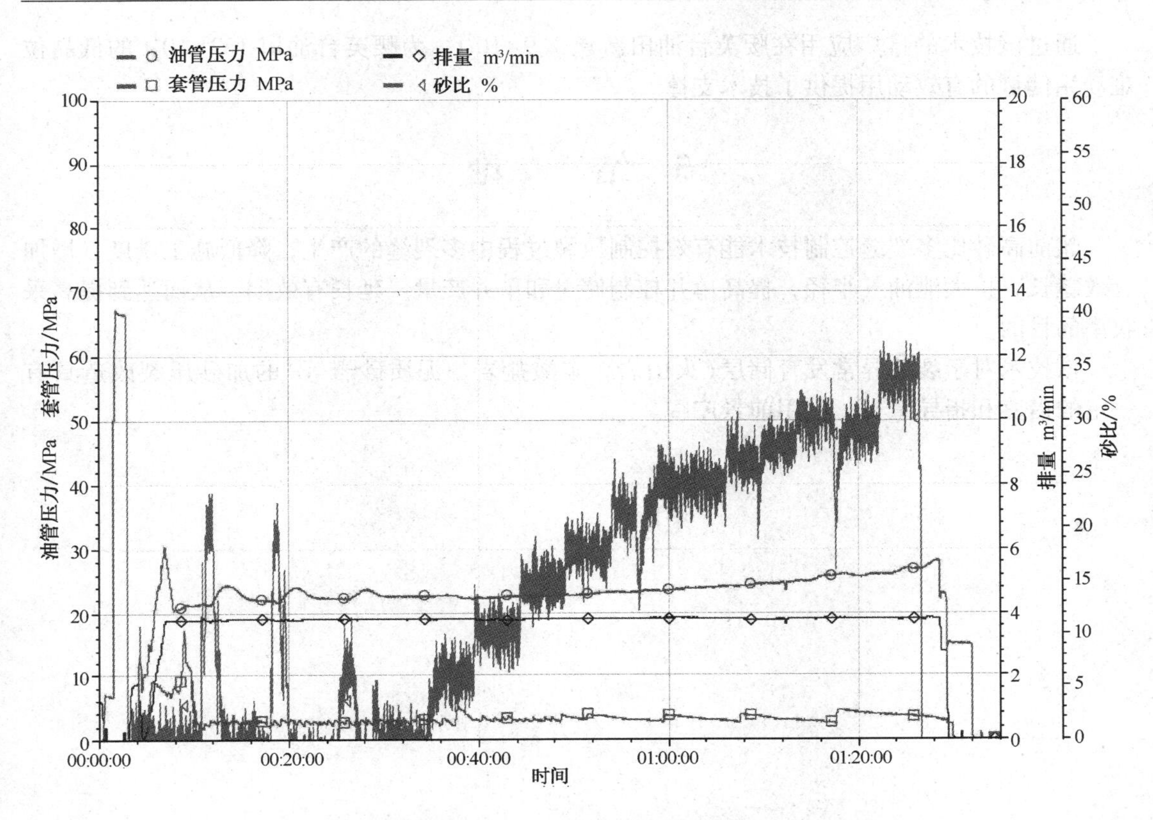

图 3　DB33-13-9 井压裂施工曲线

井间电位监测结果见表 3。综合考虑各圈测试成果，裂缝中心方向为 90°和 300°方向，认为在压裂施工过程中形成了一组两翼方向有明显夹角的垂直裂缝；异常低值区域比较宽，可能是由于天然裂缝发育，造成压裂液滤失所产生的电位异常。

经数值摸拟计算：90°方向裂缝长度 138m，300°方向裂缝长度 155m。所测得的方向为磁方向，此地磁偏角约为 10°，因此裂缝真方向为 80°和 290°方向。

表 3　Y301-1-8 井井间电位监测结果

位置	电位异常直角坐标图	电位异常曲线环形图
70/90	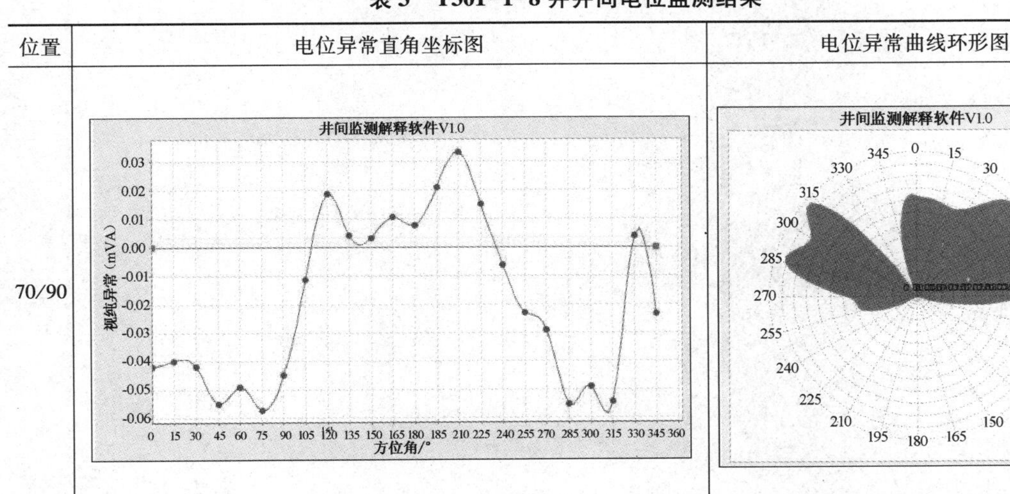	

通过该技术的推广应用在腰英台油田新建 1.9×10^4t，为腰英台油田 152×10^4t 的低品位难动用储量的有效动用提供了技术支撑。

5 结 论

超前高砂比多裂缝控制技术能有效控制压裂过程中多裂缝的产生，降低施工难度，增加有效缝长，扩大泄油气半径，提高单井控制储量和单井产量，延长有效期，从而达到提高采收率的目的。

该技术对于裂缝异常发育储层(火山岩，碳酸盐岩、泥质砂岩等)的加砂压裂改造具有一定的借鉴和指导意义，应用前景广阔。

顺9井区超深致密油藏整体压裂优化设计研究

王洋　耿宇迪　米强波　赵兵

（中国石化西北油田分公司工程技术研究院）

摘　要： 塔中志留系碎屑岩油藏预测原油地质储量 12139.31×10^4t，是西北油田分公司重要的产能接替区块。油藏具有埋藏深、温度高、物性差、底水发育、砂泥岩薄互层等特点，前期尝试了直井压裂、水平井分段压裂改造，但增产幅度有限，无法实现经济高效开发。本文在前期工作基础上，选取顺9井所在的“甜点区”进一步探索水平井整体分段压裂提高经济效益的可行性。运用油藏模拟和净现值评价模型对目前主要低渗透油田开发井网在该甜点区整体改造开发的经济性进行了评价，明确弹性+矩形井网注水开发模式，并对注水时机、注水压力、布缝方式、井网参数等进行优化研究。

关键词： 顺9区块　超深　致密砂岩　整体压裂

前　言

塔中碎屑岩油藏位于塔里木盆地顺托果勒隆起，志留系柯坪塔格组是该区主要目的层。油藏属于为受构造与岩性双重控制的边水油藏，顺9井区具有埋藏深（5650m）、砂体薄（11~24m）、特低孔（平均6.2%）、超低渗（0.03mD）、高破压（0.0209MPa/m）、油水距离近（顺903油水层间距9.5m）、储隔层应力差小（2.1~6.1MPa）等改造难题。前期顺9井加砂压裂，初期日产油5.3t/d，累计产油351.6m³后无产液关井。顺9CH井分7段压裂，压后初期稳定日产油20.6t/d，较直井压裂增产效果明显，但仍无法实现正的经济效益。

整体压裂以提高整个油藏动用程度为目标，强调水力裂缝与注采井网的最佳匹配，是目前低渗透油藏经济开发的有效手段。本文在总结顺9井区前期压裂试油成果基础上，借鉴国内外超低渗透油藏整体压裂改造经验，运用油藏数值模拟及净现值经济评价模型，选取顺9井所在的“甜点区”进行整体压裂经济可行性研究。

1　单井压裂评价

1.1　直井压裂

2011年5月采用低伤害表面活性剂压裂液，段塞式加入高强度支撑剂方式对顺9井5560.5~5589.5m井段加砂压裂，挤入地层总液量560.4m³。压后初期日产油5.3t/d，累计产油351.6m³后无产液关井，直井压裂无法实现稳定生产。

1.2 水平井分段压裂

为进一步提高单井压后产量，2012 年在顺 9 井区开展了顺 9-1H、顺 9CH 水平井分段压裂试验，水平段垂深 5578m，水平段长 865m。

（1）分段级数优化技术

压裂段数及缝长是影响水平井产能的主要因素。以最大单井产量为优化目标，同时考虑到井区底水发育，且距离油层近，采用“多分段，小规模”原则，压裂段数为 6~7 段。

（2）低伤害压裂液体系优选

井区孔隙度、渗透率极低，为降低储层伤害，提高造缝能力，达到提高单井产量的目的，通过降低瓜胶浓度，优选表面活性剂助排剂、粘土稳定剂，胶囊破胶剂，并差异化设计破胶剂加量及加入程序等方面形成了针对该区的低伤害压裂液配方。

（3）控缝高技术

井区储层上部泥岩盖层厚度 40~42m 左右，且分布稳定满足压裂控缝高需要；储层下部应力差 2.1~6.1MPa，底部隔层薄、连续性差、底水发育，需要人工控缝高。通过优化压裂液黏度(70~90mPa · s)、施工排量(4.5~5.0m^3/min)、砂量(70t 以内)，人工隔层技术能有效防止裂缝向下过度延伸。

2012 年 6 月 14 日顺 9CH 井分 7 段压裂施工，累计注入地层液量 3574.8m^3，加砂 512.2t。压后初期日产油 20.6t/d，目前日产油 8.8t/d，含水 42%，累计产液 14340.3t，累计产油 7919.5t。水平井分段压裂较直井压裂大幅度提高了单井产量(日产油是直井压裂的 3.8 倍)，但顺 9 井区储层埋藏深、钻井压裂投资大，水平井单井分段压裂后预测 15 年后累产油约 2.4×10^4t，目前油价下无法获得正经济效益。

水平井分段压裂改造较直井水力压裂增产幅度明显，但无法不能实现经济高效开采。国际著名压裂专家 M. J. Economides 通过对塔中志留系的研究得到：需寻找孔隙度大于 10%，渗透率大于 0.1mD 的“甜点”，应用分段压裂技术有望实现经济开发。

2 整体压裂井网优选

通过对国内外致密砂岩油藏改造技术的研究表明：整体压裂技术是低渗透油藏经济开发的有效手段，具有：①储量控制程度最大；②较高的采油速度；③较高的采收率；④良好的经济效益等优势。但是目前应用较多的主要是直井整体压裂技术，对于水平均井整体压裂的研究相对较少，尤其是整体压裂注水开发。

本文以顺 9CH“甜点区”为研究对象进行区块整体压裂的产能预测及经济评价，运用油藏数值模拟方法优选整体压裂井网参数及开发方式，油藏模型选用黑油模型，含油面积 20.14km^2、预测石油地质储量 1348.94×10^4t，储层有效厚度 17.2m、孔隙度 8.27%、渗透率 0.158mD、驱油效率 64.7%、含油饱和度 47.5%、原油密度 0.866g/cm^3。

2.1 线性正对井网弹性开发模式

采用正交实验的方法研究井网、压裂参数对线性正对井网产能的影响，优选出最佳的参数组合。各参数对产能影响大小依次为：排距、裂缝半长>裂缝条数>水平段长>井距。线性正对井网弹性开发最优组合为井距 560m，排距 800m，水平段长度 960m，裂缝条数 9 条，裂缝半长 240m，裂缝导流能力 $50\mu m^2 \cdot cm$。

计算表明在现有油价下，采用线性对称井网弹性开发无法实现正经济效益；油价达到 130 美元/桶生产 8 年可收回成本。

2.2　“井工厂”开发模式

借鉴大牛地致密气田井工厂模式，以顺 9-顺 903H 所在砂体为目标区域，在同一个井场按 3 种方式布置水平井工厂。以 15 年为开发评价周期，运用净现值经济模型评价表明，井工厂开采主要依靠地层弹性能力，单井产能递减快，15 年采出程度仅为 4.8%，同样需要油价达到 130 美元/桶才能实现正经济效益。

2.3　注水开发井网

根据目前国内外低渗透油藏常用注水井网类型，设计了纯压裂直井(五点法、反九点法)、压裂直井水平井联合(五点法、矩形、反九点法)、纯压裂水平井(五点法、矩形、反九点法)8 种井网类型，并进行产能分析和经济评价(表 1)。

表 1　8 种注水开发井网开发指标对比

方　案	直井五点法	直井反九点法	水平井矩形井网	水平井五点法	水平井反九点法	联合五点法	联合矩形井网	联合反九点法
前 5 年平均单井产能/(t/d)	1.12	1.94	16.7	16.2	15.7	14.2	15.1	10.1
5 年采出程度/%	0.19	0.32	3.1	2.7	3.3	1.9	2.3	2
10 年采出程度/%	0.43	0.61	5.5	5.9	5.2	3.1	3.3	2.6
20 年采出程度/%	1.31	1.38	9.3	10.4	8.1	7.3	6.6	4.7
20 年综合含水率/%	57.52	53.66	73.88	79.5	71.13	61.2	59.45	57.89
20 年压力保持水平/%	88.1	86.4	95.7	97.6	94.5	92.1	91.7	91.5

通过对 8 种方案的模拟指标可知，纯水平井井网较直井井网开发采出程度具有明显优势。取 15 年为评价周期，结合已建立的油藏模型，预测纯水平井井网年产油量，对三种纯水平井井网净现值评价(图 1、图 2)。

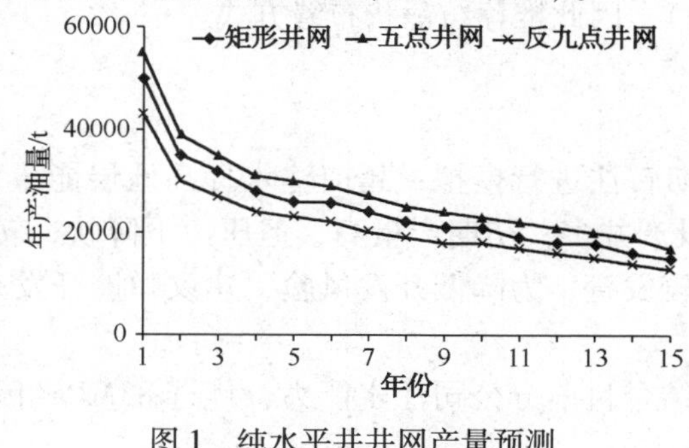

图 1　纯水平井井网产量预测

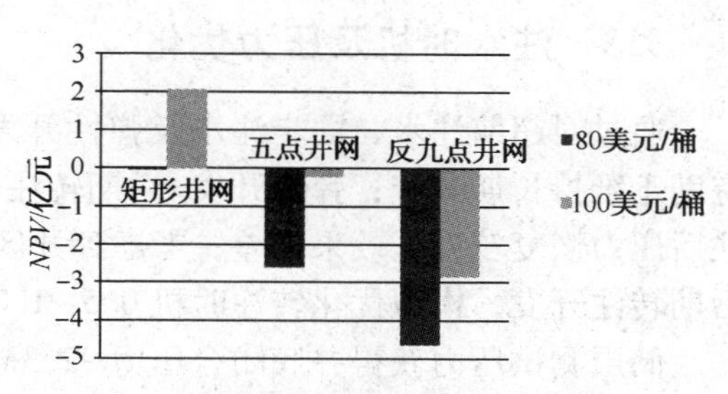

图 2　不同井网方案开发净现值分析

由图 1 可知，反九点井网和矩形井网年产油量明显高于五点法井网。两者均具有增加边井受效程度，延缓角井水淹时间的特点，有利于提高单井产量和初期采油速率。矩形井网与五点井网相比，注水井少，更具有费用优势(图2)，且有望在现有条件下实现正经济效益开发。

3　整体压裂井网参数优化

3.1　井排距优化

根据井网优化结果，按水平井矩形井网布井。设计4种井排距方案；方案1：井距500m，排距550m；方案2：井距600m，排距500m；方案3：井距700m，排距450m；方案4：井距800m，排距400m。

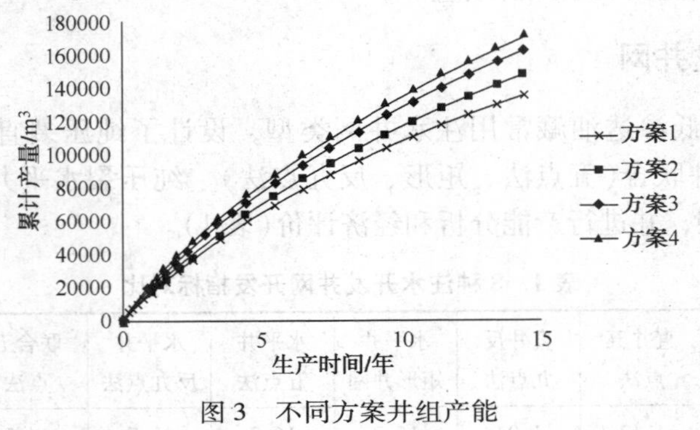

图3　不同方案井组产能

如图3所示，4种方案的井距逐渐增加，排距逐渐减小，井组累计产量增加。方案4与方案3相比，其产能增加幅度明显减小，因此井距700m，排距450m为较优方案。

3.2　布缝方式优化

按矩形井网布置注水井及采油井，设计3种布缝方案；方案1、每条裂缝等长(200m)；方案2、中间缝长大于两端缝长(150m、200m、250m)；方案3、中间缝长小于两端缝长(250m、200m、150m)。

方案1因单条缝长长，前5年采出程度最高(3.11%)，后期含水快速上升，20年采出程度较低(9.32%)。方案2纺锤状的布缝方式兼顾了注水井的影响，在相同生产时间内含水低于方案1及方案3，20年采出程度最高(9.66%)，因此推荐纺锤状布缝方式。

3.3　注水时机及压力优化

通过对超前注水、同步注水及弹性开发+后期转注进行模拟：超前注水提高地层能量，有助于维持长期高产；弹性开发+后期转注初期投产井多，初期产量高，但压力下降快，转注后压力恢复较慢，效果略差；考虑到井区底水较发育，为降低开发风险，建议弹性开发+后期转注开发，模拟优化转注时机0.5~1.0年。

储层测试压力获得井底闭合压力92.3MPa，结合目前分公司注水能力，优选83MPa(闭合压力90%)为注水压力。

3.4 压裂段数优化

在水平段长度一定的情况下，压裂段数是影响产能的重要参数。随着压裂段数的增加，三年的累产油量逐渐增加，但是当段数大于6~7级，裂缝之间产生干扰，累产量的增幅很小。因此优选压裂段数6~7级。

3.5 油水井压裂参数优化

采用正交试验方法对油井缝长、水井缝长、水井导流能力、油井导流能力四个参数进行优化分析。各压裂参数对产量影响依次为：油井缝长>水井缝长>油井导流能力>水井导流能力。各参数水平最优组合为：油井缝长200m，水井缝长150m，水井导流能力20$\mu m^2 \cdot cm$，油井导流能力30$\mu m^2 \cdot cm$。

4 结论及建议

① 顺9井区超深致密油藏经济开发难度大，采用纯弹性分段改造开发模式无能量补充，产量下降快，难以实现正收益。

② 针对顺9CH“甜点区”进行整体压裂方案优化设计，采用矩形井网，弹性开发+注水开发相结合的开发方式具有一定经济性，但方案具体实施需要更精细化的油藏描述技术及有利储层预测技术做支撑。

水平井分段压裂缝间应力分布数值模拟研究

贺甲元　黄志文　李凤霞　孙良田　林鑫

（中国石化石油勘探开发研究院）

摘　要：本文对水平井多级分段压裂的缝间应力分布特征及相互作用进行了系统研究，分别采用 ABAQUS 和 FLAC3D 数值模拟软件建立单井和双井的三维力学分析模型，综合考虑地层构造应力和储层岩石力学影响，研究了单口水平井压裂时地应力差、弹性模量、渗透率、施工排量等参数对裂缝扩展规律的结果，同时建立了两口井的分析模型，分析了不同裂缝条数、不同裂缝长度及施工压力对近裂缝应力变化及分布特征的影响。模拟计算成果能够为水平井压裂工艺方式选择、水平井分段压裂的裂缝参数优化设计，单井及丛式井组的压裂设计提供借鉴。

关键词：水平井　压裂　应力分布　数值模拟

引　　言

对于非常规油气、低渗透、稠油油气藏以及小储量的边际油气藏等，水平井开发是最佳的开发方式。特别是对于低孔隙度、低渗-特低渗的页岩油气压裂中，无论是理论研究还是实践开发中，仅靠单一的压裂主缝很难取得增产效果。因此，缝网压裂技术和体积压裂技术是页岩气开发的一个核心技术，其核心思想是利用储层两个水平主应力差值与裂缝延伸净压力的关系，实现远井地带的网络裂缝效果。其核心理念是通过工艺技术的改变“打碎”储集层，形成复杂缝网，实现人造渗透率，在这一过程中裂缝起裂不是单一张开型破坏，而是剪切破坏及错断和滑移等，从而突破传统压裂裂缝渗流理论模式，适用于较高脆性岩层的改造。在非常规水平井压裂的设计优化过程中，必须从机理方面开展大量研究，需要考虑钻井形成的水平井筒改变了井筒附近应力应力集中现象、裂缝存在情况下的裂缝起裂、诱导应力场叠加作用、井组单井间干扰以及压裂天然裂缝产能影响等情况。通过调研分析大量国内外对水平井压裂的研究方法和研究成果，目前对页岩裂缝起裂及延伸、页岩体积压裂的增产机理等研究过程中，水平井压裂的应力分布始终是研究的重点和难点。

国内外学者主要通过有限元等数值模拟的方法、弹性理论解析计算方法进行水平井井筒及压裂的应力分布研究。解析方法求解过程复杂，考虑因素较少，而且结果形式单一，因此有限元分析方法是目前研究地应力的一项有效技术手段，目前已经涌现出许多运算速度快、可视化程度较高的有限元分析商业化软件，诸如 FLAC3D、ANSYS、ABAQUS 等，这些专业数值模拟软件在工程技术设计和基础问题研究中得到广泛使用，是未来压裂应力研究的主要技术手段和发展方向。

1　基础理论

致密砂岩储层的体积压裂的作用机理主要是通过水力压裂对储层实施改造，在形成一条或者多条主裂缝的同时，使天然裂缝不断扩张和脆性岩石产生剪切滑移，实现对天然裂缝、岩石层理的沟通，以及在主裂缝的侧向强制形成次生裂缝，并在次生裂缝上继续分支形成二级次生裂缝，以此类推，形成天然裂缝与人工裂缝相互交错的裂缝网络。从而将可以进行渗流的有效储层打碎，实现长、宽、高三维方向的全面改造，增大渗流面积及导流能力，提高初始产量和最终采收率。研究水平井水平段应力分布情况，需要从有针对性的裂缝参数设计，结合宏观应力背景研究结果，分析一井多段压裂地应力变化特征及段间互相影响。根据岩石力学特征及压裂规模波及范围，判断压裂所形成的裂缝模式及延伸方向，进而能够从工艺技术上实现对施工参数的优化，根据压裂投入分析，从经济上优化压裂段数、压裂规模。

目前分析岩石或岩体材料应用较多的强度理论有：最大正应变理论、莫尔强度理论、格列菲斯强度理论和应变能理论等。莫尔强度理论是由莫尔于1900年提出，认为材料发生破坏是由于材料的某一面上剪应力达到一定的限度，而这个剪应力与材料本身性质和正应力在破坏面上所造成的摩擦阻力有关。即材料发生破坏除了取决于该点的剪应力，还与该点正应力相关。这是目前岩石力学中应用最广泛的理论。

莫尔强度理论的运动和平衡方程：

$$\rho \frac{\partial u}{\partial t} = \frac{\partial \sigma}{\partial x} + \rho g \tag{1}$$

式中　ρ——物体的密度；

t——时间；

x——坐标向量的分量；

g——重力加速度分量；

σ——应力张量的分量。

本构关系：

$$e = \frac{1}{2}\left(\frac{\partial u}{\partial x} + \frac{\partial \sigma}{\partial x}\right) \tag{2}$$

式中　e——应变率的分量；

u——速度分量。

边界条件：

$$F = \sigma_{ij}^{b} n_i \Delta s \tag{3}$$

式中　n——边界段外法线方向单位矢量；

Δs——应力作用边界段的长度。

实验和理论研究表明，具有初始裂纹的岩体，其应力强度因子随井筒压力的增加而增加，当K_I增大到临界值K_{IC}时，岩体处于由稳定向不稳定扩展的临界状态。除了断裂韧度K_{IC}可以作为裂纹扩展的准则，尚有三种方法可以作为判断裂纹是否扩展的准则，它们分别是：临界应力准则、临界裂纹张开位移准则以及裂纹长度对时间准则。

水压致裂过程中具体是拉伸破裂还是剪切破裂取决于原始地应力和岩石特性。岩体裂纹的扩展是一个裂纹尖端脆性断裂的过程，故裂纹扩展准则选择临界应力准则。假设裂纹形成与延伸的方向与水平最大主应力一致(图 1)。

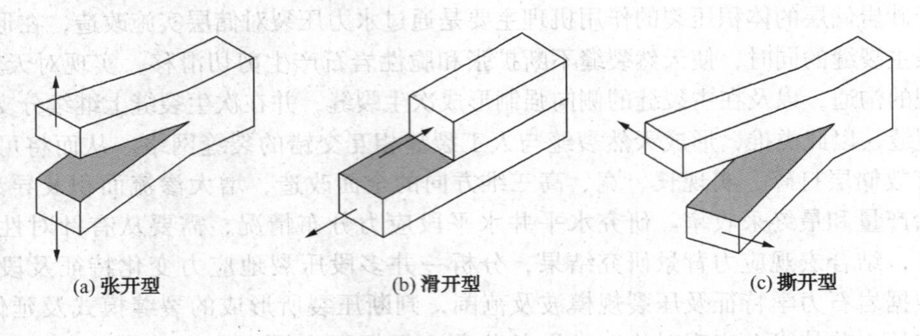

图 1　三种裂纹扩展模式

在本研究中将地层假定为莫尔-库仑塑性模型，采用莫尔-库仑屈服准则：

$$f_s = (\sigma_1 - \sigma_3) - 2c\cos\varphi - (\sigma_1 + \sigma_3)\sin\varphi \tag{4}$$

式中　σ_1，σ_3——最大和最小主应力；

c，φ——黏结力和摩擦角。当 $f_s<0$ 时，地层岩石将发生剪切运动。

2　计算模型和基本假设

ABAQUS 可以分析复杂的固体力学结构力学系统，特别是能够驾驭非常庞大复杂的问题和模拟高度非线性问题，该软件不但可以做单一零件的力学和多物理场的分析，同时还可以做系统级的分析和研究。本文中主要是应用 ABAQUS 建立单井两条裂缝的三维有限元模型，模拟计算压裂过程，与 FLAC3D 不同之处在于，ABAQUS 软件可以模拟流体渗透—应力耦合分析应用，其缺点在于运算速度较慢，建立更复杂的模型需要优化算法并升级硬件。所建立的计算模型示意图如图 2 所示。

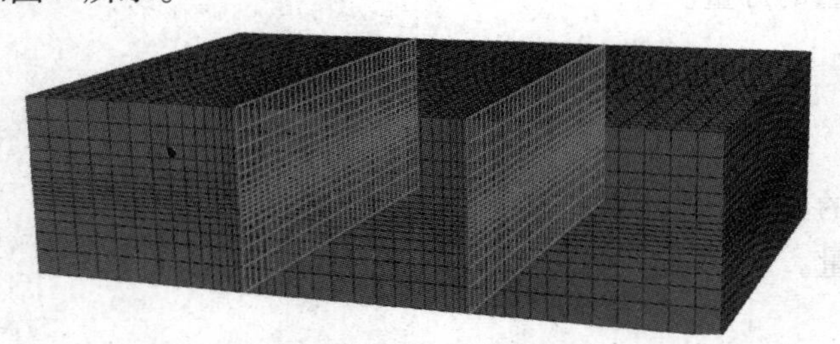

图 2　ABAQUS 单井两条裂缝数值计算模型网格全视图

流体渗透—应力耦合应用模型中各项参数为：高度(Z 向)、宽度(Y 向)和长度(X 向)分别为 80m、300m 和 200m。模型选用 cohesive 单元设置两条水力裂缝扩展面，水力裂缝扩展平面与最小水平初始有效应力方向(Y 方向)垂直，即沿在 X-Z 平面设置，水力裂缝形态为横切缝。起裂点设置在距顶面的 35.6m 处，网格设置时在裂缝位置采用加密布局，提高计算准确程度，整个计算模型共生成单元 29750。计算模型采用的地层参数见表 1。

表 1　计算模型参数表

序　　号	名　　称	单　　位	值
1	弹性模量	GPa	33
2	泊松比		0.2
3	渗透率	$10^{-3}\mu m^2$	1.37
4	滤失系数均值	$m/min^{0.5}$	0.0165
5	储层垂向应力	MPa	35
6	水平最大应力	MPa	30
7	水平最小应力	MPa	22
8	流体比重	N/m^3	9800
9	饱和度		1.0
10	孔隙压力	MPa	9.0
11	施工排量	m^3/min	4
12	压裂裂缝间距	m	100

应用 FLAC3D 是二维的有限差分程序的拓展，能够进行岩石和其他材料的三维结构受力特性模拟和塑性流动分析。本文所述两口井三条裂缝的地应力计算模型取对称结构的立方体地层，所建模型由 15000 个单元体构成，共有 16496 个节点。有限元分析结果的合理与否受所建立几何模型的形状、大小，岩石力学参数的选取、求解域的确定以及边界条件的确定等影响，根据岩体力学理论，为减小应力边界效应，几何模型选取范围大于井筒半径 6.5 倍距离即可(图 3)。

在建模和模拟计算过程中做了如下的基本假设：①岩石是均质和各向同性的连续体，岩石的应力与应变关系是线性的；②在建模过程中忽略了结构弱面以及温度等因素的影响；③考虑了地层自重影响，裂缝面为平面；④作用在边界上的应力为区域应力，作用方向垂直于边界；⑤组成岩体的岩石颗粒为不可压缩材料；⑥不考虑流体滤失与应力的耦合作用。

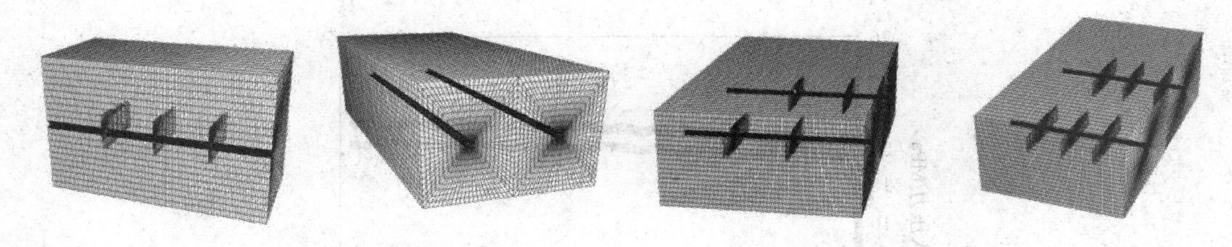

图 3　FLAC3D 两口井多条裂缝数值计算模型网格全视图

选取的有限元模型的基本参数情况为与表 1 中的相关参数一致，同时考虑岩石密度为 $2460kg/m^3$，岩石抗压强度为 166MPa，内摩擦角 23.7°，黏聚力为 42.7MPa。储层垂向应力 35MPa，最大水平主应力 30MPa，最小水平主应力 22MPa。

3 水平井压裂裂缝延伸规律模拟分析

为确定不同参数对裂缝扩展规律的影响，在基础计算模型的基础上，通过改变某一参数的数值，研究了地应力差、弹性模量、渗透率、压裂顺序、施工排量等参数对模拟结果的影响。

3.1 压裂顺序的影响

分别模拟单条裂缝单独扩展(顺序压裂)和两条裂缝同步扩展(同步压裂)情况，研究压裂顺序对模拟结果的影响。由模拟结果(表2)可看出，同步压裂裂缝宽度比顺序压裂的裂缝宽度小，但缝长明显大于顺序压裂的裂缝长度(图4)。同时，同步压裂施工压力和破裂压力明显高于顺序压裂，这是由同步压裂时缝间的应力叠加效应造成(图5)。图6给出了压裂最终时刻(3600s)时裂缝扩展的位移矢量图。从图中可以看出，顺序压裂的位移均匀分布在裂缝两侧，而同步压裂裂缝的位移则主要分布在两条同步压裂裂缝的外侧，同步压裂裂缝间位移量很小。

表2 不同压裂顺序的压裂模拟结果

压裂顺序	裂缝半长/m	裂缝宽度/cm	裂缝高度/m	破裂压力/MPa	3600s时压力/MPa
顺序压裂	91.43	1.339	31.67	22.5	12.4
同步压裂	108.6	1.251	31.67	24.3	21.4

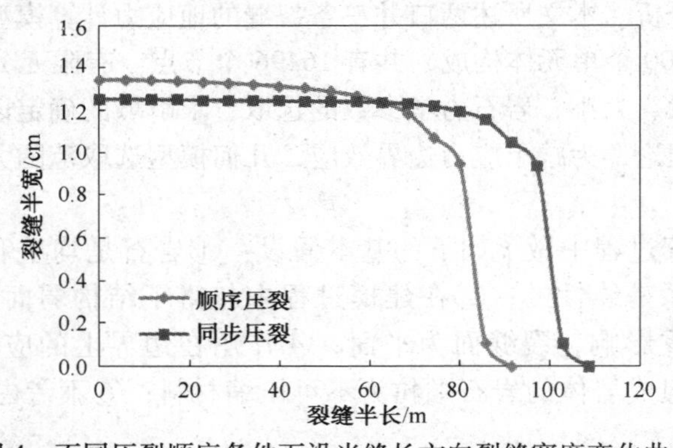

图4 不同压裂顺序条件下沿半缝长方向裂缝宽度变化曲线

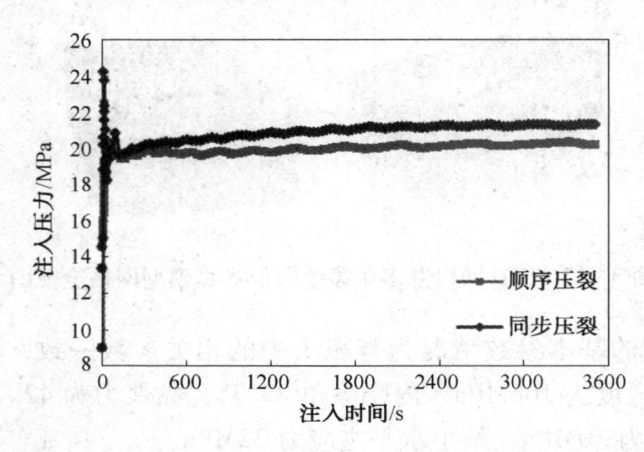

图5 不同压裂顺序条件下注入压力与时间关系曲线

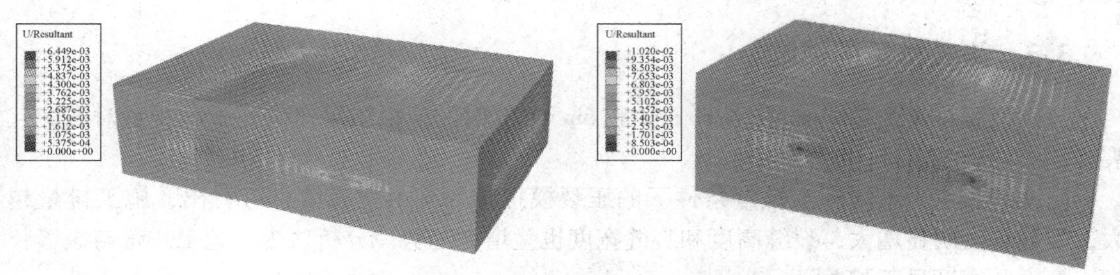

图 6　顺序压裂(左)同步压裂(右)时裂缝位移矢量图

3.2　地应力差的影响

保持其他参数与模型的相同，保持三向应力比例，逐次增大模型的垂向应力力为 38MPa 和 40MPa，研究地应力差对模拟结果的影响。

图 7、图 8 和表 3 为在不同垂向应力差条件下压裂裂缝的模拟结果。可以看出，应力越大，破裂压力和施工压力越高，压裂裂缝半长、宽度和高度均越小。这说明应力较大时会阻止裂缝扩展，同时易在井底憋起高压。

表 3　不同应力条件下的压裂模拟结果

垂向应力/MPa	裂缝半长/m	裂缝宽度/cm	裂缝高度/m	破裂压力/MPa	3600s 时施工压力/MPa
35	108.6	1.251	31.67	24.3	21.4
38	102.86	1.238	30.77	24.9	22.2
40	97.15	1.178	27.50	27.6	23.4

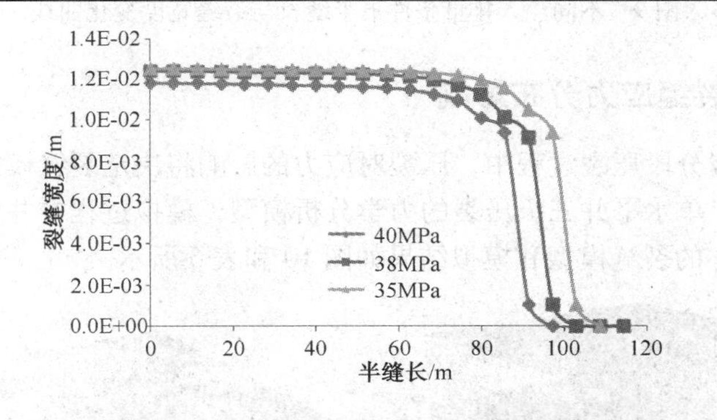

图 7　不同应力条件下沿半缝长方向裂缝宽度变化曲线

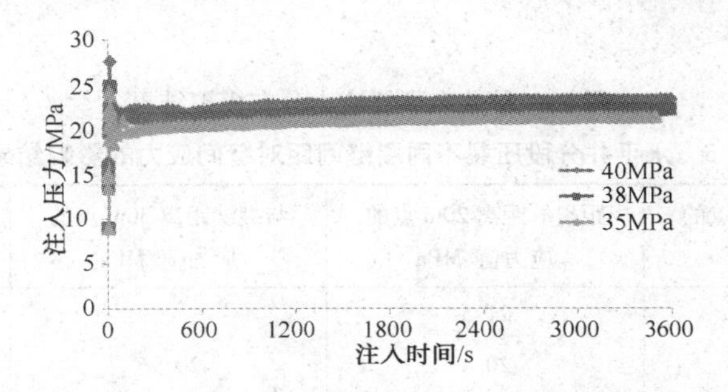

图 8　不同应力条件下注入压力与时间关系曲线

3.3 施工排量的影响

分别设置排量为 $2m^3/min$、$4m^3/min$ 和 $6m^3/min$ 时的模拟结果，研究施工排量对裂缝起裂和扩展的影响。

图 9 和表 4 为不同施工排量条件下的压裂模拟结果。由图表信息可看出，施工排量越大，裂缝长度明显增大，裂缝高度和裂缝宽度也呈增大趋势。分析认为，施工排量与裂缝长度、高度和宽度呈正相关。

表 4　不同注入排量的压裂模拟结果

施工排量/(m^3/min)	裂缝半长/m	裂缝宽度/cm	裂缝高度/m	破裂压力/MPa	3600s 时施工压力/MPa
2	74.29	1.13	30.07	22.0	21.1
4	108.6	1.261	31.67	22.3	21.4
6	142.86	1.309	39.84	22.8	21.5

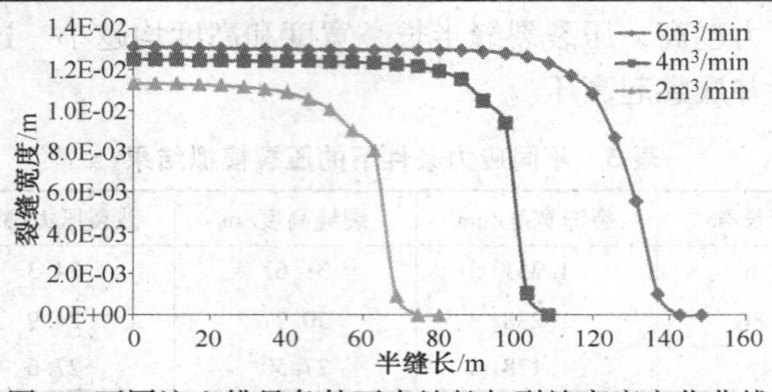

图 9　不同注入排量条件下半缝长与裂缝宽度变化曲线

3.4 单井多裂缝应力分布影响

在水平井的多级分段压裂过程中，压裂对应力的影响将决定裂缝模式和裂缝分布，本文在研究中建立了一个单水平井三级压裂的力学分析模型，模拟过程中井筒内和裂缝内的压力均为 20MPa，所建立的裂缝模型和模拟结果如图 10 和表 5 所示。

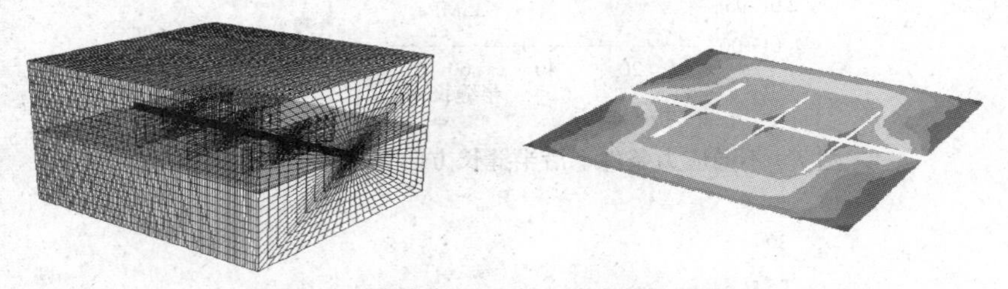

图 10　单井多裂缝应力分布模拟结果

表 5　水平井分段压裂不同裂缝间距对缝间应力的影响结果

裂缝间距/m	距裂缝距离 10m 点的应力值/MPa	距裂缝距离 20m 点的应力值/MPa	与裂缝距离 30m 点的应力值/MPa	与裂缝距离 40m 点的应力值/MPa
30	21.5	21.5		
40	20.96	20.4	20.96	
50	20.72	20.87	20.87	20.72

通过模拟计算能够判断，从理论上分析，裂缝形成及裂缝之间的应力干扰是必然存在的，裂缝的间距越大，相互之间的干扰就越小，反之，裂缝的间距越小，干扰越严重。

3.5　双井多裂缝应力分布影响

多井同步体积压裂是对两口或两口以上的配对井同时进行体积压裂，以增加水力压裂裂缝网络的密度及表面积，达到初期高产和长期稳产的目的。本研究建立了两口井同步压裂井间的力学分析模型，对两口井的压开裂缝间的应力分布进行了模拟分析。所建立的裂缝模型和模拟结果如图 11 所示。

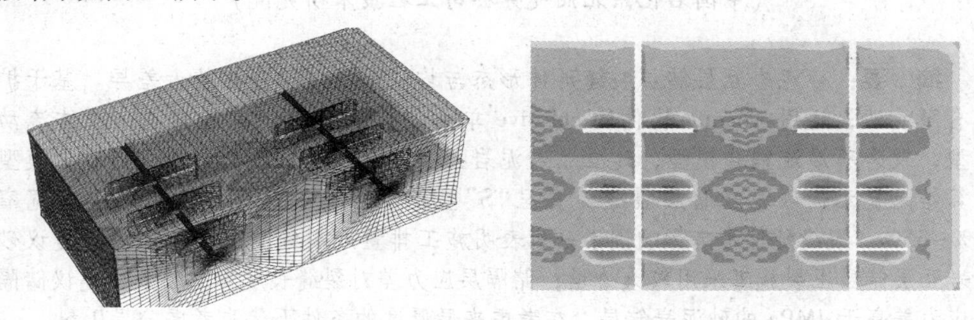

图 11　多井多裂缝应力分布模拟结果

两口井之间的应力干扰主要是由压开裂缝所体现，井间距和裂缝长度对应力分布影响最为明显。另外，裂缝内的净压力对两口井间的应力分布有一定影响，需要对裂缝尖端的应力集中现象开展具体研究。

4　结论及探讨

利用数值模拟软件建立的水平井筒周围应力分布三维模型，能够直接得到地应力大小分布，可以作为研究井筒地应力分布特征研究的一项技术方法。数值模拟研究结果表明，同步压裂裂缝宽度比顺序压裂的裂缝宽度小，但缝长明显大于顺序压裂的裂缝长度；应力越大，破裂压力和施工压力越高，压裂裂缝半长、宽度和高度均越小；施工排量越大，裂缝长度明显增大，裂缝高度和裂缝宽度也呈增大趋势。

随着裂缝内压力上升，应力作用范围增加，随着作用时间增加，应力作用范围增加，同时，不同的岩石力学性质对应力作用范围有一定影响。裂缝形成及裂缝之间的应力干扰是必然存在的，裂缝的间距越大，相互之间的干扰就越小，反之，裂缝的间距越小，干扰越严重。

岩石内部含有大量分布无序、尺度各异的孔隙和裂隙，其结构特征不但影响了致密砂岩的成藏特征，还深刻影响着岩石的强度、裂缝的扩展规律。另外在实际地层中，随着深度变化温度、岩石的抗压强度、内聚力和内摩擦角都呈增大趋势，而这些参数对于应力分布和裂缝延伸必然会造成影响，因此裂缝间的干扰对裂缝扩展的影响需要结合物理模拟实验开展进一步的研究。

基于扩展有限元法的砂泥岩互层裂缝延伸特征研究

夏富国　刘清华　孙昆

（中国石化东北油气分公司工程技术研究院）

摘　要：砂泥岩互层储层裂缝延伸形态与均质砂岩储层存在较大差异。基于扩展有限元法，运用 Abaque 软件的 colesive 单元的裂缝起裂、扩展准则，流体流动模型，及岩石渗流耦合模型，建立了砂泥岩互层储层裂缝扩展的有限元模型。模型计算结果显示，砂泥岩储层裂缝缝宽呈“S”型，泥岩夹层裂缝宽度较砂岩缝宽窄20%~35%。裂缝延伸形态影响因素分析表明施工排量对裂缝宽度影响较大，建议砂泥岩互层储层压裂施工采用较大排量；储隔层应力差对裂缝长度影响较大，建议储隔层应力差高于 4MPa 的砂泥岩储层，在考虑夹层厚度的条件下优先考虑分层压裂。

关键词：砂泥岩互层　扩展有限元　水力裂缝　裂缝延伸

砂泥岩互层储层压裂改造过程中，由于纵向上应力变化大，裂缝宽度较均质储层有较大差异，易砂卡，施工风险大。裂缝扩展形态模拟可预测裂缝延伸剖面，指导压裂设计。随着模拟技术的进步，数值模拟已从二维发展到拟三维、全三维。而大部分商业模拟软件大都假设岩石为线弹性材料，采用有限差分数值求解，其计算结果与实际情况存在一定差异，结果输出方面主要测重裂缝整体形态，不能有定量描述裂缝内任一点的裂缝形态。水力裂缝的扩展问题实际是流体渗流、岩石变形的相互耦合问题，受压裂液流变性、储层特征、岩石物理性质及施工参数等的综合影响。扩展有限元法能有效的求解流固耦合问题，基于扩展有限元法的 Abaqus 软件综合运用力学模型、多孔介质流-固耦合方程，其 Cohesive 黏结单元能模拟压裂过程中裂缝起裂及延伸形态，定量描述裂缝的延伸形态变化。利用 Abaqus 软件良好的建模及输出平台，模拟砂泥岩互层储层裂缝延伸特点，描述裂缝缝宽的变化情况，指导砂泥岩互层的压裂设计，提高施工成功率。

1　裂缝扩展的有限元模型

1.1　Cohesive 单元起裂、扩展准则

裂缝扩展包括张性扩展以及剪切滑移。ABAQUS 采用 Cohesive 单元内聚力模型，模拟裂缝的起裂和扩展。损伤的临界应力判断准则如式 1 所示。当 3 个方向的应力比平方达到 1 时，初始断裂发生。

$$\left\{\frac{\langle\sigma_n\rangle}{\sigma_n^o}\right\}^2+\left\{\frac{\sigma_s}{\sigma_s^o}\right\}^2+\left\{\frac{\sigma_t}{\sigma_t^o}\right\}^2=1 \qquad (1)$$

σ_n 为法向应力，σ_s、σ_t 为切向应力，σ_n^o 为法向损伤的阀值应力，σ_s^o、σ_t^o 为切向损伤的阀值应力。裂缝起裂后，采用 B-K 准则判断裂缝的延伸。

$$G_n^c + (G_c^n - G_n^c)\left\{\frac{G_S}{G_T}\right\}^{\eta} = G^c \tag{2}$$

式中，$G_S = G_s + G_t$，$G_T = G_n + G_s$，G_n^c 为法向断裂临界应变能释放率，N/mm；G_S^c、G_T^c 分别为两切向断裂临界能量释放率，N/mm，η 为与材料本身特征有关的常数；G^c 为复合型裂缝临界能量释放率，N/mm。B-K 准则认为当裂缝尖端点处计算的能量释放率大于 B-K 临界能量释放率时，Cohesive 单元当前裂尖节点对绑定部分将揭开，裂缝向前扩展(图 1)。

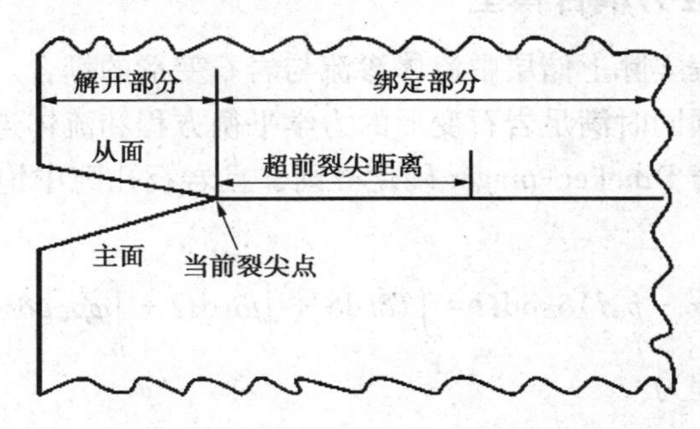

图 1　B-K 准则裂缝扩展示意图

1.2　Cohesive 单元的流体流动模型

Cohesive 单元中流体的流动分为沿 cohesive 单元的切向流动和垂直于 cohesive 单元的法向流动，如图 2 所示。

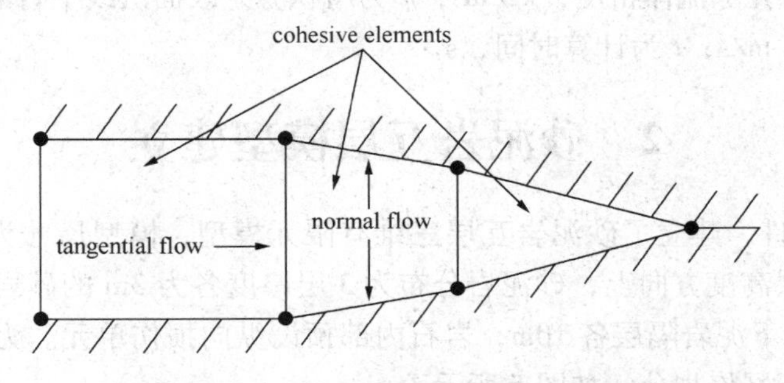

图 2　Cohesive 单元中的流体流动

将压裂液视为牛顿流体，流体沿 cohesive 单元的切向流动符合牛顿流压传导公式。

$$q = \frac{t^3}{12\mu}\nabla p \tag{3}$$

式中，q 为 cohesive 单元中的体积流量向量；t 为 cohesive 单元张开的厚度；μ 为 cohesive 单元中压裂液黏性系数；p 为 cohesive 单元中的流体压力。

流体在 cohesive 单元中的法向流动即为流体向地层滤失。cohesive 单元通过设定滤失系数的方式来描述裂缝表面的渗透层(图 3)。流体在 cohesive 单元上、下表面上的法向流计算

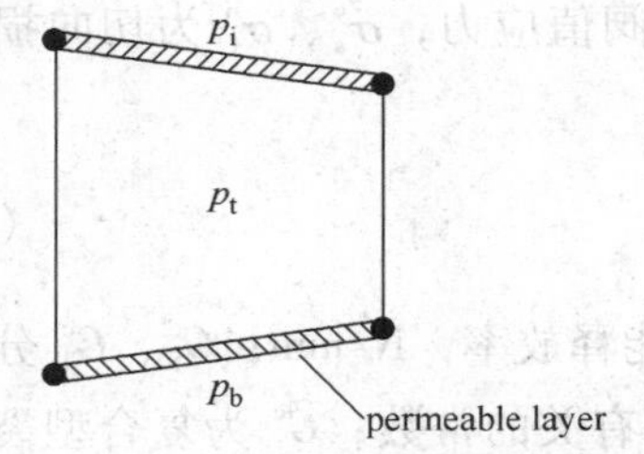

图 3　Cohesive 单元中流体的法向流动

公式为：

$$\begin{cases} q_t = c_t(p_i - p_t) \\ q_b = c_b(p_i - p_b) \end{cases} \tag{4}$$

式中，q_t和q_b分别为流体流进 cohesive 单元上、下表面的体积流率，c_t和c_b分别为上、下表面的滤失系数，p_t和p_b为上、下表面的孔隙压力，p_i为 cohesive 单元中面的流体压力。

1.3　岩石渗流-应力耦合模型

裂缝的扩展延伸过程实际上储层中流体渗流与岩石变形的耦合。岩石中任一点的孔隙压力与位移随时间变化，须同时满足岩石变形的力学平衡方程和流体连续性方程。模型假定储层岩石为多孔介质，符合 Drucker-prager 硬化准则，且岩石孔隙中饱和不可压缩流体，则岩石力学平衡方程为

$$\int_{\Omega}(\bar{\sigma} - p_w I)\delta\dot{\varepsilon}\delta\mathrm{d}\Omega = \int_{S} T\delta v \mathrm{d}S + \int_{\Omega} f\delta v \mathrm{d}\Omega + \int_{\Omega} \varphi\rho_w g\delta v \mathrm{d}\Omega \tag{5}$$

流体渗流连续性方程为

$$\frac{\mathrm{d}}{\mathrm{d}t}\left(\int_{\Omega}\varphi \mathrm{d}\Omega\right) = -\int_{S}\varphi n \cdot v_w \mathrm{d}S \tag{6}$$

式中，Ω为积分空间，m^3；S为积分空间表面，m^2；p_w为孔隙流体渗流压力，MPa；I为单位矩阵向量；$\bar{\sigma}$为储层岩石中的有效应力，MPa；$\delta\varepsilon$为虚应变场，m；δv为岩石节点的虚速度场，m/s；T为单位积分区域外表面力，MPa；f为不考虑流体重力的单位体积力，MPa；φ为岩石孔隙度；ρ_w为孔隙流体密度，kg/m^3；n为与积分外表面法线平行的方向；v_w为岩石孔隙间流体流动速度，m/s；t为计算时间，s。

2　砂泥岩互层模型建立

利用 Abaqus 软件，建立了砂泥岩互层三维有限元模型，模型尺寸为 150m×80m×33m，如图 4 所示。在地层高度方向上，砂泥岩分布为 3 层厚度各为 3m 的砂岩层，中间夹层为厚度 2m 的泥岩层，上下泥岩隔层各 10m，岩石内部预设纵向损伤单元。为了减少迭代计算次数选取 1/4 模型进行网格划分，如图 5 所示。

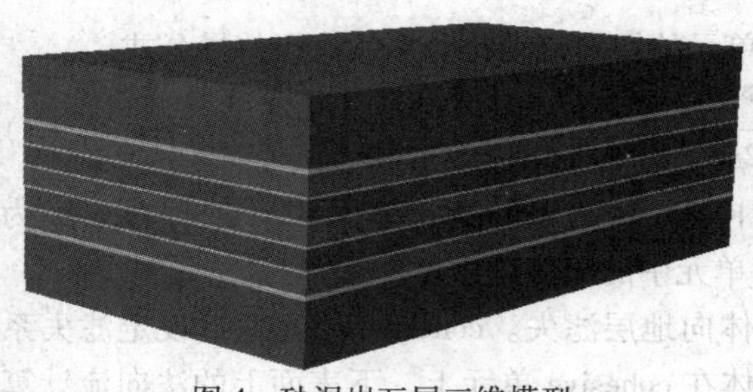

图 4　砂泥岩互层三维模型

图 5　砂泥岩互层 1/4 模型网格划分

综合考虑储层的弹性模量、泊松比、抗张强度、最大主应力、最小主应力、渗透率、孔隙度及液体滤失系数进行有限元计算。具体参数如表 1 所示(根据东北分公司苏家屯油田储层特征)。

表 1　砂泥岩互层计算模型的材料参数

隔层弹性模量/Pa	1.4×10^{10}	隔层泊松比	0.30
储层弹性模量/Pa	3.6×10^{10}	储层泊松比	0.22
隔层抗拉强度/Pa	6.0×10^{6}	储层抗拉强度/Pa	4.0×10^{6}
储层渗透率/$10^{-3}\mu m^2$	1.5	孔隙度	0.11
施工排量/(m^3/min)	3.5	储层孔隙压力/Pa	2.7×10^{7}
隔层水平最小应力/Pa	4.0×10^{7}	隔层水平最大应力/Pa	5.5×10^{7}
储层水平最小应力/Pa	4.5×10^{7}	储层水平最大应力/Pa	6.0×10^{7}

3　裂缝延伸形态及影响因素分析

3.1　砂泥岩裂缝扩展形态

模型计算结果显示，砂岩层裂缝往地层内凹，泥岩层裂缝往地层内凸起，呈“S”状(图 6)。即裂缝宽度在纵向上呈现出泥岩段较砂岩段裂缝宽度窄，与均质砂岩层椭圆状缝宽分布有明显差异。砂泥岩储层裂缝纵向上宽度的变化，极易引起压裂施工过程中裂缝内支撑剂形成砂桥，施工压力波动大，高砂比阶段加砂困难。

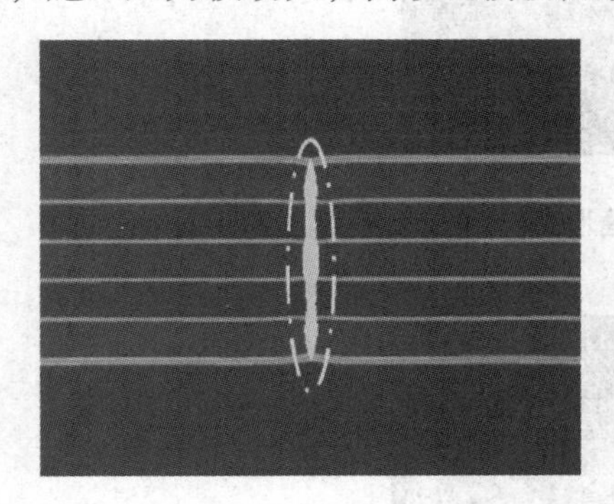

图 6　砂泥岩互层裂缝缝宽分布形态

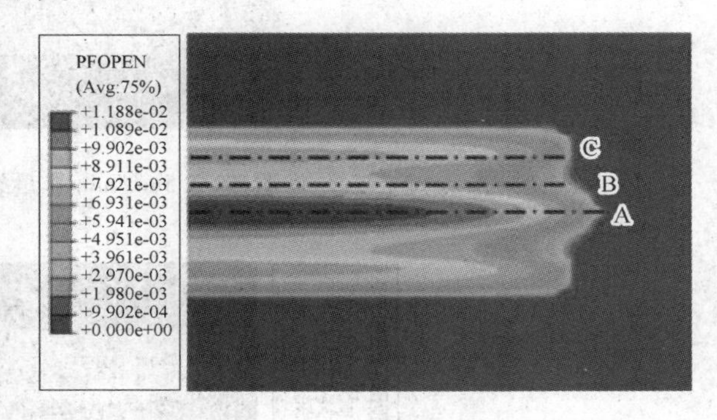

图 7　砂泥岩互层裂缝缝宽在缝长方向上的变化

Abaqus 有限元计算流-固耦合水力压裂裂缝扩展模拟时，可将裂缝单元独立出来进行裂缝形态(裂缝长度、宽度及高度值)的定量分析。沿缝长方向，选取中间和顶部砂岩层及所夹持的泥岩层为输出路径(图 7 中 A、C 分别为中间和顶部砂岩层裂缝参数的输出路径，B 为泥岩层裂缝参数输出路径)。

图 8 为不同输出路径的缝宽变化图。图中显示砂泥岩储层裂缝宽度沿着缝长方向逐渐变窄。路径 B 泥岩缝宽最窄，较路径 A 砂岩缝宽窄 35%左右，较路径 C 的砂岩缝宽窄 20%。

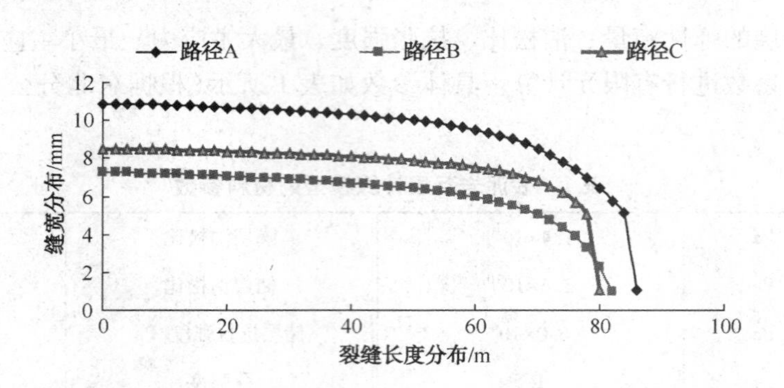

图 8 砂泥岩储层中裂缝宽度与长度的关系曲线

3.2 扩展形态影响因素分析

(1) 排量对裂缝延伸的影响

在输入参数不变，改变排量的情况下，计算不同施工排量(2.5m^3/min、3.0m^3/min、3.5m^3/min、4.0m^3/min)下砂泥岩互层裂缝延伸形态。图 9、图 10 分别为排量 2.5m^3/min、4.0m^3/min 时的裂缝形态。图示显示排量越大，隔层的裂缝宽度越大，压裂施工中高砂比进入地层风险小，施工难度低。

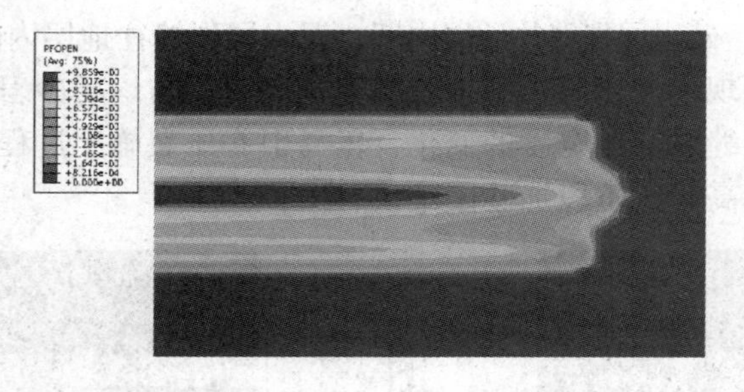

图 9 2.5m^3/min 排量裂缝形态

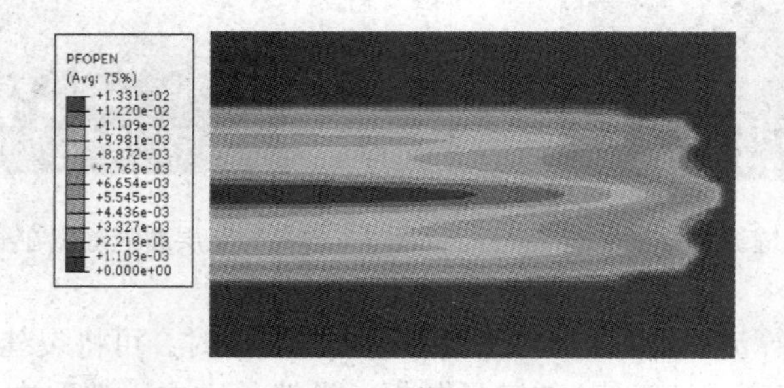

图 10 4.0m^3/min 排量裂缝形态

将不同排量下泥岩段的最大裂缝宽度，绘制成裂缝形态与不同施工排量的关系曲线，如图 11 所示。图中显示砂泥岩互层裂缝宽度，随着施工排量的逐渐增加。排量大于 3.5m^3/min 后裂缝的宽度增加幅度最大。图 12 显示随着排量增加，裂缝长度逐渐增加，排量低于 3m^3/min 时，排量对缝长影响较大；排量大于 3m^3/min 时，缝长随排量的增加，增加幅度较小。综合分析认为排量越大，越有利于施工，但排量的增加，会使裂缝高度过度延伸，水力裂缝无效支撑面积大，造成材料浪费。综合分析认为砂泥岩互层储层压裂施工排量范围在 3.5~4.0m^3/min 较宜。

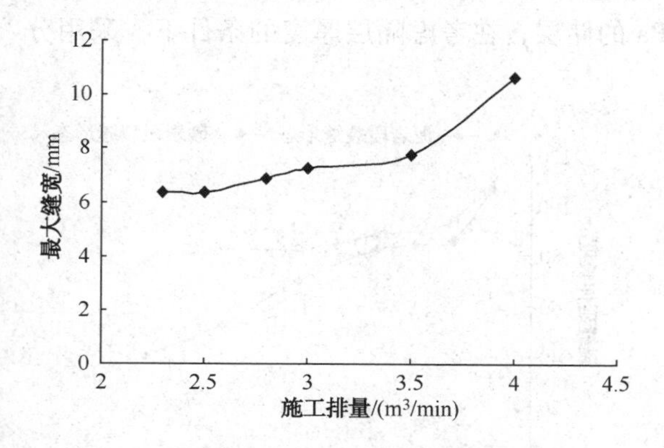

图 11　裂缝宽度与施工排量关系曲线

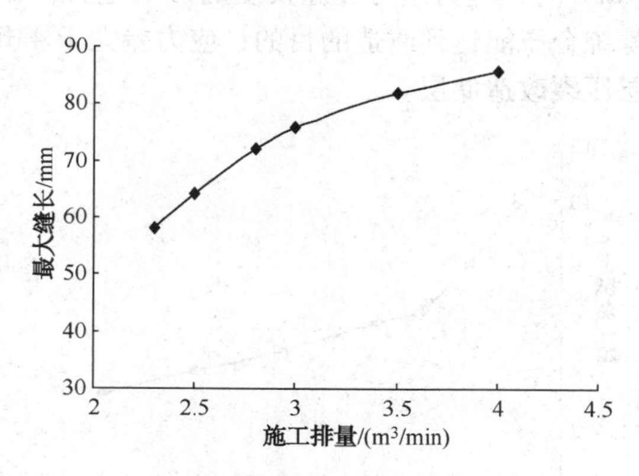

图 12　裂缝长度与施工排量关系曲线

（2）应力差对裂缝延伸影响

在输入参数不变，改变储隔层之间的应力差，计算储隔层应力差值（1MPa、3MPa、6MPa、10MPa）下砂泥岩互层裂缝延伸形态。图 13、图 14 为储隔层应力差分别为 1MPa、10MPa 时的裂缝延伸形态。

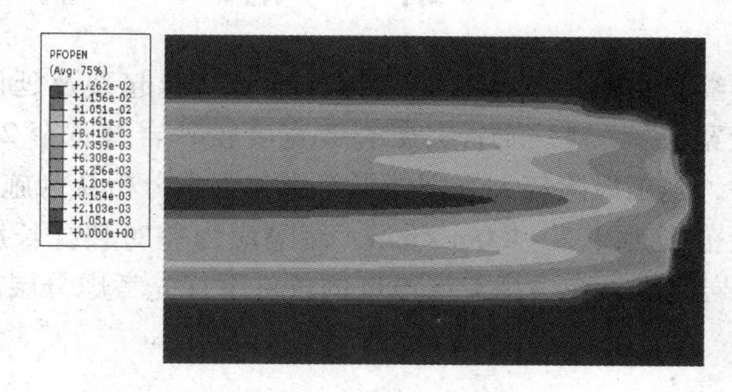

图 13　应力差 1MPa 裂缝形态

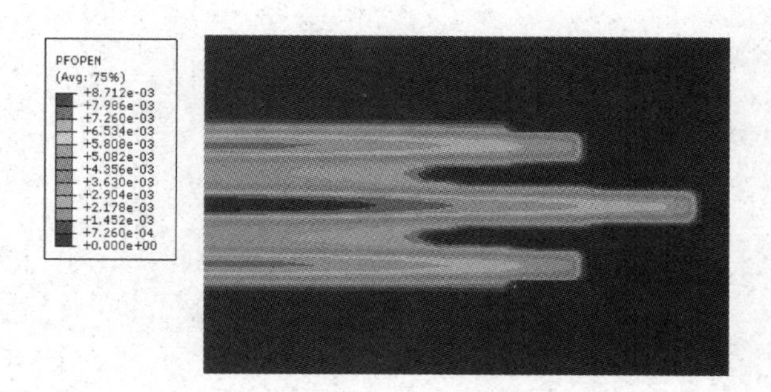

图 14　应力差 10MPa 裂缝形态

选取不同储隔层应力差下所夹泥岩段的最大裂缝宽度，绘制成裂缝形态与不同储隔层主应力差的关系曲线，如图 15 所示，随着储隔层应力差值的增加，泥岩夹层裂缝最大缝宽逐渐减小。当应力差值为 1~3MPa 时，砂泥岩最大裂缝宽度相差较大。当应力差值在 3MPa 以上时，应力差对砂泥岩裂缝最大缝宽的影响相对较弱。图 16 显示裂缝长度与应力差的关系变化曲线。图中显示随着应力差的增大，砂泥岩储层裂缝长度差异逐渐增大，当应力差大于 4MPa 时，应力差对裂缝长度的影响越大。因此建议对于储隔层应力差小于 3MPa 的储层，笼统合压能达到改造的目的；应力差大于 4MPa 的储层，在考虑隔层厚度的条件下，采用分层压裂改造储层。

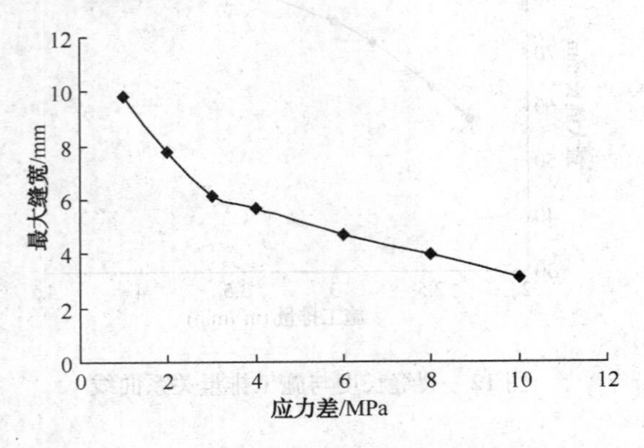

图 15 裂缝宽度与应力差关系曲线

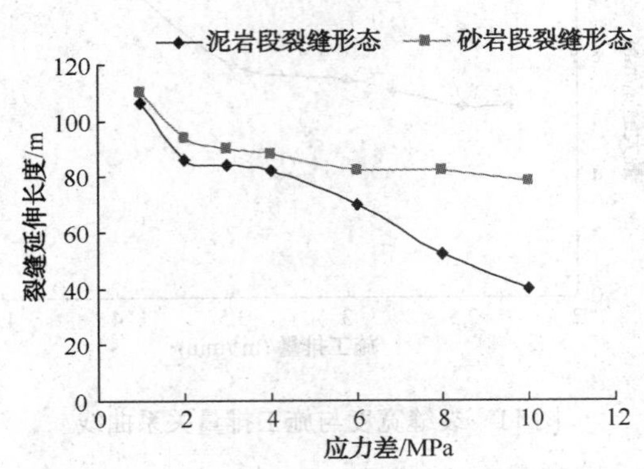

图 16 裂缝长度与应力差关系曲线

4 结 论

根据砂泥岩储层裂缝扩展有限元模型，模拟计算了裂缝起裂及延伸形态，模拟结果显示，砂泥岩储层裂缝缝宽层“S”型，泥岩夹层裂缝宽度较砂岩缝宽窄 20%～35%，这种“S”型缝宽易引起缝内砂桥，施工风险较大。裂缝形态影响因素分析认为施工排量对裂缝宽度影响较大，建议施工排量范围为 3.5～4.0m^3/min；储隔应力差对裂缝长度影响较大，建议应力差高于 4MPa 的砂泥岩储层，在考虑夹层厚度的条件下优先考虑分层压裂。

第三部分
压裂实践篇

水力喷射多级分段压裂技术应用

薛仁江　孙毅然　范炜婷　茹红丽

（中国石化胜利石油管理局井下作业公司）

摘　要：传统水力压裂对于许多特殊情况（如产层薄、产层与水层无有效封隔层、特殊井身结构等），往往达不到预期效果或甚至不能施工。水力喷射加砂压裂工艺具有射孔不形成压实带、准确造缝、控制裂缝高度、缩短作业周期、管柱结构简单等优点，逐渐成为传统压裂技术的有力补充。通过对喷嘴材质和组合优化，以及地面套管施工压力、环空排量优化等关键技术研究，形成了水力喷射多级分段压裂工艺体系。技术体系成功应用于苏XX井等水平井、盐XX井等直井，证明该工艺具有良好的推广应用前景。

关键词：水力喷射　压裂

引　　言

水力喷射加砂压裂工艺由Surjaatmada J. B. 于1998年提出，是集水力射孔和压裂于一体的新型油田增产技术，可以实现水力喷砂射孔和压裂联作、水力封隔无须机械封隔器、一趟管柱可实现多层位压裂，具有节省作业时间、减小作业风险等优点。经过10多年的发展，工艺应用非常广泛，应用于不同的储层类型、储层条件，如油水层隔层条件差、地层应力异常、封上压下等；不同的井身结构，直井和水平井均可应用，尤其是应用于套变、小套管、管外窜槽等。

胜利油田于2009年开始相关方面的研究工作，以水力喷射影响因素为基础，以喷嘴组合优化为主线，为该工艺在胜利油田的成功实施提供了可靠的技术支撑。目前在胜利油区及其外部油田设计施工水平井压裂4口，直井压裂3口，成功率和有效率均为100%，取得了较好的研究和应用效果。

1　喷嘴优化选择

喷嘴是水力喷射分段压裂工艺的重要井下工具，喷嘴的材质选择、喷嘴直径、喷嘴数量都是工艺能否成功实施的关键因素。

1.1　喷嘴材质选择

通过室内实验，对比了陶瓷、YG8硬质合金、YT15硬质合金、铸铁（HT15233）、45#淬火钢、聚氨脂塑料六种材质的平均冲蚀磨损率，最终确定喷嘴材质选择陶瓷。单孔最大过砂量7m^3，图1是滨XX井加砂35m^{3}压裂施工前后的喷枪对比实物图。

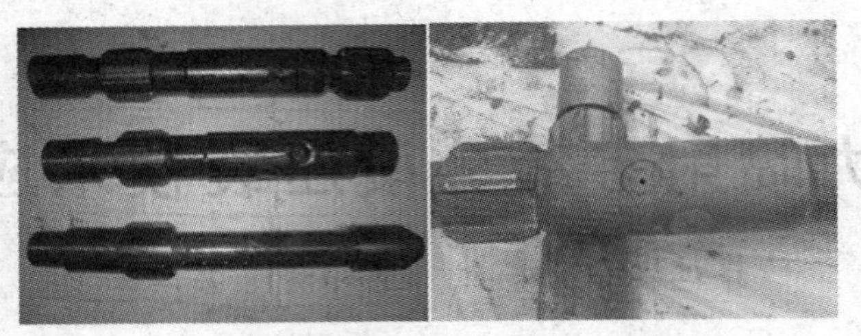

图 1　喷枪施工前后照片对比实物图

1.2　喷嘴组合优化

水力喷射多级分段压裂工艺集射孔、压裂于一体，因此喷嘴组合优化须从射孔和压裂两个方面考虑。

① 射孔阶段：为了保证足够的射孔和破岩效果，要保证液体出喷嘴流速要在 200m/s 左右，而喷嘴节流压差要保证在 25~30MPa 左右。图 2 为不同喷嘴组合情况下排量与喷嘴压降关系曲线，考虑喷射压差并结合现场施工排量 2~2.5m³/min，最优组合方式为 $\phi6\times6$ 组合，其次是 $\phi5\times8$ 组合。

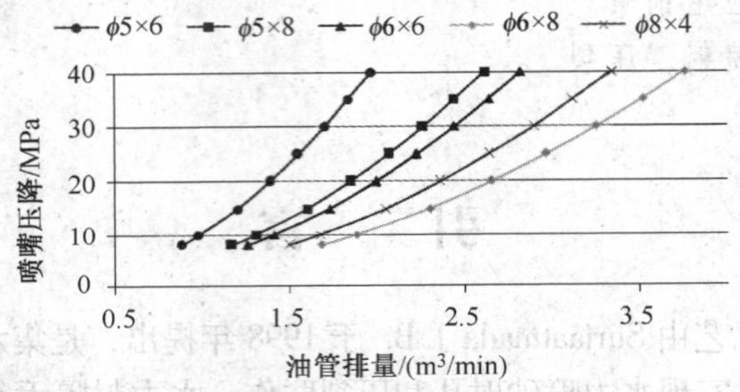

图 2　不同喷嘴组合排量和喷嘴压降关系曲线

② 压裂阶段：通过节点分析方法，分析不同喷嘴组合情况下的地面施工压力，优化喷嘴组合。

图 3 为压裂过程中力学节点分析示意图，由节点分析可得式(1)：

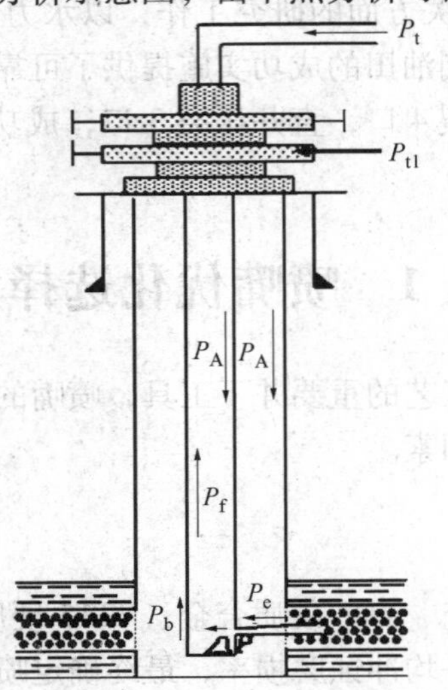

图 3　压裂过程中力学节点分析示意图

$$\begin{cases} P_t = P_b + P_f - P_h \\ P_b = P_e + \Delta P \\ P_e = P_B + P_J + \Delta P_k \\ P_{t1} = P_e - P_h \end{cases} \quad 整理得：\begin{cases} P_t = P_b + P_f - P_h + P_e + \Delta P \\ P_{t1} = P_B + P_J + \Delta P_k - P_h \end{cases} \tag{1}$$

式中 P_t——油管施工压力，MPa；

P_h——静液柱压力，MPa；

P_f——管内摩阻，MPa；

P_b——嘴前压力，MPa；

P_e——裂缝延伸压力，MPa；

ΔP——喷嘴压差，MPa；

P_B——闭合压力，MPa；

P_J——裂缝延伸净压力，MPa；

ΔP_k——孔隙附加压力，MPa；

P_{t1}——套管施工压力，MPa。

按照 P_t 地面施工压力关系式，设定井深和裂缝延伸梯度，就可以得到不同喷嘴组合下的地面施工压力。图 4 为 XX 井不同喷嘴组合下的地面施工压力，优选喷嘴组合为 $\phi 6\times 6$ 组合，其次是 $\phi 5\times 8$ 组合。

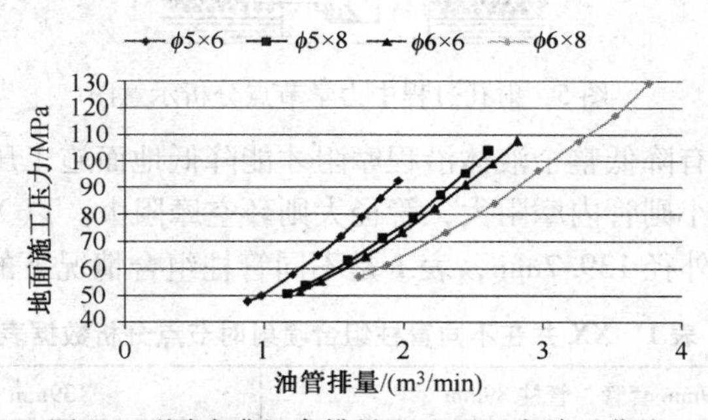

图 4 不同喷嘴组合排量和地面压力关系曲线

结合喷射过程中喷嘴优化结果可以得出，无论是射孔还是压裂阶段，最优组合为 $\phi 6\times 6$ 组合，其次是 $\phi 5\times 8$ 组合。

2 工艺关键因素

2.1 射孔压裂一体化管柱组合优选

射孔压裂一体化管柱组合优选是工艺施工成功的重要影响因素之一。管柱外径越大，管内液体摩阻减小，但环空摩阻会增加；反之，管柱外径越小，环空摩阻降低，但管内摩阻增加。因此优化管柱组合对降低地面施工压力、保证射孔效果致关重要。

图 5 是射孔过程中力学节点分析示意图，通过分析得到式(2)：

$$P_H = P_f + P_F + \Delta P \tag{2}$$

式中 P_H——油管施工压力，MPa；

P_F——环空摩阻压力，MPa；

P_f——管内摩阻，MPa；

ΔP——喷嘴截流压差，MPa。

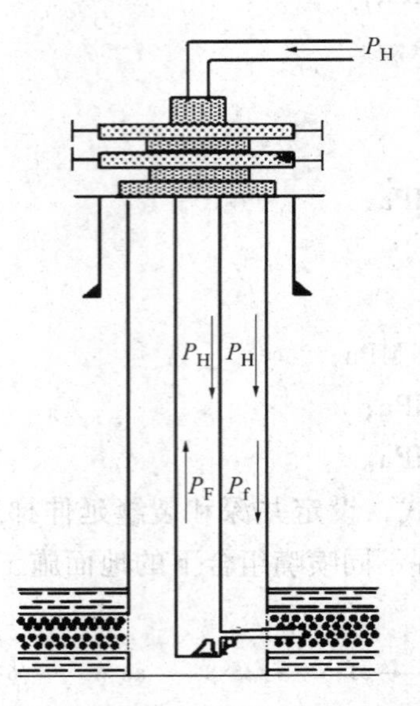

图 5 射孔过程中力学节点分析示意图

公式可以看出，只有降低整个液体沿程摩阻才能降低地面施工压力。但油管摩阻和环空摩阻是一对矛盾，管径小则管内摩阻大，管径大则环空摩阻大。以 XX 井为例，该井目的层深度 3514m，完井套管外径 139.7mm，表 1 是不同管柱组合情况下的地面施工压力表：

表 1 XX 井在不同管柱组合喷射时节点分析数据表

	139mm 套管，管柱 89mm				139mm 套管，管柱 73mm			
排量/(m^3/min)	管内摩阻/MPa	喷嘴压降/MPa	环空摩阻/MPa	地面压力/MPa	管内摩阻/MPa	喷嘴压降/MPa	环空摩阻/MPa	地面压力/MPa
0.5	3.91	2	6.61	12.52	4.93	2	2.44	9.37
1	7.13	6	16.13	29.26	11.16	6	4.02	21.18
1.5	9.97	12	29.72	51.69	15.81	12	6.5	34.31
2	14.26	20	47.01	81.27	23.27	20	9.63	52.9
2.2	16.29	24	54.91	95.2	26.72	24	11.06	61.78
2.5	19.67	31	67.79	118.46	32.38	31	13.36	76.74

从表 1 可以看出，不同的管柱组合，地面施工压力相差较大，XX 井若采用 89mm 油管，地面压力很高的主要原因是环空摩阻，采用 73mm 油管较为合适。图 6 是套管外径 139.7mm 情况下，不同油管组合射孔时深度与地面施工压裂的关系曲线：

因此若单纯考虑喷砂射孔，套管外径 139.7mm，油管外径 88.9mm、N80 油管最大施工深度为3000m，P110油管最大施工深度为4000m。套管外径139.7mm，油管外径73.02mm、N80油管施工深度为4200m，P110油管最大施工深度则更大。

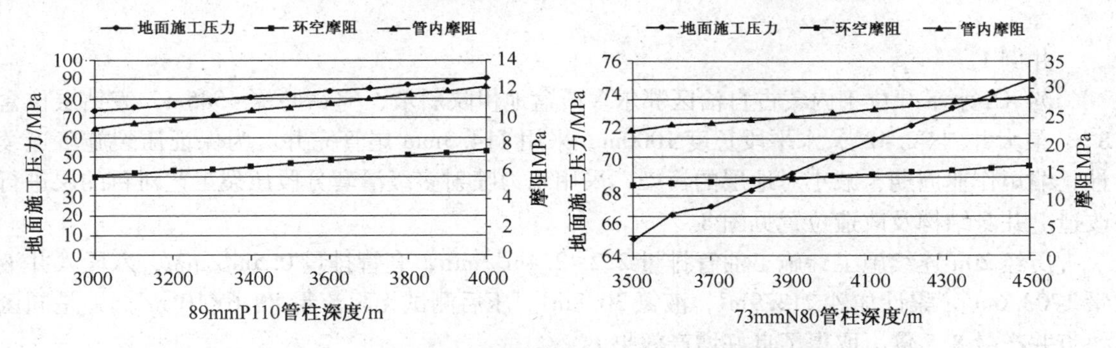

图6　外径139.7mm套管在不同管柱组合情况下射孔阶段地面施工压力曲线图

2.2　地面套管压力的确定

水力喷射加砂压裂工艺在射孔结束后，要关闭套管闸门形成憋压才能实施压裂改造。施工过程中往往会因为地面套管压力过高而无法环空补液，导致地层进液量小而形成砂堵。因此在施工前能否准确确定地面套管压力，是关系到施工成败的关键，也是选井选层的重要依据之一。

根据式(1)得出的P_{t1}关系式，得到了不同深度、不同地层压力系数所对应的套管施工压力关系曲线(图7)，可有效指导选井选层工作。

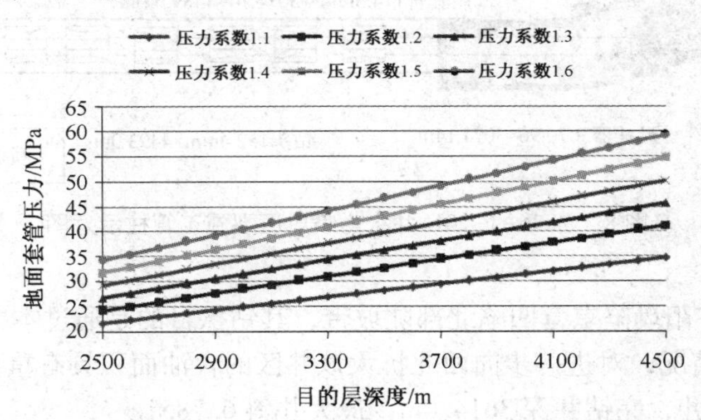

图7　不同深度、不同地层压力系数所对应的套管施工压力关系曲线

2.3　环空排量优化

水力喷射逐层压裂工艺不使用封隔器，就可以实现多层压裂。其所依赖的机理就是在喷嘴出口处形成的负压导引流体转向，只进入射孔孔道中而不会进入到已经压开的层段。环空排量的确定是水力喷射多层压裂成功的关键。如果环空排量过大，会使已压裂层段重新开启，出现“重复压裂”；如果控制过低，又达不到施工所需排量，可能造成砂堵。

对于环空注入排量的设计，目前国内外尚无精确的计算方法，一般采用现场试注法，基本原则是保持环空压力小于已压裂层裂缝延伸压力。施工过程中环空井底压力达到或超过了已压裂层段裂缝开启压力，此时对应的排量就是环空补液的排量上限。目前胜利油田的现场经验，选取300~800L/min不等。

3 典型井例

井例 1

苏 XX 水平井位于内蒙古自治区鄂尔多斯盆地伊陕斜坡，完钻井深 4585m，完钻层位盒 $8_{下}$，最大井斜 92. 42°，水平段长度 1000m，采用 114. 3mm 尾管完井。为保证压裂施工连续性，缩短作业周期，减小对地层的污染，采用水力喷射多级滑套分段压裂工艺对目的层进行改造。井身结构及改造位置见图 8。

历经 20h 连续施工，施工油管排量 2. 2～2. 4m^3/min，套管排量 0. 5m^3/min，六段入井液量 1703. 6m^3，累计加砂 213. 9m^3，液氮 30. 8m^3。压后测试无阻流量 89. 6×$10^4 m^3$/d，是同区块直井产量 8. 5 倍，取得了良好增产效果。

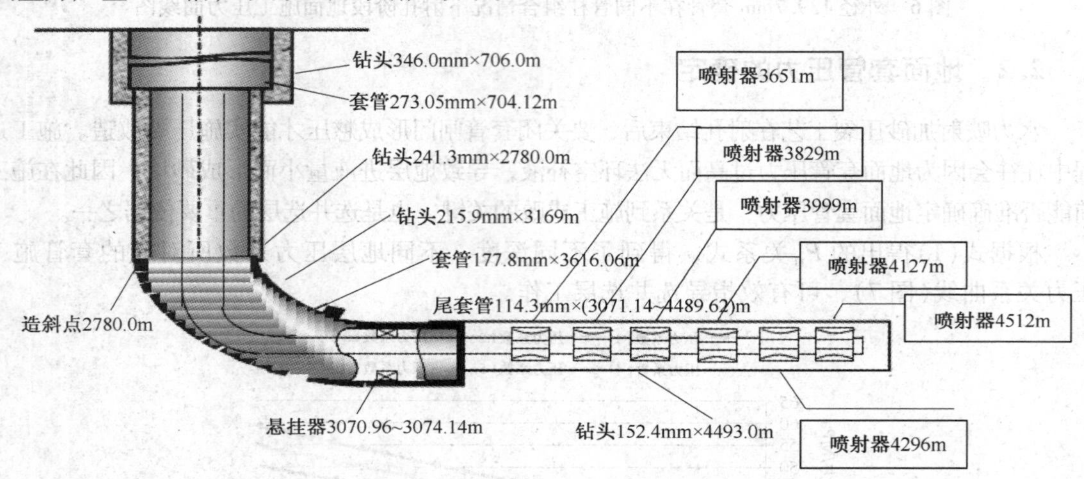

图 8　苏 36-1-20H 井水力喷射压裂施工管柱示意图

井例 2

盐 XX 井位于济阳坳陷东营凹陷北部陡坡带，其钻探目的是通过本井试油了解沙河街组砂砾岩体的含油气情况，对进一步向西北扩大该井区的含油面积具有重要意义。该井采用外径 139. 7mm 套管完井，完钻井深 3614. 0m，最大井斜 6. 785°。

改造目的层为 10 号层、11 号层(测井解释为上油层、下油水同层)，改造难点是：①与 10 号目的层相隔 14m 的 9 号储层解释为水层，11 号层下部为油水同层。若采用传统射孔、笼统压裂改造，经地应力计算和裂缝剖面模拟，势必会将 9 号水层压开，压后出水严重。②采用集中射孔模拟：若仅射 10 号层，裂缝上延严重，不仅压开 9 号水层，且 11 号目的层改造效果变差；若仅射 11 号层上部，裂缝下延严重，10 号层得不到很好改造。因此采用优化射孔，压裂效果不理想。③由于 10、11 号层中间有明显的高地应力隔层，亦可以采用分层压裂改造，但 10、11 号层间隔太小，目前的工具管串不能满足分层压裂的需要，存在相当施工风险。综上分析，认为本次压裂改造采用水力喷砂射孔、分级压裂改造技术，可针对性充分改造每个层段。

施工采用 $\phi6×6$ 喷嘴组合，施工油管排量 2. 4m^3/min，套管排量 0. 5m^3/min，两层分别加砂 12m^3和 20m^3，压裂取得了良好的改造效果。3 月 5 日～3 月 19 日试油期间，累液

197.27m^3，累油103.96t，综合含水47.3%；交井后，截至6月10日，累液1579.37m^3，累油474.96t，综合含水69.9%。

4 结　论

① 通过室内实验结合现场试验，优化确定了耐冲蚀喷嘴材料，并从射孔、压裂两个方面确定了最优喷嘴组合，最优组合为$\phi 6\times 6$。

② 通过管柱组合优化、地面套管压力计算、环空排量优化等工艺关键因素的确定，为该工艺的顺利实施提供了保障。

③ 现场试验证明，该工艺具有管柱结构简单、施工安全、作业实效高等优势，对非常规储层油气改造有良好的推广应用前景。

快钻桥塞分段压裂工艺在河南油田泌页 HF1 井的应用

胡英才　赵林　李家明　冯兴武　乔荣娜

（中国石化河南油田分公司石油工程技术研究院）

摘　要：泌页 HF1 井是河南油田在南襄盆地泌阳凹陷部署的页岩油预探水平井，采用了快钻桥塞分段压裂工艺完成了管内 15 级分段压裂。快钻桥塞分段压裂工艺由快钻复合材料桥塞，桥塞电缆火药坐封，序列射孔，电缆防喷等技术构成。对快钻桥塞分段压裂工艺进行了介绍，对桥塞及坐封工具的结构及工作原理、特点和技术参数进行了分析，并介绍了快钻桥塞在泌页 HF1 井的现场应用情况。最后对快钻桥塞在河南油田泌页 HF1 井的应用情况进行了总结，并提出了一些认识。

关键词：快钻桥塞　多级分段压裂　页岩油　复合材料　体积改造

引　言

河南油田南襄盆地泌阳凹陷深凹区页岩油气资源量经初步估算为 5.4×10^8t（油当量），其中页岩油 2.266×10^8t，页岩气 3168×10^8m^3。页岩油气藏具有特低孔超低渗特征，几乎无自然产能。为此河南油田结合北美页岩气开发经验，采用打长水平段水平井并配合多级分段压裂技术，在长水平段形成"缝网系统"，实现"体积改造"来充分沟通地层，得到最大的泄油面积，提高自然产能，从而实现页岩油气藏的经济开发。

泌页 HF1 井是河南油田在南襄盆地泌阳凹陷部署的一口页岩油气预探水平井，完钻井深 3722m（斜深），水平段长 1044m，人工井底 3655m。根据完井设计，该井采用了 5½in 套管完井。该井需进行 15 级分段压裂、设计排量 13m^{3}左右，且要求压后安全起出压裂管柱。在管内实现如此多级数，大排量，且要求起出管柱的分段压裂，除快钻桥塞分段压裂工艺外，其他工艺均无法满足。因此泌页 HF1 井使用快钻桥塞分段压裂工艺完成了 15 段分层压裂，工艺成功，截至目前最高日产油 23.6m^3。

1　工艺简介

快钻桥塞分段压裂工艺，一般来说在水平井套管完成固井后，即可开始实施。首先可采用油管、连续油管或爬行器拖动射孔枪实施第一段射孔，取出射孔枪后，进行第一段压裂作业。然后，通过电缆作业下入桥塞坐封、射孔联作管柱。通过联作管柱上的磁定位工具校深，先在预订位置通过电点火实现桥塞坐封和丢手，接着上提射孔枪至设计位置，完成射孔。最后起出联作管柱，投球分隔已压层，进行下一级的压裂作业。其他各层，用同样的方式，依次下入桥塞，射孔，压裂。分段压裂完成后，采用油管或连续油管配合不压井作业装置，钻除桥塞。桥塞完全磨掉后，即可进行排液求产。

总的来说，快钻桥塞分段压裂工艺是一种可靠的管内分段压裂的工艺，它具有分段级数不受限制，适应大规模压裂施工，钻屑质量轻易返排等优点。

快钻桥塞分段压裂工艺涉及的井下工具主要包括快钻桥塞、桥塞电缆坐封工具、分级点火装置、射孔枪、磁定位工具等。涉及的地面设备包括连续油管作业设备、电缆防喷装置、压裂车组、不压井作业装置等。

2　主要工具介绍

2.1　快钻桥塞

2.1.1　结构及工作原理

泌页 HF1 井用桥塞结构如图 1 所示，其工作原理为通过丢手环与电缆坐封工具相连，坐封工具在火药爆炸力作用下推动坐封套，坐封套推动桥塞坐封环下行，挤压胶筒和上下卡瓦。从而使胶筒张开密封套管，上下卡瓦锚定在套管壁上后，桥塞不再运动，当坐封工具提供的坐封力达 15t 时，丢手环薄弱环节剪断与桥塞脱开，从而完成了桥塞的坐封和丢手。由于该桥塞中心管为空心结构，故压裂前需投入球，与桥塞球座配合封死下层。而当桥塞下压大于上压时，球被顶开，地层流体即可从桥塞内部排出。

图 1　泌页 HF1 井用桥塞

1—上接头；2—球；3—丢手环；4—坐封环；5—上卡瓦；6—上锥体；7—密封胶筒；8—肩部保护胶筒；9—下卡瓦；10—下锥体；11—下接头

2.1.2　工具特点

整个快钻桥塞除锚定卡瓦上镶嵌有金属锚牙及丢手环为金属材料外，其他配件均采用类似硬性塑料性质的高分子复合材料制成，其强度、耐压、耐温与同类型金属桥塞相当，但可钻性却明显优于金属桥塞，且磨铣后产生的碎屑由于密度较小不会像金属碎屑那样发生沉淀，因此利用低密度的液体即可很容易地将其循环出地面，这样既克服了磨铣普通桥塞时的钻铣困难、沉淀卡钻等难题，特别是解决了斜井、水平井的磨铣桥塞时的困难。同时又避免了必须使用高密度的入井液携带钻屑造成对低渗透地层的伤害。

快钻桥塞不仅材质易钻，同时考虑到常需多级使用的特点，还特别设计了钻磨防转机构。该机构由设计成如图 2 所示的齿面形状的上接头和下接头组成。当上级桥塞的下卡瓦被钻掉后，桥塞会有下接头等一部分结构残留。在钻磨过程中，将其推入下级桥塞的上部，下接头和上接头的特殊设计，使其互相咬合，保证上级桥塞残余不会因在下级桥塞上部发生转动而影响钻磨效果。

图 2　钻磨防转机构图

1—上接头；2—下接头

2.1.3　技术指标

耐压：10000psi

耐温：350℃

外径：4⅜in

球外径：2½in

球相对密度：1.80

2.2　桥塞电缆坐封工具

2.2.1　结构及工作原理

由于快钻桥塞的动作原理与常规可钻桥塞类似，因此坐封工具与常规电缆传送坐封工具通用，可采用的坐封工具有：威德福的 HST 或 AH 坐封工具或贝克休斯的 E-4(图 3)，No. 10，No. 20 坐封工具。

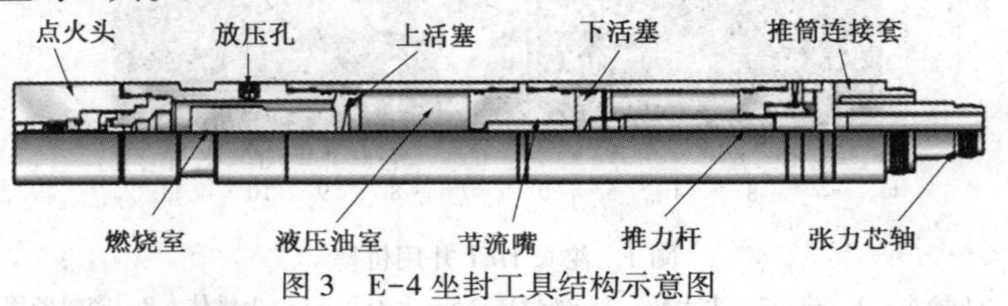

图 3　E-4 坐封工具结构示意图

泌页 HF1 井采用了贝克休斯的 E-4 坐封工具，工作原理为，通过电点火引燃火药，燃烧室产生高压气体，上活塞下行压缩液压油；液压油通过节流嘴缓冲延时流出，推动下活塞，下活塞通过推力杆、推筒连接套推动推筒下行；推筒下行，挤压桥塞上卡瓦，与此同时，由于反作用力使得推筒与张力芯轴之间发生相对运动；芯轴通过中心拉杆带动桥塞中心管向上挤压下卡瓦；在上行与下行的夹击下，上下锥体各自剪断与中心管的固定销钉，压缩胶筒使胶筒胀开，达到封隔目的；当胶筒、卡瓦与套管配合完成后，当压缩力继续增加将剪断释放销钉，使得投送坐封工具与桥塞脱开。

2.2.2　工具特点

通过液压油及节流嘴的缓冲，使火药爆炸产生的推力得以缓慢释放，即保证了桥塞的可靠坐封与丢手又保证了桥塞受到较小的瞬时冲击力。

2.2.3　技术指标

型号：E-4

外径：86mm

连接长度：1.78m
最大推力：2.4×10^{5}N

3 快钻桥塞在泌页 HF1 井的应用

3.1 桥塞的下入

泌页 HF1 井第一级采用普通油管传输射孔，压完第一层后，首先将压裂井口闸门关闭，利用如图 4 所示的 NOV 公司的 Elmar 电缆注脂防喷系统，实现带压用电缆下工具。该装置利用气泵将密封脂注入注脂控制头，能在高压力状态下密封电缆，对井内流体或溢流进行可靠密封。

图 4 注脂防喷装置主要组成
1—注脂控制头；2—防喷管；3—防喷器；4—注脂装置；5—气泵

在带压工况下用电缆下入如图 5 所示的桥塞坐封、射孔联作管柱，主要由电缆、磁定位校深工具、多级射孔枪、电缆坐封工具和快钻桥塞等工具组成。

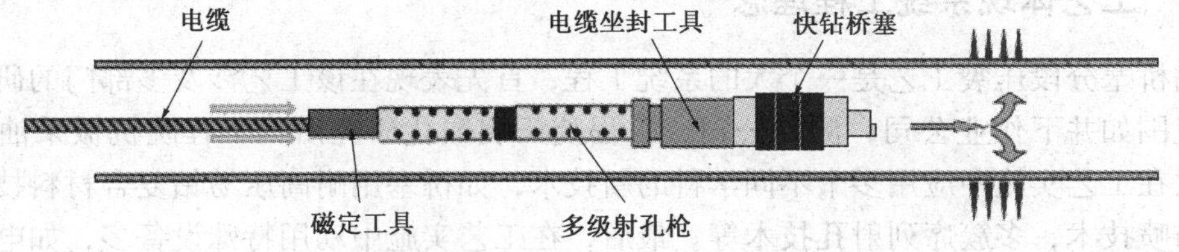

图 5 坐封、射孔联作管柱示意图

首先将该管串放入防喷装置的防喷管中(因此防喷管的长度由下井管串的长度决定)，然后用吊车将整套防喷装置起吊至井口，与井口闸门连接。连接完成后即可打开压裂井口闸门，在注脂防喷系统的作用下，井口将不会发生泄漏。然后即可操作绞车实现用电缆下桥塞。

该管串在直井段可依靠自重下放，在水平段，需利用液力泵送使管串到位。考虑到电缆的抗拉能力及桥塞及射孔枪等工具的抗冲击载荷的能力，泵送速度并不是越大越好，一般来说，安全泵送速度为 25m/min。

3.2 桥塞的钻除

所有层压完后，泌页 HF1 井利用油管配合不压井作业装置下入钻磨管柱将桥塞钻除。

钻磨管柱由图6所示的工具组成，通过液力带动螺杆钻，为磨鞋提供扭矩，实现桥塞的钻除，保证井筒内清洁，为后续工艺提供方便。单流阀起到防止螺杆钻反转的作用，振击器可在卡钻时，提供振击力，实现解卡。无法实现解卡时，该管柱可从安全接头处脱开，再下入下步措施管柱。

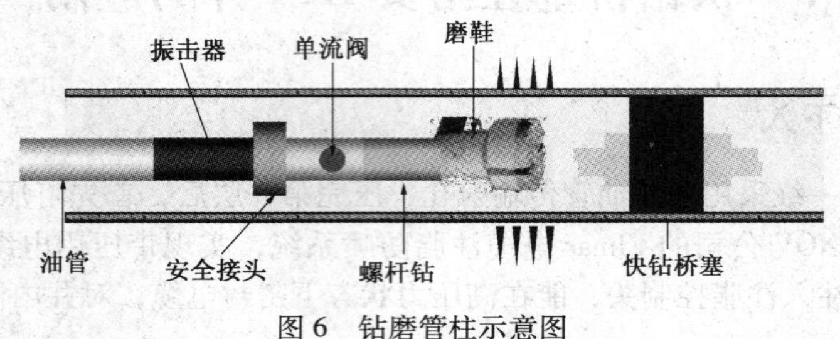

图6 钻磨管柱示意图

3.3 整体施工情况

该井于2011年12月27日~2012年1月8日完成了15段压裂。每段压裂完后，通过加桥塞和分簇射孔联作的工艺，实现对已压裂段的封隔和即将压裂段的射孔作业。共注入压裂液22300m^3，砂量798.5m^3，平均排量13m^3/min，最高压力65.7MPa。

在压裂完成后，利用油嘴进行控制性防喷，防喷结束后，利用不压井作业装置，使用ϕ73mm螺杆钻和ϕ114mm平底磨鞋在1.5~2kN钻压，440L/min排量，8~10MPa泵压条件下，从1月30日至2月2日，对桥塞进行钻磨，最快一支桥塞仅用35min即钻除，14支桥塞平均钻除速度2.2h。

4 取得的认识

4.1 工艺体现系统工程理念

快钻桥塞分段压裂工艺是一个大的系统工程，首先表现在该工艺涉及多部门的研究领域或工作范围如井下作业公司，测井公司，工程院压裂酸化研究所，工程院机械采油研究所等。其次在工艺实施中应用多个不同学科的新技术，如桥塞用耐高压易钻复合材料技术，井口电缆防喷技术，多簇序列射孔技术等。最后，在工艺实施中动用特殊设备多，如电缆注脂防喷系统、微地震检测系统、2000~2500型压裂车、不压井作业装置等。

4.2 工艺优点突出

① 受井眼稳定性影响相对较小。采用套管固井完井，井眼失稳段对桥塞坐封可靠性无影响，优于裸眼封隔器分段压裂工艺。

② 压裂层位精确。通过射孔实现定点起裂，裂缝布放位置精准。

③ 压后井筒完善程度高。桥塞由复合材料组成，比重较小，钻磨后的桥塞碎屑可随油气流排出井口，为后续作业和生产留下全通径井筒。

④ 下钻风险小，施工砂堵容易处理。与裸眼封隔器相比，管柱下入风险相对较小；施工砂堵发生后，压裂段上部保持通径，可直接进行冲砂作业。

⑤ 分层压裂段数不受限制。通过逐级泵入桥塞进行封隔，与多级滑套投球分段压裂工艺相比，分压级数不受限制，理论上可实现无限级分层压裂。

4.3　桥塞体现诸多设计新思路

首先，桥塞材料选择用高分子复合材料代替金属，经调研，目前国内外主要采用合成树脂和玻璃纤维为主的非金属复合材料制备快钻桥塞。非金属材料与金属材料相比，具有耐腐蚀、强度高、质量轻、易钻铣等优点。

其次，锚定机构如图7所示，卡瓦采用非金属材料做主体，在其上镶嵌金属锚牙的设计，使其既能在压裂时提供足够的锚定力，又能在钻除时被快速钻除。并且卡瓦主体采取了前端6瓣，根部薄弱连接整体式设计，既能保证下井时不会出现卡瓦提前张开或脱落的现象，又能保证卡瓦在受足够的坐封力时张开可靠。

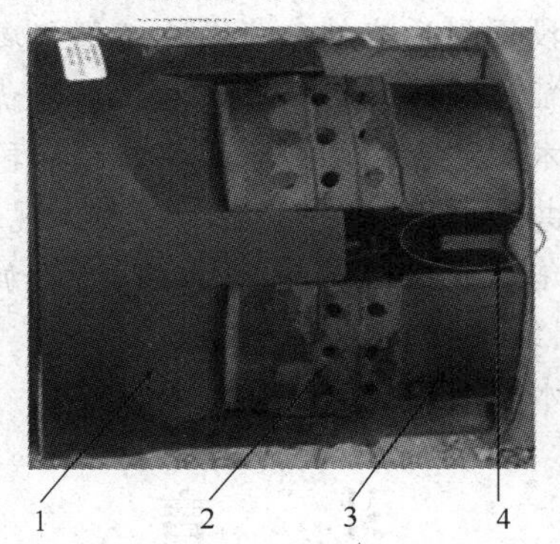

图7　锚定机构图

1—锥体；2—金属锚牙；3—卡瓦主体；4—薄弱连接

最后，考虑到快钻桥塞常多级一起使用。当上级桥塞的下卡瓦被钻掉后，桥塞会有下接头等一部分结构残留。在钻磨过程中，将其推入下级桥塞的上部，下接头和上接头的特殊设计，使其互相咬合，保证上级桥塞残余不会在下级桥塞上部发生转动，影响钻磨效果。

4.4　下步研究重点

为满足河南油田非常规开发的需求，降低开发成本，需自主研发快钻桥塞分段压裂技术。通过快钻桥塞分段压裂技术在泌页HF1井的应用，在该技术上找到了下一步攻关的方向和研究的重点。首先是通过高分子复合材料配方的研究，成型工艺的研究，模具的设计等完成使用复合材料制备桥塞，使桥塞即耐高压又易钻除。其次，在结构设计方面，需要充分考虑桥塞材质的特殊性，需要多级使用及被钻除的工艺特殊性，充分的优化桥塞结构设计，尽量缩短桥塞长度，保证桥塞能提供足够的锚定力，保证桥塞密封件密封可靠。同时，需引进电缆注脂防喷装置，序列射孔等技术，相互配合实现河南油田自主的快钻桥塞分段压裂技术。

致密气藏水平井多级多段加砂压裂技术

慈建发　任山　刘林　黄禹忠

（中国石化西南油气分公司工程技术研究院）

摘　要：川西低渗透气藏存在异常高压、储层品质差、气井控制半径小、产量递减快、气藏整体采收率低等问题，难动用储量占有较大的比例。直井开发效益差，无法实现效益开发。水平井分段压裂开发是低渗透气藏实现提高单井产能的重要手段。本文在水平井分段压裂适应性分析及人工裂缝参数优化的基础上，针对川西低渗透气藏工程地质特征，通过对工具改进和工艺的优化，创造性地将常规水平井分段压裂与限流压裂技术相结合，形成水平井多级多段加砂压裂工艺。采用该技术，在川西中浅层水平井共进行19口井的现场应用，现场试验对比结果分析表明，多级多段压裂工艺在节约施工成本的同时，大大提高了加砂压裂改造效果，单井最高增产倍比达到8.68倍，经济效益显著。

关键词：致密气藏　水平井　多级多段　加砂压裂

引　言

随着勘探开发程度的不断深入，川西低渗透致密气藏在开发过程中所表现出储层品质差，气藏单井控制储量较小，产量递减快，采气速度慢，整体采出程度较低等问题，难动用储量所占比例达到70%以上。为了实现对难动用处理的有效开发，针对川西中浅层气藏储层的特点，创造性地提出了水平井多级多段加砂压裂改造工艺。该技术在小幅度增加施工成本的前提下，改变以往长缝改造的思想，通过短缝+多缝的加砂压裂改造，实现不改变常规压裂操作规程，实现对储层的充分改造。

1　川西中浅层气藏工程地质特征

川西地区中浅层各气藏含气砂体总体上表现为致密砂岩，孔隙度、渗透率较低，其中洛带遂宁组最致密，孔隙度平均值为4.74%，孔隙度主峰位于2%~3%，渗透率集中分布在$(0.001\sim0.08)\times10^{-3}\mu m^2$，是目前国内外少见的特低孔储层。

敏感性分析结果表明，川西中浅层气藏整体上表现为弱-中等偏弱速敏、无酸敏、中等偏弱碱敏、中等盐敏、中等偏强水敏、弱-中等应力敏感性。

地应力分析结果表明，新场沙溪庙组难动用储量平均最小水平主应力、最大水平主应力梯度分别为2.29MPa/100m、3.74MPa/100m。结合波速各向异性、差应变实验、声波成像、倾角测井井壁崩落资料等多方法对川西地区中浅层进行地应力方向测量，地应力方向总体介于SE100°~140°左右。

根据川西地区现场储层改造资料，结合川西地区地层破裂压力预测剖面分析，新场沙溪庙组气藏地层破裂压力2.3~2.7MPa/100m，相对较高。

2 水平井压裂适应性分析

川西致密气藏难动用储量开发过程中经历了多种完井+酸化改造、多种压裂改造方式探索、套管封隔器分段压裂工艺完善与推广应用三个阶段。三个阶段的实施效果表明：

① 酸化增产效果不明显，酸化后产能明显低于相邻直井压后产能；LS1H和XS1H两口井的酸化改造，酸化施工规模分别$120m^3$和$130m^3$。LS1H井试井机械表皮系数0.15、储层基本不存在污染，完井后测试无阻流量$1.51\times10^4m^3/d$，酸化后获无阻流量$1.53\times10^4m^3/d$，增产效果很不明显，远低于相邻直井加砂压裂后产能。

② 通过对压裂水平井与邻井压裂直井增产效果对比可以明显看出，压裂水平井产能较临井直井产能倍比增大2倍以上。

③ 对比气井压后稳产情况可以看出，水平井稳产能力优于相邻压裂直井，在难动用储量的高效开发上表现出了一定的优势(表1)。

表1 水平井与相邻压裂直井稳产能力对比表

井号	投产时间/d	日产量/(10^4m^3/d) 初产/末产	油压/MPa 初值/末值	累积采出量/10^4m^3	单位压降天然气产量/(10^4m^3/MPa)
XS1H	245	2.2↘1.6	6.5↘4.8	512	282.9
CX480(邻近直井)		3.14↘2.11	35.3↘14.5	626	32.6
LS1H	332	1.5↘0.86	9.0↘5.4	292	81.1
LS29D-1(邻近直井)		2.0↘0.76	9.0↘4.7	328.6	75.4

因此，水平井是实现致密难动用处理开发的最有效手段，分段压裂改造水平井是提高致密气藏的改造效果的必要手段之一。

3 多级多段压裂工艺

3.1 水平井多级多段压裂工艺提出的背景

对于致密气藏，通过大型压裂造长缝技术实现单井产能和采收率的提高是我们常规的认识，但是在不断的实践过程中，我们发现：

① 生产过程中的长缝，即有效缝长，与加砂压裂改造过程中的支撑缝不属于一个概念，有效缝长是生产过程中气体流动生产的有效部分，而支撑缝长是支撑剂实现有效支撑的部分。

② 通过压后生产动态分析，可以很清楚地发现，有效缝长远远低于支撑缝长，即大型加砂压裂造的长缝很大一部分是无效支撑。川西中浅层致密气藏的生产动态分析和压裂模拟结果显示，有效缝长仅为支撑缝长的1/3左右。

③ 致密气藏孔渗性越差，其人工裂缝的影响范围越小，分段造长缝技术无法实现对储层的充分改造。

④受井筒条件及工具限制，分段级数无法提高。在139.7mm套管内，采用⅛in级差的设计，最多可以实现7段分段压裂。

基于以上的认识，为了实现对储层储量的有效覆盖，减少压裂过程中的无效支撑，提高加砂压裂人工裂缝的效率，我们提出短缝+多缝组合的多级多段概念。具体的实施方法即常规分段压裂+限流压裂工艺。图1是多级多段改造示意图。

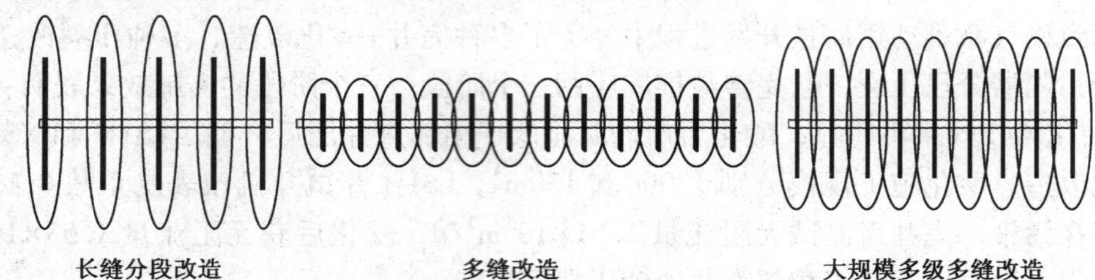

图1 多级多段改造示意图

以9段改造为例，若采用常规分段压裂，需8个封隔器，现有139.7mm套管条件下无法实现，但采用多级多段工艺，仅需3~4个封隔器即可实现3级(4级)4段(5段)9缝压裂，这很大程度上节约了施工改造成本，实现了降本增效。

3.2 多级多段工艺裂缝组合参数优化

根据水平井实施多段压裂的工艺特点，建立模型时作如下假设：①上下封闭无限大均质地层，等温非稳定渗流；②油藏和裂缝内流体为单相流，且满足达西定律；③压裂裂缝完全穿透产层，多条裂缝平行分布；④流体先沿裂缝壁面均匀的流入裂缝，再由裂缝流入水平井筒；⑤不考虑由基质直接流入水平井筒的渗流过程。基于以上的假设条件，构建分段压裂水平井产能模型(式1)。

$$\begin{aligned} p_i^2 - p_{wf}^2 = & \sum_{k=1}^{N}\left\{\sum_{j=1}^{n}\frac{q_{fkj}\mu_g p_{sc}ZT}{4\pi khT_{sc}}\left(-Ei\left[-\frac{(-x_{fi1}+x_{fkj})^2+(y_{fi1}-y_{fkj})^2}{4\eta t}\right]\right\}\right. \\ & + \sum_{j=1}^{n}\frac{q_{fkj}\mu_g p_{sc}ZT}{4\pi khT_{sc}}\left\{-Ei\left[-\frac{(-x_{fi1}-x_{fkj})^2+(y_{fi1}-y_{fkj})^2}{4\eta t}\right]\right\} \\ & + \sum_{k=1}^{N}\left(\sum_{j=1}^{n}\frac{q_{fkj}\mu_g p_{sc}ZT}{4\pi khT_{sc}}\left\{-Ei\left[-\frac{(x_{fin}+x_{fkj})^2+(y_{fin}-y_{fkj})^2}{4\eta t}\right]\right\}\right. \\ & + \sum_{j=1}^{n}\frac{q_{fkj}\mu_g p_{sc}ZT}{4\pi khT_{sc}}\left\{-Ei\left[-\frac{(x_{fin}-x_{fkj})^2+(y_{fin}-y_{fkj})^2}{4\eta t}\right]\right\} \\ & + \frac{q_{fi}\mu_g p_{sc}ZT}{\pi k_{fi}w_i T_{sc}}\left(\text{in}+\frac{h}{2r_w}+s\right) \end{aligned} \tag{1}$$

这样就可以得到一个含N个未知数q_{fi}，N个方程的线性方程组，该方程组可封闭求解。

为了求解该模型，根据裂缝条数的奇偶性和裂缝面与水平井筒的夹角建立相应的坐标系(图2，图3)。当裂缝条数为奇数时，以中间一条裂缝与水平井井筒相交的点为原点，沿y轴，从上到下依次对裂缝进行编号(1，2，……N)；当裂缝条数为偶数时，以中间两条裂缝间距的平分线与水平井井筒的交点为原点，沿着y轴，从上到下依次对裂缝进行编号(1，2，……，N)。

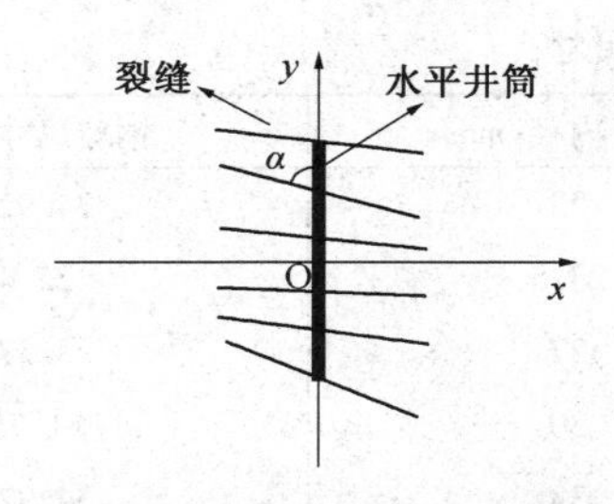

图 2　裂缝条数为偶数时的坐标系

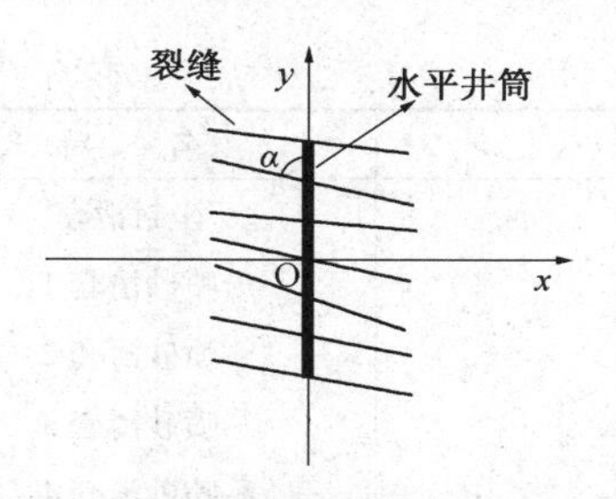

图 3　裂缝条数为奇数时的坐标系

以 100m 的水平段水平井为例，利用建立的产能公式进行计算。裂缝条数与累计产气量、裂缝长度与累计产气量、规模与缝长关系见图 4。

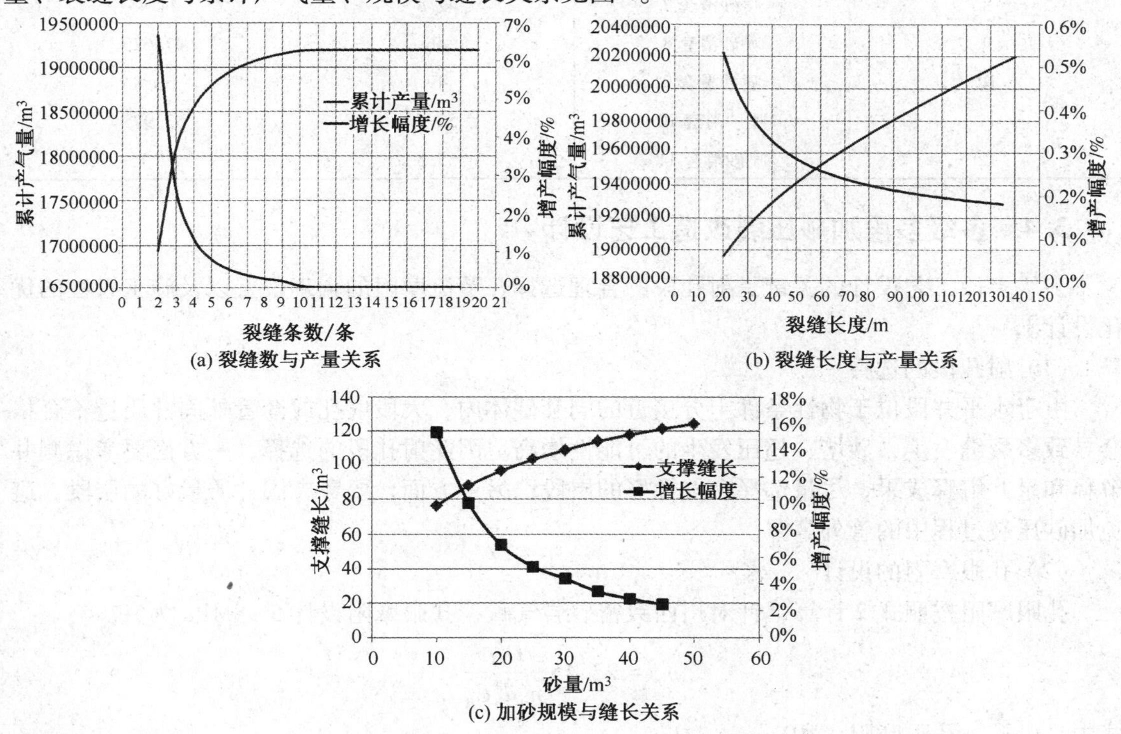

图 4　裂缝组合产能模拟结果

根据以上模拟，10~12 条人工裂缝、缝间距 60~70m，单缝有效支撑 50m 即可实现对储层改造后的产量最大化。

3.3　分段工具设计

以投球开滑套为主要方式的分段压裂改造，其封隔器及其配套工具的内径是提高分段级数的瓶颈所在，川西中浅层常用的 HY241 封隔器组合，最多可以实现 7 级的分段压裂改造，配合多级多段工艺，可以实现 14~20 段的分段改造，因此为实现更多段的目的，需对现有的工具进行改进。

以现有的 Y341 封隔器为基础，通过工具结构及相关构件的研发与改进，研发成功满足 139.7mm 套管完井的分段压裂工具组合。该工具组合可实现最多 12 级的分段压裂改造（表 2），结合多级多段工艺，能够实现 20~30 级的分段压裂。

表 2 HY341 工具组合尺寸

序号	名称	芯子内径/mm	钢球尺寸/mm
1	坐封滑套	33	34.925
2	喷砂滑套 1	23.5	25.4
3	喷砂滑套 2	27	28.575
4	喷砂滑套 3	30	31.75
5	喷砂滑套 4	33	34.925
6	喷砂滑套 5	36.5	38.1
7	喷砂滑套 6	39.5	41.275
8	喷砂滑套 7	42.5	44.45
9	喷砂滑套 8	46	47.625
10	喷砂滑套 9	49	50.8
11	喷砂滑套 10	52.5	53.975
12	喷砂滑套 11	55.5	57.15

3.4 多级多段加砂压裂改造工艺设计

多级多段工艺设计的关键是射孔段的合理选择、节流摩阻的合理设置以及施工管柱的优化设计。

(1) 射孔段的选择

由于水平井段位于物性条件十分接近的同套砂体内，大段射孔或套管外固井质量不合格会导致多裂缝发生，砂堵、超压发生的可能性增高。因此射孔段的选择，一方面要考虑测井解释和录井解释成果，尽量选择含气性好的层段；另一方面，要考虑固井质量好的层段，避免加砂压裂过程中的管外窜漏。

(2) 孔眼摩阻的设计

孔眼摩阻按照式 2 计算，针对川西致密砂岩气藏，孔眼摩阻设计 5~8MPa 为宜。

$$p_m = 22.45 \frac{Q^2 \rho}{n_p^2 d_p^4 C_d^2} \tag{2}$$

式中 p_m——孔眼摩阻，MPa；

Q——施工排量，m^3/min；

ρ——压裂液密度，g/cm^3；

n_p——孔眼数；

d_p——孔眼致敬，mm；

C_d——节流系数，取 0.8。

(3) 施工管柱的设计

大排量是实现限流压裂的保证，排量过低会导致缝宽不足，发生砂堵的风险增大。根据极限缝宽理论，结合目的储层的排量与缝宽关系模拟，设计单缝压裂的施工排量为 $2m^3/min$，即 2 缝压裂排量为 $4\sim4.5m^3/min$，3 缝排量为 $6\sim6.5m^3/min$。同时考虑设备动用成本及分段的有效性，设计采用 2 段分流模式，即设计排量 $4\sim4.5m^3/min$，管柱结构采用 73.02mm 油管满足施工要求。单缝排量设计见图 5。

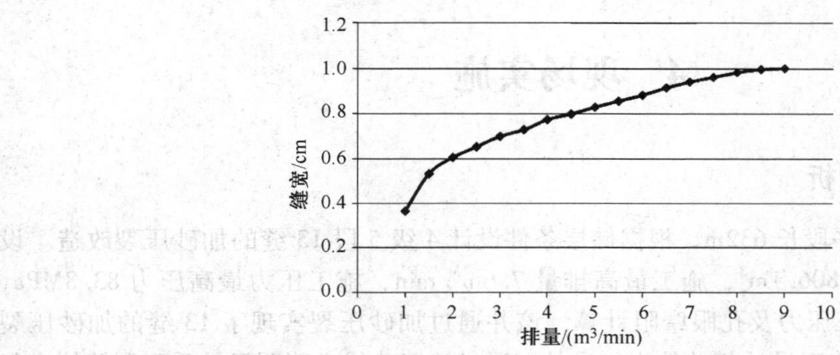

砂比/(kg/m³)	砂比/%	W/D(统计)	缝宽要求/mm
<300	<17	1.4~2.1	>1.78
300~490	17~27	2.1~2.6	>2.21
490~600	27~35	2.6~3.1	>2.64
600~790	35~45	3.1~3.5	>2.98

注：缝宽要求是针对20/40目支撑剂提出的。

图5　单缝排量设计

3.5　配套工艺技术

（1）多级延时射孔技术

因射孔井段多、射孔一次性成功率要求高（100%射孔），为保证射孔顺利进行，采用分级延时加压起爆技术，在降低射孔施工风险的同时，提高一次性射孔成功率。

（2）工具入井及开滑套技术

为保证施工管柱顺利入井，并在施工过程中各级滑套能够顺利打开，研究形成了有针对性的技术措施。通过在管柱底界管鞋位置加装滚珠引鞋、封隔器前后加装旋转扶正器，保证工具居中，降低管串起下时的摩阻。通过工具内线性倒角，减小球的运动阻力，实现坐封(开滑套)球顺利到达球座。采用低密度球技术、泵液送球技术，保证球顺利到达球座并开启滑套。采用增大滑套内径级差、反洗井、反复加压等工艺，保证滑套顺利开启。

（3）支撑剂段塞技术

压裂施工过程中为保证主缝的顺利张开和延伸，抑制多裂缝的形成，一方面通过提高施工排量、增加前置液量以增加形成主裂缝的机会和增加缝宽，现场实施过程中通过粉陶或支撑剂段塞，封堵除主裂缝以外的裂缝；另一方面在降低滤失的同时，打磨人工裂缝壁面和射孔孔眼，降低施工压力。

（4）防砂工艺技术

为防止压裂水平井压后地层出砂影响后期安全生产，射孔过程中要求不能在套管上方射孔，而必须采用变相位定向射孔技术。另外，采用尾追纤维技术，通过物理作用，依靠网状结构固结缝口处支撑剂，防止支撑剂的相对移动，达到防砂效果。

（5）高效返排工艺技术

水平井分段压裂施工时间长导致压裂液在地层滞留时间长，为最大程度降低支撑剂的回流，提高返排率，通过强制闭合、快速排液技术，采用逐级增大油嘴方式控制排液。另外对于返排困难的地层，采用液氮助排技术，提高返排速度，降低储层伤害，提高气井压裂改造效果。

4 现场实施

4.1 单井施工分析

新沙 21-11H 井水平段长 632m，根据储层条件设计 4 级 5 段 13 缝的加砂压裂改造。设计加砂 210.1m^3，液量 1806.1m^3，施工最高排量 7.6m^3/min，施工压力最高压力 83.8MPa，施工时间 10h。根据施工压力及孔眼摩阻计算，该井通过加砂压裂实现了 13 缝的加砂压裂改造，实际施工数据与方案设计相差甚小。另外，通过施工曲线也能明显的看到裂缝依次起裂的明显迹象。

该井压后在油压 13.4MPa，套压 17.13MPa 的条件下，日产天然气 3.7586×$10^4$$m^3$，产水 12.3$m^3$/d。因压后出水，对产量影响较大，但其输气产量及井口油套压水平远好于邻井气井效果。

新沙 21-4H 井采用 3 级 4 段 10 缝压裂工艺，成功完成 180.5m^3支撑剂、1572m^3压裂液的注入。压后在油压 22MPa、套压 23MPa 的条件下，日输气 5.2120×$10^4$$m^3$，计算无阻流量 21.6392×$10^4$$m^3$，增产倍比为邻井直井压后的 6.7 倍，效果良好。

4.2 总体效果分析

截至 2011 年 12 月份，川西中浅层采用多级多段分段压裂工艺现场共实施 15 口井，平均压后获无阻流量 13.9206×$10^4$$m^3$/d，平均增产倍比 5.73 倍，增产效果明显。累计完成 160 段分段改造，较进口封隔器成本节约 1450×10^4元。新增储量 22.5×$10^8$$m^3$，年产天然气 2.2958×$10^8$$m^3$，新增效益 3.214×$10^8$元，实现了以较低成本对难动用储量的高效动用，有力地推动了川西“增储上产”会战及分公司“百亿气田建设”的顺利进行，具有显著的社会效益。

水平井分段压裂改造后产量与全部生产井产量对比统计表明，占全部总井数 8%的水平井产量占到了全部生产井总产量的 23.2%。同时，模拟及现场测试结果(图 6)表明，水平段越长，压后的产量越高，分段数越多，水平井压裂效果越明显。因此在长水平段实施更多级数的分段压裂改造是实现水平井开发致密油气藏的根本所在。

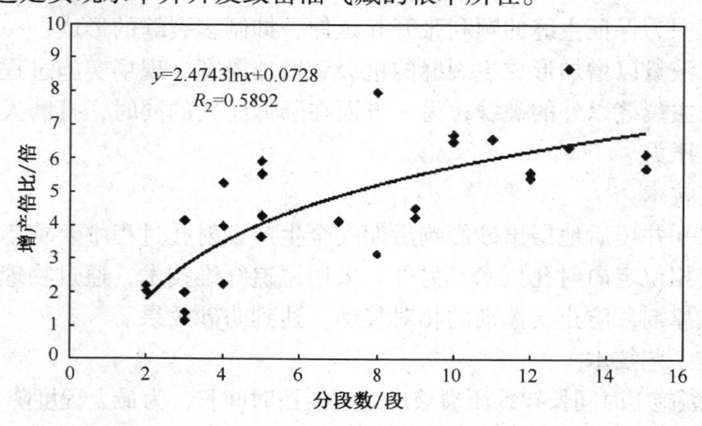

图 6 多级滑套封隔器分段压裂水平井分段数与增产倍比关系

5　结论及认识

① 对于低渗透致密油气藏，水平井开发是低渗透气藏实现提高单井产能的重要手段，水平井分段压裂是实现最大化开采低渗透气藏的必要手段。

② 多级多段加砂压裂工艺技术改变了以往大规模造长缝的观念，通过多缝、造有效长缝工艺，实现了对储层的充分改造。在不改变常规加砂压裂实施规程的条件下，节约施工成本，提高改造效果，经济效益显著，实现了降本增效的目的，具有较大的现场推广价值。

③ 针对多级多段压裂施工多裂缝易砂堵、长水平段支撑剂传输沉降等风险，通过工具改进，结合支撑剂段塞技术、防砂控砂工艺技术、高效返排工艺技术，形成有效风险防控措施，保证工艺顺利施工和安全生产。

致密气藏压裂水平井产能评价存在的问题及对策

王树平　郑荣臣　严谨　史云清

（中国石化石油勘探开发研究院）

摘　要： 压裂水平井近年来被认为是开发致密气藏的一种有效技术手段，但压裂水平井在气田现场实际应用和理论发展方面还有一些问题需要不断完善，其中，针对压裂水平井的产能评价就是一个重点和难点。水平井大规模压裂后井底容易积液，大压差返排后井底流压过低，以及致密气藏非达西渗流等导致产能试井二项式曲线异常或无法评价产能。针对这些问题，通过分析不同产能评价方法的优缺点，及导致产能测试曲线异常的原因，在理论研究的基础上，考虑致密气藏渗流特征对产能测试的影响，对压裂水平井产能评价中存在的问题提出了针对性的解决对策和建议。

关键词： 致密气藏　水平井　产能评价

1　前　　言

致密砂岩气藏是中石化气藏的主要开发类型，目前致密砂岩气未动用储量大，已动用储量平均单井产量低，采收程度不高，需要新的开发技术。压裂水平井近年来被认为是开发致密气藏的一种有效技术手段，也是中石化对致密气藏发展核心技术的重要研究内容之一。但压裂水平井在气田现场实际应用和理论发展方面还有一些问题需要不断完善，其中，针对压裂水平井的产能评价就是一个重点和难点。随着试井理论的发展，气井产能测试及评价方法不断进步。目前气藏压裂水平井产能测试及评价与直井或普通水平井几乎相同，产能评价有两类方法。一类是通过现场产能试井评价产能，主要包括系统试井产能评价［1929 年美国矿业局的 Pierce 和 Rawlins 提出（Conventional back—pressure Testing）］、等时产能试井产能评价［1955 年 Cullender 提出了“等时试井”（Isochronal Well Testing）］，1959 年 katz 等人提出了修正等时试井（Modified Isochronal Well Testing）和简化方法产能评价（一点法和 1978 年 Brar. G. S. and Aziz. K 提出的简化修正等时试井）；另一类是利用试采资料评价产能，主要包括动态分析法产能评价（利用专业软件，在拟合历史生产数据的基础上，建立流动模型，再开展数值产能试井）和稳定点二项式产能评价（参考气藏产能评价——庄惠农）。但每种方法的原理不同，使用条件不同（表 1）。从目前的趋势看，国外气田广泛采用的气井产能试井方法仍以单点产能测试、常规回压试井和修正等时试井为主。常规回压试井主要应用于高渗气井，修正等时试井主要应用于低渗透气井，单点产能测试则主要用于快速确定气井产能。而在国内，前期主要采用常规回压试井(四川气田)。随着长庆和华北大量低渗储量的发现，修正等时试井近几年来应用较多，并在国内得到推广。

总的来说，产能试井理论和评价方法已有较大的发展，但仍滞后于快速发展的压裂水平井工艺技术。针对压裂水平井的产能测试和产能评价方法还存在很多问题需要改进，比较突出的问题有：水平井大规模压裂后井底容易积液，大压差返排后井底流压过低，以及致密气藏非达西渗流等导致产能试井二项式曲线异常或无法评价产能。

表1 六种经典的产能试井方法对比表

方法	系统试井	等时试井	修正等时试井	单点测试	动态分析法	稳定点二项式法
适用地层	无边界影响的高、中渗透地层	无边界影响的中等渗透性地层	低渗透地层	对产能方程中系数 n 和 B 比较了解的地层	有边界储层	对泄气半径比较清楚的储层
优点	测试过程中不需要关井，只需改变生产制度即可，操作简单	不需在每一测量点都到达稳定条件，所以减少了测试时间	每次开井井底流压不需要达到稳定，同时关井不需要井底流压再次恢复地层压力	操作简单方便，缩短测试时间	该方法不需要现场测试，可完成多种产能试井	理论完善，只需要一个测试点
不足	常规回压试井对于低渗非均质气井确定的气井产能存在误差	每个流动期结束后关井恢复至地层压力所需时间较长	没有完整的理论基础，压力恢复程度较低时，将会造成产能曲线反转	单点测试计算方法都依赖于气井 α 值的统计值平均值	准确建立拟合模型难，需要有较长的试采数据，配套工具不完善	需要已知参数多，准确得到参数难

2 产能评价存在的问题及对策

2.1 水平井大规模压裂后导致部分产能测气资料无法应用

大牛地气田从2012年开始，大规模实施水平井压裂技术开发，2012年平均单井压裂10.2段，平均单井入地净液量2927.9m^3。大规模压裂入液量大，因此压裂后需采用大压差返排，返排后井底流压很低，同时为防止井底积液，排液后直接开始系统试井产能测试，部分测试资料无法应用。

大牛地气田DPH-2和DP27H井开展了系统试井，四个测试点中，第一个开井测试过程中井底流压不断升高。研究认为强力排液后井底压降过大，测试过程中流压逐渐回升，导致无法评价产能。

由于返排后不关井压恢，直接开展产能试井导致初期资料无法应用，因此调整试气方案，返排后关井压恢，再开展修正等时试井。但由于压裂规模大，平均返排率一般在40%~50%，关井压恢后，井底容易积液，产能测试时压降曲线波动大，导致无法评价产能。

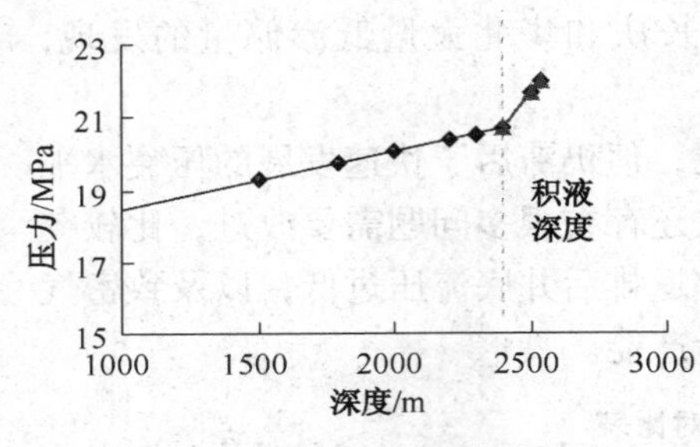

图 1 DP41S 井井筒压力回归曲线

DP41S 进行了修正等时试井，由于井底积液导致测试数据无法应用。该井井底积液的依据是：①试气试采产水大。该井试气时产水 $22m^3/d$。试采初期日产水 $10m^3$，泡排后，压力稳中略有回升。②井筒压力曲线回归非直线。如图 1 所示：沿井筒压力回归曲线不是一条直线，在 2330m 出现拐点，而压力计下在 2500m 液面下。

对策：对于井底流压过低和井底积液无法评价产能的井，可开展以下三种方法来评价气井产能。

（1）调整试采时机

压裂返排后，不再直接试气，而是稳定生产一段时间，当地层压力恢复较高，压裂液返排率较高，油压和产量相对稳定，再开展气井产能试井或开展稳定点一点法或二项式评价产能。

（2）开展动态分析法评价产能

利用生产动态资料，在生产数据历史拟合的基础上，重建储层流动模型，采用数值模拟方法，实现多种产能试井，评价气井稳定产能，从而排除试采初期井底积液等对产能的影响，流程如图 2 所示。

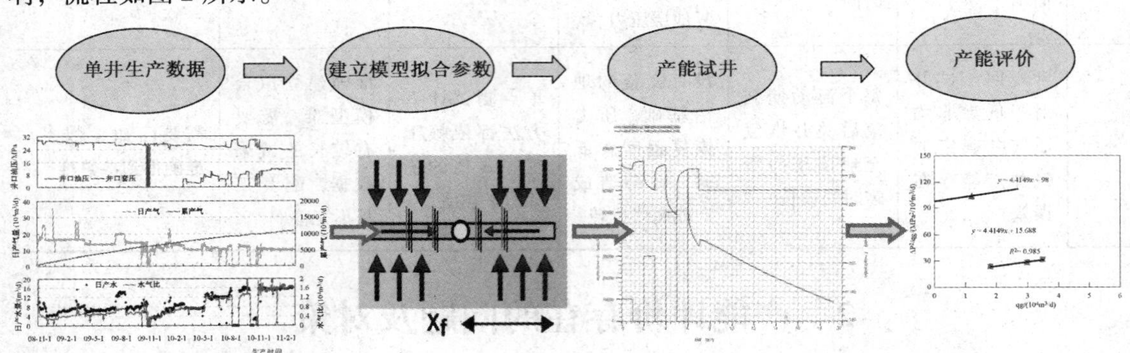

图 2 动态分析法评价产能技术流程

（3）开展压裂水平井产能预测

低渗气藏中(川西中浅层和华北)沉积环境以河流相为主，纵向上主力层隔层稳定。河道中一口压裂水平井如图 3 所示，通过保角变换和势的叠加原理，考虑裂缝半长、裂缝间距、裂缝夹角的变化对压裂水平井产能的影响，还考虑裂缝间的相互干扰，来评价产能。假设：裂缝长度、裂缝夹角和裂缝间距各不相同；平行水平井两侧边界及储层上下边界封闭；气体先流入裂缝再流入井筒；稳态等温；裂缝在纵向上穿透储层，高度为气藏厚度 h。

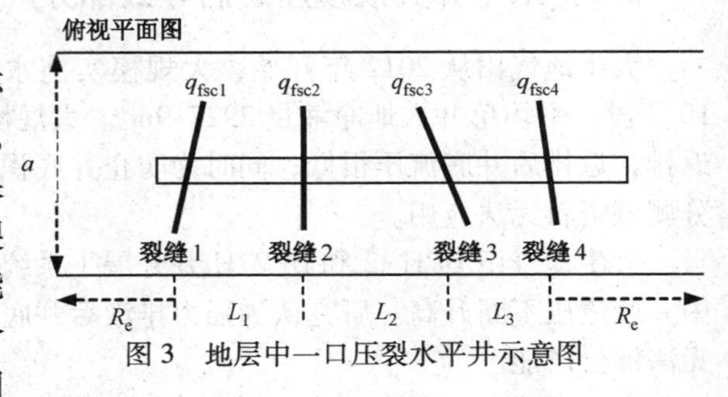

图 3 地层中一口压裂水平井示意图

单条裂缝内的压降为：

$$\varphi_e - \varphi_{wf1} = \frac{q_{fsc1}T}{397.3hk}\left(\operatorname{arcch}\left[\frac{\operatorname{ch}\left(\frac{\pi R_g}{a}\right)}{\sin\left(\frac{\pi L_{f1}\sin\alpha_1}{2a}\right)}\right] + \operatorname{arcch}\left[\frac{\operatorname{ch}\left(\frac{\pi(R_e + L_1 + L_2 +, \cdots, + L_{n-1}^{*})}{a}\right)}{\sin\left(\frac{\pi L_{f1}\sin\alpha_1}{2a}\right)}\right]\right)$$

$$+ \vdots \quad \vdots \quad \vdots \quad \vdots \quad \vdots \quad \vdots \quad \vdots \quad \vdots \quad \vdots \quad \vdots$$

$$+ \frac{q_{fscl}T}{774.6k_{fl}h_{fl}}\left[\ln\left(\frac{h\sqrt{2}}{2r_w}\right) + 2\pi L_{fl/h-1.917}\right] \tag{1}$$

式中　φ_e——层拟压力，$\frac{MPa^2}{mPa \cdot s}$；

φ_{wfi}——井筒中第 i 条裂缝拟压力，$\frac{MPa^2}{mPa \cdot s}$；

q_{fsc}——裂缝产气量，$10^4m^3/d$；

L_i——裂缝间距，m；

r_w——井筒半径，m。

研究经验表明，水平井产量不高的情况下井筒压降对产能的影响可忽略。对于有 n 条裂缝压裂水平井，在定压生产的情况下，给出井底流动拟压力 φ_{wf}，则各裂缝处的压力可知。可建立 n 个方程如下：

$$\begin{aligned} \varphi_e - \varphi_{wf1} &= \varphi_e - \varphi_{wf} \\ \varphi_e - \varphi_{wf2} &= \varphi_e - \varphi_{wf} \\ \varphi_e - \varphi_{wf3} &= \varphi_e - \varphi_{wf} \\ \vdots \quad \vdots \quad & \vdots \quad \vdots \\ \varphi_e - \varphi_{wfn} &= \varphi_e - \varphi_{wf} \end{aligned} \tag{2}$$

其中每条裂缝处压力差都是 n 条裂缝产量的函数，即

$$\varphi_e - \varphi_{wf(1、2、L、n)} = f(q_{fsc1}、q_{fsc2}、\cdots、q_{fscn}) \tag{3}$$

其中自变量 q_{fsc} 有 n 个，而方程也有 n 个，从而可求的每条裂缝的产气量 q_{fsc}，井的产量为各条裂缝产量之和。

2.2　致密气藏复杂储层特征及产能评价理论不完善导致产能评价二项式曲线异常

常规回压试井法和修正等时试井法是中石化气藏压裂水平井产能评价的主要方法。而在实际应用过程中，对非均质较强的低渗透气藏或致密气藏，常规回压试井法和修正等时试井法测试数据有时会产生较大的误差，典型的问题是产能二项式曲线经常出现异常。即：二项式产能方程 $p_e^2 - p_{wf}^2 = Aq_g + Bq_g^2$ 出现系数 B<0 的情况。如图 4 所示：

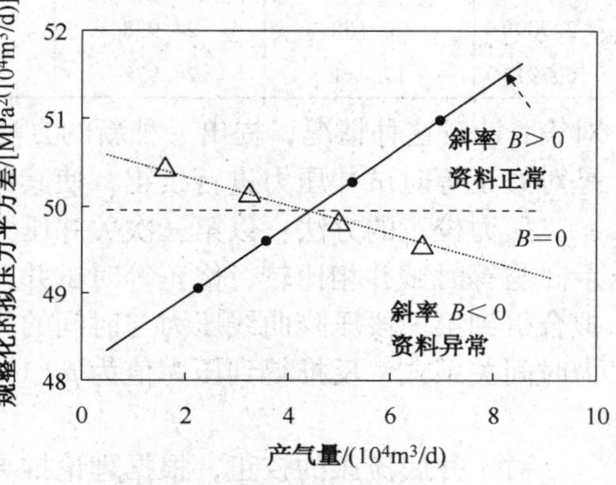

图 4　产能二项式曲线异常对比

由图可以看出，产能方程系数 B 为负值，这在理论上显然是不成立的。从理论研究看，二项

式产能方程中的系数 A、B 均为正值，产能方程系数 B 是表征气体高速非达西流程度的物理量，气体高速非达西流无论程度高低，始终存在，它反映气体高速非达西流所造成的压力损失，非达西流动越强，造成的压力损失越大，而 B 值为负，说明气体高速非达西流影响使压力损失得到补充，这显然是不可能的。这说明采用目前的产能试井分析方法处理致密低渗透气藏产能试井资料存在不适应性。这一方面说明评价方法存在缺陷，另一方面也说明致密气藏渗流机理不同于常规气藏。

通过对致密储层渗流特征及产能评价方法研究认为：导致致密气藏压裂水平井产能二项式曲线异常的主要原因有以下几方面：

(1) 致密储层物性对产能评价存在影响

在低渗气藏中利用修正等时试井进行产能分析时，由于储层渗透性差，能量补给不及时，关井后，压力一般无法恢复到地层初始压力，这种情况下，再采用等时试井的方法处理测试资料，经常导致产能测试曲线异常，即使测试曲线没有产生异常。这主要是由于修正等时试井的资料处理方法存在问题。修正等时试井资料的处理与等时试井相同，只是用每次关井时刻未达到稳定的恢复压力 p_{ws} 代替等时试井要求的稳定的平均地层压力 $\overline{p}_R$ 计算下一测试流量相应的 $\Delta\psi$（即 $\psi_{ws}-\psi_{wf}$）或 Δp^2（即 $p_{ws}^2-p_{wf}^2$）。由于此时地层压力未恢复至稳定，显然比实际稳定地层压力小，因此用此方法确定的气井产能方程系数 B 值肯定比地层真实值要小。如表 2 和图 5 所示，虽然修正等时试井能缩短测试时间，不需要压降阶段达到稳态流动，但当压恢值较低时很容易导致产能分析曲线异常。此外无论修正等时还是系统试井，测试稳定段很难出现，也是导致产能曲线异常的原因之一。

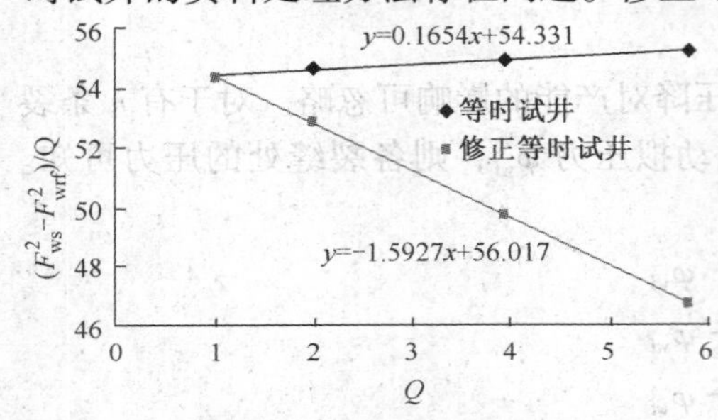

图 5 修正等时试井与等时试井产能分析结果对比

表 2 修正等时试井与等时试井测试数据表

Q/10^4m^3	等时试井			修正等时试井		
	p_{wf}(MPa)	p_r(MPa)	$(p_r^2-p_{wf}^2)/Q$	p_{wf}/MPa	p_{wsi}(MPa)	$p_{wsi}^2-p_{wf}^2/Q$
1.0017	23.821	24.938	54.37	23.821	24.938	54.371
1.9722	22.668	24.938	54.79	22.593	24.796	52.935
3.9099	20.168	24.938	55.03	20.161	24.519	49.801
5.7914	17.411	24.938	55.23	17.405	24.002	46.775

对策：针对这种情况，提出一种新的方法分析低渗气藏修正等时试井产能测试资料。该方法是对修正等时试井压力进行校正，使其关井后压力都为初始地层压力。

压力校正的方法：以第三次关井压力恢复结束到第四次关井前这段时间为例。如图 6 所示。与等时试井相比较，修正等时试井压力恢复值没有恢复到初始地层压力，采用数学方法拟合得到第三段压降曲线压力与时间的关系公式，设 p_{ws2} 对应的时间点为 t_1，根据拟合的压力时间关系式，反推得到压力值为 p_R 对应的时间点为 t_2，设：

$$\Delta t' = t_1 - t_2$$

对于井底流压的校正，根据理论推导，水平井二项式产能公式：

$$\overline{p}_R^2 - p_{wf}^2 = A(t)q_{sc} + Bq_{sc}^2$$

其中系数 $A(t)$ 是时间的函数，只要保证生产时间 Δt 不变，A 值就不变，若用 p_R 代替 p_{ws2}，产量 q_{g3} 不变时，生产时间增加了 $\Delta t'$，则在第三段压降曲线上，p_{wf3} 对应的时间点 t_3 减去 $\Delta t'$ 后对应的井底流压即为校正后的井底流压 p'_{wf3}。采用类似的方法，可得到其他开关井的压力校正值。

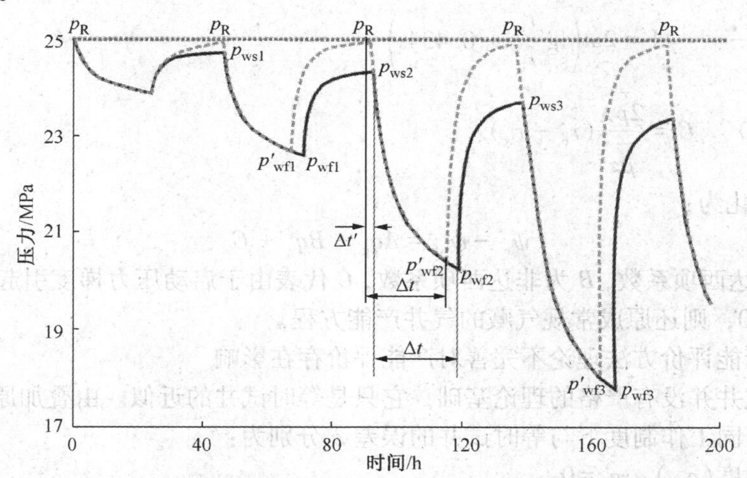

图 6　修正等时试井测试曲线校正前后对比图

根据校正后的开关井压力，采用等时试井产能测试资料处理方法，可获得气井的真实产能。

（2）致密气藏复杂的渗流机理对产能评价存在影响

致密气藏不但储层物性差，而且常常含有较高的束缚水，尤其是大牛地气藏束缚水饱和度高达 30%~40%。前人的研究表明：束缚水饱和度较高的低渗透气藏，气体渗流时，只有在压力梯度增加到超过某个起始压力梯度时，气体才能运动，即低渗透气藏存在启动压差。启动压力梯度的存在，使得气井生产时井底流压下降快，关井后压力恢复相对较慢，使产能曲线出现异常。

对策：建立考虑启动压力梯度的产能评价方程。

低渗透气藏气体低速渗流的运动方程：

$$\nabla p = -\left(\frac{\mu_g}{k}\vec{V}_g + \lambda_g\right)$$

式中　λ_g——表示气体渗流的启动压力梯度，Pa/m。

气井产能方程是以气体不稳定渗流理论为基础的，将考虑启动压力梯度的运动方程及气体的状态方程，代入到气体渗流的连续性方程中去，可以得到气体在多孔介质中渗流的基本微分方程为：

$$\nabla\cdot\left[\frac{k}{\mu_g Z}p(\nabla p - \lambda_g)\right] = \varphi c_t \frac{p}{Z}\frac{\partial p}{\partial t} \tag{4}$$

考虑边界条件和初始条件，可以推得无限大均质各向同性低渗透气藏气体非达西低速不稳定渗流的平面径向流数学模型为：

$$\frac{\partial^2 \psi_D}{\partial r_D^2} + \frac{1}{r_D}\frac{\partial \psi_D}{\partial r_D} + \frac{\lambda_D}{r_D} = \frac{\partial \psi_D}{\partial t_D}$$

考虑井附近由于不完善和高速非达西流引起的表皮效应，则有：

$$\psi_{wD} = \ln r_{eD} + \lambda_D(r_{eD} - 1) + s + Dq_g \tag{5}$$

代入边界条件，则有：

$$\psi(p_e)-\psi(p_{wf})=\frac{2\bar{p}\lambda}{\bar{\mu z}}(r_e-r_w)+\frac{84.64Tp_{sc}q_g}{khT_{sc}}\left[\lg\frac{r_e}{r_w}+0.434s+0.434Dq_g\right] \tag{6}$$

令：$m=\frac{42.42Tp_{sc}}{khT_{sc}}$　　$A=2m\left(\lg\frac{r_e}{r_w}+0.434s\right)$

$B=0.87mD$　　$C=\frac{2\bar{p}\lambda}{\bar{\mu z}}(r_e-r_w)$

则(6)式简化为：

$$\psi_e-\psi_{wf}=Aq_g+Bq_g^2+C \tag{7}$$

式中，A 为达西项系数，B 为非达西项系数，C 代表由于启动压力梯度引起的附加压力降系数，如果 $C=0$，则还原成常规气藏的气井产能方程。

(3) 试井产能评价方法理论不完善对产能评价存在影响

修正等时试井并没有严格的理论基础，它只是等时试井的近似。由叠加原理，可以得到修正等时试井不同工作制度下与等时试井的误差 ε 分别为：

第一工作制度(q_{g1})：$\varepsilon_1=0$

第二工作制度(q_{g2})：$\varepsilon_2=\frac{mq_{g1}\lg\frac{3}{4}}{A_tq_{g2}+Bq_{g2}^2}$

第三工作制度(q_{g3})：$\varepsilon_3=\frac{m\left(q_{g1}\lg\frac{15}{16}+q_{g2}\lg\frac{3}{4}\right)}{A_tq_{g3}+Bq_{g3}^2}$

第四工作制度(q_{g4})：$\varepsilon_4=\frac{m\left(q_{g1}\lg\frac{35}{36}+q_{g2}\lg\frac{15}{16}+q_{g3}\lg\frac{3}{4}\right)}{A_tq_{g4}+Bq_{g4}^2}$

上面误差表达式中的 m 为变产量叠加分析曲线的斜率，从上式可以看出，修正等时试井的近似程度取决于储层性质和试井时采用的工作制度(测试时的产量序列)，最大误差发生在最后一个工作制度。地层系数 kh 越小，误差越大；要使等时试井结果产生较小的误差，其测试产量序列必须采用递增的方式。

对策：从渗流力学理论看，修正等时试井实际上是一个变产量生产问题，为消除其实际应用中的误差，以渗流力学的叠加原理为基础，经严格的理论推导，提出一种新的修正等时试井资料整理方法。对于修正等时试井，即气井开关井的时间相等。设四个工作制度的产量分别为 q_{g1}、q_{g2}、q_{g3}、q_{g4}，每个制度下开井生产时间与关井时间都为 t 。

对于任一工作制度 q_{gi}，由叠加原理产能方程可以表示为：

$$\psi_i-\psi_{wfi}=A_tq_{gi}+Bq_{gi}^2+mE_i \tag{8}$$

将式(8)整理为：

$$\psi_i-\psi'_{wfi}=A_tq_{gi}+Bq_{gi}^2 \tag{9}$$

式中：$\psi'_{wfi}=\psi_{wfi}+mE_i$

上式中，ψ_{wfi} 为气井产能测试过程中每一级产量测试实测的关井瞬间的井底流动拟压力，ψ'_{wfi} 为对应的井底流压的修正值，它与气井的产量和储层的物性有关。方程(9)就是严格由叠加原理推出的气井不稳定二项式产能方程。

由方程(9)可以得到不稳定产能曲线各工作制度的不稳定点为：

$$\left(q_{g1},\ \frac{\psi_i-\psi_{wf1}}{q_{g1}}\right)$$

$$\left(q_{g2},\ \frac{\psi_i-\psi_{wf2}}{q_{g2}}-m\frac{q_{g1}}{q_{g2}}\lg\frac{3}{2}\right)$$

$$\left(q_{g3},\ \frac{\psi_i-\psi_{wf3}}{q_{g3}}-m\left(\frac{q_{g1}}{q_{g3}}\lg\frac{5}{4}+\frac{q_{g2}}{q_{g3}}\lg\frac{3}{2}\right)\right)$$

$$\left(q_{g4},\ \frac{\psi_i-\psi_{wf4}}{q_{g4}}-m\left(\frac{q_{g1}}{q_{g4}}\lg\frac{7}{6}+\frac{q_{g2}}{q_{g4}}\lg\frac{5}{4}+\frac{q_{g3}}{q_{g4}}\lg\frac{3}{2}\right)\right)$$

上述各式中，m 为叠加分析曲线的斜率，可以由叠加分析得到。在利用上述方法得到各工作制度等时不稳定点后，利用式(9)绘制不稳定产能曲线，进行线性回归，便可得到不稳定产能方程系数 A_t 和 B，然后通过稳定点平移不稳定产能曲线得到稳定产能方程。这是通过严格的理论推导提出的一种新的修正等时试井资料整理方法，用这种方式处理修正等时试井资料，二项式产能方程分析结果与等时试井完全一致，而且分析结果不受测试产量序列的影响。

3　实例应用

DPH-2 井产能试井测试曲线由于测试初期压力不断上升，因此无法评价产能，因此采用动态分析方法，建立生产井动态数值模型，在生产历史拟合基础上，模拟修正等时试井过程，采用二项式解释得到水平井无阻流量为 $14.72\times10^4 m^3/d$。

此外，DPH27、DPH-10 和 DP41S 三口压裂水平井利用原始试气资料无法解释产能(表3)，因此分别利用稳定点一点法，稳定点二项式法，考虑启动压力和修正等时试井理论误差引起的附加压降，评价出三口压裂水平井的产能。

表 3　产能评价对比

序　　号	井　　名	层　　位	一点法产能	系统试井	修正等时	稳定点二项式
1	DPH27	盒 1	17.78	19.3		17.51
2	DPH-10	盒 1	24.37		23.65	22.83
3	DP41S	山 2	2.31	3.59		3.12

4　结　　论

① 在致密气藏中，测试流程不合理、压裂后井底积液、致密气藏渗流机理复杂以及评价方法理论不完善是压裂水平井产能测试后无法评价或产能二项式曲线异常的主要因素。

② 对于无产能测试资料或产能测试资料无法应用的压裂水平井，可通过调整气井产能测试时机，选择地层压力恢复及压裂液返排率较高，油压和产量相对稳定的点开展气井产能测试，或利用试采数据开展动态产能评价。

③ 对于产能二项式测试曲线异常的压裂水平井，通过完善评价方法理论基础、考虑启动压力梯度或调整压恢曲线等对策，校正产能测试曲线异常，获得气井产能。

江汉油田致密油气藏水平井分段措施管柱技术

汪森

（中国石化江汉油田采油工艺研究院）

摘　要：随着勘探开发的快速发展，非常规致密油气藏急需进行水平井分段改造以提高单井产能和开发效果，为此江汉油田在水平井多级分段措施管柱技术方面进行了大量研究，形成了裸眼封隔器+滑套分段压裂管柱技术、套管内封隔器+滑套可取式分段措施管柱技术等系列配套技术。在此基础上，针对不同完井方式及油藏特点，在江汉油田、建南气田以及蜀南气矿等地区进行了多次现场应用，并取得了较好的增产效果，为致密油气藏的进一步扩大开发积累了经验，为完善水平井分段压裂措施管柱技术指出了下步攻关方向。

关键词：江汉油田　致密油气　水平井　分段管柱

1　前　言

目前多级分段措施作为长水平井措施的主流工艺，在致密油气藏开发方面得到了广泛的应用，其中，配套措施管柱技术是完成措施作业的关键技术。为此，江汉油田结合实际需要，自主研究形成了裸眼封隔器+滑套分段压裂管柱技术、套管内封隔器+滑套可取式分段措施管柱技术，并在江汉油田、建南气田以及蜀南气矿等地区进行了大量的现场应用，效果显著。

2　套管内封隔器+滑套可取式分段措施管柱技术

2.1　技术关键

①常规的直井封隔器在水平井中密封效果相对较差，在大规模的压裂施工中存在封隔失效的风险，需要研究能有效针对水平井，密封效果更好的封隔工具。

②由于水力锚等锚瓦类工具在措施结束后常常会有锚瓦回收不到位从而导致管柱遇卡无法起出的问题；同时由于水力锚上密封件较多，在进行多级施工时，锚爪反复伸缩容易出现渗漏，对施工造成影响，因此，水平井分段措施管柱上不宜过多使用水力锚。为此需要设计更可靠的锚定工具来满足水平井分段措施的要求。

③水平井分段措施管柱由于重力作用导致管柱偏向水平井低边与井壁接触和井壁之间产生较大的法向支反力和摩擦阻力，有可能导致管柱“自锁”造成管柱无法下入。需要优化管柱下入能力，确保管柱安全。

④在水平井中，压裂完成后地层出砂可能造成砂埋管柱，或封隔器无法解封导致管柱无法起出，同时由于长水平段分段措施的级数越来越多，管柱安全起出的风险也越来越大。

2.2　研究思路

①研究密封性能好、锚定性能好、易解封并且具有防阻机构，能有效避免中途坐封的水平井封隔器。

②设计滚动扶正器，既能有效地扶正管柱，又能将下管柱时的滑动摩擦力转化为滚动摩擦力，减小下入阻力。

③研究一种能够在起管柱负荷过大时使多级管柱逐级断脱、逐级打捞的起出方法。

2.3　套管内封隔器+滑套可取式分段措施管柱设计

（1）管柱结构

以三级分段措施管柱为例，管柱自下而上由坐封球座—扶正器—K344 封隔器—可断脱式投球压裂滑套—扶正器—K344 封隔器—可断脱式投球压裂滑套—扶正器—K344 封隔器—安全接头等组成，如图 1 所示。

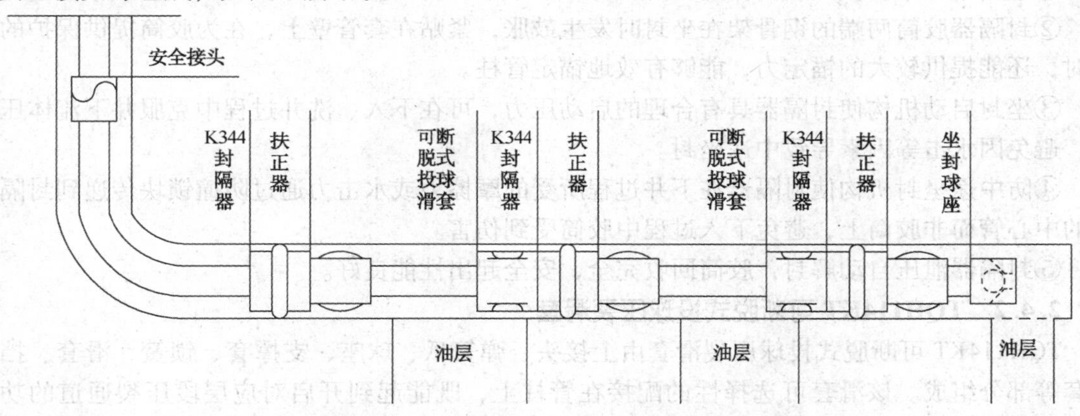

图 1　套管内封隔器+滑套可取式分段措施管柱示意图(3 段)

（2）技术原理

利用油管将措施管柱一趟下入，以多级压裂封隔器封隔地层，坐封后逐级憋压打开多级压裂滑套后实现分段压裂，返排后完井生产，或根据需要取出。若在取出过程中发生砂埋砂卡，导致管柱起出负荷超出设定值时，可通过上提管柱使管柱在可断脱式投球压裂滑套处丢手，先起出上部管柱，再通过逐级断脱、逐级冲砂打捞的方式安全起出下部管柱。

（3）技术指标(表 1)

表 1　套管完井水平井分段压裂管柱技术指标

适应套管规格/in	5½	7
分压段数/段	8	12
工作压力/MPa	80	
工作温度/℃	135	

(4) 技术特点

①管柱采用耐温耐压指标高的 K344 封隔器作为封隔工具，密封效果好，且具有较好的锚定性能，能保证各水平段的有效密封。

②管柱采用易解封的 K344 封隔器作为封隔工具，泄压自动解封，起出性能好。

③管柱上设置有扶正保护工具，且封隔器设计有防中途坐封机构，确保了管柱的安全下入。

④管柱上配接可断脱式投球压裂滑套，在上提起出管柱负荷超过设定值时断脱丢手，先将上部管柱起出，再下入打捞管柱对下部管柱进行冲砂打捞施工，确保管柱能够安全起出。

⑤采用低密度球作为堵球，施工结束后可通过放喷将堵球放出，避免堵球留在油管中堵塞生产通道。

2.4 主要配套工具设计

2.4.1 K344-114FZ 封隔器

K344-114FZ 封隔器由坐封、密封、防中途坐封机构等部分组成。其技术要点如下所示：

①采用钢骨架扩张式胶筒作为密封元件，在水平段密封性能良好。

②封隔器胶筒两端的钢骨架在坐封时发生鼓胀，紧贴在套管壁上，在为胶筒提供保护的同时，还能提供较大的锚定力，能够有效地锚定管柱。

③坐封启动机构使封隔器具有合理的启动压力，可在下入、洗井过程中克服井下流体压差，避免因水击等因素导致中途坐封。

④防中途坐封机构使封隔器在下井过程所受的摩擦力或水击力通过防撞锁块传递到封隔器的中心管而非胶筒上，避免下入过程中胶筒受到伤害。

⑤封隔器泄压自动解封，胶筒回收完全，安全起出性能良好。

2.4.2 TQH114KT 可断脱式投球压裂滑套

TQH114KT 可断脱式投球压裂滑套由上接头、弹簧爪、球座、支撑套、锁簧、滑套、挡砂套等部分组成。该滑套可选择性的配接在管柱上，既能起到开启对应层段压裂通道的功能，又能在管柱起出负荷超出设定值时断脱丢手，提高起出成功率。其技术要点如下所示：

①设计有断脱结构，可实现开关、断脱一体化功能。

②合理设置滑套尺寸，配置堵球，减小了分段级差。

③滑套芯子选用耐磨材料，提高滑套的耐磨损性能，确保滑套在大规模压裂施工中的可靠性。

2.4.3 FZQ118GL 滚轮扶正器

FZQ118GL 滚轮扶正器由本体部分及四排滚动摩擦副组成。其技术要点如下所示：

①表面设计有滚轮，下入过程中的摩擦力为滚动摩擦力，阻力小。

②表面设计有多个滚轮，扶正点多，不易变形，扶正效果好。

2.5 现场应用情况

截至 2013 年 2 月，该技术在在江汉油田、建南气田以及蜀南气矿等地区水平井中进行分段措施作业 20 余井次（具体施工情况见表 2、表 3），最大分段数 6 段，最高施工压力 92.34MPa，最高施工排量 5.6m^3/min，最大砂量 115m^3，工艺成功率 100%。现场应用表明，管柱适应高压力、大排量、长时间作业要求，封隔效果好，返排快速，压裂施工周期短，取出安全可靠。

表2 部分试验井现场应用情况统计表

井 号	措施方式	分段数	施工参数及增产效果
新斜461井	压裂	3	排量4.1~5.2m^3/min，施工泵压27~54MPa，总砂量137m^3，措施后日产油由原来的1.0t上升到3.0t
建35-6井	酸压	3	排量4.1~5.5m^3/min，施工泵压66.7~83.1MPa，总酸量1000m^3，措施后日产气6×$10^4$$m^3$
新店2井	酸压	6	排量3.8~4.6m^3/min，施工泵压76~86MPa，总酸量1900m^3，措施后日产气2×$10^4$$m^3$
涪页6-2HF井	酸压	5	排量1.1~2.5m^3/min，施工泵压51.5~90.3MPa，总酸量650m^3，措施后日产气1×$10^4$$m^3$，产凝析油13$m^3$
合川001-69-X2	压裂	5	最大施工压力65MPa，最大施工排量3.5m^3/min，总砂量90m^3
合川125-8-X2	压裂	4	最大施工压力65MPa，最大施工排量3.5m^3/min，总砂量115m^3
川孝623井	压裂	2	最大施工压力92.34MPa，最大施工排量3.4m^3/min，总砂量74m^3

表3 部分试验井取管柱负荷统计表

井 号	措施方式	分段数	管柱自重/kN	实际起管柱负荷/kN
钟112平18井	酸化	2	140	170~250
黄7平1井	压裂	3	150	180~300
黄18平2井	压裂	3	210	280~350
合川125-8-X2	压裂	4	220	350~420
合川125-8-X6	压裂	3	180	300~350
川孝623井	压裂	2	150	220~270
马蓬82-2	压裂	2	130	220~250

3 裸眼封隔器+滑套分段压裂管柱技术

3.1 技术关键

①有效封隔。水平井裸眼段进行分段压裂，与套管井相比，由于封隔器坐封在裸眼井段，裸眼井壁粗糙、不规则，沿井眼轴线井眼尺寸各异，工况比较恶劣，使对裸眼段进行有效封隔存在很大难度，需要研究能有效针对裸眼井壁，密封效果可靠的封隔工具。

②多级分段。分多段施工，从管柱配置上要保证有大的通径，工具的结构尺寸要合理，要设计足够多的级数，并能确保密封承压。

③ 安全下入。裸眼水平井井眼轨迹复杂，管柱要满足的要求多，工具配置复杂，在下入过程中下行阻力大，甚至有可能导致管柱“自锁”造成无法下入，或者发生中途坐封现象；另外，气井管柱下入时还易诱发井喷，出现安全事故。提高管柱安全下入性能是该技术成功实施的前提。

④ 大排量加砂施工。要顺利完成大规模加砂压裂施工，各工具的机械结构及材质必须能够耐磨蚀；施工过程中不能出现砂堵，一旦发生，必须要有合理的处理措施。

⑤ 压后返排。水平井压裂时，管柱内将投入多个堵球逐段压裂，这些球若为钢球，在放喷返排时，难于排出，在管柱内将通道堵死，影响正常排液或后续措施。如何将多个堵球快速返排出来，建立最大生产通道，需要在低密度球等技术上加强攻关。

⑥ 工具安全可靠性。不仅工具性能、技术指标必须满足设计要求，还必须在规定的时间实现规定的动作，不能出现误动作如封隔器中途坐封、压裂滑套提前打开等。

3.2 研究思路

①研究密封性能好、锚定性能好、内通径大并且具有防阻机构，确保坐封压力稳定、可调，能有效避免中途坐封的悬挂封隔器及裸眼封隔器，并研究开启压力稳定的定压压裂滑套，确保裸眼封隔器充分坐封。

②研究小级差压裂滑套，实现多级分段，并优选材料，提高滑套芯子的耐磨蚀性能。优化堵球选型，减小级差，确保堵球顺利入座、憋压和返出。

③以理论分析为基础，优化裸眼井段预处理工艺，提高工具下入施工成功率。根据不同井况和工艺要求，优化管柱设计，形成管柱设计技术规范。

3.3 裸眼封隔器+滑套分段压裂管柱设计

（1）管柱结构

坐封丢手管柱自下而上由引鞋—单流阀—坐封球座—定压压裂滑套—扶正器—裸眼封隔器—扶正器—投球压裂滑套—……—扶正器—裸眼封隔器—扶正器—悬挂封隔器—密封工作筒—液压坐封工具—钻杆扶正器组成，下入后从悬挂封隔器上部丢手。

压裂完井管柱由插入管柱（锚定器—密封插管及密封工作筒）及坐封丢手管柱组成，如图2所示。

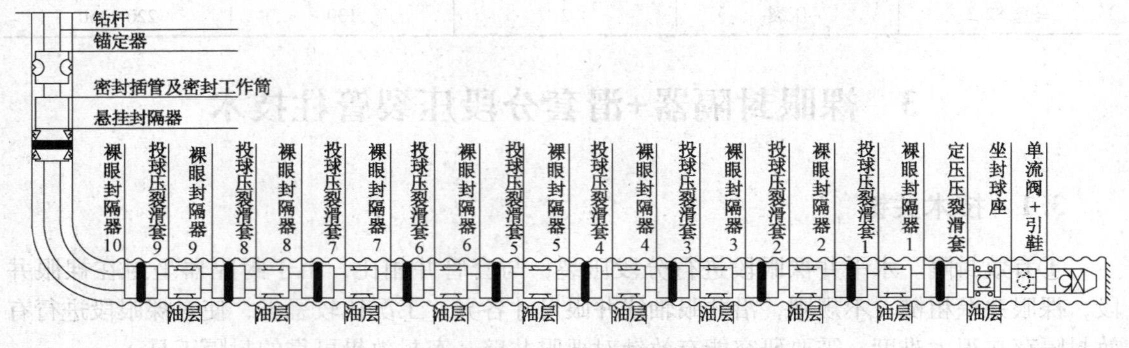

图2 6in裸眼水平井分段压裂管柱示意图

（2）管柱工作原理

①坐封丢手管柱。利用钻杆下入坐封丢手管柱，投球至坐封球座，液压悬挂封隔器坐封坐卡。验证悬挂封隔器坐封坐卡后，继续加压到设计坐封压力，裸眼封隔器坐封。上提管柱至应力中和点位置，正转管柱，从悬挂封隔器上部丢手。

②压裂完井管柱。采用油管下入插入管柱，并确认插管插入密封工作筒。加压至水力锚

坐卡，提高泵压开启定压压裂滑套喷砂口，即可进行第一段压裂施工。逐段投球至投球压裂滑套处，提高泵压开启投球压裂滑套，进行压裂施工。分段压裂施工完成后，放喷返排出堵球，实现快速排液，合层求产。

(3)技术指标(表4)

表4　裸眼完井水平井分段措施管柱指标

适应井径/in	7in 套管+6in 裸眼	适应井径/in	7in 套管+6in 裸眼
分压段数/段	18	工作温度/℃	150
工作压力/MPa	60		

(4) 技术特点

①可以一次施工压开多层段：利用多级封隔器封隔各井段，利用投球和定压两种滑套，进行逐段分段酸化压裂施工。

②措施后直接作为生产管柱：水平井采用裸眼完井，并实施分段压裂，该管柱措施后直接作为生产管柱，可以有效改善储层渗流条件，增加泄油面积，大幅度降低完井成本、缩短预生产时间、提高单井产量。

③下井抗阻能力强：滑套内置、裸眼封隔器上设计有防阻锁簧，增强抗阻能力，可以确保管柱下入水平井。

④低密度球放喷易于返出：采用特殊料制作的低密度球作为措施时的堵球，放喷易于返出，实现快速排液，合层求产。

⑤滑套芯子可以磨铣：滑套芯子选用可钻材料，以保证后续磨铣、管内封堵等措施的需要。

3.4　配套工具设计

3.4.1　K343-146 裸眼封隔器

K343-146 裸眼封隔器采用液压坐封的工作方式，其技术要点如下所示：

①采用带钢骨架的长扩张式胶筒，密封系数大，锚定作用强，对裸眼井筒的适应性强。

②设计有坐封启动机构，在油管内液体压力的作用下，该机构启动，胶筒腔内进液，鼓胀坐封。可避免下入及替浆过程中坐封。启动活塞设计为平衡式结构，可消除井深(静液柱)对启动压力的影响。

③采用特殊防撞环结构，避免撞击和水击作用造成下入过程中胶筒动作而失效、无法顺利下入等问题。

④优化封隔器结构，内通径可达 $\phi 88$，大大提高了技术适应性。

3.4.2　Y453-150 悬挂封隔器

Y453-150 悬挂封隔器是一种永久式生产封隔器，坐封采用液压坐封工具，设计成为双活塞，坐封工具与封隔器之间以方扣(反扣)连接，活塞和外套与中心管之间以防撞环锁住，防止下钻过程中封隔器提前坐封，保证封隔器的卡点稳定，缩小管柱的受力距离，保证管柱及封隔器能安全可靠地工作。

3.4.3　插管密封总成

CG120×76 插管密封总成与悬挂封隔器配套使用，补偿油管在压力和温度作用下引起的长度变化。其技术要点如下所示：

①井内压差越大，V 形盘根被压得越紧，密封效果更好。

②插管密封总成采用 PTP 材料加工，工作温度高、耐压高，耐磨性能好。

3.4.4 THD140 投球压裂滑套

THD140 投球压裂滑套设计采用销钉滑套扭矩锁紧，以便磨洗。开启后锁定，后期管内作业不会误操作关闭作用，设计最多 6 层滑套，流动孔过流面积最大化，设计整个滑套行程低于流动孔，不会冲蚀。其技术要点如下所示：

①采用锁簧式结构进行锁定限位，从而防止误操作导致喷砂口关闭。

②优化结构尺寸，内径达 $\phi97$，分段压裂级数可达到 18 级。

③球座结构：仅球座芯子部分采用可钻材料，滑套芯子下部采用啮合防转机构，便于钻铣。

3.4.5 定压压裂滑套

DHD135×76 定压压裂滑套设计采用滑套内置结构，可防止下钻过程中由于遇软硬阻或碰撞产生滑套提前开启的误动作，使定压压裂滑套达到具有抗阻或碰撞功能。开启后锁定，防止后期管内作业不会误操作关闭。

3.5 现场应用情况

截至 2013 年 2 月，该技术在磨 004-H5 井、岳 101-81-H2 井及岳 101-49-H1 井进行了 3 井次裸眼水平井分段压裂施工（具体施工情况见表 5），工艺成功率 100%。其中，岳 101-49-H1 井加砂压裂级数达 8 级，注入总液量达 3472m^3，累计砂量达 414t。管柱动作可靠，封隔器密封性能良好，能够满足裸眼水平井分段压裂施工及完井生产的要求。

表 5 现场应用情况统计表

井 号	水平段长度/m	分 段 数	措 施 方 式
磨 004-H5 井	581	6	酸压
岳 101-81-H2 井	961	7	压裂
岳 101-49-H1 井	863	8	压裂

4 结论及下步工作安排

江汉油田在致密油气藏水平井多级分段措施管柱技术方面取得了显著成果，能针对裸眼完井及套管完井两种完井方式的水平井进行有效的分段措施改造，现场应用效果良好，可在致密油气藏中进一步推广应用。同时，随着致密油气藏勘探开发的快速发展，长水平段水平井投产数量逐年增多，对分段数的要求也越来越高，因此下一步仍需不断提高水平井分段压裂技术水平。

①开展裸眼水平井批级分段压裂管柱研究。在现有裸眼封隔器+滑套分段压裂技术基础上，针对一趟管柱完成逐批多级分段压裂的需要，研究批级压裂管柱结构及安全下入工艺，通过一次投球打开 2~4 个滑套，以增加压裂级数，提高施工效率。

②开展长水平段套管井分段压裂管柱及配套技术研究。在现有套管封隔器+滑套分段压裂技术基础上，从增加通径、提高段数、提高排量等方面综合考虑，研究相适应的长水平段套管井分段压裂管柱技术，从现有的分压 8 段提高到 13 段以上。

新沟致密油藏压裂改造工艺优化探索

李之帆

（中国石化江汉油田分公司采油工艺研究院）

摘　要：新沟致密油藏分布广，资源量大，常规试油不具有自然产能，需采用压裂投产才能获取工业油流，且单井压后产能低。为提高措施的投入产出比，从分层压裂方式、优化压裂施工参数、压裂液体系、压裂管柱等方面开展了工艺优化探索，得出了一套适应于新沟致密油藏压裂改造的工艺优化方案，提高了措施效果，实现了经济有效开发。

关键词：压裂　工艺　参数优化

1　前　　言

江汉油田新沟致密油藏是指赋存在源岩内部的碳酸岩或碎屑岩夹层中的致密层中的未成熟油，岩性以泥质灰岩、泥晶白云岩为主，局部含薄层粉砂质条带的储层，经措施改造或采用新型开发工艺能获得工业油流的油藏。其区域构造位于江汉盆地丫角~新沟低凸起东段，主要含油层系为新下Ⅰ、Ⅱ、Ⅲ油组，其中新下Ⅰ、Ⅲ油组为常规岩性+构造砂岩油藏；新下Ⅱ油组即致密油藏，是一套泥岩夹泥质白云岩地层，埋深900~1500m，地层厚度一般70~100m，应用沉积旋回理论，以湖泛面为界，可进一步细分为Ⅱ1、Ⅱ2、Ⅱ3等3个含油层段。

纵向上整个新下Ⅱ油组的3个层段均有油气显示分布，平面上分布范围达170km^2，资源测算量达到1624.34×10^{4}t。新沟地区Ⅱ油组储层以白云岩为主，平均含量为69.8%，孔隙度集中在10%~20%，平均13.7%；渗透率集中在(0.01~0.5)×10^{-3}μm^2，平均0.21×10^{-3}μm^2，孔喉半径平均为0.035~0.059μm，属于中-低孔、特低渗、特小孔喉(纳米级)储层。新沟致密油藏还具有泥质白云岩与薄层泥岩频繁互层沉积特征，纵向上含油条带多的特点，一个含油层段内往往含有8~10个小条带，条带间夹以泥质或膏质隔层。

总体而言，新沟致密油藏资源潜力大，是江汉油田重要的产能接替区块，做好该区块的有效开发，对江汉油田的稳产上产具备重要意义。

2　压裂工艺优化

针对新沟致密油藏的特点，从压裂工艺的分层压裂方式、施工参数优化、压裂液体系配套、施工管柱优化等四个方面开展了相关的研究和现场实践，有效提高了措施效果。

2.1　分层压裂方式研究

2.1.1　层段间分层压裂方式

新沟致密油藏纵向上分为3个含油层段，层段间分布有厚度不一的泥质隔层。通过岩石力学试验及测井资料计算，绘制了新沟致密油藏纵向上各个层段及层段间隔层的应力分布情况。确定层段Ⅱ 1和层段Ⅱ 2间隔层应力差较小，采用合理的施工规模及排量，能同时实现层段Ⅱ1、二的改造。层段Ⅱ2和层段Ⅱ3，层段Ⅱ3和下Ⅲ之间的隔层应力差较明显，能起到良好的封隔效果，层段Ⅱ3必须实施单层改造。层段间地应力剖面研究为后续的压裂方式及压裂管柱选择提供了指导方向，新沟致密油藏必须采用分层压裂的工艺以一次改造3个层段。

2.1.2 层段内射孔方式

新沟致密油藏层内普遍含有8~10个厚度1m左右的含油条带，其与泥质条带间应力差普遍低于1.5MPa，采用一簇射孔并配合适当的施工参数能够实现人工裂缝压开层内的全部含油条带，而无需在纵向上沿含油条带分布射孔。目前普遍采用的射孔方式是挑选应力最低的含油条带射孔。

2.2 直井压裂参数优化

新沟致密油藏含油条带多、层段多的特点决定了需要通过一定施工规模改造才能获得较好的措施效果，通过裂缝导流能力计算及人工裂缝形态模拟，确定了能够在纵向上改造各层段含油条带，并具备较好改造效果的施工参数。

2.2.1 不同砂比下裂缝导流能力研究

新沟油田下Ⅱ油组压裂施工难度较低，现场施工过程中最高砂比段曾达到50%的砂比。由于提高平均砂比将会降低入井总液量，在提高人工裂缝导流能力的同时降低了储层改造体积和人工裂缝缝长。模拟了同等砂量下不同平均砂比的人工裂缝形态，并计算了裂缝导流能力，综合裂缝长度和导流能力的关系(图1)，平均砂比建议采用25%~30%。

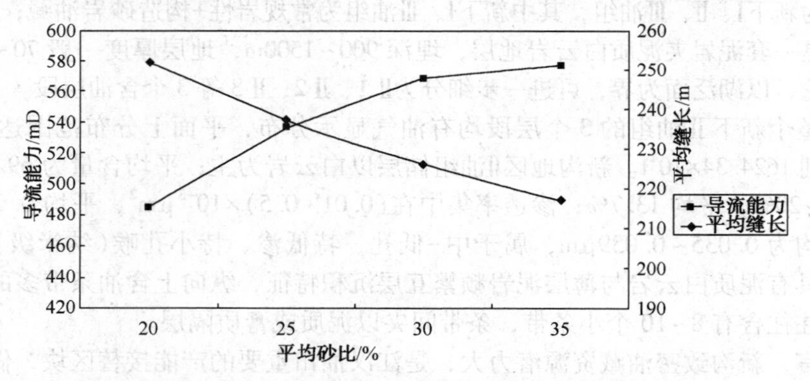

图1 平均砂比与导流能力、裂缝缝长相关性

2.2.2 层段Ⅱ3人工裂缝形态模拟

针对层段Ⅱ3，计算了在不同砂量、前置液量、施工排量下的人工裂缝形态及产能，总结分析了相关参数，层段Ⅱ3的人工裂缝形态及产能主要有以下特点：

① 对于层段Ⅱ3，排量高于3000L/min时，压开程度不受射孔位置影响；排量较低时则不能压开主油层附近的小条带。并且由于层段Ⅱ2及层段Ⅱ3之间的隔层较好，裂缝在纵向上不会扩展到层段Ⅱ2。

② 超出产层段的无效人工裂缝随着施工规模的增加而增加，当施工规模超过50m³时，人工裂缝主要在无效范围内扩展，裂缝总的产能随之不再增加。

③ 层段Ⅱ3建议施工参数如表1。

表1　层段Ⅱ3分段压裂单段施工参数优选

层　段	储层特点	支撑剂量/m^3	施工排量/(m^3/min)	平均砂比/%
层段Ⅱ3	纵向上无特殊情况，具有多个含油条带	30~50	4~6	25~30
	纵向上有水层	10~20	2~3	

（3）层段Ⅱ1、二人工裂缝形态模拟

针对层段Ⅱ1、二，计算了在不同砂量、前置液量、施工排量下的人工裂缝形态及产能，总结分析了相关参数(表2)，层段Ⅱ1、二的人工裂缝形态及产能主要有以下特点：

① 由于层段Ⅱ1、二纵向上跨度一般在40~50m，含有多个含油条带，在砂量低于$50m^3$，排量低于4000L/min时，难以压开全部的含油条带。当排量达到6000L/min时，可以压开全部层位。

② 由于新沟致密油藏层段Ⅱ1、二的物性普遍差于层段Ⅱ3，在储层改造不充分时，产能较差($<0.4m^3/d$)，需要加以大规模改造才能获得较好的产能。

表2　层段Ⅱ1、二压不同施工参数

层　段	储层特点	措施层跨度	支撑剂量/m^3	施工排量/(m^3/min)	平均砂比/%
层段一、二	纵向上无特殊情况，具有多个含油条带	>20m	50~70	6~7	25~30
		<20m	30~50	5~6	

2.3　水平井压裂参数优化

2.3.1　依据极限泄油半径确定分段间距

低渗透油藏的渗流存在启动压力梯度，不符合达西定律，当流体在低渗透储层中渗流时，随着压力梯度的增大，会出现3种不同的渗流状态。当驱替压力梯度小于最小启动压力梯度时，流体不流动，形成不流动区；当驱替压力梯度大于最小启动压力梯度，小于临界启动压力梯度时，流体处在低速高阻不易流状态，形成非线性缓流动区；当驱替压力梯度大于临界启动压力梯度时，流体处在易流状态，形成拟线性渗流区。根据渗流理论，主流线中心点的压力梯度等于该点处的临界启动压力梯度，从而推导出新沟油田技术极限泄油半径计算公式，依据两倍极限泄油半径来确定新沟油田下Ⅱ油组水平井分段压裂间距。

（1）建立渗透率与临界启动压力梯度关系

目前测定特低渗砂岩启动压力梯度的方法主要采用压差-流量法，即通过测定不同驱替压差下岩芯驱替流速的变化，通过建立驱替压力梯度和流速的关系，利用数学方法，通过延长线性段直线与压力轴相交，最终获得临界启动压力梯度值。实验挑选了新391井不同渗透率岩芯7块，开展了启动压力梯度测试实验，实验结果见表3。

表3　新沟泥质白云岩临界压力梯度数据表

序号	岩芯号	渗透率/$10^{-3}\mu m^2$	临界压力梯度/(MPa/m)
1	238	0.069	2.902
2	259	0.191	2.109
3	119	0.536	1.341

续表

序号	岩芯号	渗透率/$10^{-3}\mu m^2$	临界压力梯度/(MPa/m)
4	27	0.913	1.079
5	99	1.815	0.857
6	191	2.966	0.582
7	166	5.408	0.431

分析临界压力梯度数据表，单相流体临界启动压力梯度和渗透率呈现乘幂关系，进行回归分析后可以得到公式(1)：

$$\lambda = 0.9879k^{-0.4358} \tag{1}$$

式中　λ——临界启动压力梯度，MPa/m；

k——气测渗透率，$10^{-3}\mu m^2$。

(2) 计算极限泄油半径

依据渗流理论，主流线中心点的压力梯度为式(2)：

$$\frac{dp}{dr} = \frac{\Delta p}{\ln \frac{R}{r_w}} \cdot \frac{2}{R} \tag{2}$$

式中　R——极限泄油半径，m；

r_w——井筒半径(一般取值 0.1m)；

Δp——生产压差，MPa。

综合式(1)及式(2)，可得出新沟油田下Ⅱ油组极限泄油半径公式(3)。

$$\frac{2\Delta p}{R\ln \frac{R}{r_w}} = 0.9879k^{-0.4358} \tag{3}$$

假定压差分别为 2MPa、4MPa、6MPa、8MPa、10MPa，通过计算公式进行求解，绘制了新沟油藏不同渗透率对应的极限泄油半径的理论图板(图 2)。

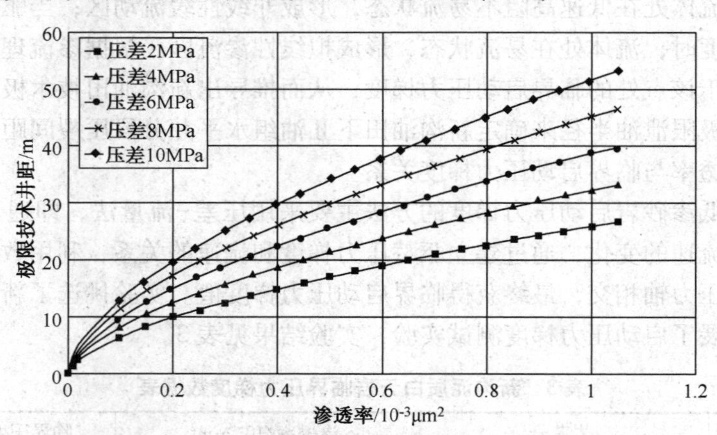

图 2　不同压差下渗透率和极限泄油半径关系图

由图 2 可见，极限泄油半径可随油藏渗透率的增大而提高，且当油藏性质确定后，极限泄油半径可随注采压差的增大而提高。新沟油田下Ⅱ油组平面渗透率变化范围$(0.1\sim1)\times10^{-3}\mu m^2$，在相应的注采压差下对应的技术极限泄油半径为15~40m之间。水平井分段间距则可依据单井测井解释渗透率，取两倍极限泄油半径，即30~80m范围。

2.3.2　依据产能预测确定分段间距

新一区的新1-1HF井水平段长为623m，于2012年8月实施了8段压裂，该井穿越层段Ⅲ，平均渗透率为$0.8\times10^{-3}\mu m^2$，注采压差为8MPa，极限泄油半径为40m，依据极限泄油半径，该井人工裂缝间距为80m。通过模拟8段压裂人工裂缝形态并调整产能预测模块的相关参数，实现了产能预测与实际日产的拟合。

在拟合的基础上，分别进行了623m水平井依据不同段间距，分为6段、8段、10段、12段的产能模拟，通过综合对比不同分段数的产能及经济性(表4)，最佳措施8段，即缝间距约为86m，与极限泄油半径计算结果接近。

表4　不同分段数压裂产能及成本

水平井段长/m	分段数	段间距/m	360天累积产油/m^3	压裂成本/万元
623	6	125	1280	426
	8	89	2193	568
	10	69	2251	710
	12	56	2394	852

2.4　压裂液体系

新沟致密油藏压裂施工压力偏低，地层滤失较小，液体效率高，压裂液选用较低浓度即可满足现场施工的需要。因此本区的压裂液选择上主要实现在较低的黏度下仍具有较好的携砂性、耐温性，以减少压裂液对地层伤害，降低措施成本降低储层伤害，降低成本，达到经济高效开发储层的目的。通过室内和现场试验，新沟致密油藏使用的压裂液体系选定为低浓度瓜胶体系，较其他区块同等埋深的储层所用压裂液大幅度降低了稠化剂使用浓度，降低了残渣含量，通过现场28井次的应用，该压裂液体系在新沟致密油藏具备较好的适应性(表5)。

表5　不同瓜胶压裂液体系性能对比

液体种类	表面张力/(mN/m)	运动黏度/mPa·s	残渣含量/(mg/L)
低浓度瓜胶体系	24.36	3.8	108
常规瓜胶体系	26.41	2.2	172

2.5　压裂施工管柱

2.5.1　直井分层压裂管柱

新沟致密油藏的地应力特征决定了其直井措施以双层压裂为主，针对双层压裂，在充分试验的基础上，使用Y341-115封隔器管柱代替目前的K344双层压裂管柱，以降低管柱成本。设计了三种不同的管柱组合，以适应不同压力等级的施工需求(图3)。

(a) 下封隔器下部不带水力锚的Y341-115分层压裂管柱，该管柱适用于施工压力低于50MPa、加砂难度较低的区块，通过将封隔器之间的连接管更换为3½in平式油管，可提高管柱的抗顶能力。

(b) 下封隔器下部带水力锚的Y341-115分层压裂管柱，该管柱适用于施工压力高于

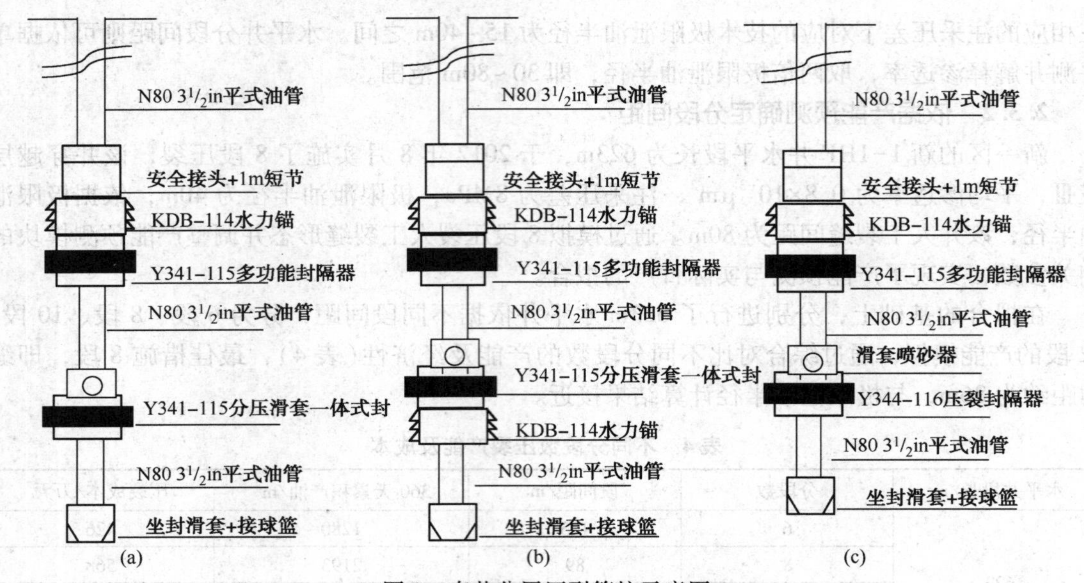

图 3　直井分层压裂管柱示意图

50MPa 的区块，通过增加下部的水力锚，提高管柱的抗顶能力。

（c）Y341-115 与 Y344-116 封隔器组合分层压裂管柱，该管柱适用于上下层间距较远，有条件设计 60m 以上尾管，施工压力低于 50MPa 的区块，通过采用 Y344-116 封隔器作为下封，在下层施工出现异常时可实现反洗井功能。

2.5.2　水平井分层压裂管柱

江汉油田自主研发的 K344 可取式分段压裂管柱是以可承高压的扩张式封隔器为封隔工具，配合多级可断脱式投球压裂滑套，在满足安全下入、有效封隔的基础上，实现一趟管柱逐级分段压裂，并确保压裂后安全取出管柱，在 5½in 套管中可以实现 8 段分段压裂(图 4)。K344 封隔器采用钢骨架扩张式胶筒作为密封元件，坐封时发生鼓胀，紧贴在套管壁上，在为胶筒提供保护的同时，还能提供较大的锚定力，能够有效的锚定管柱。封隔器通过打压坐封，泄压自动解封，安全起出性能良好。

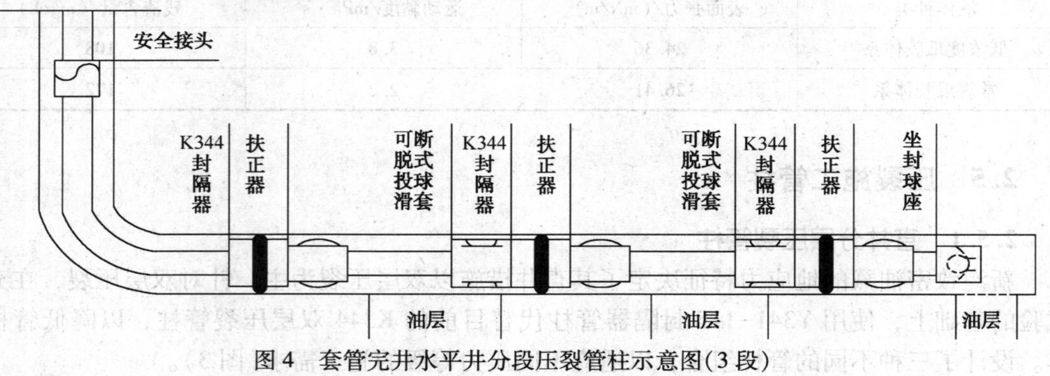

图 4　套管完井水平井分段压裂管柱示意图(3 段)

3　压裂工艺优化成果

新沟致密油藏的压裂工艺优化成果通过现场实践检验，证明分析的地应力展布、人工裂缝形态与实际情况较相符。施工管柱在 34 井次施工中均成功可靠的完成施工，有效率达到 100%。通过开展一系列压裂改造工艺优化探索，新沟致密油藏实现了压裂工艺的全过程优化，区块日产量逐步增高(图 5)，为下一步的大规模开发打下了良好的基础，实现了致密油藏储层的经济有效动用，提高了开发效果。取得了明显的经济效益。

图 5　新沟致密油藏月度产量变化趋势

加拿大Daylight项目致密油气水平井分段压裂技术

王富群　王志刚　曲红娜　李强

（中国石化国际勘探公司）

摘　要： 近年来，随着常规油气储量的大幅下降，致密油气资源的勘探与开发对于石油资源可持续发展具有重要的意义。加拿大Daylight项目主要进行致密油气资源的勘探与开发，储层改造技术-压裂在提高单井产量技术上得到快速发展，为致密油气藏有效开发提供了技术保障，尤其以提高油气井产量增加泄流面积为目标的水平井多级分段压裂技术，已经成为加拿大地区增产的最主要技术手段。本文主要从项目地质情况出发，介绍区块特点及储层物性参数；结合井身结构特点介绍两种系列完井工具、压裂水力参数及现场施工应用情况。

关键词： 致密油气　水平井　分段压裂　水力参数　现场应用

1　项目概述

加拿大daylight主要业务为油气勘探开发，其油气资产位于加拿大阿尔伯塔省、英属哥伦比亚省以及Saskatchewan省。主要油气田分布在长约700~800km的带上，划分为三个油气区及69个油气田(Area)。权益区块(Section)1808个，面积约4684km^2。其中核心油气资产位于加拿大阿尔伯塔省约有1671个Section(4329km^2)，约占92%，其余资产分布于英属哥伦比亚东北部，约107个Section(278km^2)，和Saskatchewan省约30个Section(77km^2)。区块中已开发Section为522个(1352km^2)，未开发Section为1286个(3332km^2)。2011年12月23日项目交割，2012年平均日产油气当量4.205万桶。

2　储层地质特征

该项目主要位于西加盆地Alberta深盆区或深盆边缘，属于西加盆地油气富集区，具有多套油气层叠置，油气层连续分布特征；盆地北部PRA地区是致密砂岩层系，主要以干气为主，主要储层为Cadomin和Nikanassin组气层，以及Wapiti气田Montney组富含液气层Liquid rich gas。中部Value Optimization区气藏基本为深盆致密砂岩气藏，深盆气在区域上具有气水倒置的特点，主要储层为Cadium富含液气层；南部Greater Pembina地区油田特征为低孔低渗轻质油岩性油气藏，主要储层为Cardium和Belly River组油层，以及Rock Creek和Glauconite组富含液气层。其中，Greater Pembina区的Cardium组是SDEL目前主要的生产油层，Duverney组为主要勘探页岩油气层。

3　水平井分段压裂技术应用

对于非常规致密油气，如何提高单井产量成为目前开发的首要目标，根据储层致密的特点，采用水平井裸眼管外封隔器分段压裂技术，根据不同尺寸的合成材质球坐封移动滑套，同时利用管柱外侧的封隔器隔离已完成压裂的井段，实现分段压裂，增产效果明显。

3.1　Daylight 项目常用水平井压裂模式

（1）水平井多级滑套封隔器分段压裂技术

该技术与投球压差式封隔器原理相同，通过井口投球系统操控滑套，具有作业时间短和成本低的优势。

（2）水平井多井同步压裂技术

该技术是在两口或更多相邻井之间同时用多套车组进行分段压裂，或在相邻井之间进行拉链式交替压裂，让致密地层承受更高的压力，增强临井间的应力干扰，从而产生更复杂的缝网，进而改变近井地带的应力场。

3.2　完井管柱类型

主要采用两种典型的完井管柱，①对于 PRA 及 Deep basin 地区，多为气井，井深和压力大，钻入目的层 5~10m 后下入技术套管后固井，完钻后使用尾管悬挂器下入完井管柱。②Greater Pembina 地区的 Cardium 层及 RockCreek 层井深较浅，多采用单一内径生产套管完井管柱。

3.3　压裂液体系选择及应用分析

目前在 Daylight 项目压裂作业主要采用滑溜水和油基压裂液体系为主，Cardium 层采用滑溜水压裂液，其中以 Canyon 公司的 Optimum SW-1 的滑溜水为代表，具有相对较小的输送泵压和经济作业成本特点，又减小了对地层的伤害，但由于其压裂液黏度小，压裂相对半径较小。

Value Optimization 的 Montney 层和 Pembina 油田的 Rock Creek 层属于水敏性地层，采用油基压裂的效果要明显好于滑溜水体系，压裂液主要采用 Calfrac 公司的 RamFracTM LVP 产品。

3.4　施工水力参数优选

以同区域的临井为典型井，利用 GOFHER 软件进行模拟优化，输入测井曲线，结合气测、岩性显示和测井解释情况，建立岩石应力解释剖面。进行了施工规模及裂缝长度模拟，确定裂缝长度和加砂规模，模拟裂缝支撑剖面及压裂施工模拟，从而获得最优施工水力参数。

4　现场应用

2012 年度共实施水平井多级分段压裂 85 井，压裂级数 7~20 级；截至 2013 年 5 月，共实施压裂 37 井，压裂级数 13~40 级，施工成功率 100%。

其中，井 SDELHZPEMBINA13 - 2 - 48 - 4W5，位于 Pembina 区 Cardium 层，水平段长 2946m，2013 年 5 月实施滑溜水 40 级压裂，压后试井日产油 136. 76m³，日产气 8490m³。

5 展 望

① 根据产量对比分析，有望推广大位移水平井多级分段压裂，在 Pembina 地区进一步应用。

② 针对 Montney 储层特点，采用混合压裂液提高造缝高度，优化级间距和级数，降低成本。

深层致密凝析气藏长井段多层（段）压裂工艺技术

王安培　兑爱玲　李兴应　周月波　蔡树行

（中国石化中原油田采油工程技术研究院）

摘　要：中原油田东濮凹陷深层致密凝析气藏分布较广，主要为大段砂泥岩互层、单层厚砂体型，由于岩性致密，储层物性差，一般压裂投产，但是应用常规压裂技术动用难度大、开发效果差。为推动致密凝析气藏开发，开展了优化设计研究、储层保护技术研究，引进多层压裂完井体系，在长井段水平井分段压裂获得成功，并拓展应用于直井、定向井，改变了逐层压裂的开发模式，实现了深层致密凝析气藏的有效动用。

关键词：深层低渗　致密凝析气藏　多段多层压裂　压裂设计　有效动用

前　　言

东濮凹陷深层凝析气藏分布较广，探明天然气储量 $462.05\times10^8m^3$、占气藏气总储量的70.9%（表1）、已开发动用 $249.06\times10^8m^3$，凝析油储量 579.77×10^4t，白庙、桥口地区储量较多，其中，白庙气田地质储量占总储量的27.3%，是深层低渗凝析气藏的典型气藏。砂体主要为大段砂泥岩互层、单层厚砂体型，储层具有埋藏深、岩性致密、物性差、含气层段长、层间矛盾突出的特点，以低孔低渗为主，低产占主导地位，油藏部署单层厚砂体采用长井段水平井，大段砂泥岩互层采用直井、定向井开发，井距300~500m。

表1　中原油田凝析气藏储量表

气　藏	面积/km^2	地质储量/10^8m^3	可采储量/10^8m^3	采收率/%	剩余可采储量/10^8m^3
白庙	30.71	126.23	39.97	31.7	44.75
桥口	24.53	67.74	24.78	36.58	22.29
刘庄	14.10	31.60	11.30	35.7	10.81
文203-58	4.35	24.08	11.08	46.0	6.48
濮67	6.10	25.55	1.28	5.0	0.37
其他	57.61	180.32	109.09	60.50	28.45
合计	139.16	462.05	199.98	43.28	115.63

压裂是动用该类储层的主导技术，由于埋藏深、施工压力高，水力喷射压裂技术应用受限、分层工具起出困难，采用多层合采、长井段合压、分压两段压裂技术逐层上返开发模式，

但受非均质、反凝析等影响，压开程度低、储层污染，动用难度大、开发效果差(表2)。为实现深层低渗致密凝析气藏的有效动用，开展了多层多段压裂技术研究。

表2 白庙、桥口、文203-58气藏2011年6月开发现状

气田	地质储量/10^8m^3	产气量					采气速度/%	采出程度/%
		开井口	日产能力/10^4m^3	日产水平/10^4m^3	年产气/10^8m^3	累产气/10^8m^3		
白庙	40.05	46	5.4478	5.0526	0.0942	7.4964	0.46	18.72
桥口	32.65	25	4.0654	3.9553	0.0792	2.4192	0.44	7.41
文203-58	10.00	6	3.4675	2.8500	0.0589	0.1656	1.04	1.66
合计	82.70	77	12.9807	11.8579	0.2323	10.0812	0.52	12.19

1 压裂优化设计技术

压裂设计是影响水力压裂成功的关键因素之一，直井优化目标是裂缝长度、导流能力，水平井水平段优化目标是裂缝条数、长度、导流能力、间距，如何有效地利用压裂技术来提高产能，需要从裂缝参数和施工参数等方面进行深入研究。

1.1 水平段钻井轨迹优化

水平井裂缝方向取决于地应力的大小和方向，由于井筒附近的应力集中，裂缝在井筒上面开启的方向可能与最终的延伸方向不同，最终方向会垂直于最小主应力方向。压裂后将产生哪一种形态的裂缝，要取决于地应力和井筒井眼轨迹的情况：最小主应力σ_{min}与水平段垂直，形成纵向裂缝；最小主应力σ_{min}与水平段平行，形成横向裂缝；最小主应力σ_{min}与水平段呈一定的夹角，形成斜交缝(图1)。

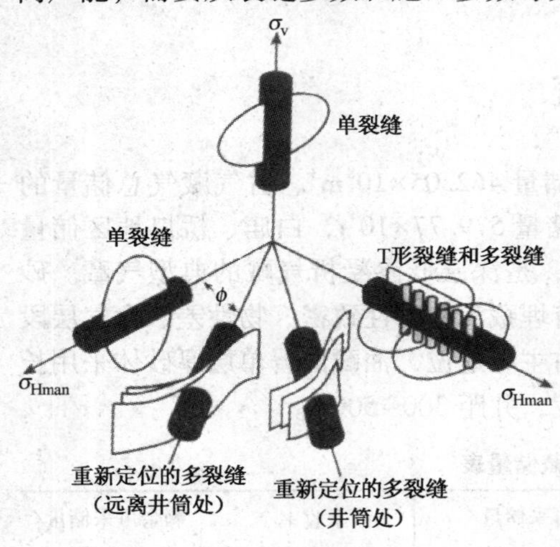

图1 裂缝形态示意图

数值模拟结果表明：裂缝与σ_{max}呈90°夹角产能最高，与σ_{max}平行产能最低，当与σ_{max}夹角>50°对产能的影响较小。因此在水平井设计时，水平段与σ_{max}方位尽可能垂直，以提高开发效果(图2)。

1.2 压裂管柱设计

“封隔器+滑套”完井体系，主要有顶部悬挂封隔器、裸眼封隔器、压裂滑套和投球滑套组成。具有操作方便、施工周期短、摩阻低、携砂量大等特点，适用于裸眼或套管井。

1.2.1 完井体系优选

为适应不同井径分段压裂，形成了4½×2⅞in、5½×3½in、7×4½in、9⅝×5½in四种体系。凝析气藏水平井、直井、定向井一般采用139.7mm套管、152.4mm裸眼完井，因此优选5½×3½in完井体系。

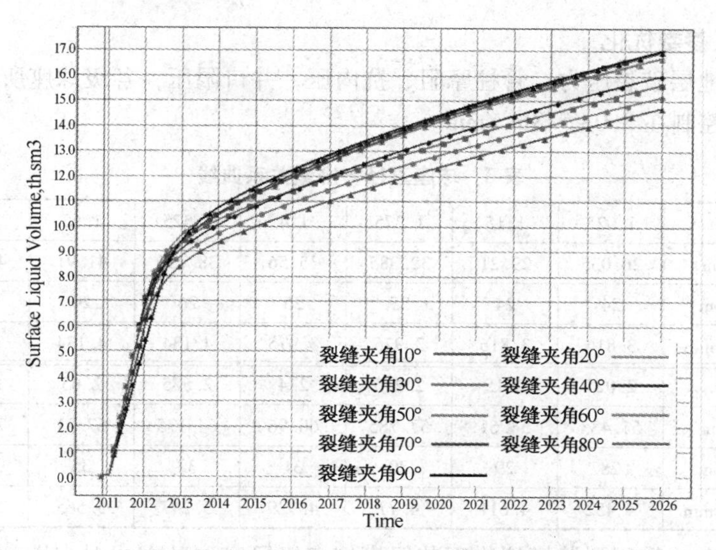

图2　裂缝-水平段夹角与累产油关系曲线

1.2.2　封隔器、滑套位置优选

选择裸眼井井眼质量好、物性较差的泥质砂岩段、套管井避开接箍的位置卡封封隔器，确保有效封隔；封隔器卡封起裂段长度尽量缩小，以便形成单一主裂缝，减少次级裂缝，确保施工安全。优选物性好的部位放置滑套，确保裂缝在指定位置起裂。

1.2.3　压裂管柱设计

综合考虑井筒状况、储层特征、裂缝段数优化结果等设计管柱：上部管柱为 BG150-ϕ89mm 油管+ϕ105mm 喇叭口，便于监测套压；下管柱为顶部悬挂器系统+顶部回接密封筒+顶部悬挂封隔器+油管+裸眼封隔器+投球打开滑套+压力打开滑套+井筒隔离阀+浮鞋，套管井由于完井时考虑后期压裂需要，套管抗内压>最高施工压力，采用光油管压裂，不需回接插入密封，光油管下到 S3 顶部悬挂器上端 2~4m 位置。裸眼井上部技术套管抗内压<施工压力，采用回接插入密封保护技术套管。

1.3　裂缝、施工参数优化

1.3.1　裂缝优化技术

裂缝参数是影响产能的一个重要因素，主要包括裂缝条数、位置、缝长、间距、缝高等方面，对于特定的油藏存在一个最佳值，综合考虑储层展布、物性、压裂成本等因素进行优化。

裂缝间距：水平井合理的裂缝间距应考虑储量动用程度和保证具有较高的产能，裂缝间距过大造成裂缝间储量损失，间距过小裂缝相互干扰。利用油藏数值模拟技术，计算出极限供油半径，裂缝间距=2 倍极限供油半径，压裂段数=水平段长度/裂缝间距。

缝长、导流能力：应用 COMPⅣ模型对凝析气藏压裂设计参数进行优化，通过对单井累产气、油的动态历史拟合，获得凝析气地层、流体资料，建立压裂井产量预测数值模拟模型，进行裂缝长度、导流能力与产量关系研究，分别以产量、采油速度、采气速度、采气率为目标优化，模拟计算出最佳穿透比 0.3、裂缝半长 150m 左右，缝导流能力 15~20$\mu m^2\cdot cm$。

1.3.2 施工参数优化

排量：根据地层破裂压力、管柱摩阻、抗内压，井口限压，各级球座所允许的最大排量(表3)等，排量控制在 3.0~5.8m^3/min。

表3 球座直径与排量关系曲线

球座直径	in	1.025	1.15	1.275	1.4	1.525	1.65	1.775	1.9
	mm	26.035	29.21	32.385	35.56	38.735	41.91	45.085	48.26
限制流量	bpm	24	24	25	25	26	26	27	28
	m^3/min	3.816	3.816	3.975	3.975	4.134	4.134	4.293	4.452
球座直径	in	2.025	2.15	2.275	2.4	2.525	2.65	2.775	
	mm	51.435	54.61	57.785	60.96	64.135	67.31	70.485	
限制流量	bpm	28	29	30	31	33	35	37	
	m^3/min	4.452	4.611	4.77	4.929	5.247	5.565	5.883	

泵注程序：实验采用裂缝模拟物理装置模拟多级段塞加砂方式对支撑剂运移和铺置规律的影响，结果表明通过多级段塞冲刷砂堤堤峰，形成的砂堤更平缓。在前置液加入支撑段塞，既达到了降滤目的，还有防治多裂缝、消除近井筒效应的作用，确保主缝延伸，有利于降低施工砂堵风险，提高施工成功率。携砂液采用斜坡式加砂，采取“低砂比、造长缝”及“低起步、小台阶加砂”技术，降低人工裂缝对砂浓度的敏感性。

2 压裂配套技术

2.1 优化射孔技术

射孔方式对起裂点和破裂压力有重要影响，试验表明：沿着最大主应力方向射孔破裂压力最低；破裂压力随射孔方位角的增加而升高，在 0°~30°范围内增加幅度不明显；当孔密超过 16 孔/米后破裂压力降低幅度不明显，因此孔密优化为 16 孔/米，最大限度满足压裂需要。针对射孔层位分散、井段长的特点，采取长井段环空加压延迟射孔工艺，提高射孔成功率。

2.2 储层保护技术

2.2.1 高活性复合表面活性剂

在压裂过程中，外来流体对地层孔隙喉道造成的水锁、贾敏效应使得排液阻力增加伤害地层。FC-3B 有机氟表面活性剂具有一般活性剂难以达到的效果，但其憎水基同时带有憎油性，为此经过大量室内实验，将 FC-3B 与某些普通型活性剂复配，成本降低 90%以上，界面张力由 5.17mN/m 降低到 0.054mN/m，高活性液体流速比是地层水的 2.76 倍，达到减小地层毛细管阻力使液体顺利返排的目的。

2.2.2 复合型黏土稳定剂

凝析气藏黏土矿物含量高，黏土因其化学组成及特点的复杂性，在遇到外来流体时，可发生多种有害的反应。因此在防止粘土膨胀与运移的方法上应采取措施。室内研制复合黏土稳定剂：短期防膨率93.4%、长期期防膨率91.5%，当自来水通过人造岩芯并反应24h伤害率38.46%、含有3.0%的复合黏土稳定剂水溶液在相同条件下的伤害率1.35%。

2.2.3 自生气热剂

凝析气藏在压裂过程中，大量液体进入凝析气藏后，引起地层温度大幅度降低，含水饱和度上升，加剧了凝析气藏的伤害程度。自生气热剂可在地层条件下通过化学反应释放出大量的热量和气体，使地层保持在一定的温度范围内，并能有效地增加地层生产能力，提高液体排液速度、返排率和降低凝析气藏伤害。

常用的自生气体剂有碳酸氢钠、碳酸氢氨、碳酸氨等化合物，在水溶液中和一定温度下分解产生CO_2和(或)NH_3，在15~20min使10℃的水温度升高105℃，压裂液黏度保留率仅下降2.8%，可有效防止形成凝析液对地层造成伤害。

2.3 支撑剂技术

支撑剂沉降规律研究结果表明，裂缝宽度对支撑剂沉降速度有一定的影响，裂缝宽度越大，裂缝对沉降速度影响越小；粒径与缝宽比值越小，裂缝宽度对沉降速度的影响越小(图3)。因此，对于形成裂缝宽度较窄的储层，应用小粒径支撑剂可降低砂堵的风险。

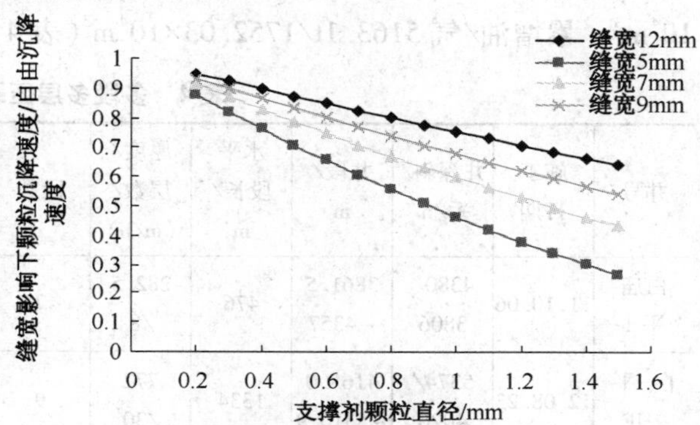

图3 支撑剂颗粒直径在不同缝宽下沉降速度的影响

按照中石化企业、行业标准、检测ϕ300~600μm、ϕ425-850μm陶粒，结果表明，三种ϕ300~600μm陶粒均能达到标准要求，洛阳300~600μm陶粒的性能最好，随着闭合压力增加，渗透率、导流能力与德赛尔ϕ425~850μm陶粒接近(图4)。

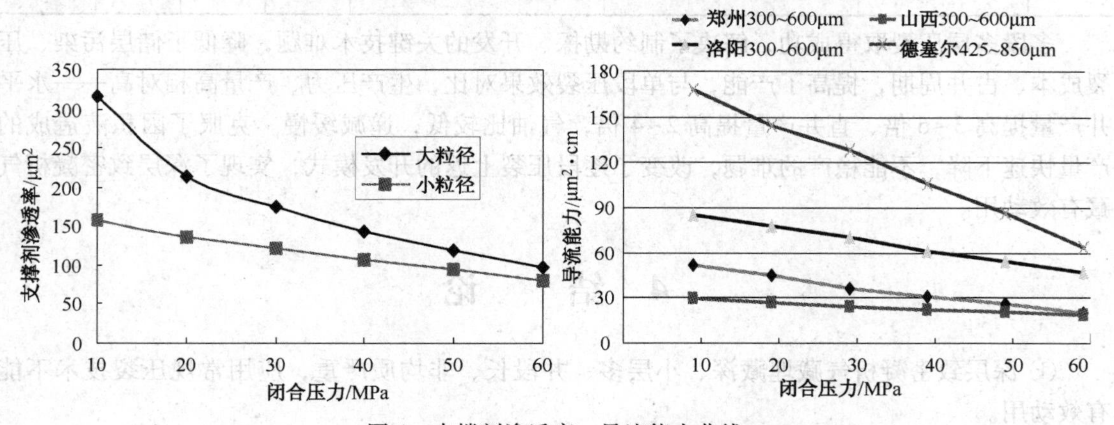

图4 支撑剂渗透率、导流能力曲线

2.4 压后排液技术

凝析气藏压裂返排过程中压力快速下降，形成凝析液对地层造成伤害，压裂液返排控制是否合理是影响施工效果和凝析气藏增产的一个重要因素。由连续性方程及非活塞式驱油理论建立了凝析气藏压裂返排模型，计算任一时刻地层压力分布，根据多孔介质凝析气藏相态试验，得出凝析气藏的露点压力，得到任意时刻地层压力低于露点压力的位置。根据凝析油与凝析气相渗曲线和返排速度与储层伤害关系确定合理返排速度。

3 多段多层压裂现场试验

多段多层压裂技术在单层厚砂体长井段水平井试验 2 口井，大段砂泥岩互层直井扩展应用2 口井，成功率 100%，最大斜/垂深 5374/4226m，压裂段数 5 ~ 9 段，最高破裂压力 88. 9MPa，单段最大加砂 84. 1m^3，平均砂比 24. 2%，最高砂比 27. 2%。

有效率 100%，平均单井初期日增油/气 10. 9t/3. 16×10^4m^3，目前日增油/气 6. 4t/2. 45×10^4m^3，累增油/气 5163. 1t/1752. 03×10^4m^3(表 4)。

表 4 多段多层压裂效果统计表

井号	施工日期	井深斜/垂/m	井段/m	水平段长/m	厚度/层数/(m/n)	段数	破裂压力/MPa	排量/(m^3/min)	砂比/%	陶粒/m^3	日增油/气/(t/10^4m^3)	累增油/气/(t/10^4m^3)
白庙平 1	11. 10. 06	4380/3806	3861. 5~4357	476	282. 5/8	7	88. 9	3. 6~4. 5	19. 2	170	12. 5/1. 92	3178. 8/317. 92
白-平 2HF	12. 08. 23	5374/4026	4165. 0~5310. 9	1334	772/30	9	88. 4	4. 5	24. 6	462. 2	13. 9/3. 63	635. 1/264. 14
文 203-62	12. 04. 21	4296/4224	4017. 8~4248. 3		72. 3/43	5	85. 2	4. 0~4. 9	27. 2	287. 3	12. 5/4. 53	602. 6/694. 37
白 66	12. 05. 22	4150	3623. 4~4063. 1		44. 3/30	7	76. 4	4. 2~4. 5	24. 9	262. 7	4. 5/2. 55	746. 6/475. 60

多段多层压裂取得成功，解决了制约勘探、开发的关键技术难题，降低了储层污染、压裂成本、占井周期，提高了产能，与单段压裂效果对比，生产压力、产量高相对高——水平井产量提高 3~6 倍、直井产量提高 2~4 倍，气油比较低，递减缓慢。克服了因积液造成的产量快速下降，不能稳产的难题，改变了逐段压裂上返的开发模式，实现了深层致密凝析气藏有效动用。

4 结 论

① 深层致密凝析气藏埋藏深、小层多、井段长、非均质严重，应用常规压裂技术不能有效动用。

② 研究压裂优化设计、储层保护技术，引进多段压裂完井体系，多段多层压裂技术取得突破。

③ 多段多层压裂技术在阶梯水平井的试验成功、在直井的拓展应用，改变了深层致密凝析气藏逐段压裂上返的开发模式，为深层凝析气藏有效动用提供了技术支撑。

元坝长兴组多级暂堵交替注入酸化工艺研究与应用

丁咚　任山　钟森

（中国石化西南油气分公司工程技术研究院）

摘　要：针对元坝长兴组水平井储层非均质性强、层间矛盾突出、衬管完井无法实施机械封隔、笼统酸化针对性差的问题，在暂堵酸化作用机理的基础上，通过暂堵剂的研制和暂堵工艺的优化，形成了多级暂堵交替注入酸化工艺，该工艺利用多次对高渗储层进行暂堵，让酸液转向进入渗透率较低或伤害严重的井段，从而改变水平段各部位的酸量分布。经在元坝气田YB101-1H等8口井的应用，有效地实现了暂堵和酸液转向作用，工艺成功率100%，有效率100%，取得了极好的增产效果。

关键词：元坝气田　长兴组　可降解纤维　多级暂堵交替注入酸化　水平井

前　言

元坝气田长兴组碳酸盐岩储层具有超深（垂深6500~7000m）、高温（160℃）、高压、高含硫特征，同时采用水平井衬管完井，水平段长、储层非均质性强，从统计的10口水平井中，水平段平均长度664m，且同时发育有Ⅰ、Ⅱ、Ⅲ类储层，其中Ⅰ类储层占0.6%~16.3%，Ⅱ、Ⅲ类储层占83.7%~99.4%。在此类长井段、非均质性储层酸化时，由于储层的物性差异，酸化工作液主要进入高渗层，而低渗层难以得到有效的改造，因而使得有效储层改造程度低，酸化效果差，因此其酸化时酸液沿处理层段的均匀分布是水平井酸化成功与否和效果好坏的关键。

目前国内外对水平井进行酸化的布酸工艺主要有以下几种：①全井段笼统布酸技术；②机械转向技术；③化学微粒暂堵分流酸化技术；④水力喷射酸化技术；⑤连续油管注酸技术；⑥滑套分流酸化技术；⑦转向酸分流酸化技术。

由于元坝长兴组水平井采用衬管完井，同时采用酸化-投产一体化管柱进行改造，管柱只下至A点附近。因此考虑布酸工艺在元坝长兴组的适应性，采用化学微粒暂堵分流酸化技术进行改造，同时结合长兴组地质特征和工程条件，在暂堵酸化作用机理的基础上，通过对暂堵剂的研制和暂堵工艺的优化，以实现酸液在水平段的均匀铺置。

1　暂堵酸化作用原理

暂堵分流酸化就是利用酸液优先进入最小阻力的高渗层，在酸液中加入适当的暂堵微粒，随着注酸过程的进行，高渗井段吸酸多，暂堵微粒进入量也多，对高渗井段的堵塞也较大，从而逐步改变进入井段各部位的酸量分布，最后达到井段各部位均匀进酸的目的。这样让酸液充分进入渗透率较低或伤害严重井段，获得较好的解堵酸化效果。

根据达西定律，酸液线性流过产层小段时，符合下列关系：

$$Q=\frac{K\Delta PA}{\mu L}$$

式中 K——介质（产层岩芯）渗透率；

ΔP——压差；

A——渗流面积；

μ——液体黏度；

L——造压差的距离。

要让酸液均匀进入井段各部位，达到均匀解堵的目的，就必须满足井段各部位单位面积上的注酸速度相同，即满足下式：

$$\frac{K_1\Delta P_1}{\mu_1 L_1}=\frac{K_2\Delta P_2}{\mu_2 L_2}=\cdots=\frac{K_i\Delta P_i}{\mu_i L_i}=\cdots=\frac{K_N\Delta P_N}{\mu_N L_N}$$

式中，下标 N 为总层数。

显然，由于各小层物性受伤害程度，储层压力，所含流体的压缩性，流体黏度、天然缝洞发育等可能不同，上式在不采取措施时不能满足，因此就应考虑采用暂堵分流技术。

2 暂堵剂的研制

暂堵微粒是实现暂堵酸化工艺的关键，许多化学剂都可被用作暂堵微粒。目前，国内外所使用的酸化暂堵剂主要有固体颗粒状暂堵剂、有机冻胶类暂堵剂以及纤维暂堵剂等。在酸化时，该类暂堵剂能起到有效的暂堵作用，使酸化工作液发生转向；而在酸化后排液过程中，可逐渐被流体溶解，使高渗层渗透率得到恢复，从而达到改善长井段储层产气剖面渗流能力和提高整体酸化效果的目的。对此，本文开发研制了一种可降解的纤维暂堵剂，在气藏酸化中既能起到暂堵高渗层的作用，又可在地层温度条件下依靠返排液中的残酸达到溶解解堵的目的。

2.1 暂堵剂性能要求

通常，一种有效暂堵微粒必须满足下列物理和化学要求。

(1) 物理要求

① 滤饼渗透率。为了使暂堵功效最大，暂堵微粒在井壁附近应尽可能生成渗透率小于等于最致密层或伤害严重层的滤饼。这样可使酸液进入低渗层酸化地层，同时阻止高渗层过多进酸。

② 分散性。暂堵微粒颗粒必须完全分散在携带液中，避免发生凝聚现象。此外，暂堵微粒的颗粒大小必须与处理层的岩石物理性质如渗透率和孔隙度大小相适应。若用了过细或过小的暂堵微粒，则固体颗粒会与处理液一起通过孔隙介质运移，将不可能出现分流。

(2) 化学要求

① 配伍性。暂堵微粒必须与处理液(酸液)及其添加剂诸如缓蚀剂、表面活性剂及防膨剂、铁离子稳定剂、稠化剂等是配伍的；在地层温度条件下，它必须不与携带液起化学反应(即保持化学惰性)。

② 有效清洗或降解。暂堵微粒必须在注入液中是完全可溶的，也即当酸化起到暂堵作用后，在酸化结束后或者生产过程中，它们必须能被快速而完全地清洗或者降解，恢复处于无暂堵的状况。

2.2　暂堵剂性能评价

2.2.1　溶解性能

根据对暂堵微粒的性能要求，需要根据工艺要求能有效清洗或降解。采用可降解纤维在不同温度条件和盐酸浓度下进行实验，分析其溶解情况。从表1中可以看出，纤维在低温、低酸浓度条件下，其溶解情况相对较差，但随着温度和盐酸浓度的提高，其溶解率大幅增加，在温度为60~70℃时，盐酸对纤维的溶解率最高可达到近99%，元坝长兴组气藏温度达到160℃，实际的降解速度、降解率会更高。而固体残留物粒径测定表明粒径1~3μm占绝大多数(图1)，而酸化刻蚀的裂缝宽度在毫米级，固体残留物不会对地层和裂缝造成二次伤害。

表1　纤维降解率实验数据

温度/℃	盐酸浓度/%	溶解时间			最终降解率/%
		10min	20min	30min	
70	10	50%溶解	70%溶解	完全溶解	98.2
	5	30%溶解	40%溶解	基本完全溶解	95.3
60	10	50%溶解	60%溶解	完全溶解	97.8
	5	未溶解	20%溶解	部分溶解，含有纤维状残余	88
50	10	开始溶解	40%溶解	70%溶解	73.2
	5	未溶解	未溶解	未溶解	13.1

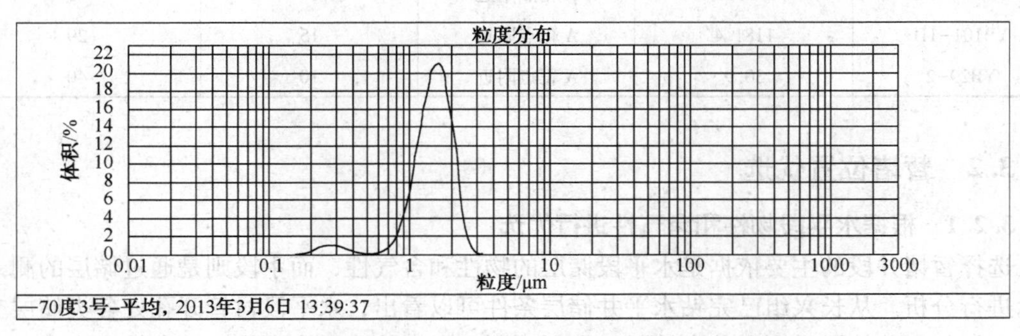

图1　70℃下纤维在10%盐酸中溶解后粒度分布测定

2.2.2　封堵性能

暂堵酸化工艺的关键就是使用的暂堵微粒能够形成一定的阻挡层，建立一定的压差，阻止酸液进入高渗储层，从而逐步改变进入井段各部位的酸量分布。采用人工劈裂岩芯进行驱替实验，从表2中可以看出，暂堵前人工裂缝平均渗透率为631.91×10^{-3} μm^2，采用纤维暂堵后平均渗透率大幅下降至13.04×10^{-3} μm^2，起到了有效封堵作用，而采用20%盐酸解堵后平均渗透率恢复至645.67×10^{-3} μm^2。实验说明纤维起到了有效暂堵的作用，同时能够充分降解，渗透率得到了恢复甚至提高。

表2 纤维暂堵实验数据

岩芯长度/cm			3.304	岩芯直径/cm	2.580
实验过程		流体性质	压力/MPa	渗透率/10^{-3} μm^2	平均渗透率/10^{-3} μm^2
1	暂堵前	蒸馏水	1	631.91	631.91
			1	631.91	
2	暂堵后	压裂液破胶液+纤维	2.5	12.04	13.04
			3	14.04	
3	解堵后	20%盐酸	2.5	640.12	645.67
			1	651.22	

3 多级暂堵交替注入工艺优化

3.1 水平段净化措施

元坝长兴组气藏水平井在钻井过程中普遍漏失钻井液，且酸化前水平段压井钻井液无法循环出来，增加了水平段均匀布酸的难度。为此，酸化前采取液氮诱喷，尽量净化井筒。通过注入液氮减小井筒液柱密度，同时多次开井关井活动地层，诱使钻井液返出。从现场实施的情况看，返出的钻井液量均大于水平段容积，说明井筒净化效果明显，同时也减小了酸化后钻井液返出堵塞井筒的风险(表3)。

表3 部分井钻井漏失及诱喷情况统计

井号	漏失钻井液/m^3	漏失位置	注入液氮/m^3	返排钻井液量/m^3
YB204-1H	290.99	A靶点附近	14	63
YB101-1H	1181.4	A靶点附近	15	29
YB29-2	30.9	A靶点附近	10	40

3.2 暂堵位置优选

3.2.1 根据水平段物性和含气性进行优选

选择暂堵井段的主要依据是水平段储层的物性和含气性，而手段则是通过储层的测录井显示进行分析。从长兴组已完钻水平井储层条件可以看出，水平段衬管开孔处各类储层交错分布，但每口井储层类别和分布情况又有所不同，主要从Ⅰ、Ⅱ类储层分布情况来看具有以下三种特征：①Ⅰ、Ⅱ类储层主要在水平段跟部和趾部都有发育；②Ⅰ、Ⅱ类储层主要发育在水平段中部和趾部；③Ⅰ、Ⅱ类储层主要发育在水平段跟部和中部。因此需要对这些Ⅰ、Ⅱ类储层较为发育的位置进行暂堵。

3.2.2 根据水平段漏浆情况进行优选

由于前期钻井过程中长兴组水平段某些位置存在不同程度的漏浆情况(表4)，这说明了该处裂缝和溶洞较为发育，为保证酸化效果，需对其进行暂堵作业。

表4 长兴组部分水平井水平段钻井漏失情况表

井号	层位	累计漏失/m^3
YB29-2	P_2ch	30.9
YB121H	P_2ch	51.66
	P_2ch	132.70
YB102-2H	P_2ch	260.85
	P_2ch	184.05
YB272H	P_2ch	513.5

3.2.3 暂堵位置优选

综上，对长兴组水平井暂堵位置的优化选择提出以下要求。

① 暂堵段选择原则：选择应立足“首选Ⅰ、Ⅱ类储层，兼顾Ⅲ类储层”的原则，首先选择出物性好的Ⅰ、Ⅱ类储层作为暂堵井段，再兼顾Ⅲ类储层，做辅助改造。

② 物性参数分析：测井数据中声波时差、孔隙度、电阻率与压裂效果有较好的对应关系，从测井曲线上读取声波时差、孔隙度、电阻率高的井段，结合录井显示选出含气性高的井段。

③ 录井显示分析：储层含气性好坏在录井含气级别上有直观的表现，根据录井中总烃量、槽面显示、泥浆粘度等选择含气性好的井段。

④ 泥浆漏失分析：选择水平段钻井过程中漏浆的位置作为暂堵段。

3.3 暂堵微粒用量及注入方式

3.3.1 用量设计

根据室内暂堵模拟结果和国内其他油气田的现场实践经验，根据暂堵剂的不同，浓度一般在1%~10%条件下可实现有效暂堵分流。而对于可降解纤维，具体应用时应重点考虑以下三点：

① 根据井段不同位置渗透率差异和分布调整浓度；渗透率差异越大，适当加大浓度；高渗透储层段比例大，适当加大浓度。

② 根据需暂堵井段的长度设计暂堵液总量。

③ 能保证现场施工的有效成功实施。

因此，设计暂堵纤维质量浓度为1%~2%。

3.3.2 注入方式

为有效达到封堵的作用，采用纤维和交联冻胶相配合的方式进行暂堵能更好的发挥其协同作用。为不压破地层保证暂堵效果，采用高粘压裂液作为暂堵液携带可降解纤维小排量注入，并与酸液分段间隔注入，同时暂堵液前后分别注入一段高粘压裂液，一方面降温，另一方面起到隔离酸液和纤维的作用。综合考虑到作业强度和水平段储层分布情况，设计采取2~3级的交替暂堵作业。

3.4 暂堵酸化工艺流程

① 小排量挤胶凝酸。

② 采取小排量进行第一级暂堵作业，同时在纤维暂堵液前后分别注入高粘压裂液。

③ 根据暂堵要求重复步骤①和步骤②。

④ 大排量高挤胶凝酸、闭合酸。

⑤ 顶替作业，酸化施工结束。

⑥ 测试、投产。

4 现场应用

4.1 多级暂堵交替注入酸化应用的设计思路

以 YB101-1H 井为例，该井为水平井衬管完井，水平段共解释各类储层 760m，其中Ⅰ类气层 43.3m、Ⅱ类气层 426.2m、Ⅲ类气层及含气层 290.5m，Ⅰ、Ⅱ类储层主要发育在水平段跟部和趾部，钻井过程中在跟部漏失泥浆 $1181.4m^3$。针对该井储层纵向分布和漏浆情况，设计采用胶凝酸首先改造跟部附近物性较好的Ⅰ、Ⅱ类气层，解除钻井泥浆污染，然后分两级交替注入可降解纤维浓度为 1.5% 的暂堵液实现对跟部和趾部Ⅰ、Ⅱ类气层的暂堵，最后再注入胶凝酸对全井段进行充分有效的改造。

4.2 多级暂堵交替注入酸化应用情况

在注入胶凝酸 $100m^3$ 后，小排量进行第一级暂堵作业，然后继续注入胶凝酸 $280m^3$，再小排量进行第二级暂堵作业，最后大排量高挤胶凝酸 $550m^3$，闭合酸 $20m^3$，顶替液 $41m^3$。图 2 为暂堵剂对施工压力的影响情况。纤维入地之后在稳定施工排量 $3.0m^3/min$ 下，施工压力在 13min 内由 32.2MPa 缓慢上升到 41.3MPa，提高了近 10MPa，后施工压力开始下降，说明水平段其他储层相继压开，导致施工压力降低。通过施工压力曲线分析可知：暂堵剂进入地层后有效地屏蔽了高渗层储层，造成酸化工作液分流转向，使得Ⅰ、Ⅱ类层被很好的暂时封堵，Ⅱ、Ⅲ类储层得到充分有效的改造。

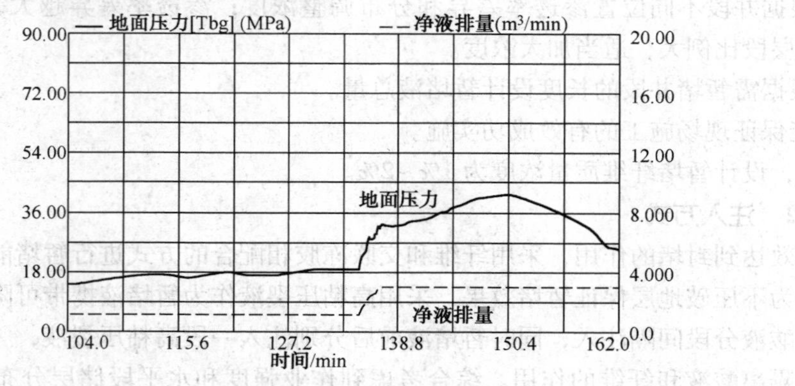

图 2 纤维暂堵剂对施工压力影响图

YB101-1H 井酸化后关井反应 1.5h 后开井排液，采用 12mm 油嘴放喷，在稳定油压 36MPa、套压 6.9MPa 下测试天然气产量 $82.5\times10^4m^3/d$，计算无阻流量 $310.5\times10^4m^3/d$。

目前多级暂堵交替注入酸化工艺在元坝长兴组气田共应用 8 井次，措施成功率 100%，增产有效率 100%，增产倍比 1.74~6.1，酸化后最高测试无阻流量 $651\times10^4m^3/d$，该工艺取得了极好的应用效果。

5　结　　论

① 研制的可降解纤维能够形成一定的阻挡层，建立一定的压差，在储层纵向分布非均质性严重的长井段水平井的酸化改造中，能够有效地促进液体发生转向流动，提高低渗储层剖面的改造效果。同时在一定的温度条件下，纤维能够溶解于残酸中，使高渗层渗透性逐步得到恢复，不会产生地层伤害。

② 多级暂堵交替注入酸化工艺是在元坝长兴组气藏地质特征和工程条件的基础上，通过对暂堵剂的研制和暂堵工艺的优化，可实现对长井段水平井的充分有效改造，该工艺具有较强的可行性和适应性。

③ 在 YB101-1H 井等 8 口井酸化施工的应用中，可降解纤维进入地层后有效地屏蔽了高渗层的溶洞、裂缝体系，使各类储层得到了有效地改造，最终取得了极好的增产效果。

④ 多级暂堵交替注入酸化工艺在元坝长兴组气藏的成功应用，为推动元坝长兴组气藏的顺利投产提供了新的改造工艺技术支撑。

苏家屯复杂小断块油藏压裂技术研究与应用

吉树鹏　刘清华　孙昆

（中国石化东北油气分公司）

摘　要： 苏家屯油田属梨树断陷典型的低孔特低渗复杂构造-岩性断块油藏。受断层影响，该区天然裂缝发育，单井纵向含油小层一般多且薄，具有典型的砂泥互层特征，压裂施工中由于受天然裂缝及砂泥互层的影响，经常在高砂比段出现砂堵。针对现场施工情况，对该类具有砂泥薄互层特征的低渗透油藏施工困难的机理进行了分析探讨，反演了断层附近地应力分布特征，提出了支撑剂段塞、控制裂缝高度等针对性工艺措施，同时优化了压裂液体系，降低了对地层的二次伤害，提高了苏家屯油田的压裂施工成功率和措施有效率，初步解决了油层改造难题，对类似油气区块的储层改造提供了技术思路和启示，有一定的现实指导意义。

关键词： 复杂小断块　砂泥薄互层　地应力　低伤害压裂液

1　油藏地质特征

苏家屯油田位于松辽盆地梨树断陷苏家屯次洼后洼甸圈闭，断层多、断块破碎，属于典型的复杂小断块油藏。该区主力含油层系营城组营三段，平均埋深 2650m，单砂体厚度 2～6m。采用不规则点状井网，注采井距 200～300m。天然裂缝不发育，压裂缝方向主要为北东方向，方位 40°～65°之间。储层以细砂岩、含砾细砂岩和含砾中砂岩为主；平均孔隙度 9.8%，平均渗透率 $4.25\times10^{-3}\mu m^2$，属于低孔特低-超低渗储层。油藏地温梯度 3.44℃/100m，压力系数 1.03，属于常温、常压系统。储层具中等-偏弱水敏、中等偏强盐敏、强碱敏、强酸敏(图 1，图 2)。

2012 年苏家屯应用常规的压裂技术，存在施工成功率低，增产效果不明显的特点。因此对苏家屯油田压裂砂堵问题进行针对性研究，认清砂堵主导因素和机理，进行砂泥岩互层可压性评价，才能提高施工成功率和措施有效率。

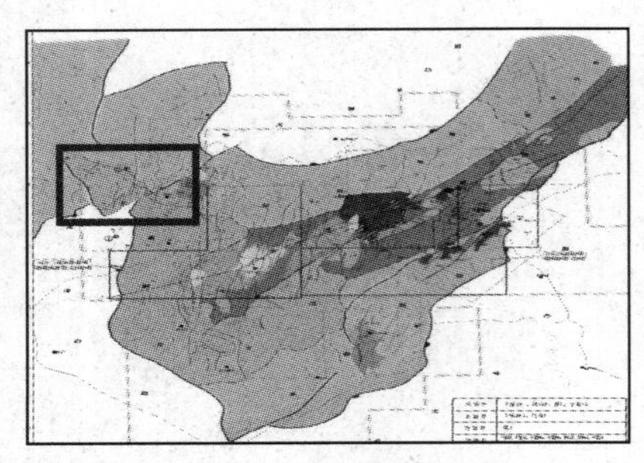

图 1　苏家屯构造位置图

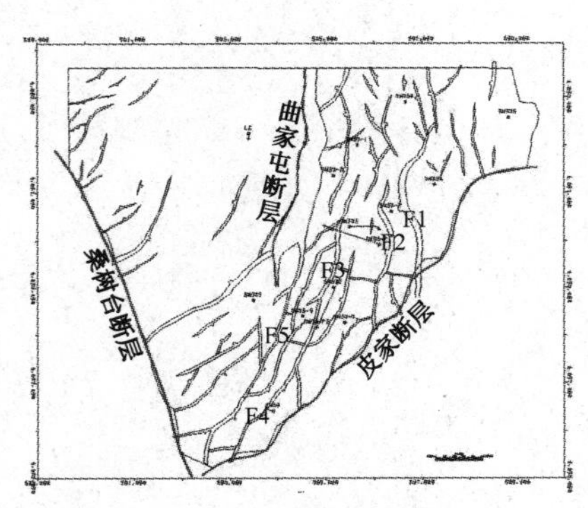

图 2　营三底断裂系统图

2　前期问题分析

2012 年苏家屯油田共压裂 15 井次，压裂施工成功率 66. 7%，加砂符合率 61. 2%。结合区域构造特征、测井曲线、施工曲线等资料，分析砂堵原因有：

（1）断层发育。裂缝延伸至断层附近与次生裂缝相遇，增大压裂液滤失，导致多裂缝延伸，使裂缝缝宽变窄，高砂比混砂液无法进入地层最终形成砂堵。

（2）砂泥岩交互，泥岩夹持作用强。区块砂泥岩混层严重，储层上下泥岩隔层发育。由砂泥岩互层模型计算结果，压后裂缝宽度在缝高方向上呈不均匀分布形态，泥岩段裂缝宽度较砂岩段缝宽窄。裂缝形状呈“S”状，砂岩层裂缝往地层内凹，泥岩层裂缝往地层内凸起，导致泥岩层段裂缝宽度很窄(图 3、图 4)。

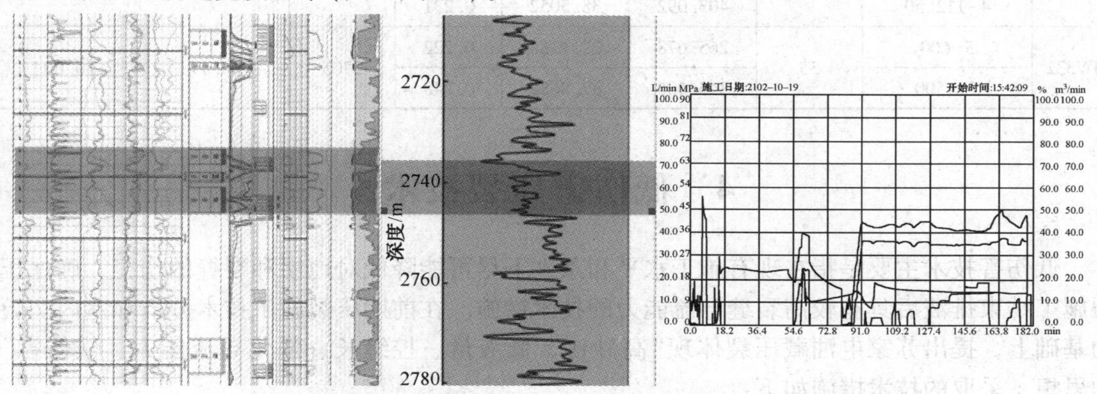

图 3　SW33-9 井测井及地应力剖面解释、压裂施工曲线

3　地应力特征研究

复杂断块油藏断层众多、断块面积小且分布复杂，其地应力场分布必然不像大型整装油田那样具有很强的一致性。由于地应力的分布情况会直接影响到井网部署和后期的压裂设计，本文首先通过岩石力学参数测定(表 1)，地应力剖面解释，借助地质模型的反演理论和方法，反演出远场应力边界条件，从而计算出储层应力场。从图 5 可知，断层对其附近的应力场有明显的影响，断层端部出现应力集中。断层附近最大水平主应力方向发生不同程度的偏离，特别在端部应力方向偏离严重，而远离断层应力方向趋于区域应力方向。

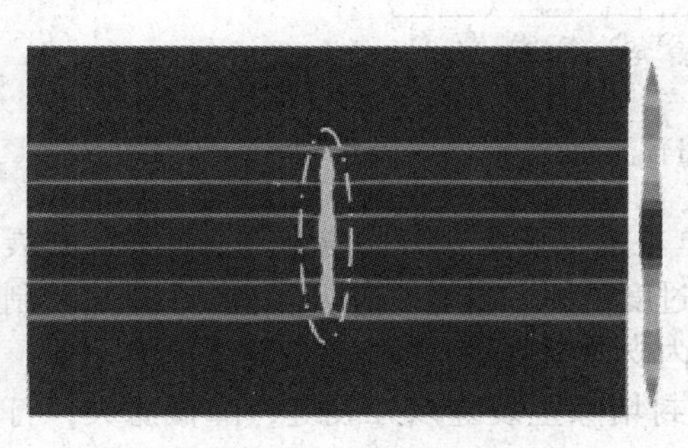

图 4　砂泥岩互层裂缝缝宽分布形态

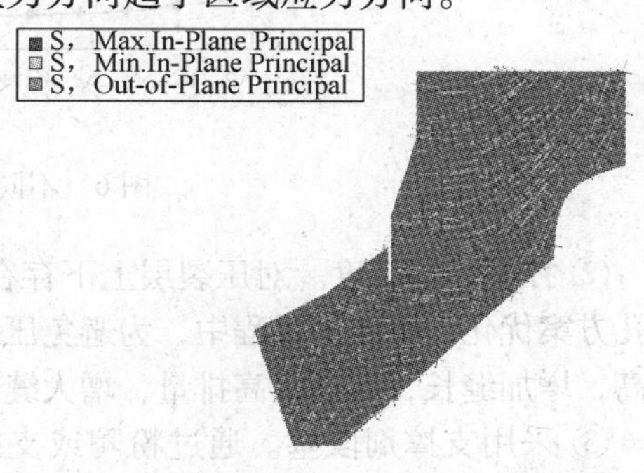

图 5　苏家屯油田营三段地应力矢量图

表1 苏家屯岩石三轴实验及地应力测试结果

井号	岩芯编号	围压/MPa	围压下强度/MPa	弹性模量/GPa	泊松比	井深/m	最大地应力/MPa	最小地应力/MPa
SW334	1-00	25	216.889	26.6611	0.254	1840	49.26	35.92
	1-900		228.767	27.2927	0.257			
SW333	2-00	35	316.862	34.4005	0.271	2967	64.80	50.63
	2-900		364.359	36.8341	0.229			
SW336	3-67.50	25	230.424	26.2501	0.242	1762	34.53	26.28
	3-157.50		233.612	27.7719	0.237			
SW330	4-22.50	35	342.601	36.4755	0.263	2843	62.43	51.85
	4-112.50		403.092	38.5052	0.231			
SW332	5-600	35	265.678	28.1383	0.222	2705	66.17	50.60
	5-1500		345.406	37.8682	0.248			

4 低伤害压裂技术

低伤害技术主要是指在现有施工水平和条件下尽可能降低对地层和裂缝的伤害，确保压裂施工结束排液后具有较高裂缝导流能力的技术措施。在前期压裂施工技术分析和室内实验的基础上，提出苏家屯油藏压裂体现“高砂比、低液量、控缝长、强化导流能力、低伤害”的思想，采取的技术措施如下：

① 优化裂缝长度(图6、图7)。结合地质构造特征及油水分布，非注水井区裂缝长度设计在90m左右，注水井区裂缝长度设计在70~80m，对于断层附近的井压裂应重点控制缝长，避免压窜断层出现不可预期的结果。

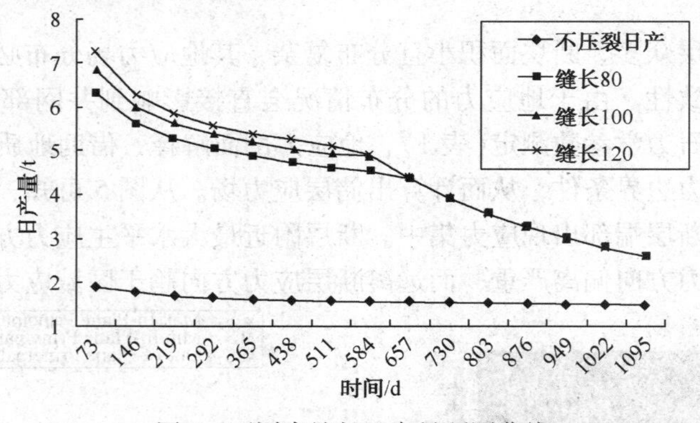

图6 不同半缝长日产量预测曲线

② 控制裂缝高度。对压裂层上下存在水层的井，在前期要结合分层应力剖面计算，开展射孔方案优化，在施工过程中，为避免压裂层缝高的过度延伸，在施工初期，采用小排量控制缝高，增加缝长，后期提高排量，增大缝宽提高裂缝内支撑剂浓度，提高裂缝导流能力。

③ 采用支撑剂段塞。通过粉陶或支撑剂段塞，封堵除主裂缝以外裂缝，降低滤失，打磨人工裂缝壁面和射孔孔眼，降低施工压力。

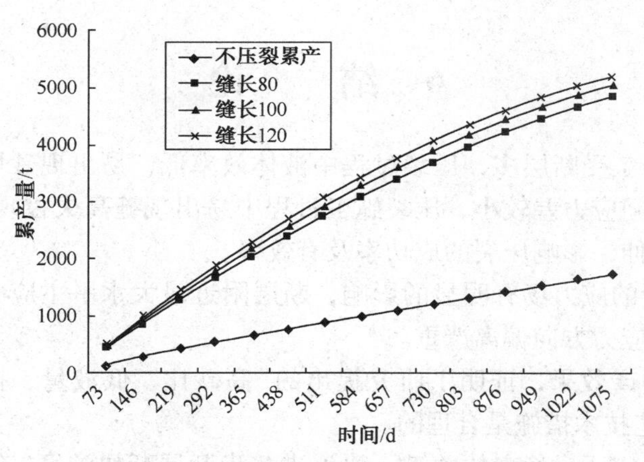

图7　不同半缝长累产量预测曲线

④ 采用低伤害压裂液体系。针对苏家屯储层中等偏强盐敏，泥质含量高等特征，采用与地层配伍性好的低伤害压裂液体系，特别是选择防膨性能好的黏土稳定剂，降低储层和裂缝的二次伤害，确保在相对较低的注液压力下实现较长时间的高排量注液(表2)。

表2　低伤害压裂液性能检测结果

实验项目	破胶液表面张力/(mN/m)	破胶液界面张力/(mN/m)	残渣含量/(mg/L)	导流能力伤害/%	煤油岩芯伤害率/%	地层水岩芯伤害率/%
实验结果	22.13	1.12	175	15	14.6	17

5　现场实施及效果

通过室内研究与现场工艺相结合，2013年苏家屯共压裂7井次，施工成功率、压后产量都较2012年获得较大提高(表3)，其中SW33-23、SW33-27井获得高产稳产；SW33-26井压后大量出水，可能是压窜了上部水层。

表3　2013年苏家屯压裂施工及压后产量统计表

井号	设计加砂/m^3	实际加砂/m^3	加砂符合率/%	压后初期/(t/d)			压后稳产/(t/d)		
				日产液	日产油	含水率/%	日产液	日产油	含水率/%
SW33-21	19.00	19.00	100.00	14.40	7.15	50.35	12.38	9.93	19.79
SW33-23	23.00	23.00	100.00	73.52	29.69	59.62	74.53	44.64	40.10
SW33-24	35.00	35.00	100.00	13.85	10.92	21.16	6.84	6.32	7.60
SW33-26	26.00	21.50	82.69	22.16	1.26	94.31	12.19	0.96	92.12
SW33-27	11.00	11.00	100.00	14.90	11.63	21.95	16.08	15.50	3.61
SW33-29	47.00	40.00	85.11	3.95	2.33	40.98	1.56	1.10	29.49
SW33-30	23.00	12.50	54.35	2.59	0.56	78.57	2.88	1.08	62.50
2013平均	26.29	23.14	88.04	20.77	9.08	43.71	18.07	11.36	62.89
2012平均	32.17	24.82	77.15	9.70	4.51	46.52	5.17	3.03	58.56

6 结 论

① 苏家屯压裂施工受断层多，压裂过程中液体效率低，易出现砂堵等因素的影响，具有砂泥互层特征，层间应力差较小，压裂施工过程中易出现缝高失控现象，降低缝内净压，限制了裂缝的横向延伸，影响压裂的成功率及有效率。

② 断层对其附近的应力场有明显的影响，断层附近最大水平主应力方向发生不同程度的偏离，特别在端部应力方向偏离严重。

③ 压后明显的增产效果，证明了研究提出的“高砂比、低液量、控缝长、强化导流能力、低伤害”压裂工艺技术措施是合理的。

④ 地层能量是决定压后稳产的关键，建议进一步开展断块油藏“有效注水”和“稳油控水”等相关技术研究，实现油井长期高产、稳产。

"井工厂"压裂地面设备配套技术的研究及应用

王建军　卢云霄

（中国石化胜利石油工程有限公司井下作业公司）

摘　要：胜利油田自2012年开始，自樊154平区块开始，摸索非常规压裂施工模式，初步形成了"非常规压裂地面配套工艺"。在此工艺基础上，经过2年多71口井试验，不断归纳总结、不断改进优化措施，逐步形成了"井工厂压裂地面设备配套工艺"模式。该技术在盐227井工厂成功实施和应用中取得显著效果，并在重庆焦石坝等压裂市场成功实施，使压裂大队在压裂技术与配套技术迈上一个新台阶。该工艺技术提高生产时效、降低作业费用、降低劳动强度等特点，易操作、易推广。

关键词：泵送桥塞　环形管汇　连续供液　地面配套　优化布局　闸门　连续混配

1　概　　述

"井工厂"压裂模式指以密集的井位形成一个开发"工厂"，流水线式集中压裂，目的是通过一体化、批量化施工提高效率，降低平均单次成本。盐227是胜利油田第一口真正意义按"井工厂"模式勘探开发的井组，胜利井下作业公司压裂大队成功组织施工盐227井工厂，取得巨大成功，创出多项集团公司行业纪录，并将该井打造成为中石化样板工程(图1)。本工艺具有降本增效、节点控制、全过程控制等，具有非常好的应用价值。

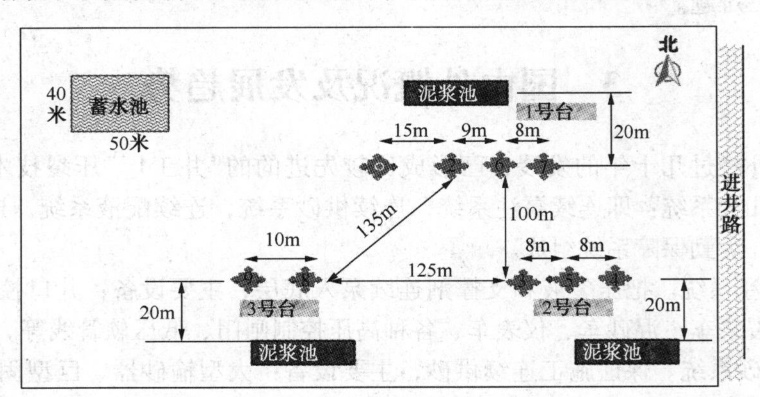

图1　盐227井场示意图

2　问题的提出

自2012年胜利油田开始大规模实施非常规压裂施工，两年中分别在樊154、义123、盐

227 等区块，实施非常规压裂施工 71 口 500 余层，累计加砂 $1.6\times10^4m^3$，用液 $19\times10^4m^3$，采用了裸眼分段压裂、电缆泵送桥塞，连续油管喷砂射孔等不同工艺。这些施工与以往的常规井压裂组织模式有很大的不同，并且在实施过程中还要兼顾常规压裂井的运行，运行起来点多、面广、工序繁杂，施工风险日益增大、成本控制难度也增大，给压裂运行工造带来了很大的挑战。生产运行中的一些问题和矛盾主要有以下几个方面：

① 非常规井施工液量大，现场储液罐数量大。占地面积大，管线流程复杂，罐数多、转运吊装准备时间长，储液卧式罐清罐困难，而且一旦施工出现异常，现场存放的大量压裂液不能及时使用而变质，将会造成极大浪费。

② 非常规井施工设备占用量大。在樊 154、义 123 等区块水平井施工时，压裂泵车每口井使用 10~20 台，现场车组摆放流程复杂占地面积大，设备使用效率低。

③ 配液压力突出。胜利油田现有的配液站配液能力只有 $1000m^3/d$，有时就必须现场配液。现场配液存在组织现场拉水、井场送料、存料等工作，并且现场配液使用的配液橇配液速度慢，配液质量不稳定，配液罐内添加辅助料时出现搅拌不匀的问题，使得配液的效率和质量较低。

④ 大规模施工高压管线部分连接复杂，使用管线、弯头多，管线交叉晃动，并且管线上较多的闸门也增加了操作的复杂性。

⑤ 非常规井施工中施工现场各单位配合问题。非常规井施工涉及单位多、施工规模大、施工连续性强、施工周期长，对各环节施工质量要求高，容易出现因各单位间配合不到位出现一定的安全隐患。

⑥ 设备的充分利用和成本控制间的矛盾。在工作量增大的同时，在运行上怎样节约也成为一个重要课题。

以上诸多问题给压裂大队生产经营造成很大压力，通过这三年施工运行我们不断的摸索总结，优化工艺流程，在全面完成油田内部常规井压裂的情况下，非常规井施工的准备时间从 2012 年初期的 7~20 天，缩短至 2013 年的 2~5 天，总结提出“井工厂”地面压裂配套工艺，解决了这一难题。

3 国内外概况及发展趋势

目前，国外经过几十年的发展，已形成比较先进的的“井工厂”压裂技术及配套体系，主要包括以下几大系统：即连续泵注系统，连续供砂系统，连续配液系统，连续供水系统，工具下入系统，后勤保障系统组成。

① 连续泵注系统。把压裂液和支撑剂连续泵入底层，主要设备：井口控制闸门组、高低压管汇、压裂泵车、混砂车、仪表车、各种高压控制闸门、低压软管线等。

② 连续供砂系统。保证施工连续供砂，主要设备：大型输砂器、巨型固定砂漏、密闭砂罐车、除尘器等。

③ 连续混配系统。用现场的水连续配置压裂液，主要设备：液体添加车、混配车、化学剂运输车、大排量水泵、低压软管线。

④ 连续供水系统。把合格的压裂用水连续泵送至现场，主要有：水源(利用周围河流或湖泊水直接送到井场水罐中，或挖蓄水池蓄水)、水罐、供水泵、输水管线、水分配器(将水泵

送来的水，分配到不同的蓄水罐中。现场用大排量水泵泵送至立式罐中）、水管线过桥（宽 6m，承载 18t 以上，允许重型卡车通过）、污水处理装置（对放喷出来的水进行处理后重复利用，减少拉运污水的工作量。）、输水管线（铝合金快装管线，坚固耐用，远距离送水。）。

⑤ 工具下入系统。射孔、下桥塞实现分层，主要有射孔枪、桥塞等井下工具、电缆射孔车、吊车、井口密封系统、泵车（专门泵送桥塞）、罐车等。

⑥ 后勤保障系统。各种油料供应、设备维护、人员食宿、工业级生活垃圾回收等，主要有燃油罐车、润滑油罐车、配件卡车、餐车、野营房、发电照明系统、卫星传输、生活及工业垃圾回收车等。

对比国外成熟体系，压裂大队现阶段在特种作业设备上与发达国家有些差距，但我们利用现有设备配套组合应用完全达到井工厂施工标准及要求。

4　地面配套设备研究及应用

事预则立、不预则废。地面配套设施是“井工厂”一体化前提和保障，它们的设计和应用有力保障“井工厂”压裂顺利实施运行，同时也解决了生产时效问题，大大缩短了施工准备时间，从而使该技术更具有先进性。

地面配套主要研究内容有以下六项：优化方案与布局，罐区优化与低压管汇组合，连续供液系统，连续混配系统，高压环形管汇设计与研制，泵送桥塞注意事项及问题对策。

4.1　优化方案与布局

排兵布阵、合理布局是地面配套工艺中的重中之重。优化施工方案，配套设施布局主要分以下几个方面。

4.1.1　优化压裂车组

盐 227 井工厂位于东营市垦利县城东部，井场采用品字形布局，8 口压裂井分布在三个井组。

按照常规做法，每个井台备一组主压车组和泵送桥塞车组。在两套车组共同施工中，高压管线部分连接复杂，使用管线、弯头多，两套车组不但各自接出双管线上井口，而且在地面 4 条管线之间要用管线进行连接，每条管线要有相应的闸门控制。现场施工中，高压管线难免出现排量差异而造成的震动，复杂的闸门也增加操作的难度。另外考虑井场测井占地需要，经多方考证，决定现场选用 8 台一套 2500 型压裂泵车车组，两套 2000 型泵送桥塞车组（性能参数见表 1），目的机组位置固定，车组不动，交叉连续作业。经实际验证，一套车组完全可以满足施工要求。

（1）主压设备选择标准

① 依照设计限压、设计排量，设备性能参数。

② 依据设计水马力富余 20%～30%附加量。

③ 参照压裂井施工规模和施工周期。

④ 依照缩短交替施工等停时间的原则。

⑤ 参考单层压裂规模和预计施工压力。

⑥ 参考主压泵车单车燃油损耗优化车辆配置（经验值：施工压力在 64MPa 以上油耗基本为 1L 柴油/1m^3液体/一台泵车）。

表1 泵车主要性能参数

选配	泵车数量	泵车车型	设计最大排量/(m^3/min)	实际泵车理论排量/(m^3/min)	设计所需功率/马力	实际泵车功率/马力	富余量
主压裂车组	8	2500	8.5	9.8	16000	20000	20%
泵送桥塞车组1	3	2000	2	3.5	3629	6000	39%
泵送桥塞车组2	3	2000	2	3.5	3629	6000	39%

(2)道路和井场的调查

井场道路和井场的勘测调查是准备工作中的重中之重，压裂大队在勘测完后提出以下要求：

① 确保井场环形道路及进出井场道路通畅，路基结实稳固，能会开重卡。

② 储液罐区和蓄水池之间，24h 供水连续。

③ 井场场地压实固化，地面承压值≥6.2t/m^2，确保车组摆放。

④ 放喷管线无直弯，高压管线每隔 10m 地锚固定。

⑤ 泥浆池要有足够的容量，确保排空和放喷使用。

⑥ 配液区、远程控制台、混配液区、立式罐顶、搅拌罐、照明区线杆、供水泵、仪表车、井口、作业区域等上配电柜，电线架空，做好漏电保护。

⑦ 预留外协单位车辆、吊车及设备存放位置，保证道路畅通。

⑧ 安全距离 10m 处拉设警戒线、安全标示牌。

⑨ 主压裂罐区、储液罐区，定好位置，满足拉运化工料罐车的进出。

⑩ 支撑剂储存区安全距离≥30m，地面要平整压实。

⑪ 规划生活区、压裂测井作业区、危险品存放区、指挥区位置，安全距离≥30m。

⑫ 预设水管线过桥，蓄水池的供水管线避免和高压管线的交叉。

⑬ 测量好三井组之间的直线距离，以及每个井组单井的距离。

总体要求：做好井场勘察工作，井场划区划片，对可能出现的任何问题提前做好准备，各单位充分交流沟通，要事无巨细，一定要把准备工作做到前面去。

盐227“井工厂”井场采用品字形布局，8 口压裂井分布在三个井组，经过大量论证和讨论，认为从施工时效、经济效益、操作便利性三方面考虑，决定采取两-两井组交叉施工方案实施。(详见示意图2，图3，表2)

4.1.2 压裂施工设备维护优化

设备好坏是保证连续施工的前提，保证施工过程中主压裂设备不出现问题。特别制定编写车辆一二级维护制度，制定填写“施工时设备维护计划表”。根据实际单车过液量、交叉作业、工作压力及规模等实际情况，确定一二级维护时间，确保主压裂设备性能优良、工况可靠。同时在维护期间进行加油、扒泵、更换柱塞盘根等易损件的维护工作。8 台 2500 型泵车，施工液量达到 1120m^3，进行一级维护；施工液量达到 3200m^3，进行二级维护。施工期间，累计一级维护 55 次，二级维护 15 次，没有出现因压裂设备故障造成等停现象发生，为连续施工打下坚实基础。

4.2 罐区优化与低压管汇组合

井下作业公司压裂大队是胜利油田唯一一家从事油气井压裂、酸化、防砂施工的企业，

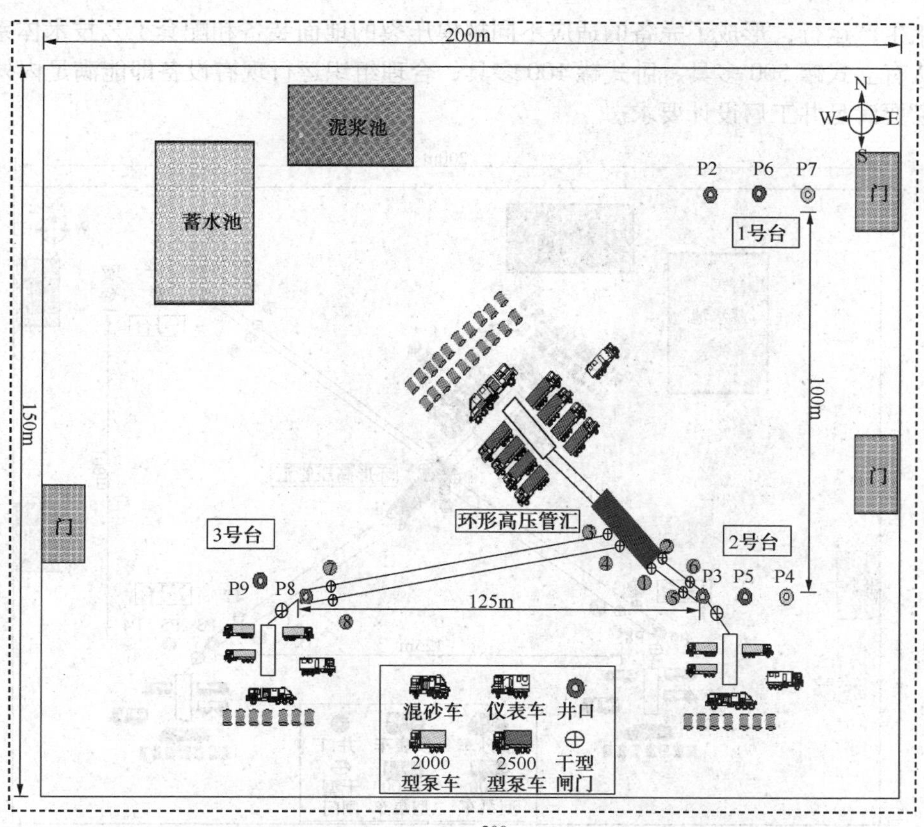
200m
泥浆池
蓄水池
N
W
E
S
P2
P6
P7
门
1号台
100m
150m
门
门
环形高压管汇
3号台
2号台
P9
P8
P3
P5
P4
125m
混砂车
仪表车
井口
2000
型泵车
2500
型泵车
干型
闸门

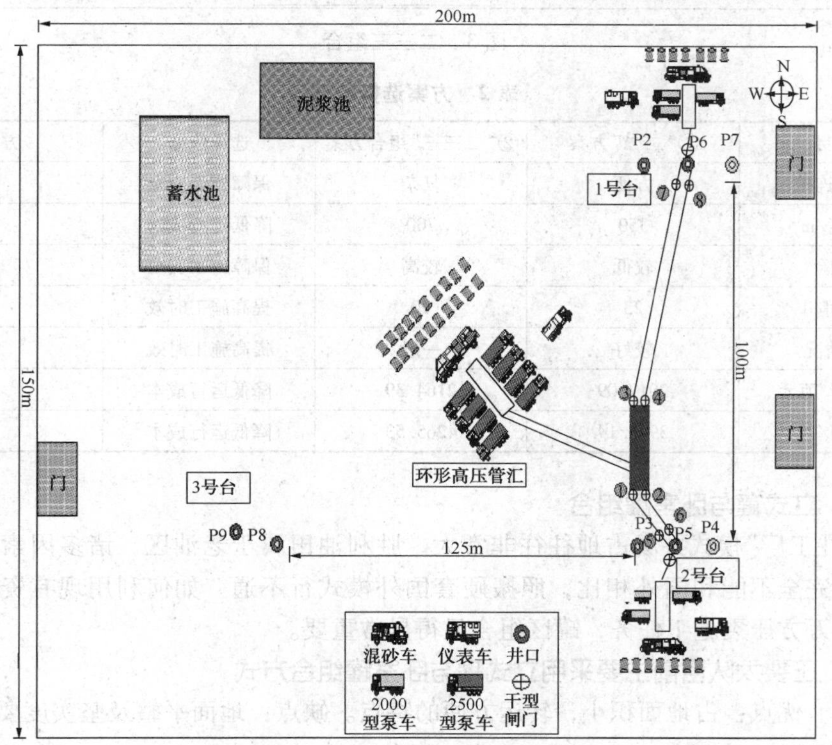
200m
泥浆池
蓄水池
N
W
E
S
P2
P6
P7
门
1号台
100m
150m
门
门
环形高压管汇
3号台
P9
P8
P3
P5
P4
125m
2号台
混砂车
仪表车
井口
2000
型泵车
2500
型泵车
干型
闸门

图2　二二组合

经过多年生产运行，形成了完备的适应不同规模压裂的地面装备和配套工艺技术体系，目前压裂大队有立式罐 500 多具，卧式罐 100 多具，合理组织运行现有设备即能满足内外部市场需要，又要满足井工厂设计要求。

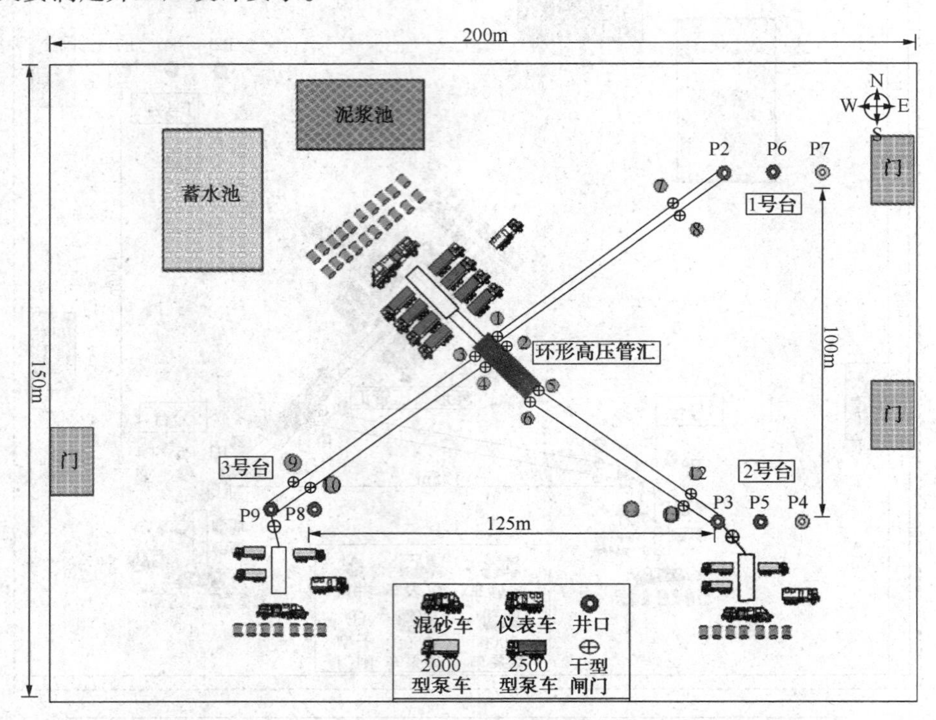

图 3　二三三组合

表 2　方案选择依据

项　　目	①"二二"方案	②"二三三"组合方案	选择依据	方案选择
地面管汇连接	方便	复杂	保障施工安全	①
管线长度/m	350	700	降低运行成本	①
安全风险	较低	较高	保障施工安全	①
施工时间/d	23	20	提高施工时效	②
备用井情况	较好	一般	提高施工时效	①
桥塞服务费/万元	2017. 09	2164. 39	降低运行成本	①
车组总费用/万元	3975. 14	4265. 53	降低运行成本	①

4. 2. 1　立式罐与卧室罐组合

国外"井工厂"模式井场占地往往非常大，胜利油田属于老油区，诸多因素影响井场占地占地面积完全不能和国外相比，照搬硬套国外模式行不通。如何利用现有资源和配套设施，完成几万方压裂施工任务，罐区组合显得异常重要。

4. 2. 2　压裂大队目前主要采用立式罐与卧室罐组合方式

立式罐。优点：占地面积小，转运方便的特点。缺点：地面平整及坚实度要求高，可存储液量少。

卧室罐。优点：可存储液量大，后期维护方便。缺点：占地面积大，配合车辆多。

4.2.3 上罐原则

主罐区：30~45 个立式罐。

储液罐：按井场大小和供水能力上。供水能力越好的区块上储液罐越少。

缓冲罐：为了避免主罐区出现供液供水不连续情况，在主罐区后方，上缓冲罐预存储一定量液体，同时与大排量供液泵连接，确保供液系统正常。

盐 227 井组单层施工液量最大达到 $900m^3$，立式罐要满足至少存储 $1000m^3$液体的量，因此上 45 个立式储液罐用于主压裂施工；另上 6 个卧式储液罐分两组用于泵送桥塞液体储液罐。

4.3 连续供液系统

盐 227 连续供液系统由 3 台大排量供水泵，钢丝软管线、快速接头、1 台大排量($16m^3$)供液电泵，3 个缓冲卧室罐、低压管汇等组成。

考虑电潜泵供水因扬程低的原因无法直接给立式罐补满水，于是安排上 3 个较低矮的卧式罐作为缓冲罐，用电潜泵往里打水，再上一台大排量电泵将缓冲罐内的水补充到 45 个立式罐中，保证了供液的连续性。立式储液罐区采用三套低压流程连接，每套流程之间采用两条管线串联，混砂车从每套流程连接两条管线到混砂车上液端，确保大排量施工的要求。

低压流程将地面所有主压裂储液罐连接，每 15 个立式罐配 1 个低压流程，分 3 组低压流程。每组流程间用 2 根 4in 软管线连接。同时低压流程还连接一根从水源供水泵管线，为了防止供液系统出现故障，从水源地上水，保证混砂车上液。同时混砂车上液端每组流程连接 2 根管线，每根管线可以保证 $2m^3$ 排量，共 6 根上水管线达到 $12m^3$ 排量要求。

4.4 连续混配系统

盐 227“井工厂”压裂液体系采用乳液缔合型压裂液，实验室前期论证该压裂液体系，具有携砂能力强、耐剪切、抗温能力强、较现行瓜胶经济高效、易配易储运等诸多优点，可以实现地表水即时混配泵注要求。施工时用专门的比例泵将各种添加剂直接泵注至混砂车，利用混砂车台上搅拌罐混配。

该体系在现场应用初期发现诸多问题：液体黏度高，弹性差，液体挂壁性强，液体摩阻较大的特点，采取以下几种应对措施：

① 针对液体初始黏度高(液体黏度在 300mPa·s 以上)，导致压裂车高压柱塞泵凡儿和凡儿胶皮磨损严重的情况，缩短泵车一二级维护时间，改为最多施工两层就要进行一级维护，更换凡儿和凡儿胶皮；针对液体初始黏度高，影响压裂泵车的上水，提高混砂车的砂泵排出压力，提高主压泵车的运行档位确保施工的顺利实施。

② 由于液体挂壁性强，液体沿程摩阻大，砂砾岩储层物性差非均质性强等原因，导致各段地面施工压力普遍较高，压裂车油耗大大增加，缩短加油间隔时间，每施工完两层后压裂车添加燃油，个别单层施工完就必须添加燃油；同时每施工 20 段后，对高压管件进行探厚测伤，建立现场使用高压管件记录台账，提前预防提前更换，确保施工安全。

③ 针对液体挂壁性强，加砂过程套管壁上粘附支撑剂多，易导致泵送桥塞遇阻的问题。改进措施是在加砂结束后，采取交替注入高黏液体和 KCl 水，清洗套管壁上黏附的支撑剂后，计量好顶替量，确保泵送桥塞工序的顺利实施。

4.5 高压环形管汇设计与研制

4.5.1 问题提出

非常规压裂车组多，规模大、交叉作业多、工序紧凑、弯头管线多、管线磨损快、管线晃动、连接复杂等问题，职工劳动强度很大，交叉作业中职工高压作业区开关次数多，安全风险很大。行业标准 SY/T 6270—2012《石油钻采高压管汇的使用、维护、维修与检测》对高压管件的检测主要为目测、探伤、测壁厚方法。目前还没有标准或者文献针对高压管件持续高压工作多长时间，通过液量、砂量的多少以及排量等因素来达到报废的条件，现场只能靠不断的检测来消除潜在风险。上述三种检测方法实施中需要打开高压管线才能实现。与此同时，高压管线的震动问题、高速混砂液对管线的冲蚀问题等辅助工作必须得到良好的解决才能满足连续压裂施工，达到"井工厂"施工的模式理念。

4.5.2 设计思路

如何解决问题，提速提效，加快施工时效。技术人员集思广益，创新设计及研制高压环形管汇，解决了这一难题。

4.5.3 解决方法

针对"井工厂"的连续压裂模式，我们通过一系列探讨分析，设计出高压环形管汇与地面千型高压闸门组合连接方式来适应"井工厂"的压裂模式，对"井工厂"的顺利完成起到了关键作用，解决了生产中的突出矛盾。

(1) 环形管汇与地面千型高压闸门组成

环形管汇主要由：旋塞阀、异性接头、单向阀、活动弯头、刚性直管、液控阀等组成。(表 3 高压管件的性能参数表、表 4 高压管件过流量控制参考表)

表 3 高压管件的性能参数表

管件名称	规格型号	额定压力/MPa	内径/mm	出厂壁厚值/mm	使用壁厚极限推荐值/mm
旋塞阀	3″×3″-1502	105	69.8	≥17.02	14.63
单向阀	3″×3″-1502	105	69.8	≥17.02	14.63
活动弯头	3″×3″-1502	105	69.85	≥13.46	10.67
异型接头	3″×3″-1502	105	69.8	≥17.02	15.06
刚性直管	3″×3″-1502	105	69.8	≥12.0	9.6

表 4 高压管件过流量控制参考表

管件名称	规格类型	内径/mm	流量/(m^3/min)
旋塞阀	3″×3″-1502	69.8	2.8
活动弯头	3″×3″-1502	69.85	2.8
单向阀	3″×3″-1502	69.85	2.8
刚性直管	3″×3″-1502	69.8	2.55

地面千型高压闸门：依据管汇的分汇流原理，采取四进四出方式，四个出口安装液控旋塞阀。

(2) 连接方式

井口到地面采用双弯头连接方式；地面高压管线采用"双 S"连接方式，降低地面高压管件的晃动；各高压管件连接部位使用安全软绳固定，地面高压管件每隔十米采用地锚固定。

(3) 现场实施

现场实施中，前期施工10000m^3后在泵车维护期间，对管件进行测量壁厚检测，发现基本没有磨损现象，打开管线目测弯头及直管也没有出现裂纹，密封面良好，孔壁无冲蚀，说明高压环形管汇起到了很好的缓冲分流作用，在后续的壁厚检测中直到施工完毕壁厚减少最多的为2mm，剩余壁厚10.5mm(使用壁厚极限推荐值为9.6mm)，完全符合行业标准。为避免出现意外，建议单个高压弯头过流量超过5000m^3，必须进行更换；高压直管过流量超过10000m^3，必须进行探伤检测。

高压环形管汇上采用4个液控旋塞阀，解决在持续高压施工后开关困难问题。每口井高压泵注管线均配备手动旋塞阀，在交叉施工作业中只需倒换相应阀门即达到维修整改设备、加油、压裂等多种工序。

(4) 环形管汇特点

环形管汇特点：井口高压管线四个出口连接到环形管汇上，使泵车的晃动通过环形管汇处的双S弯来消弱，再次通过环形管汇整体把震动最小化，从而保证了进井口管线的平稳，减少了对井口本身的晃动。四根管线分流，在最大排量8.5m^3/min下，单根过液2.125m^3/min，低于标准推荐值最大流量。最大限度的提高了高压管件的应用时长。盐227"井工厂"液体为混砂车清水供液，泵后按照比例添加稠化剂，通过环形管汇的汇流分流作用使液体混合充分均匀，提高液体的稳定性。

(5) 取得成效

通过高压环形管汇现场应用，取得以下效果：解决了高压管线的震动问题。起到了很好的汇流分流作用，最大化的减少了液体对高压管件的冲刷腐蚀，延长了管件的使用寿命，获得很好的经济效益。施工期间，巡回检查高压管件86次，高压管件探伤10次，没有发生一次管线刺漏所有高压管件没有发生一次刺漏。没有一个高压管件因为冲刷磨蚀而更换。在油井压裂施工中创出国内多项纪录，整套车组过液量41960m^3，最大排量8.5m^3/min，加砂量2858m^3。

本次压裂创出胜利油田及集团公司在油井压裂施工中入井液量最高、加砂规模最大、改造段数最多和施工时间最长施工纪录，充分展现了井下作业公司一流过硬的施工能力，标志着公司组织实施超大规模压裂达到一个全新的高度，为以后井工厂实施方案提供了一个良好的借鉴模式。

4.6 泵送桥塞注意事项及问题对策

泵送桥塞和射孔联作技术是目前先进的联作技术，以其作业速度快和更经济高效的特点在北美和加拿大得到广泛应用。作业过程要求测井队伍和压裂队相互协调作业，控制好泵入排量和电缆速度，避免意外发生。泵送排量大小和电缆速度关系密切。排量过大和电缆移动速度过快可能会导致电缆弱点断开、桥塞意外座封和工具遇卡等事故。泵送桥塞施工顺利与否直接影响施工进度，该项工序异常重要。压裂大队借鉴以往配合经验，成功完成盐227井87次泵送任务。

4.6.1 泵送桥塞准备工作

(1) 井场布置

泵送桥塞车组主要由：1台混砂车、一台仪表车、三台2000型压裂泵车组成。

辅助设备：1 台 700 型水泥泵车，3 台储液罐，供水泵、低压流程、拉运罐车等组成。

（2）连续供液

泵送桥塞用水量大，设计 3900m^3，供液连续必须得到保障。利用 KCl 溶液，减少地层污染。连续供液装置由 1 台供液泵从水库泵入 3 个储液罐，然后经由低压流程管汇，2 根上水管线连接混砂车，1 根上水管线连接水泥车。

4.6.2 施工过程

泵送桥塞施工最重要的是排量稳定。泵送全过程必须严格按照测井指挥人员指令操作，和测井公司绞车速度密切配合是泵送桥塞施工前提和保证。

① 在仪器联作工具入防喷管内开始，必须始终保持电缆有一定的张力。放松井内电缆非常容易使电缆打结，或使电缆铠装形成鸟笼状。所以电缆下放或上提过程必须保证张力。配合过程中必须保证连续排量泵注。过小则容易打扭，过大则可能出现张力突升大于电缆弱点拉断力，瞬间造成电缆与工具断脱事故发生。所以在施工前特制订操作签认单，同时为了避免出现开关闸门误操作，特制订“泵送桥塞地面开关流程”。各协作方指挥操作人员签认确认后进行下部操作。保证各岗位了解测井和压裂工艺流程及操作步骤，使操作人员提前知道下部工序并做好相应准备，真正做到程序化、标准化、流程化施工。

② 施工中容易出现误操作的，主要是在工具进出井口阶段。尤其是试压阶段。在工具下放前，必须保证井口施工区域无高压，保证高空作业施工人员人身安全。操作过程中，提前与测井公司专门验证施工对讲频道，保持通讯畅通。协作各方指挥人员确认后方可进入下步工序。在放压后工具入防喷管后，按照井口监测压力，给防喷管内打压，压力高于井口压力 5MPa，开井口液控阀门。在开井口液控阀门前，必须等待测井公司方确定电缆张力正常后方可进行操作。同样在工具到达井口防喷管位置时，按相反程序开关闸门。

③ 泵送桥塞地面操作流程如下：

a. 井口连接完防喷管后，开启泵送管线千型手动闸门。

b. 开启井口上液控闸门。

c. 关闭泵送管线放压闸门。

d. 开启连接 400 型 2in 手动闸门(排空)。

e. 关闭连接 400 型 2in 手动闸门。

f. 打备压后，开启井口下液控闸门(下放射孔工具)。

g. 射孔工具串上提至井口防喷管，关闭井口下液控闸门。

h. 开启泵送管线放压闸门(拆卸井口防喷管)。

i. 关闭泵送管线放压闸门。

j. 投球后，关闭井口上液控闸门。

k. 打备压后，开启井口下液控闸门(送球)。

l. 送球完，关闭井口下液控闸门。

m. 开启泵送管线放压闸门。

n. 关闭泵送管线手动闸门。

在泵送桥塞施工中，按测井公司指挥下桥塞人员要求时刻保持排量稳定，仪表人员无条件听从指挥。泵送过程中如出现单个泵车故障，必须提前请示，应避免擅自更换挡位，否则极易造成电缆张力瞬间出现急剧变化，造成电缆断脱等情况。

4.6.3 出现问题及解决办法:

施工初期，由于双方配合不熟练、每天工作劳动强度大，出现一些问题，在双方技术人员共同攻关下，完美解决问题。

① 针对泵送桥塞工序出现的球在井口未及时落井的问题。

解决办法：在检查核对枪身发射率后，从井口投球，关闭井口上液控，打备压平衡井内压力，开启下液控，低排量泵送 $1m^3$液体送球，确保球进入井筒。

② 碰球无显示。施工初期，井口投球沉球3小时后，顶替1倍井筒容积后仍然无碰球显示。

解决办法：沉球3h后，预计球已经在大斜度造斜点静止，低排量泵送球，送球到底明显碰球显示后，主压裂开始施工。如无明显显示，井口再投一个备用球，继续沉球送球步骤。如没有显示，则继续泵送 $5\sim10m^3$液量，然后开始主压裂施工。

③ 压裂泵车为放喷管排空出现的超压现象。由于2000型泵车柱塞行程长，容积大，而防喷管内容积小，压裂泵车在排空过程中，很难控制排量，容易出现问题。

解决办法：用700型水泥车最低排量排空气，待防喷管溢流管出现返排液体后，测井公司注脂打压密封盘根，水泥车打15~20MPa初压，然后改用压裂泵车试高压。在试压过程中注意关闭连接水泥车的高压旋塞阀。

④ 电缆工具粘卡。乳液缔合型压裂液体系经实际应用发现液体黏度高，弹性差，液体挂壁性强，液体摩阻较大的特点。施工初期对该体系实际工况了解不清楚，造成被动。在盐227平3第2级电缆枪身射孔后上提过程反复遇卡，耗时4天；平8第1级泵送桥塞遇阻，上连续油管冲砂耗时5天。

解决办法：针对此问题，初期采用泵送桥塞车组，连续正洗井，用KCl洗井液，多次瞬间激动放压，活动解卡未成。泵送车组只有3台2000型主压车，在车组额定工况下不能达到解卡。现场决定用主压车组，选用压裂液，用主压车组正循环大排量冲砂多次，最终解决砂卡问题。后来经过技术人员改进泵注程序，加砂完后采用KCl溶液和压裂液交替顶替 $50m^3$冲洗井筒井壁方式，解决井壁残砂和砂桥问题。

4.6.4 取得成果

施工期间全程强化时效控制。8月30日~10月2日，历经34天紧张施工，累计完成8口水平井共87段压裂施工任务，设计泵送液量 $3900m^3$，实际泵送液量 $2560m^3$；平均每天压裂施工3段，较之前完成的非常规施工压裂运行时效有了很大提高，同时还创出了单日压裂施工5段的高纪录，达到了提速压裂施工运行时效的目的。

5 结 论

① 盐227井是中石化胜利油田第一口真正意义上的“井工厂”，该井成功实施摆脱了长期国外公司在“井工厂”方面的技术壁垒，为油田可持续发展提供助力。

② 在施工运行中，以降本增效为核心、强化节点控制、强化组织运行，创新型采用“环形管汇”，开创出一套主压设备不移动车组，只需倒换相应闸门实现三井台8口井压裂施工新模式。

③ 该配套工艺综合应用取得了很好的效果和经济效益，具有增加生产时效、降低作业费用、降低劳动强度等特点，为油田井工厂一体化开发具有实际指导意义，易操作、易推广。

第四部分
压裂液与支撑剂篇

生物破胶酶的发酵生产及其破胶性能研究

郑承纲　刘长印　李宗田　苏建政　张汝生

（中国石化石油勘探开发研究院）

摘　要：针对中低温油藏压裂破胶施工的需求，筛选出生物破胶酶生产菌株——地衣芽孢杆菌BG1，通过两水平试验设计和中心法则试验设计对该菌株的产酶培养基组成进行优化，最终确定了发酵培养基为4.08g/L碳源，11.74g/L有机氮源，5.22g/L无机氮源，2g/L磷源，1.0g/L硫源，0.05g/L微量元素，优化后的生物破胶酶产量达239U/L。该菌株所产生物破胶酶拥有良好的稳定性，在不同温度、pH、地层离子和化学助剂等表现出良好的稳定性。通过对该酶破胶性能进行研究，发现该酶在中低温环境下破胶效果好，30～60℃温度下破胶后的压裂液黏度分别为11.1mPa·s，2.23mPa·s，1.97mPa·s和4.65mPa·s，破胶返排后地层伤害小，模拟实验伤害率仅为0.53%，体现了该生物破胶酶在中低温油藏压裂施工中的良好应用前景。

关键词：地衣芽孢杆菌　生物破胶酶　中低温油藏　稳定性　破胶效能

引　言

水力压裂是油气井增产、注水井增注的一项重要技术措施，全国压裂措施工艺每年达上万井次，年增油近千万吨。其过程是用压裂泵组将压裂液以高压力压开地层，形成裂缝；并用支撑剂支撑裂缝，增加导流能力、减小流动阻力的增产、增注措施。压裂液的性能是影响压裂施工成败的关键因素，压裂液的破胶效果直接影响压裂液的反排和增产效果，破胶失败或者不理想会造成严重的地层伤害。根据低渗透储层的特点，利用核磁共振技术及岩心流动试验，进行的压裂液伤害机理研究，表明：压裂液黏滞力和大分子基团滞留是造成伤害的主要因素。因而提高破胶效果，降低压裂液的黏滞阻力，是解决压裂液伤害的一个重要办法。

大多数水基压裂液所使用的稠化剂为（变性）胍豆胶，压裂作业中常用化学（氧化型）破胶剂为过硫酸钾、过硫酸铵等，其优点是价格低、使用方便、破胶迅速、破胶液黏度在10mPa·s以下。但在实际应用中，氧化破胶剂存在着一些缺陷，这些缺陷包括：①反应时间及其活性主要依赖于温度（温度低于50℃，反应很慢；必需添加低温催化剂；而高于93℃时降解反应发生很快，反应不易控制，反应迅速，使压裂液提前降解而失去输送支撑剂的能力，甚至导致压裂施工失败）；②它属于非特殊性反应物，能和遇到的任何反应物如管材、地层基质和烃类等发生反应，易生成与地层不配伍的污染物，造成地层伤害；③作用时间短，氧化型破胶剂往往在到达目的裂缝前消耗殆尽，达不到有效破胶的目的；④反应不彻底，造成胍豆胶不能完全降解，约20%的分子量大于2.0×10^6的聚合物基本上未降解，并产生大量残渣。而生物破胶酶是具有高催化能力和很好的活性的生物蛋白，它在催化反应时自身的形态和结构不发生改变，其反应特异性决定了其专一性分解多糖聚合物结构中特定的糖苷键，并将其降解为单糖和二糖，这些特异性的生物破胶酶主要有 Beta-1，4 甘露聚糖酶、Beta-甘露糖苷酶和 Alpha-半乳糖苷酶等。研究表明，化学破胶剂破胶后的聚合物分子量为 $1.0\sim3.0\times10^5$Da，而生物酶破胶方法后的胶液分子量仅为 2000~4000Da，其破胶性能大大高于氧化型破胶剂，压裂后无残渣，返排效果好。同时，生物破胶酶主要应用于30~60℃的油藏，有效弥补化学破胶剂在中低温油藏应用中的瓶颈问题(如反应缓慢，需要添加催化剂、破胶难以控制)。本文对新型压裂液生物破胶酶进行了研究，优化了其发酵生产条件，并对其破胶性能进行了相关的研究。

1　生物破胶酶的发酵生产和纯化

1.1　菌种、培养基和发酵条件

本研究中所用生物破胶酶生产菌株为本实验所保存菌种 BG1，分离自某油田原油污染土样，经 16SrDNA 序列分析和生理生化反应鉴定为地衣芽孢杆菌(*Bacillus licheniformis*)，菌株保存于-80℃冰箱甘油管(20%，v/v)中，使用前经固体培养基进行活化后作为接种物。

种子液培养采用 LB 培养基，其组成为：10g/L 蛋白胨，5g/L 酵母膏，10g/L 氯化钠，pH 7.0~7.2；经响应面法优化后的发酵培养基组成为：4.08g/L 碳源，11.74g/L 有机氮源，5.22g/L 无机氮源，2g/L 磷源，1.0g/L 硫源，0.05g/L 微量元素。接种浓度为 2.0%，接种后的培养物置于 37℃摇床中 180r/min 下培养 48h。

1.2　酶活力的测定

本研究中破胶酶的酶活力检测采用 3,5-二硝基水杨酸法(DNS 法)。分别以 0mg/mL，2mg/mL，4mg/mL，6mg/mL，8mg/mL 和 10mg/mL 浓度的还原糖溶液作为反应物制作标准曲线。将发酵结束后的菌液于 4℃下 8000r/min 离心 10min，去除菌体，取上清液作为粗酶液，以 0.6%浓度胍豆胶溶液作为底物进行水解反应，反应条件为 50℃温浴中反应 10min，检测反应物中还原糖的浓度。1 个酶活力单位(U)定义为：在 50℃温浴条件下，每分钟释放 1μmol 还原糖所需要的酶量。

1.3　破胶酶发酵生产的优化

为了获得高产量的生物破胶酶，在菌株最佳培养的基础上，对发酵培养基组成进行优化。首先将破胶酶发酵生产中的碳源、有机氮源、无机氮源、磷源、硫源和微量元素，作为培养基优化实验中的 6 个试验因素($X_1\sim X_6$)，通过两水平试验设计筛选其中的显著因素，进而对显著因素的浓度进行进一步优化。本实验中，因素的两水平包括正效应(+)和负效应(-)，正效应的因素均取高值，负效应的因素均取低值，通过使因素同时朝响应值增大的方向变化，找出峰值，从而确定逼近最大响应区域的水平值，并判断对响应值影响较大的因素($F<0.05$，置信度 95%)作为显著因素。

两水平试验设计及其响应值如表 1 所示，通过对实验结果进行分析发现，对破胶酶的生产有显著影响的因素为碳源(99.90%)、有机氮源(99.51%)和无机氮源(95.11%)，而磷源(10.52%)、硫源(32.27%)和微量元素(33.11%)对发酵液酶产量影响较小。在 6 个试验因素中，碳源、有机氮源、无机氮源和磷源对破胶酶的发酵生产均呈现负效应，而硫源和微量元素对破胶酶的合成呈现正效应。将碳源、有机氮源和无机氮源三个显著因素分别作为自变量(A，B 和 C)，采用中心法则试验设计对影响破胶酶发酵生产的底物浓度水平进行优化。中心法则试验设计共包括 20 组实验，其中交互试验 2^3 组、中心点 6 组和边际点 6 组，每一自变量的五个试验水平分别以-1.68、-1、0、+1 和+1.68 进行编码，如表 2 所示。

表 1　两水平试验设计及其响应值(n=6)

实　验	因素和水平/(g/L)						响应值
	X_1碳源	X_2有机氮源	X_3无机氮源	X_4磷源	X_5硫源	X_6微量元素	[酶活/(U/mL)]
1	(-)5.0	(+)20.0	(+)10.0	(+)6.0	(-)0.5	(+)0.05	161.2
2	(+)10.0	(-)10.0	(-)5.0	(-)2.0	(+)1.0	(-)0.01	179.5
3	(+)10.0	(-)10.0	(+)10.0	(-)2.0	(-)0.5	(+)0.05	152.6
4	(+)10.0	(+)20.0	(+)10.0	(+)6.0	(+)1.0	(+)0.05	157.5
5	(+)10.0	(+)20.0	(-)5.0	(+)6.0	(-)0.5	(-)0.01	139.9
6	(-)5.0	(-)10.0	(-)5.0	(-)2.0	(-)0.5	(-)0.01	200.0
7	(+)10.0	(-)10.0	(+)10.0	(+)6.0	(-)0.5	(-)0.01	156.4
8	(-)5.0	(-)10.0	(+)10.0	(+)6.0	(+)1.0	(-)0.01	179.7
9	(-)5.0	(+)20.0	(+)10.0	(-)2.0	(-)0.5	(-)0.01	154.9
10	(+)10.0	(-)10.0	(-)5.0	(+)6.0	(+)1.0	(+)0.05	154.3
11	(-)5.0	(-)10.0	(-)5.0	(+)6.0	(-)0.5	(+)0.05	197.0
12	(-)5.0	(+)20.0	(-)5.0	(-)2.0	(+)1.0	(+)0.05	172.1
13	(+)10.0	(+)20.0	(+)10.0	(-)2.0	(+)1.0	(-)0.01	128.9
14	(-)5.0	(+)20.0	(-)5.0	(+)6.0	(+)1.0	(-)0.01	177.3
15	(-)5.0	(-)10.0	(+)10.0	(-)2.0	(+)1.0	(+)0.05	186.1
16	(+)10.0	(+)20.0	(-)5.0	(-)2.0	(-)0.5	(+)0.05	154.9

表 2　中心法则试验设计及其响应值

实　验	因素和水平/(g/L)			响应值[酶活/(U/mL)]	
	A碳源	B有机氮源	C无机氮源	试验值	预测值
1	(0)5.0	(0)10.0	(0)5.0	203.7	203.6
2	(0)5.0	(0)10.0	(0)5.0	203.7	203.6
3	(0)5.0	(0)10.0	(0)5.0	203.7	203.6
4	(0)5.0	(0)10.0	(0)5.0	203.7	203.6
5	(0)5.0	(0)10.0	(0)5.0	203.7	203.6
6	(-1.68)3.0	(0)10.0	(0)5.0	198.9	204.8
7	(0)5.0	(0)10.0	(+1.68)10.0	199.3	205.2
8	(-1)3.8	(+1)13.0	(+1)8.0	212.1	206.8
9	(0)5.0	(0)10.0	(0)5.0	203.7	203.6
10	(0)5.0	(-1.68)5.0	(0)5.0	190.4	191.4
11	(+1.68)7.0	(0)10.0	(0)5.0	188.4	187.5
12	(+1)6.2	(+1)13.0	(-1)2.0	186.1	186.6
13	(+1)6.2	(-1)7.0	(+1)8.0	195.9	194.8
14	(+1)6.2	(-1)7.0	(-1)2.0	183.4	185.1
15	(-1)3.8	(-1)7.0	(+1)8.0	203.2	199.1
16	(-1)3.8	(-1)7.0	(-1)2.0	199.0	197.9
17	(0)5.0	(0)10.0	(-1.68)0	194.7	193.8
18	(0)5.0	(+1.68)15.0	(0)5.0	195.0	199.1
19	(+1)6.2	(+1)13.0	(+1)8.0	201.6	199.0
20	(-1)3.8	(+1)13.0	(-1)2.0	205.4	202.9

通过拟合得到一个描述响应值与自变量关系的多元回归模型，如式(1)所示。模型的P-value值为0.0041，该值远远小于0.05，表明回归方程的F检验显著，所获得的模型能够准确的反映破胶酶的发酵生产情况。由响应面回归分析和回归方程拟合绘制酶产量与碳源、有机氮源和无机氮源的响应面，如图1所示。

$$Y=203.60-5.15A+2.29B+3.40C-0.86AB+2.14AC+0.68BC-2.64A^2-2.97B^2-1.45C^2 \quad (1)$$

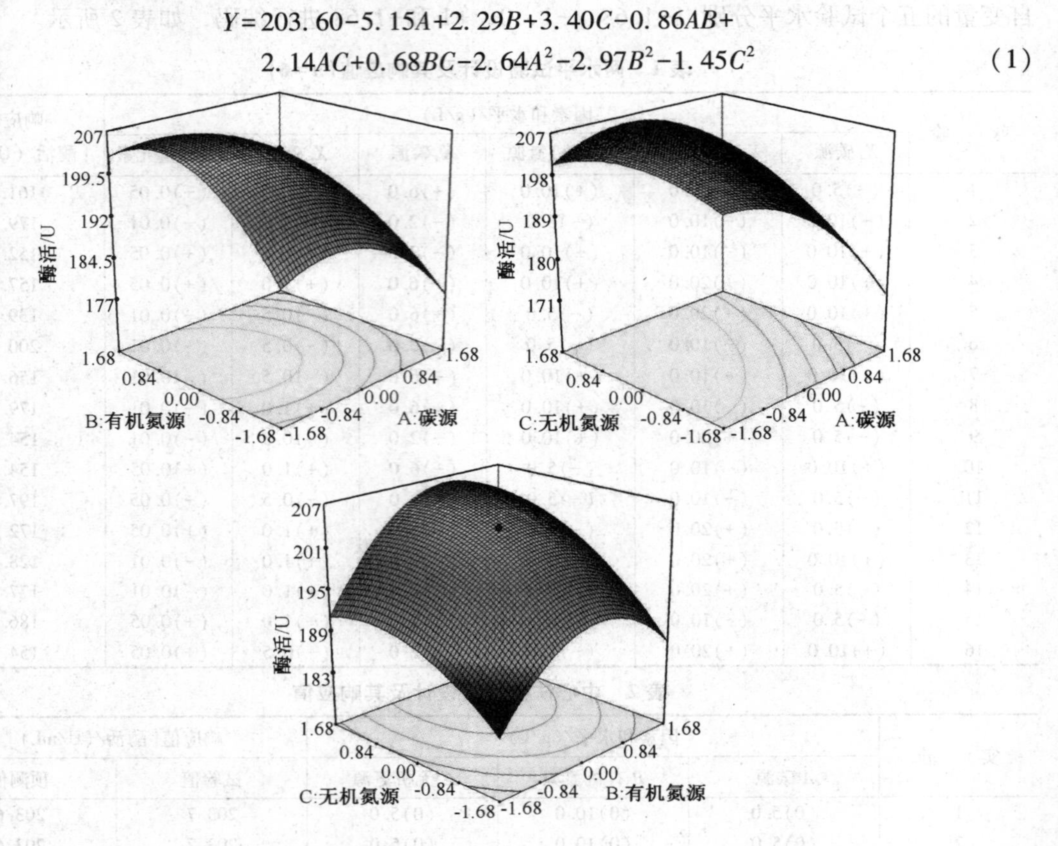

图1 碳源、有机氮源和无机氮源对破胶酶产量影响的响应面

通过该模型计算出响应值(酶产量)对因素A、B、C存在极值点，对Y进行极值分析，确定3个因子最优试验点(A、B、C)的代码值(0.57、0.25、0.41)，即碳源浓度为4.08g/L，有机氮源和无机氮源浓度分别为11.74g/L和5.22g/L时，该模型预测的破胶酶产量存在极大值，通过实验验证实际酶产量为239U/mL。

1.4 破胶酶的分离、纯化和保存

破胶酶发酵结束后，将发酵液5000~10000r/min离心30min去除菌体，并用0.22μm滤除去残余菌体和不溶物质，将获得的粗酶液经琼脂糖层析柱(20×250mm)洗脱：层析柱以pH7.3的Tris-HCl缓冲液平衡后以0.5~1.5mol的NaCl溶液进行梯度洗脱，洗脱速率为5~15mL/h，收集酶液并用饱和硫酸铵溶液沉淀，将获得的破胶酶由缓冲液稀释至200~400U/mL后低温保存。用于压裂液破胶酶保存的缓冲液组成为：0.1M的pH7.2的磷酸缓冲液，杀菌剂50×10^{-6}(g/g)，甘油50%。

2 生物破胶酶稳定性研究

由于生物破胶酶使用过程中要面临油藏复杂的物理化学条件，同时其破胶活性还会受到压裂液体系中其他助剂的影响，因此，本研究中考察了各种物理化学因素(温度、pH、地层离子和化学助剂等)对生物破胶酶酶活力的影响。

2.1　温度和pH因素对酶活力保持率的影响

首先，研究温度和pH因素对生物酶酶活力保持情况影响，酶活力保持率如图2所示，实验结果表明：生物破胶酶在中低温条件下有良好的热稳定性，在低于50℃的环境中温浴6h后，其酶活力保持率能达到85%以上，而超过50℃后，酶活力保持率随温度升高开始下降，70℃时，温浴后的酶活力仅为初始值的35%；生物破胶酶在非极端pH环境中(pH5.0~9.0)能较好地维持其活性，而超出这一pH值范围后，酶活力保持率会迅速下降。

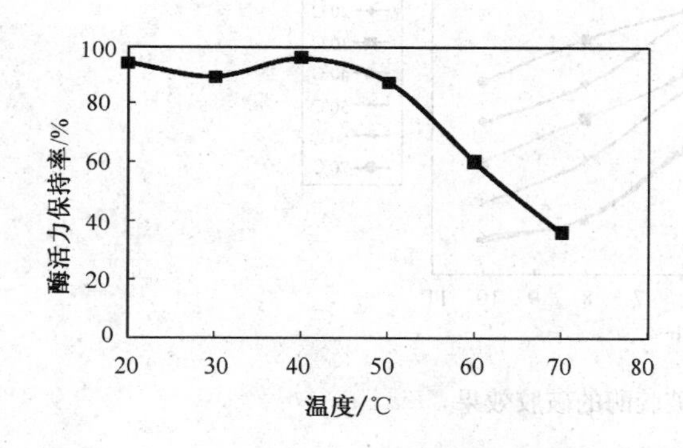

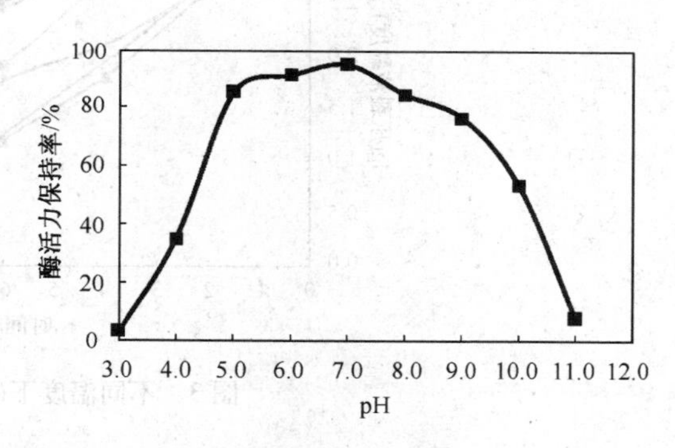

图2　温度和pH因素对酶活力保持率的影响

2.2　地层离子和化学助剂对酶活力保持率的影响

本文还对地层离子和化学助剂对生物酶酶活力保持情况影响进行了研究，如表3所示，实验结果表明：地层水中的主要无机离子对破胶酶酶活力无明显影响；而压裂液体系中的常规助剂对酶活力的保持有一定影响，本实验中，生物破胶酶在含有EDTA、杀菌剂和交联剂的溶液中温浴6h后，酶活力的保持率分别为81%、76%和94%。现场的压裂液体系非常复杂，因此，在实际应用中，有必要对各种助剂组分对生物酶活性的影响进行预实验。

表3　地层离子和化学助剂对酶活力保持率的影响

地层离子	酶活力保持率/%	化学助剂	酶活力保持率/%
NaCl	100	EDTA	81
KCl	100	杀菌剂	76
$MgSO_4$	100	交联剂	94
$CaCl_2$	100		

3 生物破胶酶的破胶性能研究

3.1 生物酶破胶降黏性能研究

针对中低温储层的特点，本实验中所使用的压裂液配方为0.65%变性胍胶，6%交联剂，1.0%黏土稳定剂，0.5%杀菌剂，pH8.5，生物破胶酶的添加浓度为20U/L。本文研究了不同温度下(20~80℃)的破胶效果，压裂液的降黏效果如图3所示，在40℃和50℃下反应10h后，破胶后的胶液黏度仅为2.23mPa·s和1.97mPa·s，而在30℃和60℃时，破胶后的胶液黏度分别为11.1mPa·s和4.65mPa·s。而在破胶反应30min时，压裂液尚保持较高的黏度，维持了较好的携砂能力。可见，本研究中的生物破胶酶，完全可以满足中低温油藏压裂施工的作业要求。

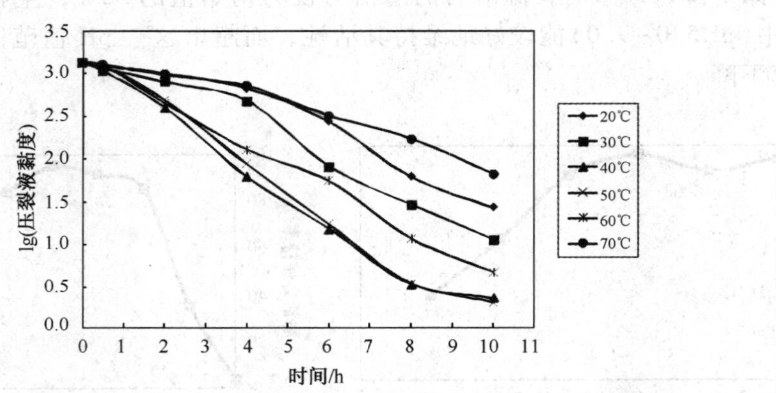

图3 不同温度下破胶酶的破胶效果

3.2 物理模拟破胶实验研究

当压裂液返排时，由于破胶不彻底往往留下很多残渣(固体不溶物)，降低裂缝的导流能力。在室内应用物理模拟实验，制作填砂模型(20cm×2.5cm)模拟水力压裂形成的填砂裂缝，50℃恒温箱中，驱替人工配制的模拟地层水并计算填砂模型的渗透率；将模型饱和含有20U/L破胶酶的压裂液，关闭驱替系统，并在恒温箱中进行破胶反应12h；反应结束后，以模拟地层水进行反向驱替，计算返排后的模型渗透率(驱替至压力恒定)，并以未添加破胶酶的实验组作为对照模拟地层伤害实验，并计算伤害率。

表4 返排效率和地层伤害实验

组　　别	流量/(mL/min)	原始渗透率/$10^{-3}\mu m^2$	返排后渗透/$10^{-3}\mu m^2$	地层伤害率/%
空白对照	0.5 1.0 2.0	1318	12.38	99.07
实验组	0.5 1.0 2.0	1264	1257	0.53

从表4的结果不难看出，相比空白对照，生物破胶酶的加入可以有效实现压裂液破胶降黏，由于生物酶的破胶作用彻底，实验岩心并未观察到显著的地层伤害(伤害率仅为0.53%)，体现了生物酶破胶剂在中低温油藏压裂施工作业中的良好的应用前景。

4　结　论

本研究采用响应面优化法获得了影响地衣芽孢杆菌BG1菌株发酵生产生物破胶酶的培养基组成中的显著因素，并通过建立多项数学模型，采用统计分析对模型进行显著性检验来优化发酵培养基。优化得到的最佳培养基组成为：4.08g/L碳源，11.74g/L有机氮源，5.22g/L无机氮源，2g/L磷源，1.0g/L硫源，0.05g/L微量元素。在优化的条件下，地衣芽孢杆菌BG1菌株的生物破胶酶活力达239U/L，表明采用响应面法优化发酵培养基组成是提高菌株产酶活性的有效途径之一，从而为该技术的推广奠定了较好的基础。该菌株产生的生物酶具有良好的稳定性，能够较好的耐受中低温和非极端pH环境，并较好耐受各种无机离子和化学助剂，通过对其破胶性能进行研究，发现该破胶酶能够有效降低压裂液黏度，破胶彻底，对地层伤害小，因此，本研究的研究成果在中低温油藏压裂施工作业中有着良好的应用前景。

滑溜水压裂液的研制与评价

鞠玉芹　李爱山　姜阿娜　仲岩磊　宋李煜

（中国石化胜利油田分公司采油工艺研究院）

摘　要： 非常规油气藏压裂的主要工作液体系之一是滑溜水，而降阻剂是滑溜水压裂液的主体。为了降低滑溜水在管柱中的摩阻，降低施工压力、提高施工排量，从而达到滑溜水大型压裂的目的，研制出了由阴离子单体和非离子单体共聚而形成的新型聚合物降阻剂FRJ。并对FRJ的性能进行了评价，结果表明：FRJ有较好的水溶性、热稳定性、配伍性、降阻性、携砂性能和耐温性等特性。用该降阻剂配制的滑溜水压裂液具有低黏度、低摩阻的特点，可以实施大液量、大排量、大砂量的施工和实现形成复杂缝网的体积改造。因此，FRJ的研制对非常规油气藏压裂改造技术的发展具有重大意义。

关键词： 滑溜水　降阻剂　合成　评价

胜利油田探明储量有50×10^8t，目前已累计生产10×10^8t，采出程度只有20%。提高采收率的空间还很大。按照中国石油化工集团公司提出的胜利油田要实现“东部硬稳定、西部快上产、非常规大发展”的目标要求，要实现非常规大发展，实现技术突破才是最主要的。美国非常规气藏一百多年的发展历程是一个充满探索、试验、进步的过程。2006年以来，美国水平井分段改造技术的突破，推动了技术进步，不仅大幅度提升了非常规气藏的产量，还由此改变了世界能源格局。美国页岩气储层改造主体技术是推动“页岩气革命”的关键，其储层改造的主体技术为：水平井套管完井+分段多簇射孔+快速可钻式桥塞+滑溜水多段压裂。由此可见滑溜水压裂液是非常规油气藏开采的主要工作液体系之一，对滑溜水压裂液进行室内研究对“非常规大发展”有着非常重要的意义。

查阅国内外文献发现：关于滑溜水方面的文献比较少，所提到的滑溜水的内容多是在应用方面的简单的介绍，关于滑溜水压裂液室内研究的比较完整的材料没有查到，也没有查到关于滑溜水评价的相关标准，本文根据可参考的较少的资料以及对常用压裂液研究的相关经验进行了关于滑溜水压裂液方面的初步的探讨，取得了一点粗浅认识。

1　FRJ降阻剂的合成

1.1　主要药品及仪器

药品：乙烯基黄酸钠、2-丙烯酰胺基-2-甲基丙黄酸和N，N-二甲基丙烯酰胺等均为工业品。氢氧化钠、过硫酸铵、亚硫酸钠、氯化钠、异丙醇等均为分析纯或化学纯。

仪器：电子天平；Fann-35黏度计；HHS电热恒温水浴锅；搅拌器等。

1.2　合成方法

按照配方将各种反应物按一定比例混合，然后用搅拌器以 600~800r/min 的速度搅拌 20min，得到稳定的油包水乳液。将装有搅拌器、温度计、通氮管的 500mL 的三颈烧瓶置于恒温水浴中，将配制好的乳液加入三颈瓶中，通氮气 15min，在搅拌下加入 0.03%的引发剂，然后升温至设定的温度 30℃，大约 10min 后聚合反应缓慢开始，反应过程中温度范围为 30~90℃，当反应温度达到最高点后，用冰水对反应系统进行缓慢冷却，整个反应过程大约持续 90min 时间即可完成。

2　滑溜水压裂液的性能评价

2.1　试验材料及仪器

试验材料：室内合成的 FRJ 降阻剂，分析纯氯化钾、3 组工业品黏土防膨剂和助排剂、40 目的陶粒等。

试验仪器：MARS3 流变仪；摩阻测试仪；WARING 混调器；Fann-35 黏度计；秒表等。

2.2　评价内容

(1) FRJ 降阻剂的物理性能

① 外观：淡黄色的乳液；

② 气味：无气味；

③ 密度：0.94~0.95g/cm^3；

④ 水相 pH 值：1.5~3；

⑤ 溶解性：易溶于水，放置不分层。

(2) 热稳定性

在 100mL 自来水和 100mL 7%的氯化钾溶液中分别加入 4%的 FRJ 降阻剂搅拌均匀。将 2 种体系分别放置于 60℃、90℃的恒温水浴中加热，分别在 2h、4h、6h 时观察体系的变化。结果发现 2 种体系中均无沉淀、无分层、无气体产生、无颜色变化现象，可见：该聚合物在淡水和盐水中的热稳定性良好。

(3) 配伍性

在 100mL 自来水和 100mL 7%的氯化钾溶液中分别加入 0.28%的 FRJ 降阻剂搅拌均匀。分别在 2 种液体体系中，加入一定比例的第一组防膨剂和助排剂制成滑溜水，将 2 种体系皆放置于 90℃的恒温水浴中加热，分别在 2h、4h、6h 时观察体系的变化，按同样的步骤对另外两组防膨剂和助排剂进行配伍性试验。结果发现 2 种体系中均无沉淀、无分层、无气体产生、无颜色变化现象，可见，FRJ 降阻剂和盐及多种常用添加剂的配伍性良好。

(4) 降阻性

配制一定体积的 7%的氯化钾盐水，各取一定体积的盐水和自来水分别测量在一定泵注速率下加入降阻剂前后的摩阻，并测量密度和黏度等相关参数。具体数值见表 1 和表 2。

表1 基液参数测量结果

项　目	密度/(g/cm³)	黏度/mPa·s	直管摩阻/(MPa/m)	弯管摩阻/(MPa/m)	摩阻差值
自来水	1.00	0.4	0.055	0.070	
7%KCl 盐水	1.05	0.7	0.060	0.076	9%

注：泵注速率为 45L/min。

从表1看出：对于7%氯化钾盐水，测得的摩阻比自来水高出9%，盐水的密度比自来水的密度大，同一条件下盐水的摩阻也大。

表2 加入降阻剂前后摩阻测量结果

项　目	降阻剂用量/%	黏度/mPa·s	直管摩阻/(MPa/m)	直管摩阻差值	弯管摩阻/(MPa/m)	弯管摩阻差值
自来水	0.000%	0.4	0.090		0.112	
自来水	0.076%	1.9	0.026	71%	0.047	58%
7%KCl 盐水	0.000%	0.7	0.093		0.114	
7%KCl 盐水	0.116%	2.0	0.028	70%	0.054	53%

注：泵注速率为 61L/min。

从表2看出：该降阻剂在自来水中用量为0.076%，泵注速率为61L/min时，直管中降阻达到71%，弯管中降阻达到58%；在7%KCl盐水中，要想达到同样的降阻效果，降阻剂用量要加大，当用量为0.116%，泵注速率为61L/min时，直管中降阻达到70%，弯管中降阻达到53%。

（5）携砂性能

分别配制含降阻剂0.076%、0.116%、0.148%、0.28%的4种水溶液，和含降阻剂分别为0.076%、0.116%、0.148%、0.28%的4种7%的氯化钾盐水。在250mL的量筒中依次加入上述液体至量筒口1cm的位置，采用40目的陶粒进行沉降速率试验，具体数据见表3。

表3 陶粒沉降速率

编　号	组成	沉降速率/(cm/s)	沉降速率差值/%
1	自来水	14.00	
2	0.076%FRJ 溶液	4.57	67.36
3	0.116%FRJ 溶液	2.65	81.07
4	0.148%FRJ 溶液	2.24	84.00
5	0.28%FRJ 溶液	1.51	89.21
6	含0.076%FRJ 的7%KCl 盐水	8.49	39.36
7	含0.116%FRJ 的7%KCl 盐水	6.83	51.21
8	含0.148%FRJ 的7%KCl 盐水	6.22	55.57
9	含0.28%FRJ 的7%KCl 盐水	4.87	65.21

从表3可知：尽管自来水中加入降阻剂量较少，形成溶液的黏度也较小，但携砂能力却比自来水高出好多；同样在盐水中加入等比例的降阻剂，盐水的携砂性能也比自来水高出好多，但携砂性能比加入同比例降阻剂的自来水差。

（6）黏度及耐温性能

分别对0.076%降阻剂溶液、0.28%的降阻剂溶液、含0.116%降阻剂的7%氯化钾盐水、含0.28%降阻剂的7%氯化钾盐水用MARS3流变仪对其进行黏度测量和耐温性试验，剪切速率为$170s^{-1}$。

由流变试验可知，0.076%的降阻剂溶液，在21℃的初始黏度值为1.9mPa·s，升温时间为12min，最高温度升到58℃，这12min内测出的黏度值只有3个点高于3mPa·s；0.28%降阻剂溶液，在25℃的初始黏度值为5.28mPa·s，升温时间为27min，最高温度升到101℃，此时黏度为0.5mPa·s，可见该降阻剂有较好的耐温性；含0.116%降阻剂的7%氯化钾盐水，在25℃的初始黏度值为2.3mPa·s，升温时间为10min，最高温度升到54℃，这10min内测出的黏度值都低于3mPa·s；含0.28%降阻剂的7%氯化钾盐水，在30℃的初始黏度值为4mPa·s，升温时间为12min，最高温度升到65℃，65℃黏度为0.47mPa·s，这12min内测出的黏度值只有2个点高于3mPa·s。滑溜水的低黏特点为实现非常规油气藏大排量的压裂施工和实现形成复杂缝网的体积改造奠定了基础。

3　结　　论

① FRJ降阻剂具有较好的水溶性、热稳定性、配伍性、降阻性、携砂性能和耐温性等特性。

② 用该降阻剂配制的滑溜水压裂液具有低黏度、低摩阻的特点，可以实施大液量、大排量、大砂量的施工和实现形成复杂缝网的体积改造。

非常规致密砂岩油气藏水平井多段压裂液体系与支撑剂技术

王安培　王稳桃　陈丽　张红

（中国石化中原油田分公司采油工程技术研究院）

摘　要：本文根据油气藏的储层特征以及水平井多级分段压裂的工艺要求对压裂液和支撑剂进行优选与评价。优选了耐温、抗高剪切的低伤害水基压裂液、适合特殊岩性的压裂液、清洁压裂液；优选适合不同储层不同粒径支撑剂。优选出的压裂液体系和不同粒径支撑剂分别在白庙平1、达平3、濮1-FP1、卫383-FP1等井进行了现场应用，施工顺利，效果良好。白庙平1井温度131~134℃，为凝析气藏，采用低伤害前置液防止粘土膨胀、运移、水锁、贾敏以及乳化堵塞，压后取得了很好的效果。达平3井泥质含量高返排困难，压裂液采用加引发剂的复合破胶剂达到快速破胶顺利返排的目的。改进清洁压裂液配方，提高其耐温性能，耐温达111℃，卫68-FP1井应用。

关键词：非常规　水平井　分段压裂　压裂液　支撑剂

引　言

中原油田非常规油气藏分布区域广，分布在东濮凹陷、普光、白音查干，主要赋存于泥质烃源岩、致密砂岩、灰岩等特殊岩性中。储量动用程度低，技术要求高，开采难度大。水平井多级分段压裂成为提高产量的关键技术。

水平井多级分段压裂液比直井要求更高。水平井水平段传输距离较远，控制支撑剂的沉降难度大；水平井多段压裂规模大、液量多，在施工过程中管柱摩阻较大，施工压力高，施工难。要求压裂液具有良好的携砂性能和低摩阻的特性。

在压裂液配套技术方面一些问题亟需解决：一是水平井多段压裂作业周期长，压裂液返排不及时，易造成地层伤害；二是水平井压裂现场工艺比较特殊，压裂易造成砂堵和欠顶替。因此，针对中原油田低渗油藏水平井的储层特征和工艺设计压裂液应满足以下要求：快速破胶，破胶彻底、及时返排；低残渣、伤害小。针对以上问题开展了耐温、抗高剪切的低伤害压裂液、适合特殊岩性的压裂液、清洁压裂液及化学配套技术的研究与应用。

1　压裂液体系评价优选

针对非常规致密砂岩油气藏水平井多段压裂的压裂液体系从以下几方面进行评价优选。

1.1 适合低渗致密砂岩储层低伤害水基压裂液体系

该压裂液体系主要用于致密砂岩储层，一是优化配方的基本组分，如成胶剂、交联剂、pH 值调节剂等添加剂的最佳含量和使用范围；二是改善压裂液的性能达到适应储层特点和工艺要求，提高施工成功率和压裂效果。

（1）适合不同温度压裂液体系优选与评价

优选了适合不同储层和不同温度的压裂液体系，使高温压裂液体系耐温突破 180℃。优化水基压裂液增稠剂的浓度，使用不同类型交联剂改善压裂液的耐温性能。适应不同温度水基压裂液体系温度和黏度的对应关系见表 1。

表 1 不同温度的压裂液黏度

交联剂	耐温性（$170s^{-1}$，2h）	
	温度/℃	黏度/mPa · s
水合硼酸盐	40~90	100~120
有机硼	90~135	120~130
复合交联剂	135~150	110~120
有机锆	150~180	100~110

（2）压裂液的抗剪切性能评价

研发了高剪切压裂液体系，使压裂液体系耐剪切 $1550s^{-1}$，剪切恢复性良好，满足高剪切水力喷射压裂的要求。图 1 是该压裂液体系在 150℃、剪切速率 $1550s^{-1}$ 条件下剪切 5min，黏度下降到60mPa · s，经过喷嘴时利于降摩阻；剪切速率恢复到 $170s^{-1}$ 黏度迅速恢复到200m Pa · s 以上，在裂缝利于携砂，满足水平井水力喷射的施工要求。而是采用 0.5%胍胶原液，用复合交联剂（其交联比为 0.3%），150℃，$170s^{-1}$ 条件下实验可见复合交联剂具有一定的抗高温稳定能力，因此在水力喷射加砂压裂施工中采用水基压裂液复合交联剂体系。

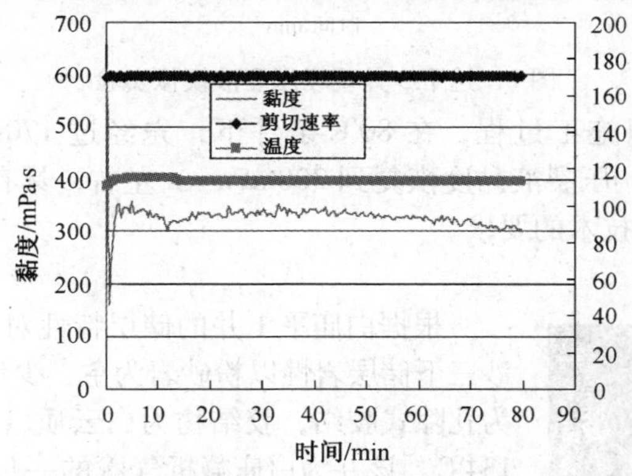

图 1 压裂液的剪切性能实验（150℃，剪切速率 $1550s^{-1}$）

（3）强化储层保护，优选低伤害压裂前置液

压裂前置液是压裂液体系中的一个重要组成部分，针对非常规油气藏，常规的前置液进入地层后，易滞留在孔隙喉道并与岩石表面矿物及地下流体发生水锁、贾敏、黏土矿物扩散、运移和油水乳化等不良反应，导致渗透性降低，影响整体压裂改造效果。针对非常规油气藏优选了防止地层污染的低伤害压裂前置液，避免压裂液进入地层后引起的黏土膨胀、运移、水锁、贾敏以及乳化堵塞。压裂前置液主要成分为复合黏土稳定剂、高活性表面活性

剂、防乳破乳剂及添加剂等，指标达到 80℃下 2.5h 破乳率≥98%，表面张力 18.5～22.0mN/m，界面张力 0.05～0.1mN/m，黏土防膨率≥90%，对地层岩心伤害率≤5.0%。

（4）加快返排，提高改造效果，优化支撑裂缝处理技术

非常规油气藏实施压裂改造，外来流体对支撑剂充填层的损害比常规压裂更严重，一是聚合物滤饼；二是压裂液残渣；三是黏性流体长时间滞留增加了液体返排阻力和时间。其结果导致地层有效渗透性降低。针对以上问题提出了支撑裂缝处理技术，支撑裂缝处理剂由增效剂、催化剂、复合氧化剂等组成，指标达到滤饼降解率为100%，压裂液残渣降低率≥70%，80℃下破胶时间≤2.0h，水化液黏度 1.03mPa · s。达到提高裂缝导流能力，减少地层污染的目的。

（5）低伤害水基压裂液体系应用

达平 3 井采用水力喷射加砂压裂工艺技术，由于水力喷射加砂压裂工艺的特殊性，须评价压裂液在喷嘴处（经 $1020s^{-1}$ 剪切后）的瞬时黏度恢复能力。针对压裂液体系的影响因素分析，实验中精确酸碱度对压裂液的评价，选择复合交联剂做压裂液黏度恢复评价实验，考虑到高剪切后黏度变化，因此在交联剂使用中采用过量交联剂，以确保黏度的恢复能力。该压裂液体系在室内根据达平 3 井的设计进行了模拟实验，在现场成功应用，模拟实验曲线见图 2。

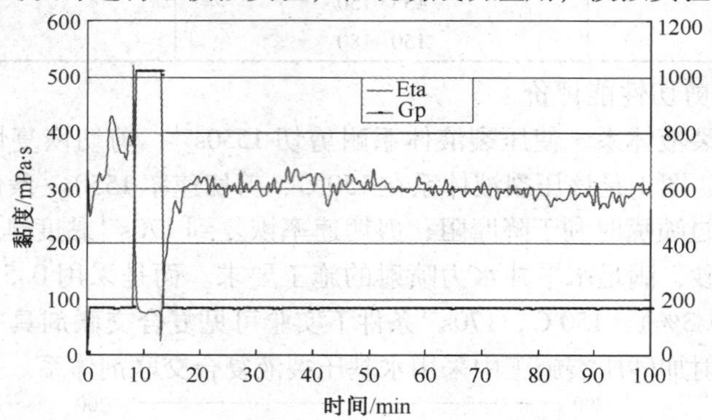

图 2　达平 3 井现场压裂液模拟实验

达平 3 井压裂液模拟施工过程，在 80℃条件下，先经过 $170s^{-1}$ 的剪切 10min 后，再 $1020s^{-1}$ 下高剪切 5min 后，压裂液黏度恢复到 300mPa · s 左右，具有较好的恢复能力，可满足水力喷射加砂压裂工艺技术的要求。

① 白庙平 1 井应用。

根据白庙平 1 井的储层特性对压裂液配方进行了优化。沙三下储层岩性以粉砂岩为主，少量细砂岩；胶结类型主要为孔隙式胶结，胶结物为白云质、灰质和泥质，温度 131～134℃，该井为白庙凝析气藏的一口水平井，气层为泥质胶结粉砂岩，压裂液应采用适合水平井改造的气井低伤害液体体系，且施工时间长，要求具备较强的携砂、返排、防膨性能。采用分段破胶、高效表面活性剂返排技术，尽可能减小地层伤害。要求冻胶性能指标达到：132.8℃，$170s^{-1}$，剪切 90min，黏度≥300mPa · s；活性水性能指标达到：密度＜$1.05g/cm^3$，防膨率≥90%，表面张力≤24mN/m，界面张力≤1.0mN/m。白庙平 1 交联冻胶见图 3。

图 3　白庙平 1 交联冻胶

试验结果：133℃、170s^{-1}剪切 1h 后压裂液黏度 608.7mPa·s；1.5h 后压裂液黏度 434mPa·s。经过室内试验该井的压裂液添加剂及压裂液性能达到相应要求，完全满足多级分段压裂的施工要求。现场顺利完成施工，压后效果显著。根据卫 383-FP1 井储层岩性和温度设计该压裂液体系应用于卫 383-FP1 井、濮 1-FP1 井。

② 卫 383-FP1 井应用。

卫 383 块沙三中储层岩性属致密粉砂岩，油藏温度 118~128℃，由于压裂裂缝为斜交缝，易在近井形成扭曲裂缝，造成较高的近井摩阻，在前置液阶段加入低砂比段塞进行处理。根据该井储层特征、流体性质和温度，优选适合该水平井改造的低伤害液体体系，且施工时间长，要求具备较强的携砂、返排和防膨性能，采用分段破胶、高效表面活性剂返排技术，减小地层伤害。

冻胶性能指标：128℃，170s^{-1}，剪切 80min，黏度≥300mPa·s。

活性水性能指标：密度<1.05g/cm^3，防膨率≥85%，表面张力≤24mN/m，界面张力≤1.0mN/m。

③ 在濮 1-FP1 井应用。

濮 1-FP1 井目的层为沙一下亚段 2 砂组的 4#白云质泥岩油层，地层温度为 86℃。白云质泥岩，微裂缝及孔洞发育，液体效率低，造缝差，形成的主裂缝窄，高砂比敏感；水平井分段压裂优选适合该水平井改造的低伤害液体体系，提高液体在水平段的携砂能力和距离。由于泥质含量高，储层非均质性强，压裂液应具备良好的防膨性能；且地层温度低、施工时间长，采用分段破胶、高效表面活性剂返排技术，尽可能减小对地层的伤害。

冻胶性能指标：86℃，170s^{-1}，剪切 80min，黏度≥300mPa·s。

活性水性能指标：密度<1.05g/cm^3，防膨率≥85%，表面张力≤24mN/m，界面张力≤1.0mN/m。

1.2　适合特殊岩性(白云质泥岩)的压裂液体系

针对低温、低渗、泥质含量高、压裂液返排困难的储层，研究了低伤害、防膨效果好、破胶彻底、易返排的压裂液体系。

① 优选了低温条件下压裂液成胶剂、交联剂、及其他化学添加剂的类型与浓度，并对其性能进行了评价。

② 优选了过硫酸铵与破胶引发剂组成的破胶体系。低温复合破胶体系：过硫酸铵(工业一级)；引发剂；低温压裂液体系(自制)；交联剂为 0.6%水合硼酸盐水溶液。

原胶液体系为：0.35%~0.42%羟丙基胍胶+0.10%pH 值调节剂+1.5%黏土防膨剂+1.0%复合表面活性剂，交联比为 100：6.0，破胶剂体系中的引发剂加入原胶液中，通过化学引发剂的作用以加快氧化剂的分解速度，达到在低温下快速破胶的目的(表 2)。

表 2　性能指标

项　目	指　标	项　目	指　标
交联时间/s	30~102	水化液黏度/mPa·s	1.92~4.72
黏度/mPa·s(60~85℃、170s^{-1}，剪切 1.5h)	≥300	伤害率/%	≤15
破胶时间/h	1~8		

该压裂液体系应用复合破胶剂体系，采用分段破胶液体对储层伤害小，达到既满足储层和施工工艺要求，又能降低成本和顺利破胶排液的目的。

该压裂液体系在达平 3 井得到成功应用并取得良好效果。达平 3 井岩性特征：深灰色泥岩与浅灰色白云质泥岩，地层温度为 80℃。水压裂方式力喷射分段压裂。

压裂液配方：0.4%羟丙基胍胶+0.5%交联剂+0.05%pH 调节剂+0.5%有机氟活性剂+0.25%破乳剂+0.1%复合破胶剂+0.2%黏土稳定剂+0.5%复合化学剂。

压裂液性能指标：80℃，1020s^{-1}，5min，170s^{-1}，剪切 90min，黏度≥300mPa·s；

活性水性能指标：密度<1.05g/cm^3，防膨率≥85%，表面张力≤24mN/m，界面张力≤1.0mN/m。

1.3 清洁压裂液体系

清洁压裂液是由黏弹性表面活性剂和水(或盐水)组成，黏度随着黏弹性表面活性剂浓度的增大，形成不含任何聚合物和固体颗粒的流变特性近乎牛顿流体的黏弹性液体。清水压裂液是含有减阻剂、黏土稳定剂和必要的表面活性剂的水溶液为压裂液，替代冻胶压裂液，降低污染，提高裂缝导流能力。

卫 68-FP1 多段压裂储层岩性为浅灰色灰质石英粉砂岩，粒度中值 0.01~0.25mm，平均 0.06mm，胶结类型以基底式-孔隙式为主。地层温度为 102~122℃。地层水总矿化度为 32.25×10^4mg/L 左右，水型为 $CaCl_2$ 型。将卫 79-13 井 3345~3360m 岩心碎块置入水基胍胶压裂液、清洁压裂液与煤油中进入实验，岩心块在水基胍胶压裂液中浸泡后，逐渐碎裂，成小块状，水溶液搅拌浑浊，静置，上层液体澄清，岩心碎屑沉于底部；岩心在清洁压裂液中浸泡后也有碎裂，但碎裂较少；而岩心块与煤油浸泡若干天后，仍呈块状，没有明显变化见图 4。

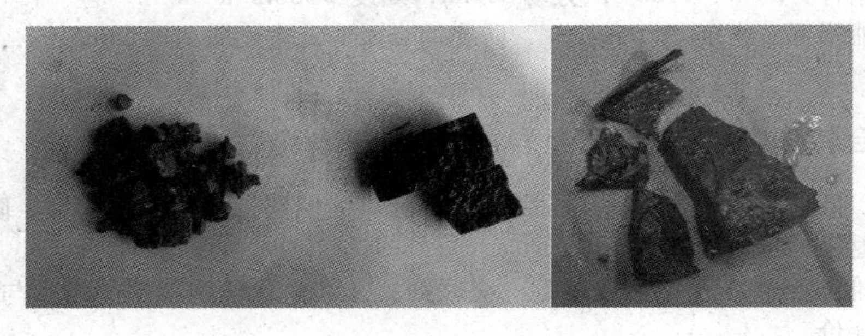

图 4 岩心在水基压裂液、清洁压裂、煤油中的破碎情况

针对卫 68-FP1 井的储层情况选择相应的岩心对清洁压裂液和水基压裂液伤害试验对比，实验结果见表 3，结果表明相同类型的岩心清洁压裂液的伤害率比常规的降低了 33%。

表 3 岩心伤害实验数据表

名　称	人造岩心编号	伤害前岩心渗透率/$10^{-3}\mu m^2$	伤害后岩心渗透率/$10^{-3}\mu m^2$	伤害率/%
水基冻胶压裂液	1-1	10.37	8.68	16.31
	1-2	12.43	10.53	15.25
	1-3	11.36	9.46	16.73
清洁压裂液	2-1	12.54	11.25	10.25
	2-2	11.27	10.02	11.03
	2-3	12.78	11.39	10.89

根据配伍性实验和伤害实验结果，推荐使用配伍性较好，伤害率较低的清洁压裂液。

改进清洁压裂液配方提高其耐温性能主要优选了增稠剂的类型、浓度相应的激活剂形成的配方如下：

清洁压裂液配方：0.5%~1.0%增稠剂+0.25%~0.5%激活剂+1%~2%无机盐+高温稳定剂+复合化学剂；

携砂液性能指标：111℃，170s^{-1}，剪切80min，黏度≥50mPa·s；

活性水性能指标：密度<1.05g/cm^3，防膨率≥85%，表面张力≤24mN/m，界面张力≤1.0mN/m。

2　支撑剂的优选

对不同粒径支撑剂进行了实验，根据不同闭合压力条件下支撑剂的破碎率和裂缝导流能力优选出适合水平井多段压裂支撑剂。

2.1　支撑剂的体积密度和视密度

在水平井多段压裂施工中，支撑剂的密度越小越好，不仅可以降低压裂成本，而且能提高砂比，水平段不易沉砂，达到远距离造缝的目的。室内对不同规格支撑剂体积密度和视密度对比试验，试验结果见表4。

表4　不同规格支撑剂密度实验数据

支撑剂 \ 数据 \ 项目	体积密度/(g/cm^3)	视密度/(g/cm^3)
陶粒砂(φ850~425μm)	1.77	3.31
陶粒砂(φ600~300μm)	1.71	3.27
陶粒砂(φ425~212μm)	1.68	3.30
陶粒砂(φ212~106μm)	1.60	3.35

结果表明：支撑剂随着粒径的增加体积密度增加。

2.2　支撑剂的破碎率

支撑剂破碎率直接影响裂缝导流能力、压裂效果和压后有效期长短。在同一压力条件下破碎率越低，压裂效果越好。室内对普通陶粒砂和低密度支撑剂进行了抗压试验。结果表明：陶粒砂(φ300~600μm)和陶粒砂(φ425~850μm)相比，在69MPa条件下破碎率降低了20.97%。抗压强度大幅度提高，结果见表5。

表5　不同规格支撑剂破碎率实验数据

支撑剂/μm \ 破碎率/% \ 压力/MPa	69	86
陶粒砂(φ850~425μm)	6.2	
陶粒砂(φ600~300μm)	4.9	

2.3 支撑剂的导流能力

支撑剂导流能力的大小，直接影响压裂效果，实验结果见表6。

表6 不同规格支撑剂导流能力对比结果

测量方式	API线性流		
测量介质	蒸馏水		
铺置浓度/(kg/m²)	7.5		
闭合压力/MPa	陶粒砂(ϕ850~425μm) 导流能力/μm²·cm	闭合压力/MPa	陶粒砂(ϕ600~300μm) 导流能力/μm²·cm
10	137.48	10	123.64
20	118.34	20	96.21
30	102.35	30	87.85
40	84.80	40	72.45
50	68.41	50	56.49
60	53.41	60	45.0

结果表明：不同粒径的支撑剂导流能力随着闭合压力增加而减小，在同一闭合压力条件下，导流能力陶粒砂(ϕ600~300μm)的导流能力比陶粒砂(ϕ850~425μm)的小。

2.4 支撑剂的应用

白庙平1、卫68-FP1井储层低渗致密高应力，采取“低砂比、造长缝”及“低起步、小台阶加砂”技术，降低人工裂缝对砂浓度的敏感性，提高成功率；卫383-FP1、濮1-FP1井目的层段为泥页岩与粉砂岩薄互层，局部发育微裂缝，压裂以沟通原生裂缝、孔洞为主。采用粒径ϕ300~600μm陶粒，降低人工裂缝对砂浓度的敏感性。性能指标：69MPa下，破碎率≤7%。

达平3井目的层深灰色泥岩与浅灰色白云质泥岩，油藏埋深较浅垂深1600多米，压力相对较低，因此压裂采用中密度陶粒：粒径425~850μm，性能指标：52MPa，破碎率≤5%。

3 结　论

① 研究出的耐温、抗高剪切低伤害水基压裂液体系耐温150℃、耐剪切1550s^{-1}，剪切恢复性良好，满足高剪切水力喷射压裂的要求。

② 针对泥质含量高返排困难提出的适合特殊岩性的压裂液体系，压裂液采用加引发剂的复合破胶剂达到快速破胶的返排顺利的目的。

③ 改进清洁压裂液配方提高其耐温性能。温能达111℃。性能指标：111℃，170s^{-1}，剪切80min，黏度≥50mPa·s。

水平井压裂支撑剂沉降规律实验研究

李学义　解勇珍　刘洪涛　贾跃立

（中国石化河南油田分公司石油工程技术研究院）

摘　要： 目前对于非常规页岩油气勘探开发，水平井+分段压裂技术已成为发展趋势，相对于以往常规砂岩储层压裂，页岩油气水平井压裂具有施工规模大、排量高、泵压大，且主要采用滑溜水和线性胶压裂液体系等特点，其井筒施工条件、携砂机理发生变化，给施工参数优化带来了较大困难。而目前页岩油气压裂施工参数优化主要借鉴国外矿场经验，存在设计盲目性较大的问题，因此通过本项实验研究，开展滑溜水和线性胶等不同压裂液体系、不同施工排量与砂比条件下，支撑剂在水平段的沉降规律，为页岩油气水平井优化设计提供依据，从而提高压裂的效果和成功率。

关键词： 滑溜水　线性胶　排量　砂比　支撑剂沉降

1　概　　述

河南油田泌阳凹陷深凹区陆相页岩油气资源丰富，页岩分布面积 $400km^2$，总资源量 5.4×10^8t（油当量），具有形成条件好、分布范围广、资源丰度高，资源潜力大的特点。“十二五”期间，河南油田将作为增储上产示范区，开展非常规油气资源大会战，具有良好开发勘探前景。2011 年部署中石化第一口页岩油水平井-泌页 HF1 井，通过 15 级分段压裂后最高日产油 $23.6m^3$，取得国内陆相页岩油重大突破。

非常规页岩油气储层改造主要采用水平井分段压裂改造工艺技术，与以往常规砂岩储层压裂对比，页岩油气水平井压裂施工规模大、排量高、泵压大，而且主要采用滑溜水和线性胶压裂液体系，施工条件与携砂机理发生变化，因此对于支撑剂的运移沉降规律难以掌握，给施工参数优化带来了较大困难。目前对于页岩油气水平井勘探开发技术，主要借鉴北美成熟的工艺技术，进行压裂方案设计时，有关压裂液体系、施工排量、砂比等施工参数对支撑剂沉降规律的认识及参数的优化设计，缺乏有效的技术支撑，因此有必要开展该方面的实验研究，为压裂方案设计提供借鉴依据。

2　压裂支撑剂沉降规律实验研究

通过可视平板裂缝模拟装置，开展不同排量、不同砂比条件下滑溜水和线性胶的携砂性能和支撑剂在裂缝中的运移沉降规律实验，认真分析实验现象与数据，得到具有指导意义的认识与规律。

2.1 实验设备和条件

(1) 实验设备

主要包括三部分：压裂液配制装置、泵注装置、大型可视平板裂缝模型(图 1)

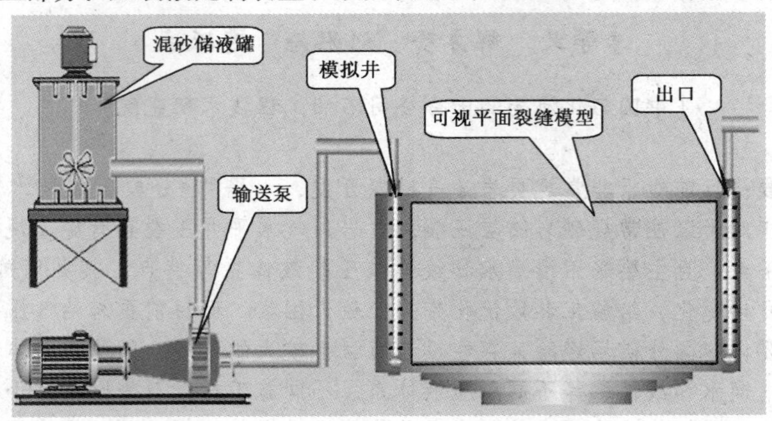

图 1 可视平板裂缝模拟实验装置图

模型尺寸：4000mm(长)×1000mm(高)×7mm(宽)，缝内最大流速：1m/s

(2) 实验材料与性能

实验材料：滑溜水、线性胶压裂液体系，40/70 目陶粒(性能要求见表 1、表 2)。

表 1 压裂液体系性能表

压裂液	配方体系	性能要求
滑溜水	清水+0.1%减阻剂	室温黏度 2mPa · s 左右
线形胶	清水+0.25%稠化剂	室温黏度 15mPa · s 左右

表 2 支撑剂性能表

支撑剂种类	性能要求
40/70 目(212~425μm)	体积密度≤1.6g/cm³，破碎率≤5%(52MPa)

(3) 实验条件

根据页岩油气压裂簇式射孔施工条件与裂缝形态，确定实验参数(表 3)。

表 3 现场施工排量与实验流速关系

施工排量/(m³/mim)	8	9	10
实验流速/(m/s)	0.16	0.18	0.2

2.2 实验内容

① 滑溜水和线性胶在不同排量下支撑剂沉降规律实验；

② 滑溜水和线性胶在不同砂比下支撑剂沉降规律实验；

③ 滑溜水压裂多级段塞加砂下砂堤剖面、铺置规律。

2.3 实验方法

采用滑溜水和线性胶压裂液体系，模拟不同排量(8~10m³/min)，不同砂比(4%~22%)下，进行支撑剂沉降运移规律实验。

① 预先配置好 200L 压裂液体系，将 40/70 目陶粒按一定的砂比加入到压裂液体系中，然后装入混砂储液罐，并搅拌均匀。开启输送泵，以 8m³/min 的排量输送混砂液，观察一段时间内支撑剂水平运移速度、支撑剂沉降速度、堤峰高度、铺砂剖面情况。

② 按不同砂比、不同排量重复实验①。

2.4　数据采集

① 颗粒运移记录方法：跟踪支撑剂运移轨迹，记录时间，求沉降速度与水平方向运移速度。

② 砂堤高度记录方法：自动获取数据与人工获取数据相结合的方法，实验全程录像，观察砂堤变化。

③ 保证实验过程中相同的砂比，匀速加砂。

2.5　实验现象及结论

(1) 滑溜水和线性胶在不同排量下支撑剂沉降规律实验

部分实验结果见表 4，图 2、图 3、图 4。

表 4　滑溜水和线性胶在不同排量下支撑剂沉降实验

压裂液体系	砂比/%	排量/(m³/mim)	支撑剂沉降情况				
			平均水平运移速度/(m/s)	平均沉降速度/(m/s)	堤峰高度/cm	堆起时间/min	堤峰堆起速度/(cm/min)
滑溜水	8	8(0.49m/s)	0.0929	0.0364	50	1.50	33.3
		9	0.1079	0.0346	41	1.30	31.5
		10	0.1290	0.0328	34	1.20	28.3
线性胶	10	8(0.49m/s)	0.1782	0.0237	61	3.12	19.55
		9	0.1977	0.0221	50	2.60	19.23
		10	0.2167	0.0195	42	2.23	18.85

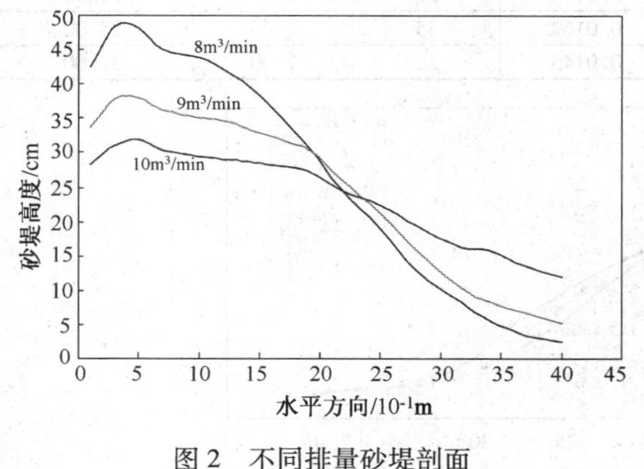

图 2　不同排量砂堤剖面
（滑溜水、砂比为 10%）

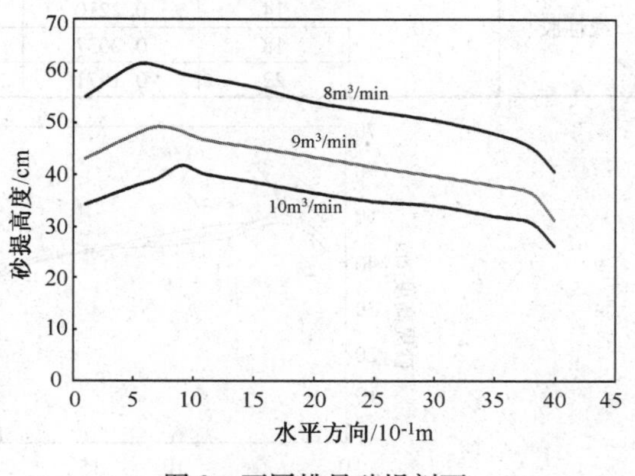

图 3　不同排量砂堤剖面
（线性胶、砂比为 10%）

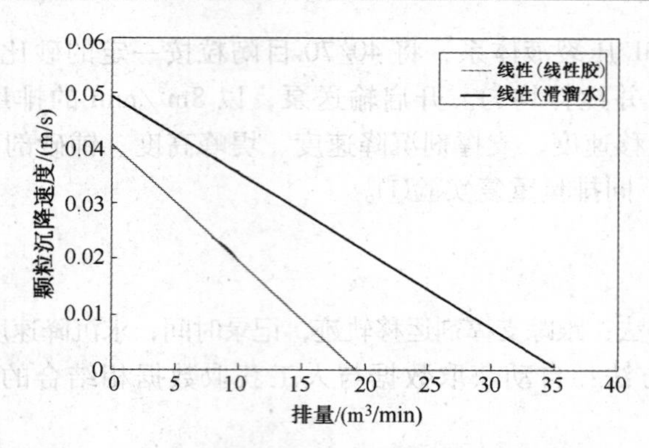

图 4 不同压裂液体系支撑剂沉降规律(砂比为 10%)

针对大量实验数据进行系统分析，结合实验现象总结得到施工排量对支撑剂沉降影响规律：

① 相同砂比下，随排量增大，支撑剂水平运移速度增加，沉降速度减小，携砂能力相对提高，有利于支撑剂运移到裂缝深部；

② 施工排量高，形成砂堤堤峰较低，砂堤更平缓，不会造成缝内压力急剧上升，降低砂堵风险；

③ 相同实验条件下，线性胶对支撑剂颗粒沉降速度慢，形成砂堤更平缓，缝内铺置更合理，能使更多支撑剂携带至深层，造出更长支撑裂缝。

(2) 滑溜水和线性胶在不同砂比下支撑剂沉降规律实验

部分实验结果见表 5，图 5、图 6。

表 5 滑溜水和线性胶在不同砂比下支撑剂沉降实验

压裂液体系	排量/(m^3/mim)	砂比/%	支撑剂沉降情况				
			平均水平运移速度/(m/s)	平均沉降速度/(m/s)	堤峰高度/cm	堆起时间/min	堤峰堆起速度/(cm/min)
滑溜水	10	4	0.1362	0.0378	40	2.40	16.7
		6	0.1329	0.0354	37	1.65	22.4
		8	0.1290	0.0328	34	1.20	28.3
		10	0.1258	0.0304	32	0.90	35.6
线性胶	10	10	0.2167	0.0195	42	2.23	18.85
		14	0.2210	0.0178	38	1.70	22.35
		18	0.2037	0.0162	35	1.40	25.00
		22	0.1971	0.0145	32	1.00	32.00

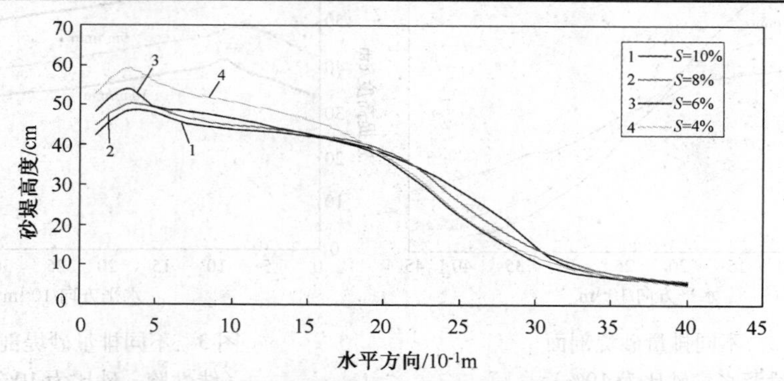

图 5 不同砂比下砂堤分布图(滑溜水、排量 $8m^3$/min)

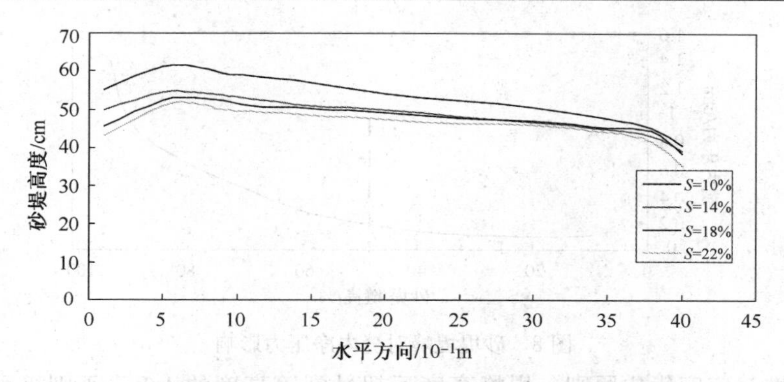

图6　不同砂比下砂堤分布图(线性胶、排量 $8m^3/min$)

通过实验数据与实验现象分析，总结得到砂比对支撑剂沉降影响规律。

① 相同排量下，随砂比增大，支撑剂水平运移速度变化幅度小，支撑剂沉降速度减小，携砂能力相对提高。

② 相同排量下，砂比越低，裂缝前端支撑剂沉降较多，后部沉降较少；砂比越高，支撑剂在裂缝内的铺置越平缓，但砂堤堆起速度较快，达到最大堤峰的时间较短，易造成施工砂堵。

(3) 滑溜水压裂多级段塞加砂下的砂堤剖面、铺置规律

采用滑溜水体系，40/70 目陶粒，排量 $10m^3/mim$ 下，多级段塞加砂注入，观察支撑剂铺置与砂堤变化情况见图7。

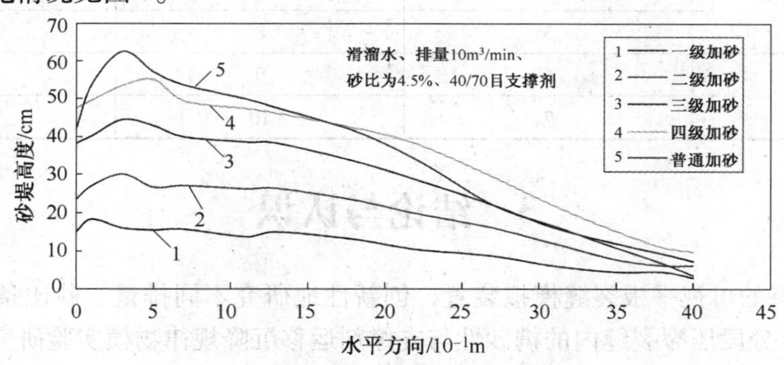

图7　多级加砂砂堤分布图

通过实验数据及现象进行分析，得到滑溜水多级加砂工艺对支撑剂沉降影响规律。

采用多级加砂，压裂液推动支撑剂向前运移并冲刷砂堤，与常规加砂压裂对比，形成砂堤堤峰低，砂堤更平缓，并向远处推移，表明多级加砂有利于提高裂缝的有效支撑与导流能力，并降低施工砂堵几率。

2.6　实验分析

从实验得知，在排量一定，提高砂比的情况下，一方面支撑剂沉降速度低，支撑剂可被携带到裂缝深部，有利于支撑剂在裂缝内铺置；另一方面易引起砂堤堆起速度较快，过快的砂堤堆起速度可能会造成施工时的砂堵。

因此通过对不同砂比下砂堤的堆起速度进行对比，分析认为随着砂堤堤峰的增加，易造成裂缝净压力逐渐上升，堤峰高度超过裂缝高度的1/2时，砂堵几率增大(图8)。因此根据砂堤堤峰堆起速度优化原则合理确定不同排量下的最大施工砂比。

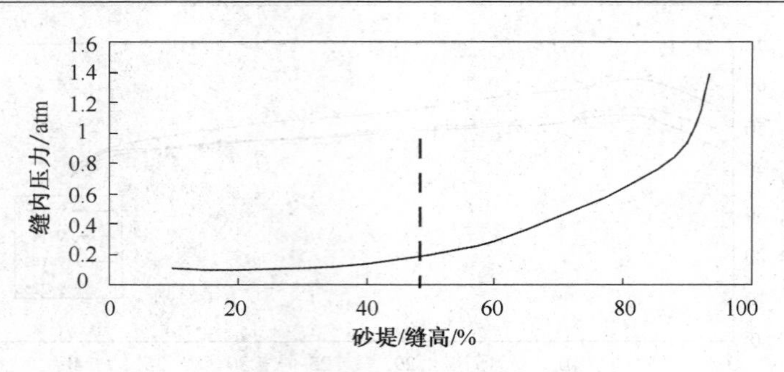

图 8　砂堤堤峰对缝内净压力影响

砂堤堤峰堆起速度优化原则：堤峰高度不超过裂缝高度的 1/2，否则极可能发生砂堵。假设裂缝高度为 30m，计算临界砂堤堤峰堆起速度 V_{max}：

$$V_{max} = 100 \times \frac{30 \times 0.5}{60} = 25\text{cm/min}$$

根据不同压裂液体系与排量下砂堤临界堆起速度，反推出不同排量下的临界砂比值，从而确定最高施工砂比，见表 6。

表 6　不同压裂液体系与不同排量下施工砂比优化

滑溜水		线性胶	
排量/(m^3/min)	最高砂比/%	排量/(m^3/min)	最高砂比/%
8	5	8	14
9	6	9	16
10	7	10	18

3　结论与认识

① 采用独特的可视平板裂缝模拟装置，创新性地研究不同排量、砂比条件下滑溜水和线性胶在水平井分段压裂裂缝内的携砂性与支撑剂运移沉降规律物模实验研究，对于深入认识页岩储层水平井在不同施工参数下支撑剂铺置规律具有指导意义。

② 实验结果表明，不同压裂液体系、施工排量与砂比对支撑剂运移沉降、铺砂剖面产生较大影响：较高施工排量、较低砂比与多级加砂工艺，有利于控制砂堤堆起速度，降低施工砂堵几率，另外通过总结分析实验规律，确定不同排量下最高施工砂比，为压裂方案设计提供可靠数据。

③ 建议针对本次实验研究结果与现场实际施工参数进行对比分析，并对实验规律进行修正与完善，提高实验研究的科学性与合理性，从而更好发挥指导页岩油气水平井压裂方案设计的作用。

耐高温速溶瓜胶压裂液体系研究及应用

陈凯　宋李煜　仲岩磊　姜阿娜　陈磊　李爱山

（中国石化胜利油田采油工艺研究院）

摘　要：耐高温速溶瓜胶压裂液是一种可以在压裂施工过程中配制的压裂液体系，具有施工方便、降低压裂液用量、提高措施效率的优点，特别适用于大型压裂施工。由于瓜胶体系溶解速率低、易产生鱼眼，所以速溶瓜胶的性能是该压裂液体系的关键。本文研究了速溶瓜胶作为实时混配压裂液增稠剂的性能，并研究了耐高温速溶瓜胶压裂液的室内性能；在全面评价压裂液体系性能的基础上进行了现场施工。室内和现场应用结果表明，速溶瓜胶溶解快、分散性好、表观黏度高、水不溶物低，由其作为增稠剂组成的压裂液体系的耐高温耐剪切性能优良、破胶彻底，具有广阔的应用前景。

关键词：速溶瓜胶　耐高温压裂液　实时混配　性能研究　现场应用

近年来，随着常规油气资源勘探开发难度加大和油气消费日益增长，非常规油气资源已成为国内外油气勘探开发的热点，而水平井压裂是非常规油气资源(主要包括致密砂岩和页岩)的主要完井和增产手段。由于水平井压裂用液量大，必须提前配液，由此导致配液时间较长，同时极易造成压裂液浪费，导致施工成本提高，因此压裂液体系的在线配制成为压裂施工发展的方向之一。速溶瓜胶压裂液是以速溶瓜胶为增稠剂的压裂液体系，主要利用速溶瓜胶溶解迅速的特点，实现压裂液在线配制，其具有在线配制、连续施工的特点，特别适用于水平井分段压裂、直井长缝压裂这样的大型压裂施工，可以减少压裂液浪费、提高压裂施工效率。为了适应压裂液在线配制的要求，胜利油田采油院自主开发了耐高温速溶瓜胶压裂液体系，其具有在线配制、耐温耐剪切能力强、破胶彻底、对地层渗透率伤害低的特点。

1　耐高温速溶瓜胶压裂液性能研究

耐高温速溶瓜胶压裂液体系包括：速溶瓜胶增稠剂、pH 调节剂、交联剂、助排剂、防膨剂、消泡剂等组分，其中，速溶瓜胶增稠剂是溶解最慢的组分，为此研究了速溶瓜胶溶解速率，并与国内外羟丙基瓜胶产品进行了对比，在此基础上，研究了耐高温速溶瓜胶压裂液的各项性能，最终形成完善配套的压裂液体系。

1.1　速溶瓜胶溶解速率

对比了速溶瓜胶产品和国内外几种改性瓜胶产品的溶解速率，溶解速率实验方法如下：取 20℃清水 350mL 加入混调器量杯，在其中加入 4~5 滴 Span80，调整混调器电压至 30V，加入 2.1g 瓜胶类聚合物，开始计时。45s 后停止搅拌，迅速将液体倒入六速黏度计量杯，300r/min 时测定 1~20min 内体系表观黏度。实验结果如图 1 所示。

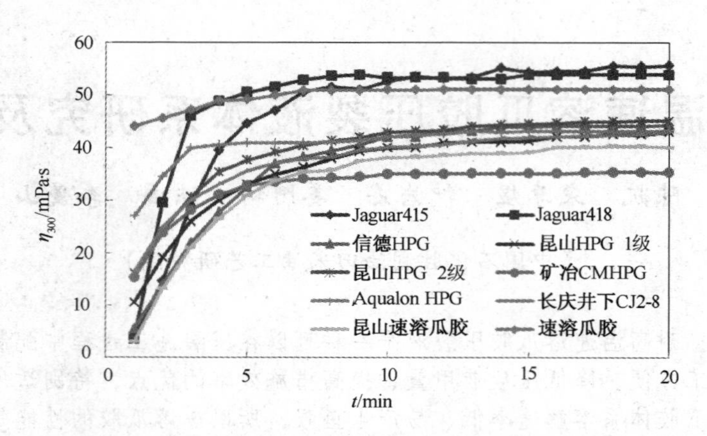

图 1　几种改性瓜胶产品溶解速率曲线

图 1 为不同改性瓜胶产品溶解速率曲线。从图中可以看到：①各种改性瓜胶粉溶解速率差异加大，基本趋势是在最初 0~10min 内溶解较快，表观黏度变化大，但在 10~20min 时体系黏度基本不变，因此研究改性瓜胶的溶解速率应更加关注最初 10min 时黏度变化，20min 黏度可以代表体系最终黏度；②Jaguar415 是一种羟丙基瓜胶，Jaguar418 是羧甲基羟丙级瓜胶，两者黏度最高，初始分散性好，分散于水中不形成"鱼眼"，但初始溶解速率低，在 1~4min 时溶解速率最高，此后溶解变慢；③国内两种产品昆山瓜胶和矿冶总院 CMHPG 最终黏度较低，其中 CMHPG 最终黏度最低；④我们自主合成的速溶瓜胶初始溶解速率最高，1min 黏度可以达到最终黏度的 86%，并且最终黏度也较高，接近 Jaguar415 和 Jaguar418 的黏度水平；⑤速溶瓜胶溶解速率高的原因可能是分子内氢键被大大削弱的缘故。众所周知，聚合物颗粒在溶于水溶液的过程中需要经历溶胀阶段，水分子不断扩散到聚合物颗粒内部，在搅拌作用下，外层聚合物分子不断溶解，内层聚合物分子不断胀大，因此聚合物溶解需要不断搅拌，否则会生成"鱼眼"。而对于瓜胶分子来说，一般认为瓜胶颗粒间具有大量的分子内和分子间氢键，瓜胶溶解在水中时首先要克服瓜胶分子间氢键，因此氢键是导致瓜胶溶解慢的一个主要原因。从分子设计和分子结构角度考虑，瓜胶改性过程应降低分子间氢键，通过引入改性剂(如环氧丙烷)的方法可以大大降低瓜胶分子间氢键。本文则在瓜胶羟丙基化改性过程中加入一种盐类增速剂，进一步降低分子间氢键作用，所制备的速溶瓜胶溶解速率比普通羟丙基瓜胶和羧甲基羟丙基瓜胶溶解速率更高。

1.2　速溶瓜胶压裂液体系流变性能

一般对速溶瓜胶压裂液来说，由于瓜胶溶解时间短可能会导致其耐温耐剪切能力变差的问题，为此需要综合考察溶解时间(溶解条件)对其耐温耐剪切能力的影响。实验条件为：在混调器中加入 500mL 水，加入 4 滴 Span80 消泡剂，启动搅拌(混调器电压调整为 30V)，加入 3g 速溶瓜胶，开始计时，溶解一定时间后加入 0.75gpH 调节剂，测定体系 pH 值；最后加入交联剂，测定交联时间(旋涡闭合时间)。用 Haake MARS III 高温高压流变仪测定压裂液的耐温耐剪切能力。实验结果如图 2 所示。耐高温速溶瓜胶压裂液体系配方为：0.6% 速溶瓜胶+0.45% HTC-E+0.3% HTC-S+0.2% Na_2CO_3，其中 HTC-S 是一种高温稳定剂，HTC-E 是一种乳液态有机硼高温交联剂，测试温度 140℃。

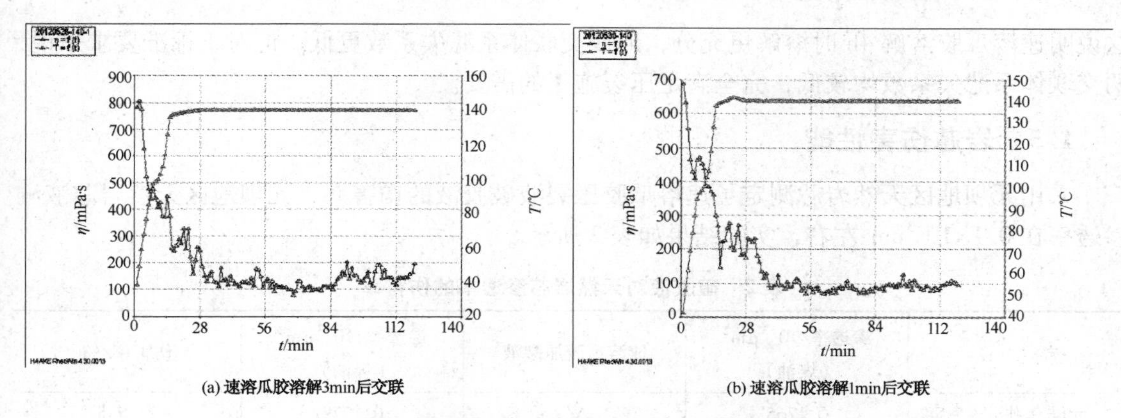

(a) 速溶瓜胶溶解3min后交联　　(b) 速溶瓜胶溶解1min后交联

图 2　速溶瓜胶压裂液体系耐温耐剪切曲线

从图 2 中可以看出：①速溶瓜胶溶解 1min 和溶解 3min 时交联得到的压裂液冻胶初始黏度分别为 687mPa·s 和 781mPa·s，说明溶解时间缩短会导致压裂液冻胶交联变弱；②两个流变曲线都经历黏度先下降，后逐渐达到稳定，最后逐渐上升的过程，但溶解 1min 时的冻胶黏度上升不明显；③$170s^{-1}$、2h 后两者表观黏度分别为 96mPa·s 和 196mPa·s，均高于标准要求，所以速溶瓜胶溶解 1min 时形成的实时混配压裂液可以满足 140℃地层压裂需要。

1.3　破胶性能

根据石油天然气行业标准 SY/T 5107—2005《水基压裂液性能评价方法》，对用过硫酸铵和胶囊破胶剂 EB-1 对 0.6%速溶瓜胶压裂液进行了静态破胶实验(90℃)，实验结果见表 1。

表 1　速溶瓜胶压裂液破胶液黏度

时间/min	不同过硫酸铵加量下破胶液表观黏度/mPa·s		不同胶囊破胶剂加量下破胶液表观黏度/mPa·s	
	0.02%	0.05%	0.02%	0.05
60	11.1	9.1	14.7	9.4
120	6.5	2.3	8.8	4.5

从表 1 中可以看出，适量的过硫酸铵和胶囊破胶剂均可使实时混配压裂液完全破胶水化。

1.4　静态滤失性能

根据石油天然气行业标准 SY/T 5107—2005《水基压裂液性能评价方法》，测定了实时混配压裂液的静态滤失性能。压裂液体系配方为：0.6%速溶瓜胶+0.3% HTC-160+0.15% Na_2CO_3，试验温度为 130℃，试验结果见图 3。

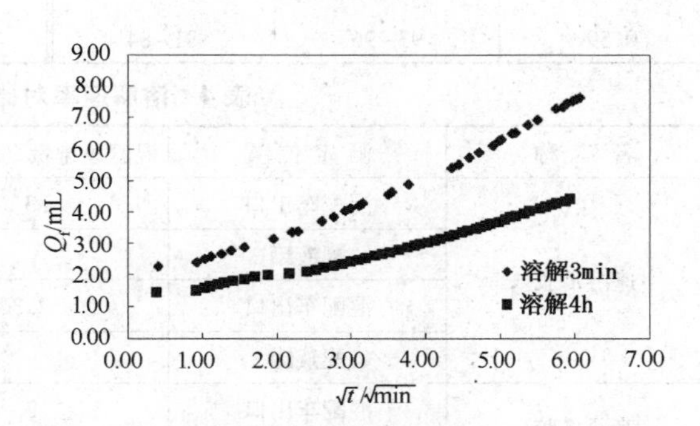

图 3　速溶瓜胶压裂液体系静态滤失曲线(130℃)

从图 3 中可以看出，速溶瓜胶溶解 3min 和溶解 4h 交联得到的压裂液体系的滤失曲线有差别，经计算，两者滤失系数分别为 1.02×10^{-5} m/$min^{0.5}$ 和 5.60×10^{-6} m/$min^{0.5}$，这说明速溶瓜胶溶解4h时溶解更充分，形成交联体系滤失系数更低。但对于标准要求来说，两交联体系滤失系数均较低，完全满足压裂施工的需要。

1.5 岩芯伤害性能

采用元坝地区天然岩芯测定了速溶瓜胶压裂液破胶液的伤害率，元坝地区天然岩芯液测渗透率在0.1×10^{-3}um^{2}左右，实验结果如表2所示。

表2 破胶液对天然岩芯渗透率的伤害率

岩　芯		渗透率/10^{-3}μm^2（煤油）	速溶瓜胶压裂液	渗透率/10^{-3}μm^2（煤油）	伤害率/%
元陆2井	5#	0.1765	√	0.1279	27.535
元坝104井	3#	0.0580	√	0.0454	21.626
	1#	0.1002	√	0.0764	23.752
元陆6井	1#	0.1365	√	0.1067	21.860
元坝29井	5#	0.0691	√	0.0473	31.548

从表2中可以看出，速溶瓜胶压裂液破胶液对元坝地区天然岩芯伤害率在20%~30%之间，伤害较低。

2 现场应用

采用速溶瓜胶压裂液在河口采油厂义123-3HF井进行压裂施工，该井为裸眼完井水平井，油藏类型为浊积岩低渗透油藏，埋深3500m，渗透率1.1×10^{-3}μm^2，孔隙度15.1%，地层温度140℃，设计压裂水平段长度1052m。为提高水平井多级分段压裂改造效果，对该井实施11段压裂。采用威德福裸眼封隔器+投球滑套压裂完井系统。采用速溶瓜胶压裂液体系进行现场配液，配液设备为四机赛瓦的连续混配车，检测配液过程见表3、表4(普通羟丙基瓜胶数据为其他压裂井的数据)。

表3 表观黏度对比

粉比/%	表观黏度/mPa·s		粉比/%	表观黏度/mPa·s	
	速溶瓜胶	普通羟丙基瓜胶		速溶瓜胶	普通羟丙基瓜胶
0.57	87~90		0.61	99~105	87~90
0.59	93~96	81~84	0.64	110~130	93~96

表4 溶解速率对比(粉比0.61%)

名　称	测定位置	混配车排量/(m^3/min)	溶解时间/min	表观黏度/mPa·s
速溶瓜胶	混配车出口	3	≤2	96
	配液罐		20	99
	混配车出口	2.3	≤3	102
	配液罐		20	102
普通瓜胶	混配车出口	3	≤2	51
	配液罐		20	87

从表 3 和表 4 中可以看出，速溶瓜胶在现场配制中具有溶解速率高、最终黏度高的特点，且在混配车出口处表观黏度基本达到最大。

2012 年 9 月 13 日，采用耐高温速溶瓜胶压裂液体系在义 123-3HF 井进行现场压裂施工，该井除第二段施工压力高，放弃加砂外，其他各段施工均成功，共使用压裂液 3730m^3，加砂 335m^3，单层最高砂比 45%；现场测定压裂液交联时间 2~3min，压裂过程中压力平稳，达到了理想的延迟交联效果。

至 2013 年 2 月 16 日，该井日液 18m^3，日油 10.1m^3，含水 44.0%，目前油压 6.5MPa，3mm 油嘴自喷生产，已自喷生产 151 天，累产油 2676.2m^3，取得了良好的开发效果。

3 结论与认识

耐高温速溶瓜胶压裂液针对非常规水平井压裂开发需要研制的压裂液体系，具有施工方便、降低压裂液浪费、提高措施效率的优点。由于瓜胶体系溶解速率低、易产生鱼眼，所以速溶瓜胶的性能是该压裂液体系的关键。本文在合成速溶瓜胶的基础上，研究了其作为实时混配压裂液增稠剂的性能和速溶瓜胶压裂液体系的室内性能，并进行了现场施工。室内和现场应用结果表明，速溶瓜胶溶解快、分散性好、表观黏度高、水不溶物低，由其作为增稠剂组成的压裂液体系的耐高温耐剪切性能优良、破胶彻底，具有广阔的应用前景。

适用于火山岩储层的缔合聚合物压裂液

王娟娟 刘立宏 宋宪实

（中国石化东北油气分公司工程技术研究院）

摘 要：本文研究了一种缔合聚合物压裂液，属于一种超分子结构流体，具有良好的黏弹性而实现黏弹性携砂，具有清洁无残渣、良好的抗温抗剪切性能、剪切稀释性等特点，所以压裂施工时能够降低摩阻从而降低施工压力，并且压裂液对储层的伤害小，从而提高压裂施工成功率和压裂效果，增加储层产能。

关键词：火山岩 缔合聚合物 压裂液 性能 摩阻

火山岩储层开发的难点主要体现在两个方面：一方面，储层多为微裂缝孔隙型，大缝大洞不发育，储层物性差，属低孔低渗储层，常规压裂液对其造成的伤害严重；另一方面，大多数的火山岩储层具有厚度大、埋藏深的特点，并且具有天然裂缝发育，所以在压裂改造时压力高。目前常用的瓜胶压裂液体系要添加交联剂及杀菌剂等化学添加剂，并且破胶后残渣含量高，不易返排，对地层伤害大，其次交联的冻胶由于黏度高使得摩阻增大，进一步提高了压裂施工的难度。因此针对火山岩地层岩性特征及开发难点，寻求一种抗温性能好、低伤害无残渣并且摩阻低的压裂液体系是关键技术之一。

1 压裂液配方研究

通过对分公司火山岩储层岩石矿物成分、储层流体性能和储层敏感性的研究，对压裂液体系提出了改进措施。优选出一种缔合聚合物作为增稠剂，并对其他添加剂进行优选，形成了适合火山岩储层的缔合聚合物压裂液体系。

2 压裂液性能评价

2.1 压裂液最低携砂黏度测定

压裂液携带能力好坏通过支撑剂沉降速度反映，实验结果见图 1。

从图中还可看出，支撑剂在黏度为 18mPa·s 的缔合聚合物压裂液中的动态沉降速度与 213mPa·s 的瓜胶相近，表明对于不同的压裂液体系，黏度并不能准确反映压裂液动态携砂能力的好坏。

2.2 摩阻性能

压裂液黏度并不能准确反映液体携砂性能的好坏，液体悬浮、携带能力的好坏主要由其弹性决定。流体在流动过程中的弹性行为可通过法向应力来描述。黏弹性理论认为由于高分子溶液的黏弹性与流体湍流旋涡发生了作用，吸收了旋涡的一部分能量，并以弹性的形式储存起来，从而具有降阻的效果。

从图2实验结果可以得出，不同稠化剂浓度的缔合聚合物压裂液样品的第一法向应力差 N_1 都随剪切应力的增加而增加，高剪切应力条件下，缔合聚合物压裂液表现出更强的弹性效应，必然具有良好的降阻效果。

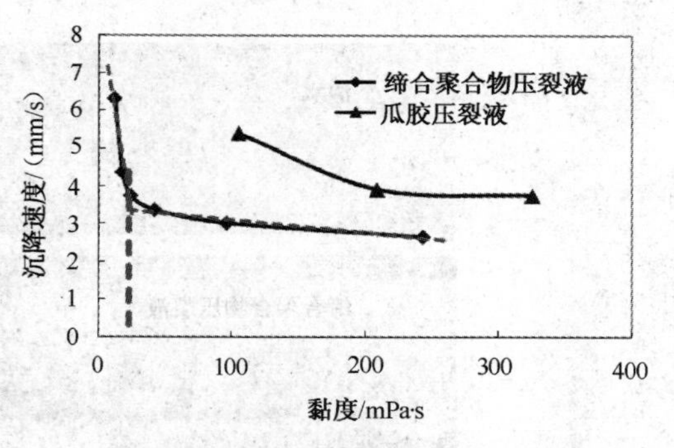

图1　压裂液动态携砂曲线

2.3　压裂液动态携砂性能评价

在恒定时间5min、排量60mL/min、砂比40%的情况下，对比支撑剂在清水、缔合聚合物压裂液中分布情况及运移距离，实验结果如图3所示。

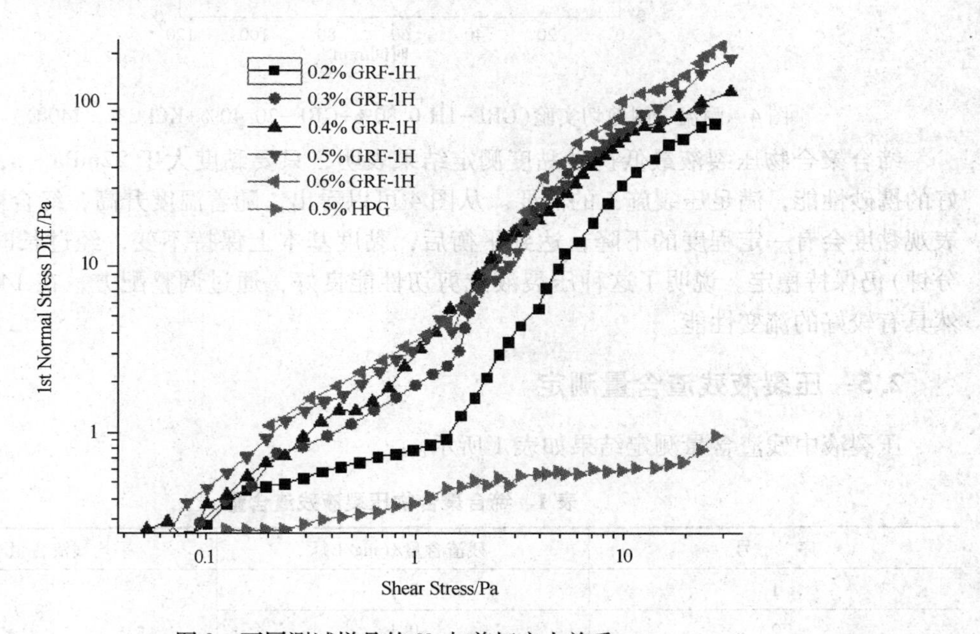

图2　不同测试样品的 N_1 与剪切应力关系

从图3可以直观地看出，在清水中支撑剂沉积在狭缝入口，在入口处形成砂堤。而在缔合聚合物压裂液中，支撑剂被压裂液携带进入裂缝深部。显然，缔合聚合物压裂液有利于在裂缝中携带支撑剂。

2.4　耐温耐剪切性能测试

为了测试缔合聚合物压裂液的抗温抗剪切性能，用RS-6000高温流变仪选用高温密闭系统在不同温度、不同稠化剂浓度以及在 $170s^{-1}$ 下恒定连续剪切2小时，测量压裂液的表观黏度-时间关系变化，如图4所示。

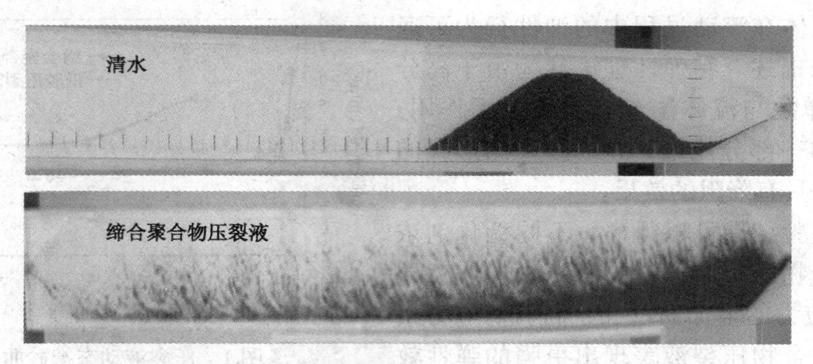

图 3　不同流体携带支撑剂在裂缝模拟系统中的运移

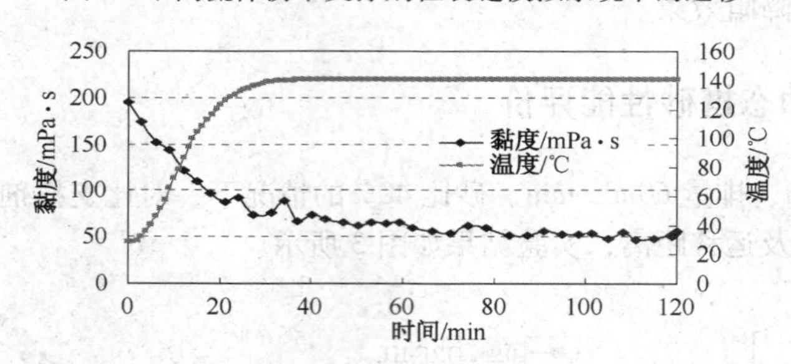

图 4　耐温、耐剪切实验（GRF-1H 0.80%+GRF-20.40%+KCl 2%，140℃）

缔合聚合物压裂液最低携砂黏度测定结果表明，只要黏度大于 22mPa·s，就能具有很好的携砂性能，满足压裂施工的需要。从图 4 可以看出，随着温度升高，缔合聚合物压裂液表观黏度会有一定程度的下降，达到平衡后，黏度基本上保持不变，经过长时间剪切（120 分钟）仍保持稳定。说明了这种压裂液抗剪切性能良好，通过调整配方，在 140℃条件下仍然具有较好的流变性能。

2.5　压裂液残渣含量测定

压裂液中残渣含量测定结果如表 1 所示。

表 1　缔合聚合物压裂液残渣含量

序　号	残渣含量/(mg/L)	平均残渣含量/(mg/L)
1	8.7	8.9
2	9.1	

一般瓜胶压裂液破胶液中残渣含量在 200mg/L 左右，而缔合聚合物压裂液破胶液清澈透明，实测残渣含量仅为 8.9mg/L，显示了良好的清洁特性。

2.6　支撑裂缝导流能力伤害评价

用累计体积对时间作图得曲线，将每一个时间段内的体积进行平均，得到该时间段内的平均流量 Q，破胶液与 2%KCl 溶液流过导流槽后支撑裂缝渗透率的比值 K_i/K_{Kcl} 即为 Q_i/Q_{Kcl}，用 Q_i/Q_{Kcl} 对累计体积作图，得到缔合聚合物压裂液和 HPG 压裂液破胶液对支撑裂缝导流能力的损害情况如图 5。

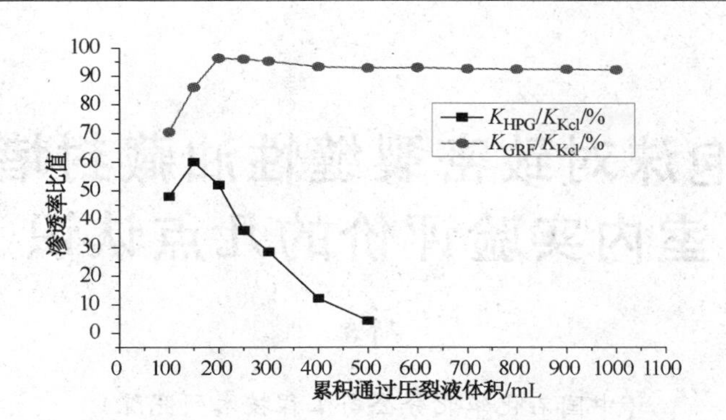

图 5　支撑裂缝导流能力实验曲线

HPG 压裂液破胶液通过支撑剂充填层不到 600mL，入端积聚大量的残渣堵塞物导致流动停止，而缔合聚合物压裂液破胶液通过 API 导流槽时，表现出了与 2%KCl 溶液相似的流动特性，累计体积与时间按恒定比例增长，说明几乎没有堵塞作用。导流能力损害测试表明，缔合聚合物压裂液破胶液流过支撑充填层后导流能力保持率在 90%以上，说明该体系对支撑充填层的损害非常小。而硼交联 HPG 压裂液处理后的导流能力保持率很低。

3　现场应用

腰深 202 井地层温度 140℃，井深 3800m。地层应力偏高，施工延伸压力高；岩石致密，裂缝宽度窄。采用缔合型抗高温压裂液施工，共泵入压裂液总量为 696m^3，加陶粒 89. 3m^3。压裂施工开始后，破裂压力为 54. 2MPa，加砂压力 67. 4MPa，停泵压力 38. 6MPa，排量 5. 0m^3/min 时，摩阻为 6. 7MPa/1000m。

4　结　论

通过对火山岩储层的地质特点分析，对添加剂进行优化，研究形成了缔合聚合物压裂液体系。该压裂液体系携砂黏度低、黏弹性大、携砂性能好、残渣含量 8. 9mg/L，支撑剂导流能力保持率大于 90%，现场施工摩阻为 6. 7MPa/1000m。该体系压裂液属于低摩阻、低伤害压裂液体系，能够满足火山岩深井压裂需要。

关于泡沫对致密裂缝性油藏封堵性能室内实验评价的几点认识

斯容

（中国石化华北分公司工程技术研究院）

摘　要：对于致密裂缝性油藏而言，泡沫能否真正的对裂缝形成有效封堵，起到调剖的作用，还有待进一步证实。为了对泡沫对致密裂缝性油藏的封堵性能有进一步的认识，本文提出了泡沫对致密裂缝性油藏封堵性能的评价指标，并结合现有泡沫封堵性能评价室内实验存在的问题，提出了相应的改进方法，对泡沫对致密裂缝性油藏封堵性能评价室内实验的开展具有一定的指导意义。

关键词：致密裂缝性油藏　泡沫　封堵性能　阻力因子　室内实验

引　言

对致密裂缝性油藏而言，进行弹性能量开采往往会出现地层能量不足、产量递减快的情况，因此，需要及时、有效的进行能量补充。由于该类油藏的储层渗透率低，通常采用注水或注气的方式来补充地层能量，但是裂缝的存在，往往会出现严重的水窜及气窜问题。

由于泡沫相对气和水而言具有较大的视黏度，并且具有"堵大不堵小"、"遇油消泡，遇水起泡"的特性，针对低渗裂缝性油藏，有油田提出用泡沫来进行调剖的工艺，以实现泡沫对裂缝的暂堵，使气体或其他介质进入渗透率小的基质储层，进而达到提高原油采收率的目的。

然而，对于致密裂缝性油藏，泡沫能否真正的对裂缝形成有效封堵，起到调剖的作用，相关研究还很少，还有待进一步证实。为了对泡沫对致密裂缝性油藏的封堵性能有进一步的认识，本文提出了泡沫对致密裂缝性油藏封堵性能的评价指标，并针对目前泡沫封堵性能评价室内实验存在的问题，提出了相应的改进方法，以期对室内实验的开展起到一定的指导意义。

1　泡沫封堵性能的评价指标

目前，通常用泡沫的阻力因子、泡沫的残余阻力因子来评价泡沫的封堵性能。其中，泡沫的阻力因子是指泡沫体系在岩芯中的运移达到平衡时，岩芯两端所建立的压差与单纯注水时的压差之比，如式(1)。泡沫的残余阻力因子则是指泡沫体系通过岩芯后进行水驱所得的压差与泡沫通过岩芯前注水时所得压差之比，如式(2)。

$$R = \frac{\Delta P_{泡沫}}{\Delta P_{水前}} \tag{1}$$

$$R' = \frac{\Delta P_{水后}}{\Delta P_{水前}} \tag{2}$$

式中 R——阻力系数；

R'——残余阻力系数；

$\Delta P_{水前}$——泡沫驱前，单纯注水时岩芯两端的压差；

$\Delta P_{水后}$——泡沫驱后，进行注水时岩芯两端的压差；

$\Delta P_{泡沫}$——泡沫驱过程中，达到平衡时岩芯两端的压差。

在一定实验条件下，注入压差的大小能够反映相应流体的注入性能，注入压差越大，说明流体越难注入，反之，注入压差越小，说明流体越易注入。因此，阻力因子的大小可以用来反映同一岩样在注泡沫时的注入性能相对注水时的变化情况。假设基质岩样与裂缝性岩样在相同条件下进行注水，在流量为 Q 时，所需压差分别为 $\Delta p_{基}$、$\Delta p_{裂}$，那么在单位压差下的流量分别为$\frac{Q}{\Delta p_{基}}$、$\frac{Q}{\Delta p_{裂}}$，则在相同注入压差 Δp 下，所通过的两岩样的流量分别为

$$Q_{基} = \frac{Q}{\Delta p_{基}}\Delta p \tag{3}$$

$$Q_{裂} = \frac{Q}{\Delta p_{裂}}\Delta p \tag{4}$$

则两岩样的相对流量为

$$L = \frac{Q_{基}}{Q_{裂}} = \frac{\Delta p_{裂}}{\Delta p_{基}} \tag{5}$$

同理，可得基质岩样、裂缝岩样，在相同泡沫注入压差 $\Delta p'$下，两渗透率岩样所通过的相对流量为

$$L' = \frac{Q'_{基}}{Q'_{裂}} = \frac{\Delta p'_{裂}}{\Delta p'_{基}} \tag{6}$$

式中，$Q'_{基}$、$Q'_{裂}$分别为在相同注入压差 $\Delta p'$下，分别通过基质岩样、裂缝岩样的泡沫的流量；$\Delta p'_{基}$、$\Delta p'_{裂}$分别为基质岩样、裂缝岩样在与注水相同的条件下注泡沫所得的压差。假设基质岩样、裂缝岩样的泡沫阻力因子分别为 $R_{基}$、$R_{裂}$，则有：

$$\frac{L}{L'} = \frac{\Delta p_{裂}}{\Delta p_{基}} \Big/ \frac{\Delta p'_{裂}}{\Delta p'_{基}} = \frac{\Delta p'_{基}}{\Delta p_{基}} \Big/ \frac{\Delta p'_{裂}}{\Delta p_{裂}} = \frac{R_{基}}{R_{裂}} \tag{7}$$

由式(7)可以看出，在相同注入压差的条件下，注水及注泡沫时，通过基质岩样、裂缝岩样的相对流量的比值与基质岩样、裂缝岩样进行注泡沫所得的阻力因子存在比例关系。若进行泡沫驱后通过基质岩样的相对流量相对注水时的大，则说明泡沫的存在使更多的流体进入基质，也即泡沫对裂缝起到了一定的封堵作用，本文也即按此定义泡沫对裂缝起到了封堵作用。

式(7)中，若$\frac{R_{基}}{R_{裂}}<1$，则有注泡沫时通过基质岩样的相对流量大于注水时的相对流量，

也即注泡沫时有更多的流量进入基质岩样，说明泡沫对裂缝性岩样起到了一定的封堵作用；若$\frac{R_{基}}{R_{裂}}>1$，则有注泡沫时通过基质岩样的相对流量小于注水时的相对流量，也即注泡沫时进入基质岩样的流量更少，说明泡沫对裂缝性岩样没有起到有效的封堵作用。因此，通过对比在相同条件下测得的基质岩样及裂缝性岩样的泡沫阻力因子，可以间接反映泡沫对裂缝的封堵性能。此外，在对起泡剂溶液进行筛选和评价时，在相同实验条件下，可以通过阻力因子的大小来评价起泡剂的泡沫性能的好坏；对同一渗透率岩样，在进行气液比等参数对泡沫封堵性能的影响实验时，也可以直接用阻力因子的大小来对气液比进行优选。

而为了更直观地反映泡沫对裂缝的封堵效果，可在室内开展基质岩样与裂缝性岩样的并联实验。为了更真实地模拟地层情况，在实验中应保持两岩样处于相同的状态下(包括回压、围压、温度等)，由于两岩样在整个过程中都处于相同的压差下，可直接通过对比不同注入阶段不同流体介质在岩样中的相对流量的变化情况来评价泡沫的封堵性能。若泡沫驱时的基质岩样的相对流量大于初期水驱时的相对流量，则说明泡沫使更多的驱替介质进入基质岩样，扩大了波及系数，起到了调剖的作用，对裂缝具有一定的封堵性能；若泡沫驱时的基质岩样的相对流量小于初期水驱时的相对流量，结合压差增大的情况，说明泡沫虽然增大了整组实验的注入阻力，但对裂缝没有起到有效的封堵作用。

2 泡沫封堵性能评价室内实验的开展

根据泡沫封堵性能的评价指标及文献调研情况，在室内可通过单岩芯实验及岩芯并联实验来评价泡沫对裂缝的封堵性能。由于在现场很难取到裂缝性岩芯，在室内可通过渗透率较大的岩芯来替代，但替代岩芯的润湿性及岩石组分应与实际储层岩样接近。介于在室内用小岩芯进行实验可能存在较大的误差，可以通过渗透率极差比较大(极差倍数需根据基质岩芯与裂缝性岩芯的渗透率来确定)的填砂管来进行模拟放大实验。

本部分针对目前开展的泡沫封堵性能评价室内实验存在的问题，提出了相应的改进方法。

2.1 现有泡沫封堵性能评价室内实验存在的问题

目前，针对红河油田长8油藏二氧化碳泡沫驱，在室内用填砂管并联实验(渗透率分别为10.28mD、987.51mD、4828.36mD)($1mD=1\times10^{-3}\mu m^2$)对二氧化碳泡沫的封堵性能进行了评价。具体的实验步骤为：

①测出相应填砂管的渗透率、孔隙度数据。

②将饱和好原油的填砂管连接到相应的实验装置上，并将回压设为2MPa。

③水驱：以0.2mL/min的流速对填砂管进行水驱至各填砂管进出口端压力平稳，记录最大压差。

④泡沫驱：采用的是段塞式注入，以0.2mL/min的流速注入0.2PV的起泡剂溶液后，以2mL/min的流速注入0.4PV的CO_2气体，记录实验过程中的最大压差。实验结果如表1所示。

表1　不同渗透率岩芯并联情况下阻力因子测试结果

渗透率/mD	水驱压力/MPa		压差/MPa	气驱压力/MPa		压差/MPa	阻力因子
	进口	出口		进口	出口		
10.28	2.078	2.002	0.076	3.774	2.037	1.737	22.855
987.51	2.078	2.023	0.055	3.774	2.225	1.549	28.164
4828.36	2.078	2.070	0.008	3.774	2.508	1.266	158.250

由于在进行并联实验时，各填砂管的注入压力一样，按达西公式，进入各填砂管的流量与其渗透率及出口压力存在一定的关系。结合表1及实验步骤可以看出，虽然出口端压力存在一定的区别，但还是不能反映所得的压差是在各管流量一样的情况下得出的，因此，按表中压差求出的阻力因子不能用来分析泡沫的封堵性能。

2.2　泡沫封堵性能评价室内实验的改进

基于以上问题，为了在室内能更准确地评价泡沫的封堵性能，需要对上述方法进行改进。由于泡沫的注入参数会对泡沫的封堵性能产生影响，为了使泡沫的封堵性能达到最优，在进行泡沫对裂缝的封堵性能实验评价前，应先对各注入参数进行优化。

2.2.1　泡沫注入参数优化实验

影响泡沫封堵能力的因素很多，除起泡剂本身的性质之外，泡沫体系的气液比、注入方式、注入量、注入速度等因素都会对泡沫的封堵性能产生影响。在室内可通过单因素实验及正交实验来对泡沫的各注入参数进行优化。在进行单因素实验时，应严格控制其他参数，使整个实验过程只有一个变量，以便使整个实验结果更准确。

根据泡沫注入参数优化实验的要求，在室内用单因素实验法对泡沫的气液比、气体注入速度进行了优化，具体的实验结果如图1、图2所示。

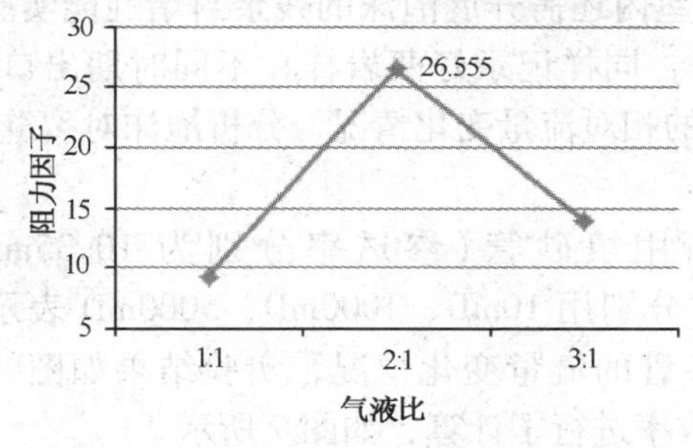

图1　不同气液比下泡沫的阻力因子

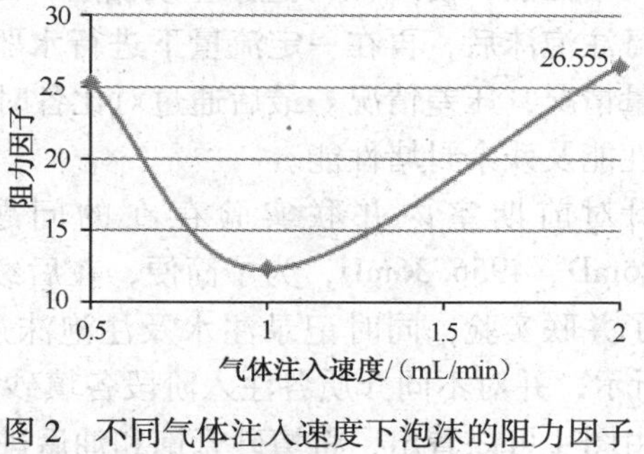

图2　不同气体注入速度下泡沫的阻力因子

由图1可以看出，在气液比为1∶1、2∶1、3∶1的情况下，气液比为2∶1时，泡沫的阻力因子最大，为26.555；由图2可以看出，在气体注入速度为0.5~2mL/min范围内，气体注入速度为2mL/min时，泡沫的阻力因子最大，为26.555，因此，优化出的泡沫的注入参数为：气液比为2∶1，气体注入速度为2mL/min。

2.2.2　泡沫封堵性实验的开展

由于油藏具有一定的温度、压力，而温度、压力对泡沫的封堵性能存在一定的影响，因此，为了更真实地模拟地层条件，在室内实验中，也应在一定的温度压力条件下进行。

在室内条件下，地层温度可通过设定为特定温度值的烘箱实现；地层压力可通过在相应岩样的出口端设置相应的回压实现；而上覆压力，则可通过给岩芯添加相应的围压实现。

（1）单岩芯实验

在采用单岩芯阻力因子实验来评价泡沫的封堵性能时，除了应保证回压及围压一定外，还应保证基质岩样与裂缝岩样在不同阶段的注入参数一致，记录好各时期各岩样的注入压力及出口压力，计算压差。根据所获得的阻力因子及残余阻力因子分析泡沫对裂缝的封堵性能。

（2）并联实验

在实际油藏中，裂缝和基质均处于相同的压力条件下，在进行室内实验时，为了更准确地模拟地层条件，将同一组实验中的裂缝岩样和基质岩样的回压及围压设为定值，在一定的注入流量下，观察岩样的相对流量大小(图3)。

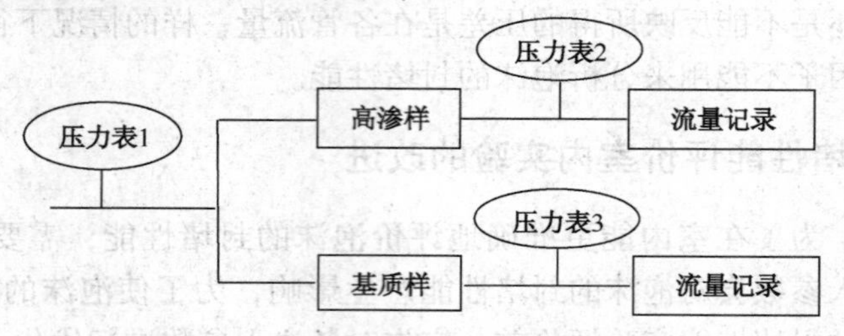

图3 并联实验岩样连接示意图

在实验中，将裂缝岩样及基质岩样饱和油后，按图3所示进行连接，连接好后给两岩样加相同的回压及围压，在一定注入流量下，进行水驱油实验，记录两岩样在不同时期出口端的流量情况，压差情况，至岩样压差恒定；而后在一定注入速度下，注入一定体积的泡沫体系，并记录两岩样在不同时期出口端的流量情况，压差情况。

由于泡沫相对气、水而言具有较高的视黏度，其注入基质的启动压力可能会大于地层的破裂压力，这时，可在地层破裂压力范围内，向地层注入泡沫-水(气)段塞，利用泡沫对裂缝的封堵性能，使气(水)进入基质储层，因此，在室内还需开展泡沫的残余封堵性能实验。在进行注泡沫后，再在一定流量下进行水驱(气驱)，同样记录好两岩样在不同时期出口端的流量情况，压差情况。最后通过对比各时期岩样的相对流量变化情况，分析泡沫对裂缝的封堵性能及残余封堵性能。

针对前期室内并联实验存在的问题，重新用填砂管（渗透率分别为 10.35mD、992.26mD、4956.36mD，为了简便，在后续图表中分别用 10mD、1000mD、5000mD 表示）进行了并联实验，同时记录注水及注泡沫过程中各管的流量变化情况，实验结果如图4~图6所示，并对不同介质各注入阶段各填砂管的采收率进行了计算，如图7所示。

由图4可以看出，将填砂管饱和油后进行注水，一段时间后，填砂管开始出液，出液的速度及时间与填砂管的渗透率有关，渗透率越小出液的速度越小且出液时间越短，到一定时间后只有 5000mD 的管出液；在进行注泡沫溶液时(图5)，5000mD 的管先出液且流速较大，1000mD 的管随后出液且流速较小，而 10mD 的管在整个注入过程中始终不出液；注 CO_2 后(图6)，10mD、1000mD 的管同时出液，且起初 10mD 的管的出液速度大于 1000mD 的管，随后，两管出液速度减慢至 0，且 10mD 的管的速度减小的速率大于 1000mD 的管，5000mD 的管的出液速度呈现出先上升再下降而后趋于平稳的趋势。说明在注 CO_2 气体时，在填砂管内形成了泡沫，且泡沫的存在使更多的流体进入小孔道，也即泡沫对大孔道起到了一定的封堵作用，但封堵作用不能持续，也即泡沫只能起到暂堵作用。由图7可以看出，水驱后进行

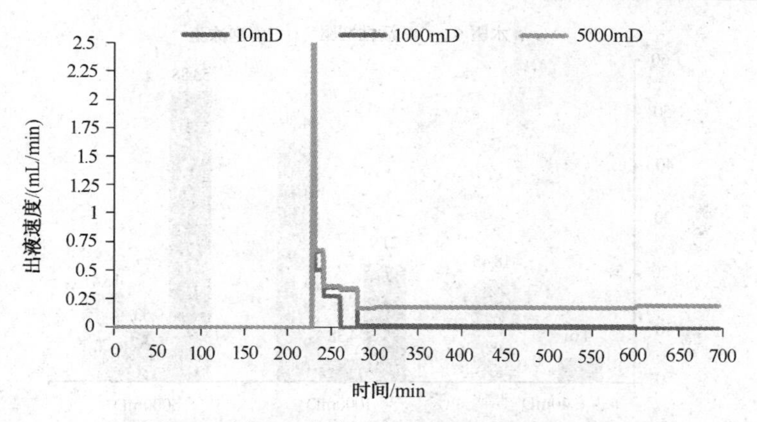

图 4 不同渗透率填砂管并联注水时出液速度

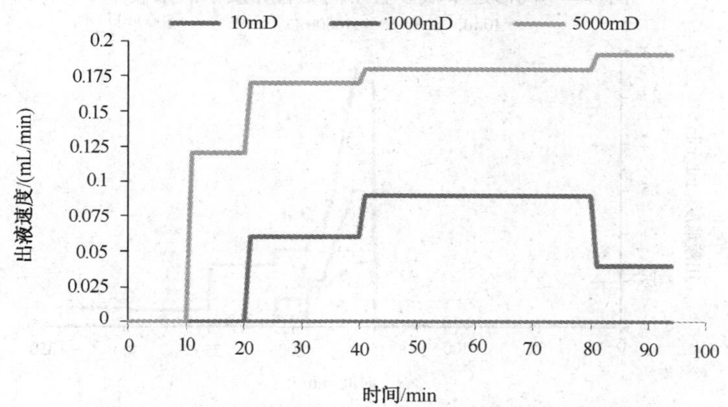

图 5 不同渗透率填砂管并联注起泡剂溶液时出液速度

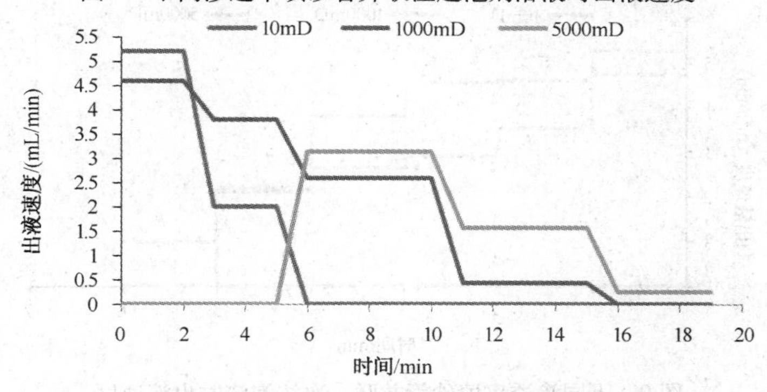

图 6 不同渗透率填砂管并联注 CO_2时出液速度

注起泡剂溶液，只有 1000mD 和 5000mD 的填砂管有部分原油被采出，而注 CO_2形成泡沫后，三个填砂管都有原油被采出，且 1000mD 和 5000mD 的填砂管采出原油的量比单纯注起泡剂溶液时更多，10mD 的填砂管的采收率也提高了 18.43%，这也说明泡沫不仅能提高中高渗孔道的采收率，还能对大孔道起到有效封堵，使驱替介质进入低渗孔道，进而提高低渗孔道的原油采收率。

同时，为了评价多段塞泡沫对裂缝的封堵作用，重新开展了填砂管实验，实验中在注入一次泡沫段塞的基础上，对填砂管进行了二次注泡沫，具体的实验结果如图 8~图 11 所示。

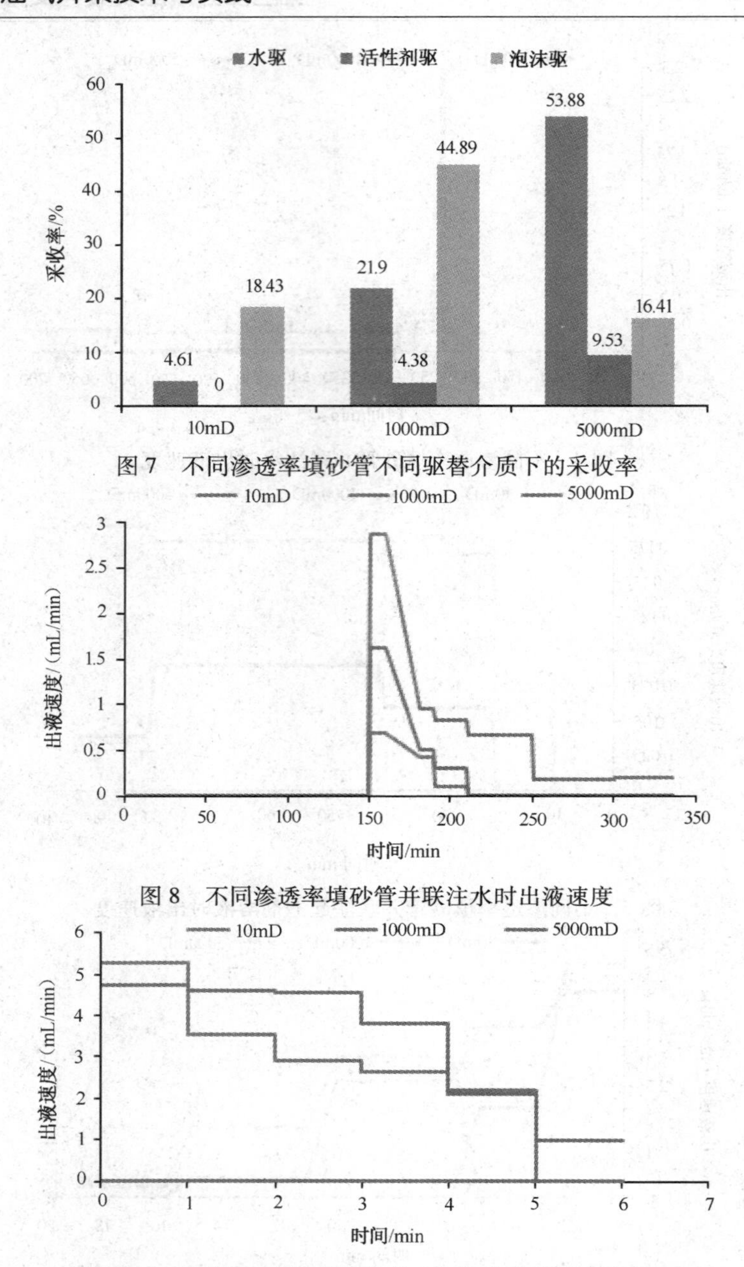

图 7　不同渗透率填砂管不同驱替介质下的采收率

图 8　不同渗透率填砂管并联注水时出液速度

图 9　不同渗透率填砂管并联一次注泡沫时出液速度

由图 10 可以看出，进行二次注泡沫时，10mD、1000mD 的填砂管同时出液，但 10mD 的填砂管的出液速度较小并且始终小于 1000mD 的填砂管；3min 后，5000mD 的填砂管开始出液，出液速度呈先快速上升再下降而后趋于平稳的趋势，而 10mD 的填砂管在 4min 后，出液速度已减小到 0。与一次注泡沫相比，5000mD 的填砂管出液时间提前，10mD 的填砂管的出液速度及出液时间均减小，说明进行二次注泡沫时，泡沫虽然对大孔道仍有一定的封堵作用，但有效封堵强度及有效封堵时间都较一次注泡沫要小。由图 11 可以看出，进行二次注泡沫后，1000mD、5000mD 的填砂管的采收率都有较大幅度的提高（均在 20%以上），而 10mD 的填砂管的采收率仅提高了 2. 33%，相对一次注泡沫提高 19. 63%相比，提高的幅度

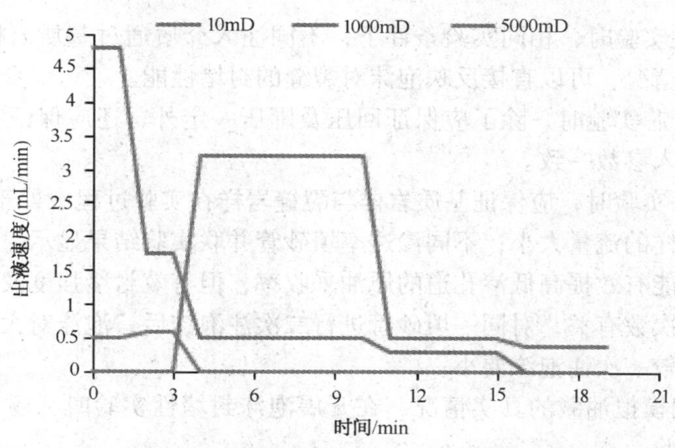

图 10　不同渗透率填砂管并联二次注泡沫时出液速度

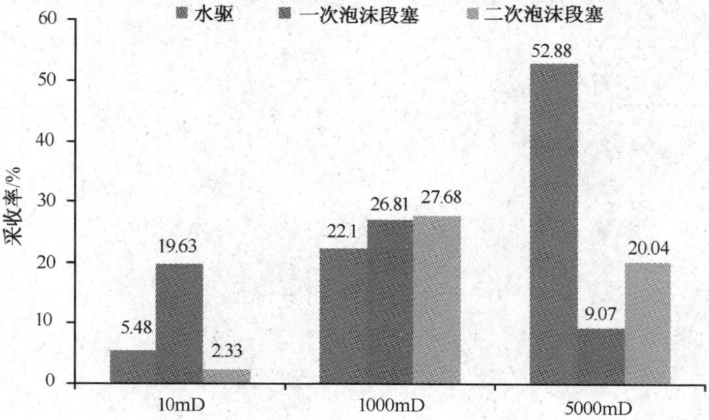

图 11　不同渗透率填砂管不同驱替介质下的采收率

较小，说明二次注泡沫时，泡沫仍能有效增大 1000mD、5000mD 填砂管的驱油效率，但对 5000mD 填砂管的有效封堵作用减弱。

（3）含油饱和度影响实验

在实际情况中，由于储层具有非均质性，在进行前期开采中，会存在不同渗透率地带剩余油饱和度不一样的情况，而含油饱和度对泡沫的封堵性能有很大的影响。因此，为了更真实地模拟地层情况，在进行室内实验时，可对基质样进行水驱油至所需剩余油饱和度后，开展注泡沫及后续注入实验，并对比各含油饱和度下的岩样相对流量情况，分析含油饱和度对泡沫封堵性能的影响。

此外，对于有些致密裂缝性油藏，由于在进行自然弹性能量开采后，直接进行注气来补充能量，因此，在实验时，还需在注水后进行注气再进行注泡沫及再注气(水)实验，通过对比初期注气、注泡沫及后期注气(水)的阻力因子大小或相对流量大小，来分析泡沫的封堵性能。

3　结　　论

① 在进行单岩芯实验时，相同注入条件下获得的基质岩样与裂缝岩样的阻力因子的相对大小，可以间接反映泡沫对裂缝的封堵性能。

② 在进行并联实验时，相同实验条件下，不同注入介质通过基质岩样与裂缝岩样的相对流量大小的变化情况，可以直接反映泡沫对裂缝的封堵性能。

③ 在进行单岩芯实验时，除了应保证回压及围压一定外，还应保证基质岩样与裂缝岩样在不同阶段的注入参数一致。

④ 在进行并联实验时，应保证基质岩样与裂缝岩样在实验过程中处于相同的压力条件，并记录好各阶段岩样的流量大小；不同渗透率填砂管并联实验结果显示，泡沫能对大孔道产生有效暂堵作用，能有效提高低渗孔道的原油采收率，但有效封堵强度及有效封堵时间与填砂管进行注泡沫的次数有关，对同一填砂管进行二次注泡沫后，泡沫对大孔道的有效封堵强度及有效封堵时间较一次注泡沫要小。

⑤ 为了更准确模拟油藏的真实情况，在开展泡沫封堵性实验时，还需要对不同含油饱和度的情况进行实验。

非常规油气藏压裂液体系研究及应用

徐毓珠　高婷　朱志芳

（中国石化江汉油田采油工艺研究院）

摘　要：非常规油气藏储层致密，压裂是该类储层增产的主要方式，通常采用大排量大液量，以形成复杂网缝为主题思路，大量压裂液进入地层后，会对储层造成一定的伤害，以储层保护为主旨，针对页岩气藏储层致密、低孔低渗、脆性矿物指数高、压裂过程中摩阻高等问题，研制了减阻水压裂液体系，该体系在建页HF-2井应用效果良好，减阻率达到了71.4%；针对页岩油和致密砂岩油气藏储层特征，室内分别研制羧甲基羟丙基瓜胶压裂液和增效压裂液，这两套压裂液均有具有低浓度、低伤害、易破胶和高效返排等优点，其中羧甲基羟丙基瓜胶压裂液已成功应用于潜页平2井压裂施工，增效压裂液在沙26-P1井成功应用，压裂效果显著。目前室内正在开展非植物胶类低伤害压裂液的研制工作。

关键词：减阻水　羧甲基羟丙基瓜胶　增效压裂液　水平井

前　言

水平井分段压裂技术是提高非常规油气藏开采效果的关键，其中，压裂液是水平井压裂改造的重要组成部分和关键环节，其性能优劣决定了压裂施工的顺利与否和效果好坏，低伤害、低成本、高性能是压裂液发展的主要方向。目前国内外所用水基压裂液都存在伤害问题，压裂液伤害机理表明，影响裂缝导流能力的因素有很多，但未完全破胶的残胶和残渣是降低压裂效果的主要因素。以储层保护为主旨，针对不同的储层特征，形成了减阻水压裂液、羧甲基羟丙基瓜胶压裂液和增效压裂液等低伤害压裂液，这三种压裂液均已成功应用于水平井压裂中，压裂效果显著。

1　减阻水压裂液体系

1.1　减阻水压裂液配方的室内研究

1.1.1　减阻剂的优选及浓度优化

（1）减阻剂优选

采用JO2-71-2离心泵、6m测试管线、排量200L/min下测试不同液体在紊流条件下的摩阻，当压力表读数稳定后，每30s读一次压差数据，根据摩阻计算减阻率。

表 1 各种减阻剂在相同浓度及排量下摩阻及减阻率

样品种类	相对分子质量/万	摩阻值/MPa	清水摩阻值/MPa	减阻率/%
0.05%FRW-16	100	0.311	0.48	35.2
0.05%PC4510	300	0.243		49.4
0.05%FS924	400	0.295		38.5
0.05%FRW-14	600	0.260		45.8
0.05%MS409	600	0.241		49.7
0.05%JC-J10	600	0.220		54.2
0.05%AS5005	800	0.238		50.4
0.05%XT9020	1000	0.250		47.9
0.05%AS6025	1400	0.180		62.5
0.05%AS8025	1800	0.194		59.6

将10种不同分子量的减阻剂样品配制成0.05%的水溶液，搅拌使之充分溶胀，采用摩阻装置测试各样品的摩阻，从而计算相应的减阻率，结果如表1。其中FRW-14、FRW-16分别是贝克休斯公司在建页HF-1井的样品。从表中可以看出，减阻效果与分子质量是有关联的，分子质量越大，减阻率越高，但分子质量大，其抗温抗盐性能差。其中JC-J10是PS系列，由丙烯酸单体与磺酸盐类单体聚合而成，磺酸盐具有抗温抗盐特性，所以综合评价选择JC-J10进行配方优化。

（2）减阻剂使用浓度的优化

由图1可以看出，减阻率随着减阻剂浓度增大而增高，但当减阻剂JC-J10加量为0.03%时，继续增加减阻剂的加量，其摩阻变化不大；与清水相比，测得减阻剂JC-J10加量0.03%时的减阻率为50%。

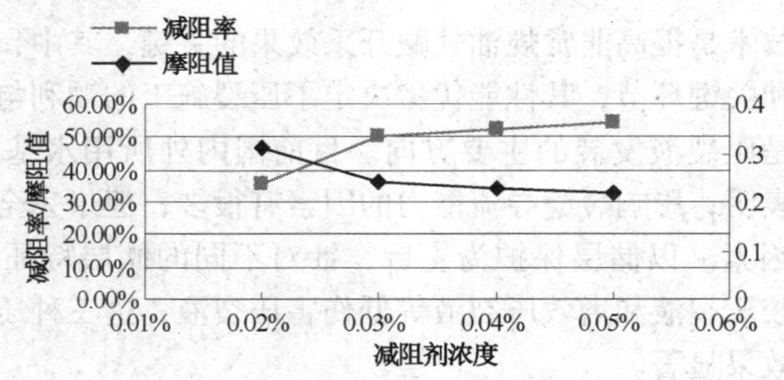

图1 JC-J10减阻样品不同浓度的减阻率拟合图

1.1.2 助排剂的优选

通过调整产品配方体系优化其性能，形成了JC-ZP1助排剂，达到了在0.2%时的表面张力小于30mN/m的指标要求，然后进行使用浓度优化。

从图2可看出，0.1%时的表面张力为24.84mN/m，满足现场施工的要求，界面张力也不高，所以选择使用浓度为0.1%。

1.1.3 防膨剂的优选及浓度优化

减阻水压裂液中一般要加入适量防膨剂，防止黏土遇水膨胀、分散和运移，从而导致岩石渗透率下降。KCl具有较好的防膨性能，JC-J10也具有一定的黏土防膨能力。由于KCl

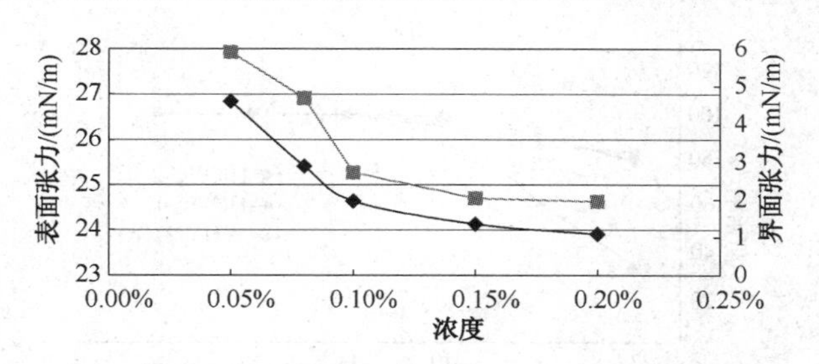

图2 助排剂浓度对表、界面张力影响示意图

短效防膨性能较好，而长效防止黏土运移仍以聚季胺类防膨剂更好，因此，考虑使用KCl与有机防膨剂来进行组合防膨。

从表2可以看出，减阻剂JC-J10与有机防膨剂JC931、KD-17不配伍，产生白色沉淀；而与JK-05、JC-F2配伍性良好，溶液澄清、无沉淀，通过膨胀体积可以看出JC-F2的防膨性能优于JK-05，所以选择KCl、JC-F2来进行组合优化，以确定最佳的防膨剂的配方。从表3可以看出，“0.6%KCl+0.4%JC-F2”组合使用与1%KCl单独使用的防膨效果一样，所以同时考虑防膨效果及长效性时，选择“0.6%KCl+0.4%JC-F2”为防膨剂配方。

表2 各种有机防膨剂的配伍性能

配 方	配伍现象	配 方	配伍现象
0.03%JC-J10+0.5%KCl	溶液澄清、无沉淀，配伍性良好	0.03%JC-J10+0.5%KD-17	产生沉淀，不配伍
0.03%JC-J10+0.5%JC931	产生沉淀，不配伍	0.03%JC-J10+0.5%JC-F2	溶液澄清、无沉淀，配伍性良好
0.03%JC-J10+0.5%JK-05	溶液澄清、无沉淀，配伍性良好		

表3 防膨性能对比表

配 方	膨胀体积/mL	配 方	膨胀体积/mL
自来水	8	0.03%JC-J10+0.5%KCl	2.4
煤油	0.42	0.03%JC-J10+0.5%KCl+0.1%JC-F2	2.2
0.03%JC-J10	3.5	0.03%JC-J10+0.5%KCl+0.3%JC-F2	2.05
1%KCl	1.6	0.03%JC-J10+0.5%KCl+0.4%JC-F2	1.85
1%JK-05	5.4	0.03%JC-J10+0.5%KCl+0.5%JC-F2	1.65
1%JC-F2	2.56	0.03%JC-J10+0.6%KCl+0.4%JC-F2	1.6
0.03%JC-J10+0.5%JC-F2	2.6	0.03%JC-J10+0.6%KCl+0.5%JC-F2	1.55

1.1.4 防垢剂的优选及浓度优化

通过河页1井地表水水样分析，经结垢预测模拟，有碳酸钙结垢趋势，无硫酸钙结垢趋势，所以选择防垢剂时以防碳酸钙垢为主。

通过室内试验评选了LX、HKWC-2、WF等9种防垢剂，其中HKWC-1、HKWC-2、QSY-1三种阻垢剂的阻垢效果较好，用它们进行使用浓度的评选。测定阻垢剂的阻垢率与加药量的关系，从中选定阻垢率高且使用浓度低的药剂。实验结果见图3。

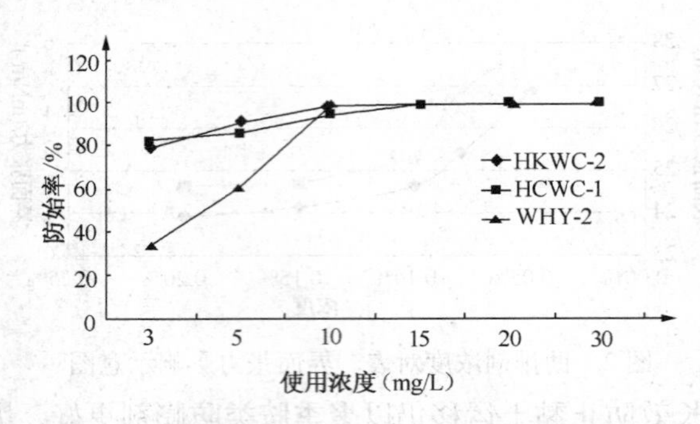

图 3　加药浓度对阻垢率的关系曲线(碳酸钙垢)

从图 3 可以看出，对 $CaCO_3$的阻垢效果在低浓度时，HKWC-1、HKWC-2 比 QSY-1 好一些，但趋势都一样，随着阻垢剂浓度的增加，阻垢率上升，当浓度达到 15mg/L 时，阻垢率趋于平稳。所以，选择 HKWC-2 为防垢剂，使用浓度范围确定为 15mg/L，使用时应根据不同区块的地表水及地层水进行具体评价后确定最佳浓度。

1.1.5　杀菌剂的优选及浓度优化

杀菌剂可有效杀死细菌，防止细菌降解压裂液影响压裂液的性能，同时也防止细菌产生的物质堵塞地层，而对地层造成伤害。最常用和有效的几种杀菌剂是：戊二醛、季铵盐、异噻唑啉、2，2-二溴-3-氮基丙酰胺(DBNPA)。阳离子的杀菌剂与阴离子的减阻剂之间通常会发生不配伍。在水中，两种异性电荷将会形成络合物，这些络合物可能不溶于水，并导致其他药剂失效。另外，絮凝的聚合物-杀菌剂络合物还会造成地层伤害。

JC-SJ2 是广谱杀菌剂，能有效杀灭细菌、真菌和酵母，同时它的使用浓度很低，在使用浓度小于 0.01%时就可有效发挥作用。它可与阴离子、阳离子、非离子表活剂相容，适用的 pH 和温度范围宽。并且容易操作，可完全溶于水。经室内试验评价，JC-SJ2 的最佳使用浓度为 0.008%。

1.2　减阻水压裂液体系的性能评价

将本文研究的 JC-J10 压裂液体系与贝克休斯 FRW 减阻水压裂液体系进行性能对比，测定减阻率、表面张力等指标，从而评价其优越性。建页 HF-1 井使用的 FRW 减阻水为：0.05%FRW-14+0.05%X-CIDE102+0.1%CLAYTREAT3C+0.1%CLAYMASTER5C+0.1%Inflo-150/250w。从两种减阻水压裂液的性能对比中可以看出(表 4)，JC-J10 减阻水与贝克休斯的指标接近，所以该配方具有广泛的推广应用前景。

表 4　两种减阻水压裂液体系性能对比表

项　目	JC-J10 减阻水体系	FRW-14 减阻水体系
减阻率/%	80.9	75.8
表面张力/(mN/m)	26.48	28.32
界面张力/(mN/m)	2.83	5.64
运动黏度/(mm^2/s)	1.13	1.36
防膨率/%	76.4	57.1

1.3　现场应用

建页 HF-2 井是部署建南构造南高点建 27 同井场的页岩气预探井，该井是江汉油田有史以来施工液量最大的一口页岩气水平井，JC-J10 减阻水每级用量 1550～1890m^3 之间，共分 10 级压裂，总液量超过 17000m^3。

该井在第 5 段压裂施工时进行了减阻水减阻效果测试，前置液阶段进行了“减阻水-清水-减阻水”的减阻测试，测试得到减阻水施工压力比清水施工压力低 17MPa，减阻率 71.43%，保证了施工设备的正常运行和井筒的使用寿命，试验表明 JC-J10 减阻剂减阻效果显著。

2　增效压裂液体系

低浓度增效压裂液是以现有常规压裂液体系为基础，在其中加入 JC-LT-3 增效剂，增加了稠化剂溶胀性能，从而降低了稠化剂用量，能适应不同温度储层的压裂需求。增效剂的加入可使压裂液体系中稠化剂羟丙基瓜胶的用量降低至 0.3%～0.45%，比常规配方降低了 0.15%～0.2%，通过稠化剂用量的降低，降低了压裂液残渣含量。

2.1　增效压裂液性能

增效压裂液现场使用配方：

基液：0.3%～0.45%HPG+其他添加剂+0.5%JC-LT-3；

交联剂：5%有机硼/1%硼砂　交联比：100:4～100:5。

（1）耐温抗剪切性能

根据现场施工条件，采用 RS600 测定了压裂液在不同温度下、170s^{-1}剪切 90min 以上，不同压裂液配方的耐温耐剪切性能。

试验结果表明，该压裂液体系在不同温度条件下剪切 90min 以上，黏度均保持在 100～200mPa·s 以上，表明该压裂液体系可以满足不同温度储层需要。该压裂液体系 HPG 瓜胶使用浓度为 0.4%时，可耐温 120℃左右，压裂液耐温耐剪切性能良好。

（2）压裂综合性能

对压裂液流变性能、滤失性能及破胶液性能进行了测定，试验结果如表 5 所示。

表 5　低浓度增效压裂液综合性能评价

压裂液性能		测定值
流变性能	稠化系数	1.95
	流动指数	0.57
滤失性能	滤失系数	6.4×10^{-4}
	滤失速度	1.04×10^{-4}
	初滤失量	0.91×10^{-3}
破胶液性能	破胶液黏度/mPa·s	2.22
	表面张力/(mN/m)	20.6
	残渣含量/(mg/L)	126

试验结果表明，压裂液各项性能指标均能达到标准要求，其中残渣含量仅为 126mg/L，而常规 HPG 压裂液体系残渣含量一般为 300～500mg/L，该压裂液体系残渣含量大大降低，减少压裂液残渣对储层造成的伤害。

(3)岩芯基质伤害试验

通过沙 30 井岩芯伤害试验(表 6)表明，与常规压裂液体系相比，岩芯伤害率较低，仅为 11.32%。

表 6　压裂液岩芯伤害实验

井　　号	压裂液体系	伤害前油相渗透率/$10^{-3}\mu m^2$	伤害后油相渗透率/$10^{-3}\mu m^2$	渗透率损害率/%
沙 30	常规压裂液	44.32	18.01	59.31
	增效压裂液	18.01	15.97	11.32

2.2　现场应用

沙市构造油田沙 26 井区地层破碎，天然裂缝发育，压裂施工难度大，沙 26-P1 井为沙 26 井区第一口水平井。

本井措施层段较多，为确保均匀改造，拟分三段采用射孔桥塞联做限流压裂进行施工，确保对各层段的均匀改造。该井所在断层裂缝发育，地层滤失较大，施工难度较大，为确保施工顺利，采用 0.35%HPG+0.5%LT-3 增效压裂液体系进行压裂施工，以降低储层伤害，提高措施效果。

沙 26-P1 井使用增效压裂液总液量为 528.9m^3，砂量为 58m^3，该井压裂结束后，日产量达到了 7t，压裂效果显著。

3　羧甲基羟丙基瓜胶压裂液体系

3.1　羧甲基羟丙基瓜胶压裂体系原理

瓜胶原粉是提炼天然豆科植物胍尔豆的内胚乳制成的，主要化学成分为半乳甘露糖，分子为 1∶2，平均相对分子质量为 25×10^5，平均聚合度约为 900 个。在聚糖分子中，主链是由 1、4 甙键盘连接的甘露糖，侧链是 1、6 甙键连接的半乳糖。当瓜胶以固态形式悬浮在醇溶液中时，侧链 3、5 位置上的羟基在催化剂的作用下发生脱质子化反应，再进一步通过环氧丙烷的醚化作用，形成新的产物-羟丙基瓜胶。通过改性后，由于在聚糖和某些水不溶性物质上引入新的化学基团，使相对分子量较大的聚合物结晶度发生改变，从而使产品水合能力增强，残渣含量降低。

根据羟丙基瓜胶的改性原理，在瓜胶的分子结构中同时引入亲水基团钠羧甲基和羟丙基，瓜胶经羧甲基化和羟丙基化改性，大大提高了亲水性，增加了分子的分支程度，其水不溶物大大降低，水不溶物含量为 1.5%～4%，水溶速度加快。

3.2　羧甲基羟丙基瓜胶压裂液性能

稠化剂和交联剂是压裂液的关键，减少残渣含量的途径之一是降低稠化剂的浓度。降低稠化剂浓度的同时，对交联剂提出更高的要求，从稠化剂和交联剂入手，通过对多种稠化剂和交联剂的评选，最终筛选出 JH-CM 稠化剂和 JH-JL、交联剂，该稠化剂在碱性条件下能与 JH-JL 交联剂交联形成稳定冻胶。

（1）溶解性能和增黏性能

较低的粉末用量可以明显减少残渣的含量，但要达到压裂液的黏度要求，就需要稠化剂具有很好的溶解性和增黏能力。室内实验发现，JH-CM 稠化剂配制的水溶液放置 10min 后可完全溶胀，在 30℃，$170s^{-1}$的条件下，剪切 5min 黏度保持在 28～30mPa·s，比一般的羟丙基瓜胶溶解时间缩短一半，且该基液在加入相应的交联剂后，能达到很好的交联效果，充分证明羧甲基羟丙基瓜胶具有很好的溶解性和增黏能力。

（2）流变性

流变性是考察液体的黏度受剪切作用的影响程度。压裂液不管是通过井筒、炮眼，还是在地层中推进，都会受到很大的剪切作用，所以抗剪切性能是考察压裂液性能好坏的首要参数。分别在 40℃和 90℃、$170s^{-1}$的条件下测定压裂液的耐温抗剪切性能，40℃时剪切 2h 后压裂液黏度保持在 105mPa·s，90℃时剪切 2h 后压裂液黏度保持在 145mPa·s，能够充分携砂，耐温抗剪切性能优良。

（3）破胶性能

在保证压裂液具有良好流变性能的同时，要求压裂液能快速彻底破胶，快速返排，降低压裂液在地层中的滞留时间，减少压裂液对储层的伤害。根据压裂施工要求，优化破胶剂浓度，可使压裂液彻底破胶，实验结果如表 7。实验结果表明该压裂液破胶彻底，较常规压裂液相比，具有低残渣、低表面张力、有利于返排、对储层伤害小的特征。

表 7 破胶液性能评价

项目 种类	表面张力/（mN/m）	运动黏度/mPa·s	残渣含量/（mg/L）
0.2%JH-CM	24.8	1.8	68
0.25%JH-CM	25.1	2.2	79
0.3%JH-CM	25.0	2.3	119

（4）岩芯基质伤害试验

按照《水基压裂液性能评价标准》进行岩芯基质伤害实验，实验结果如表 8 所示。

表 8 压裂液岩芯基质伤害测定

井　号	伤害液体	伤害前油相渗透率/$10^{-3}\mu m^2$	伤害后油相渗透率/$10^{-3}\mu m^2$	渗透率损害率/%
沙 30	常规压裂液	44.32	18.01	59.31
	羧甲基压裂液	20.37	18.27	10.31
沙 32	常规压裂液	47.51	14.06	70.4
	羧甲基压裂液	2.25	2.28	无
		98.27	92.77	5.6

3.3 现场应用

潜页平 2 井是位于江汉盆地潜江凹陷钟潭断裂带的一口水平预探井。该井低孔低渗，储层物性差，纵向上岩性复杂多变，上下两段黏土矿物含量高，中段云质含量高。从黏土矿物成分来看，敏感性矿物含量较少。根据潜页平 2 井储层特征，室内评选出适合页岩油储层的羧甲基羟丙基瓜胶压裂液。

该压裂液在潜页平 2 井成功应用。潜页平 2 井水平段长 237m，分三段进行压裂，使用羧甲基羟丙基瓜胶压裂液总液量为 2056.14m^3。该井压裂后返排液黏度为 4.5mPa · s，返排液黏度较低，有利于返排，返排率达到了 97%。

4 新型压裂液体系

4.1 低聚合物压裂液

该压裂液体系是以小分子或超支化聚丙烯酰胺类合成聚合物作为稠化剂，与有机金属交联剂交联形成空间网状结构而形成的冻胶体系。该压裂液体系具有携砂性能优良、耐高温、残渣低等特点，作为瓜胶类压裂液的一种补充品，目前已经在国内冀东、青海油田等部分油田开始应用。

参考 SY/T 5107—2005《水基压裂液性能评价标准》对压裂液的主要性能指标进行了评价。

（1）基液增稠性能

压裂液稠化剂是否能有效增稠是配制性能优良稠化剂的关键。氯化钾无机防膨剂由于具有价格低、防膨性能好的优点，普遍作为压裂液体系用防膨剂，一般加量为 2%。而聚合物体系普遍具有耐盐性能差等问题，为了验证该类稠化剂的耐盐性能，采用 RS600 在 30℃、170s^{-1}条件下对添加不同浓度 KCl 体系的压裂液黏度进行了测定(表 9)。

表 9　压裂液基液黏度测定

液体类型	压裂液配方			pH 值	基液黏度/mPa · s	备　注
	稠化剂	助排剂	防膨剂			
低温稠化剂 FS944	0.40%FS944	0.5%JW201		6.5~7.0	45.6	溶液澄清、透明
				6.5~7.0	43.2	溶液澄清、透明
			1%KCl	6.5~7.0	15.3	溶液澄清、透明
			2%KCl	6.5~7.0	11.8	溶液澄清、透明
高温稠化剂 FS924	0.40%FS924	0.5%JW201	1%KCl	6.5~7.0	16.5	溶液澄清、透明
	0.40%FS924		2%KCl	6.5~7.0	14.5	溶液澄清、透明

从试验结果可以看出，随着压裂液基液中 KCl 的加入，压裂液稠化剂黏度降低了 2/3 左右，表明 KCl 对聚丙烯酰胺聚合物增稠具有一定的影响，主要原因为 KCl 中钾离子抑制了聚丙烯酰胺分子的舒展，导致溶液黏度变低。

（2）氯化钾浓度优选

将0.4%FS944+(1%、2%)KCl+0.5%交联剂压裂液体系在90℃、170s^{-1}进行了压裂液耐剪切性能测定。

从试验结果可以看出，加量为1%KCl的压裂液体系在90℃、170s^{-1}连续剪切90min左右，黏度保持稳定，为70~80mPa·s左右，压裂液耐剪切性能良好；加量为2%KCl的压裂液体系随着剪切时间的增加，压裂液黏度不断下降，在剪切50min左右时，黏度降低至50mPa·s左右，压裂液耐剪切性能较差。分析原因为KCl对增稠剂增稠性能的影响，导致交联液冻胶液体稳定性能变差，因此，在压裂液体系可在满足现场施工的条件下选择1%KCl作为防膨剂。

(3) 压裂液耐剪切

根据现场施工条件，采用RS600测定了压裂液在不同温度下、170s^{-1}剪切120min以上，不同压裂液配方的耐温耐剪切性能。试验结果表明0.4%稠化剂不同温度下剪切黏度保持在50mPa·s以上，能够满足压裂液施工要求。

(4) 携砂性能

与常规HPG压裂液剪切性能相当，同时在压裂液冻胶中加入支撑剂陶粒(35%砂比)，在静态条件下放置，3d左右陶粒基本不沉降，表明该压裂液体系具有良好的携砂固砂性能。

(5) 压裂液滤失性能

采用高温高压动静态滤失仪，开展了压裂液滤失性能评价(表10)，试验结果表明，该压裂液体系滤失系数及初滤失量较大，液体形成的滤饼较疏松，造壁性能较差，在地层中可以减少滤饼对地层的伤害。

表10 压裂液滤失性能测定

	0.4%FS944	0.4%FS244	标准值
滤失系数/($m/\sqrt{min}$)	1.03×10^{-3}	6.26×10^{-4}	6.0×10^{-4}
滤失速率/(m/min)	1.72×10^{-4}	7.91×10^{-4}	1.0×10^{-3}
初滤失量/(m^3/m^2)	1.11×10^{-2}	1.25×10^{-4}	1.0×10^{-4}

(6) 压裂液破胶性能

在室内采用常规氧化破胶剂过硫酸铵进行破胶，测定了压裂液在90℃条件下的静态破胶的破胶剂用量及破胶液黏度(表11)。试验结果表明，该压裂液破胶剂用量为300~600mg/L时，压裂液可在90~140min内完全破胶，而常规HPG压裂液与有机硼交联后的破胶剂用量一般为200~300mg/L时，可在90min内破胶。说明该压裂液体系破胶剂用量较大，但室内观察表明，该压裂液破胶液为清澈透明液体，无絮状物产生。

表11 压裂液破胶性能测定(90℃)

压裂液配方	破胶剂用量/(mg/L)	破胶时间/min	破胶后黏度/mPa·s
0.4%FS924+0.5%交联剂	300	120	1.92
	600	90	1.44
0.4%FS924+0.35%高温交联剂	600	120	2.08
0.4%FRK+0.5%交联剂	300	140	1.77
	600	90	1.63

4.2 超分子聚合物压裂液

超分子聚合物压裂液是对纯聚合物类产品的一种改性，引入了长链表面活性剂的疏水基团。利用其在稀溶液中发生较强分子链间可逆的多元缔合作用形成超分子聚集体，而形成三维立体网状结构。该压裂液体系具有摩阻低、残渣含量低、易破胶等优点，大庆油田、苏里格气田等已经开始应用。

目前，国内西南石油大学对超分子聚合物研究较多，经过不断改性已经形成了不同类型的产品，部分产品已经能满足于压裂施工需要。对一种新型的超分子聚合物压裂液体系进行了室内试验评价，该压裂液由稠化剂 APCF-1+交联剂 APCF-B+其他添加剂组成。

（1）稠化剂增稠性能

测定了加入 0%、1%、2%KCl 加量下稠化剂的增稠性能，同时测定不同稠化剂加量 0.4%、0.5%、0.6%APCF-1 的基液黏度。试验结果表明，当在基液中加入 1%KCl 时对基液增稠性能影响不大，选择 1%KCl 作为基液中的无机防膨剂，同时随着基液中稠化剂用量的增加，基液黏度增加最高可达 82mPa·s 左右，表明稠化剂具有良好的增稠溶胀性能，同时利于现场泵送及交联。

（2）压裂液抗剪切流变性能

该压裂液体系成胶后，具有稳定的空间网状结构，分子结构不受外力作用破坏，液体性能稳定。对不同配方疏水缔合聚合物压裂液体系耐温耐剪切性能进行了测定，压裂液体系初始黏度较低，但随着剪切时间的增加，压裂液黏度基本保持不变。

（3）压裂液破胶性能

该聚合物压裂液可采用常规氧化破胶剂过硫酸铵进行破胶，测定加入不同浓度过硫酸铵的压裂液破胶时间（表 12）。随着破胶剂用量的增加，压裂液破胶时间越快，破胶后黏度越低，中低温条件下 1000～1500mg/L 过硫酸铵可以实现短时间破胶，中高温条件采用 50～100mg/L 过硫酸铵可快速破胶。同时测定了 0.4%APCF-1+1%KCl 压裂液破胶后液体的表面张力为 20.56mN/m、界面张力为 1.23mN/m，残渣含量为 54mg/L，在未添加助排剂的条件下，该压裂液具有较低的表/界面张力，有利于措施后液体返排，同时残渣含量较低，对地层伤害小。

表 12 压裂液破胶性能测定

压裂液配方	破胶剂浓度/(mg/L)	破胶性能观察	
		破胶时间/h	破胶液黏度/mPa·s
0.40%APCF-1（60℃）	400	8h 以上	4.53
	600	8	4.32
	1000	4	2.26
	1500	2	1.92
0.45%APCF-1（90℃）	50	4	5.07
	100	2.5	3.23
	300	0.8	1.85

5　结论与建议

① 减阻水压裂液体系降摩阻效果好、易返排，与国外产品对比可看出二者性能指标相当，建页 HF-2 井现场试验表明减阻率达到 71%，能够满足页岩气压裂要求，具有广泛的推广应用前景。

② 低浓度增效压裂液通过添加稠化增效剂，可将现有羟丙基瓜胶使用浓度降低0.15%～0.20%，现场应用效果显著，表明该液体能够满足压裂施工需求。

③ 羧甲基羟丙基瓜胶压裂液与常规压裂液体系相比，其稠化剂使用浓度低（0.2%～0.3%），残渣含量少，对储层伤害率较低，已形成了一系列针对不同温度储层的配方，建议加强现场应用。

④ 低聚物压裂液、超分子聚合物压裂液具有低成本、低伤害的特点，在水平井压裂中具有良好的应用前景，下一步可现场推广应用。

彰武地区压裂液体系研究与应用

王娟娟

（中国石化东北油气分公司工程技术研究院）

摘　要：通过对彰武地区岩石矿物成分、地层流体、储层敏感性进行分析，提出压裂液研究技术措施，按照技术措施对添加剂进行优选试验，形成适应彰武地区的压裂液体系，并对压裂液体系的适应性进行评价。现场施工结果表明，研究形成的压裂液体系具有很好的区域适应性，并取得较好的增产效果。

关键词：彰武地区瓜胶压裂液性能

彰武断陷位于东北松南新区西南一带，勘探程度较低，含油面积 150km²，钻遇义县组、九佛堂组、沙海组共三套含油层系。资源量 1.0869×10⁸t，以九佛堂组为主。

彰武地区是目前探勘的重点，继彰武 2 井常规测试有工业油流后，彰武 3 井压裂测试最高日产 12m³/d，表现出了良好的勘探前景。该地区储层埋藏浅，井温低，含蜡高易结蜡，泥质含量高，岩性复杂(砂岩、火山岩、砂砾岩)，非均质性强，天然裂缝发育，滤失严重，必须通过储层改造实现储量的有效动用。现用压裂液体系配方缺乏针对性。针对该油田储层地质情况进行分析研究和室内试验，形成适应彰武地区的压裂液体系，通过现场施工验证其适应性。

1　工程地质参数分析

1.1　岩石矿物成分分析

选取彰武地区 3 口井部分岩石样品，其中沙海组取样 14 组、义县组取样 14 组、九佛堂组取样 6 组分别进行了 X 衍射测试，测定结果如表 1 所示。

实验结果表明：彰武地区岩石成分以石英、斜长石和钾长石为主。九佛堂组黏土矿物含量相对较高，各井岩芯均含有一定的黏土矿物，其中，伊蒙混层所占比例最高达 69.8%，蒙脱石占 80%，其次为绿泥石(5%~30%，平均 18%)，伊利石(5%~28%，平均 15%)。彰武地区储层黏土含量相对较高，蒙脱石的含量较高，储层极易水化膨胀，九佛堂组绿泥石含量相对较高(平均 17%)是酸敏性矿物，酸化时易造成氢氧化铁胶体沉淀(酸敏)。另外伊利石是速敏性矿物，易造成颗粒运移堵塞地层。

1.2　储层流体分析

对彰武 3-1 井地层水的离子含量、水型和矿化度进行了分析，对彰武 3-1 井地层原油的平均蜡质和胶质沥青质含量进行了分析，分析结果如表 2、表 3 所示。

表 1　彰武地区储层黏土矿物含量分析表

层位	井号/井深	石英/%	斜长石/%	钾长石/%	黏土矿物/%	伊蒙混层/%	伊利石/%	高岭石/%	绿泥石/%	伊蒙混层蒙托石比例/%
沙海组	ZW1-925	27	25	42	6.4	63	18		20	80
	ZW2-950	35	31	30	4.1	72	18	20		80
	ZW2-990	29	26	41	3.5	68	18	14		80
	ZW2-1020	33	29	32	6.3	76	10		14	80
	ZW3-801	33	28	35	4.5	81	8		11	80
	平均	30.6	28.4	35.8	5.2	72.4	13.9		11.3	80
义县组	ZW1-1472	33	30	33	3.9	59	11		14	80
	ZW2-1700	25	35	34	5.0	63	15		22	80
	ZW2-1734	28	32	30	10	81	9		10	80
	ZW3-2074	33	29	32	6.3	80	7	13		80
	ZW3-2087	19	22	52	7.0	83	6	11		80
	平均	28.5	30.6	34.4	6.4	63.1	15		21.7	80
九佛堂	ZW2-1220	27	28	34	11	76	10		14	80
	ZW2-1228	17	16	56	11	72	12		16	80
	ZW3-1540	36	29	31	4.9	46	42	12		80
	ZW3-1552	32	27	35	6.5	62	18		20	80
	平均	26.9	25.1	40.1	7.9	69.8	15.8		16.7	80

表 2　地层水分析结果

井号	离子含量/(mg/L)						pH	水组	水型	矿化度/(mg/L)
	Ca^{2+}	Mg^{2+}	Na (K^+)	Cl^-	SO_4^{2-}	HCO_3^- (CO_3^{2-})				
彰武 3-1	239.15	0.00	2046.88	2402.52	55.19	1955.77	7.65	Cl^-	碳酸氢钠	6699.51

实验结果表明：彰武油田地层水属于碳酸氢钠型，碳酸根含量高，并且含有一定量的钙离子。

表 3　原油分析结果

井　号	平均相对分子质量	平均蜡质/%	油质含量/%	胶质沥青质含量/%
彰武 2-1-3	248.484	29.703	73.261	26.739

实验结果表明：彰武油田原油中易乳化物质胶质沥青质蜡质含量较高，外来流体易引起地层乳化伤害。从储层流体性质看，要求压裂液除了具有一定的金属离子稳定性外，还应该具有良好的破乳性能。

1.3　储层敏感性分析

实验结果表明：储层的水敏和酸敏损害比较严重，盐敏、碱敏相对较弱，不同的井相同层位储层的敏感性差异较大。总的来说，水敏和酸敏的伤害是主要的，其次是碱敏性和速敏性，盐敏性较弱(表 4)。

表4 岩芯敏感性实验结果

内容＼层段	沙海组	义县组	九佛堂
速敏性	弱到中等偏弱	弱	中等偏弱
水敏性	中等偏强	中等偏弱	中等偏强
盐敏性	弱	中等偏弱	弱
酸敏性	中等偏强	中等偏强	中等偏强
碱敏性	弱到中等偏弱	弱	弱到中等偏弱

1.4 优化措施

针对该区块的地质特征，结合储层温度35~55℃，通过以下措施对压裂液体系进行优化：

①优化瓜胶浓度，减小堵塞伤害；②针对低温黏土矿中蒙脱石含量较高，提高黏土防膨性能，选用复合防膨剂；③针对碳酸氢钠型地层水，增加防垢剂，防止钙镁离子结垢；④提高醇助剂的量；⑤控制压裂液矿化度，预防地层盐敏伤害；⑥针对低温地层，开展低温破胶研究。

2 形成的压裂液体系

通过对稠化剂、黏土防膨剂、助排剂、等添加剂的优化，形成了针对彰武地区的压裂液体系如下：

基液：0.25~0.33%瓜胶+0.1%EDTA+1%KCl+0.5%黏土稳定剂+0.2%破乳剂+0.3%复合醇醚

交联剂：0.06%硼砂　pH调节剂：0.05%碳酸钠　破胶剂：APS+生物酶

3 压裂液性能评价

3.1 耐温耐剪切性能评价

0.33%瓜胶压裂液50℃黏温曲线测试(图1)。

实验结果表明，压裂液在经历120min剪切之后，表观黏度一直保持在300mPa·s以上，能有效满足施工要求。

3.2 与地层流体配伍性评价

3.2.1 压裂液与地层水配伍性

将破胶液与ZW3-1HF地层水在100mL具塞量筒中按1：2，1：1，2：1的体积比混合，静置24h，实验结果如表5、图2所示。

表5　与地层水配伍性实验

ZW3-1HF	比例	现　象
地层水与破胶液比例	1：2	无沉淀
	1：1	无沉淀
	2：1	无沉淀

实验结果表明：破胶液与地层水以三种体积混合24h后均无沉淀产生，说明压裂液与地层水配伍性良好。

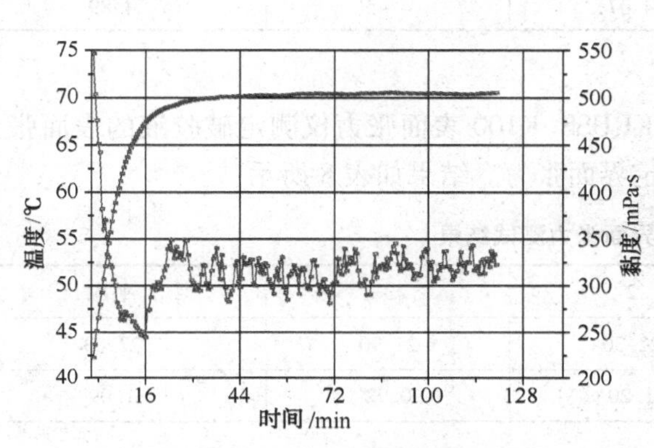

图1　压裂液黏度-时间曲线（50℃）

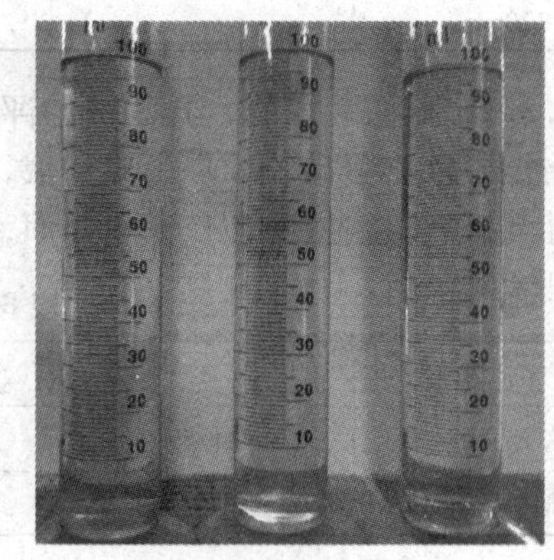

图2　压裂液与地层水配伍性

3.2.2　压裂液与原油配伍性

将彰武3井原油油水分离。分离后的原油和压裂破胶液分别按3：1，1：1，1：3的体积比混合，分别记录时间为3min，5min，10min，15min，30min，60min及2h，4h，12h，24h分离出的破胶液体积。实验结果如表6、图3所示。

表6　破乳率实验

彰武3	比例	破乳率/%
地层水与原油配伍性	1：3	100
	1：1	98
	3：1	93

实验数据表明，研究形成的压裂液体系与原油配伍性好，当部分破胶液滤入地层不会产生与原油产生乳化伤害。

3.3　破胶性能评价

3.3.1　破胶液黏度评价

按照彰武新配方配置压裂液，加入破胶剂后，恒温至一定温度，至破胶液黏度<5mPa·s，取破胶液上清液，用毛细管黏度计测定黏度，实验结果如表7所示。

通过破胶实验可以看出，压裂液能够在2h以内破胶，黏度<5mPa·s，能够满足施工的要求，同时能够快速返排，降低裂缝对导流能力和基质渗透率的伤害。

图3　压裂液与原油配伍性

表 7 50℃破胶实验(mPa·s)

序号	1	2	3	4
低温酶/ppm	40	40	40	40
APS/%	0.08	0.06	0.04	0.02
30min	帘丝	帘丝	帘丝	帘丝
60min	丝滴	丝滴	丝滴	丝滴
90min	4.75	7.38	6.32	丝滴
120min	—	4.07	4.45	4.89

3.3.2 破胶液表面、界面张力评价

将压裂液充分破胶，取上层清液，用 KRUSS-K100 表面张力仪测定破胶液的表面张力，以煤油和破胶液清液界面作油水界面，测定界面张力。结果如表 8 所示：

表 8 表界面张力测试结果

序号	1	2	3	平均
表面张力/(mN/m)	21.89	22.30	21.90	22.03
界面张力/(mN/m)	1.15	1.20	0.92	1.09

实验结果表明：调整后的彰武油田压裂液配方表界面张力都较低，这有利于压裂液的返排，满足低伤害的要求。

3.4 残渣测定

配置一定浓度的压裂液，对不同交联剂和破胶体系的残渣含量进行测定，结果如表 9 所示。

表 9 残渣含量(50℃，mPa·s)

瓜胶浓度/%	交联体系	破胶体系	残渣含量/(mg/L)
0.35	硼砂	APS+三乙醇胺	260
0.35	硼砂	APS+低温酶	110
0.35	YL-JL-4	APS+三乙醇胺	190
0.35	YL-JL-4	APS+低温酶	90

实验结果可知，采用酶破胶剂和 APS 复配，能够彻底破胶，满足快速返排的要求，并且破胶液残渣含量少，残渣含量为 90mg/L，结合降本增效的目的，选用硼砂做交联剂，APS+低温酶做破胶剂。

3.5 岩芯基质渗透率伤害评价

对岩芯进行渗透率伤害实验，结果如表 10 所示。

实验结果表明：原配方对储层损害程度较大，伤害程度中等偏弱。配方调整后，压裂液对地层伤害率减小，伤害程度为弱。

表 10 压裂液伤害实验结果

层位	岩芯编号	渗透率/$10^{-3}\mu m^2$		D_{ve}/%	伤害程度	备注
		$K_{伤害前}$	$K_{伤害后}$			
义县组	ZW1-8	10.64	8.87	16.64	弱	新配方油
九佛堂	ZW2-6	1.0138	0.8095	20.15	弱	新配方水
沙海组	ZW2-13	0.2389	0.1941	18.75	弱	新配方油
沙海组	ZW2-14	0.0926	0.0625	32.51	中等偏弱	老配方油
九佛堂	ZW3-1	0.5437	0.4362	19.77	弱	新配方油
九佛堂	ZW3-6	0.2578	0.1677	34.95	中等偏弱	老配方油

4 现场施工

配方调整后，彰武地区共压裂 22 井次，其中探井 3 井次，开发井 19 井次(直井 18 井次，水平井 1 井次)，压裂施工成功率 95.4%，措施有效率 81.3%，平均加砂强度 7.83m^3/m，平均砂比 24.3%，压后累计产油 2176t(表 11)。

表 11 压后效果统计表

井 号	压裂井段/m	厚度/m	压后产量	
			日产/(m^3/d)	累计/t
ZW2-2-1	1260.0~1334.6	19.9	少量油花	327.33
ZW2-1-1	1342.8~1364.6	9.0	少量油花	277.26
	1290.9~1305.6	12.5	少量油花	
ZW2-4-3	1333.6~1358.9	9.4	日产油 21.2	763.54
ZW2-4-1	1340.5~1363.4	7.5	日产油 10.1	306.63
ZW2-2-2	1238.3~1295.8	13.9	无油气显示	182.34
ZW2-6-5	1532.5~1584.7	12.6	日产油 2.25	99.79

根据彰武油田岩石矿物成分分析、储层流体性质和敏感性对苏家屯原配方进行调整，形成了有针对性的配方，在保持瓜胶性能的基础上降低残渣和伤害，因此，有利于改善压裂效果。

5 结 论

① 通过对地质参数的研究及大量添加剂优选试验，形成了针对彰武油田的压裂液体系。

② 研究形成的压裂液体系抗温抗剪切性、与地层流体配伍性良好；破胶速度快、破胶彻底、破胶液表界面张力较低，能够满足快速返排的要求；与原压裂液配方相比，残渣含量降低，岩芯伤害降低 15%。

③ 现场施工 22 井次，施工取得成功，并取得较好的增产效果。

④ 研究形成的彰武压裂液体系具有很强的区块适应性，能满足苏家屯油田的施工和增产需要。

第五部分
监测与测试篇

试井模拟在页岩气产能预测中的应用

王松刚　杨家祥

（中国石化江汉石油管理局井下测试公司研究所）

摘　要：对页岩气水平井段长度、措施规模与天然气产能之间关系的预测，决定了页岩气钻井与措施规模的决策，与页岩气单井开发成本密切相关，目前国内的页岩气勘探开发刚起步，对页岩气产能预测还处于探索阶段，本文用目前国内较先进的 Saphir 软件采用水平对水平井措施地层的渗透性、产量、压力关系进行模拟，为页岩气地层产能预测寻找一种可以在今后大规模开发时采用的现场计算方法。

关键词：页岩气产能　试井模拟　水平压裂井

1　页岩气产能预测存在的问题

页岩地层为特低渗地层，为获得工业气流需要采用水平井及分段改造技术。在一定的地层条件下，水平井段长度及措施规模是决定地层能否达到工业油气流的重要条件，因此页岩气产能预测的主要问题是对页岩地层的水平井措施后的产能预测问题。

2　试井模拟技术在页岩气产能预测中的应用

页岩气地层中气体以吸附状态存在于页岩的基质孔隙中，气体流入井筒通常要经历从基岩解析、扩散进入裂缝、由裂缝进入井筒这三个过程。李建秋等人推导出的气层在均质低渗、等温、低速非达西流忽略重力、毛管力影响下的单相气体扩散方程为：

$$\frac{1}{r}\frac{\partial}{\partial r}\left(r\frac{\partial \phi}{\partial r}\right)=\frac{\phi\mu_i \overset{*}{c}_i}{k}\frac{\partial \phi}{\partial \overset{*}{t}_{\mathrm{a}}}$$

式中：

拟压力：$\phi(p)=2\int_{p_b}^{p}\frac{p}{\mu Z}\mathrm{d}p$

综合压缩性数：$\overset{*}{c}_{\mathrm{t}}=c_{\mathrm{g}}+\frac{p_{\mathrm{sc}}Tp_{\mathrm{L}}v_{\mathrm{L}}Z}{T_{\mathrm{sc}}\phi p(p+p_{\mathrm{L}})^2}$

拟时间：$\overset{*}{t}_{\mathrm{a}}(\bar{p})=\mu_i\overset{*}{c}_{ti}\int_{o}^{t}\frac{\mathrm{d}t}{(\mu\overset{*}{c}_t)_{p}}$

水平井措施后的压力与产能变化情况用解析法进行求解很困难，因此需要采用数值模拟技术予以解决。

目前 KAPPA 公司最新版的 Saphir4.20 软件提供了对页岩气地层水平井压裂地层的部分模型的数值模拟计算功能。

3 具体做法

页岩气水平井产能与地层水平渗透率、纵向渗透率、地层厚度、水平井眼长度、井眼半径、井眼位置、气体黏度、生产压力差、地层污染及改善程度、兰格缪尔压力、单位岩石气体含量情况有关。对气层来说，气体黏度在一定温度压力条件下可以通过理论公式计算出来，地层厚度、水平井眼长度、井眼半径、井眼位置是固定值，生产压力差在地层压力至零之间变化，由此如果能给定较为准确的地层渗透率、裂缝导流能力和地层污染及改善情况，则可以使用试井软件中的针对页岩地层设计的数值模拟软件对地层的压力和产能变化进行预测。

最新的 Saphir4.20 软件提供了对页岩气地层水平压裂井的数值模拟功能，通过对试井软件输入不同产量来模拟地层压力变化情况，即使用试井模拟手段来观察产量和井底压力关系，使井底地层压力在合理范围内变化的产量数据都是合理的产量数据，当产量变化使地层压力变化超出了合理范围时即是产量的上限，由此得到了不同生产条件下的产能预测。

我们通过建页 HF-1 井的实例，进行一次模拟，探讨应用试井模拟技术预测页岩气产能的方法。

3.1 井的基本参数

建页 HF-1 井是上扬子地台川东褶皱带石柱复向斜中部建南构造北高点上的一口针对页岩气地层进行钻探的预探井，试气层位为下侏罗统自流井组东岳庙段。井底 1777.77m，计算垂深 621.21m，井斜 90.5°，方位 354.04°，总水平位移 1262.64m，总水平段长度 1022.52m。

东岳庙段取心段测井解释孔隙度最大为 4.9%，最小为 1.7%，平均为 3.8%。(564.0~643.0m)渗透率平均为 0.626mD；水平段(613.0~622.0m)渗透率平均为 0.407mD。

设计对本井东岳庙页岩段分 8 段射孔压裂：第一压裂井段 1655.4~1596m；第二压裂井段 1542.4~1448m；第三压裂井段 1442.4~1392m；第四压裂井段 1335.4~1304m；第五压裂井段 1190.4~1125.0m；第六压裂井段 1060.4~993m，第七压裂井段 919.4~860.0m，第八压裂井段 798.4~765m。实际施工时第六段地层因工程原因未进行压裂。每段地层射开三个井段进行压裂。图 1 为建页 HF-1 井井身示意图。

压裂施工总液量 12037.6m^3，总砂量 603.6t(394.5m^3)施工压力 21~36MPa，施工排量 10.0~10.5m^3/min，平均砂比 4.1%。施工曲线如图 2 所示。

施工曲线显示破裂、延伸及停泵压力均不同，表明各级压裂形成了独立的缝网，没有出现窜槽；施工压力均出现下降现象，表明裂缝延伸过程中沟通天然裂缝，形成缝网。

井底垂深：621.31m；压力系数(预计)：1.36；地层压力(估算)：8.27MPa；页岩层厚

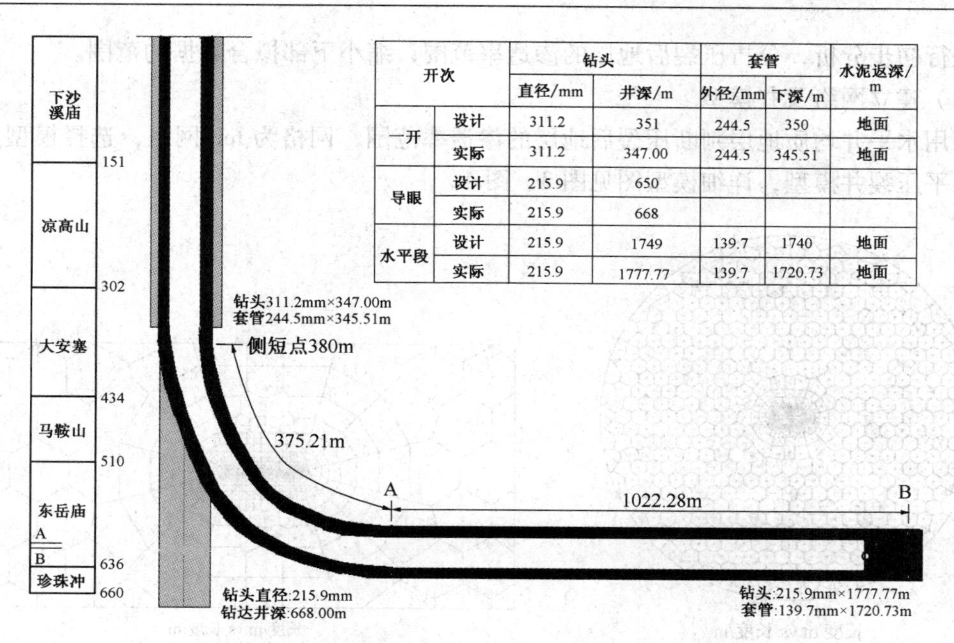

开次		钻头		套管		水泥返深/m
		直径/mm	井深/m	外径/mm	下深/m	
一开	设计	311.2	351	244.5	350	地面
	实际	311.2	347.00	244.5	345.51	地面
导眼	设计	215.9	650			
	实际	215.9	668			
水平段	设计	215.9	1749	139.7	1740	地面
	实际	215.9	1777.77	139.7	1720.73	地面

图 1　建页 HF-1 井实钻井身模型

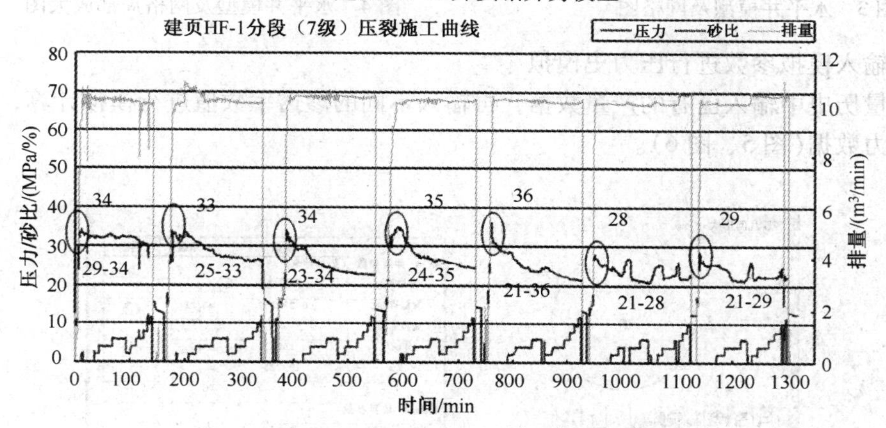

图 2　建页 HF-1 井多级压裂施工曲线

度：58.45m；地层温度：37℃；兰格缪尔压力（实验）：2.5MPa；产层井段长度：1022.28m；井径：0.108m；气产量：$11550m^3/d$；水产量：$43m^3/d$；生产时间：552h；油压：0.1MPa；关井恢复时间：48h；关井恢复井口油压：2.9MPa；对地层分 7 段进行压裂，压裂缝 21 条，设计压裂缝长 250m 左右。

采用的模拟模型为上下有不渗透地层相隔的水平井，水平井段位于地层中间，用拟压力计算。采用的封闭边界圆型地层水平压裂井模型进行模拟。

由于该井没有进行试井，无渗透率参数，因此首先用试井模拟技术对该井现有资料进行一下分析，以求得该类地层的渗透情况，总结参数并为下部模拟提供合理参数。

3.2　进行初步模拟

由于模拟所需参数较多，如没有一定的范围限定，模拟工作量很大，结果难以分析，因此先进行初步分析，分析压裂后地层的渗透率范围，缩小下部拟合数据的范围。

（1）建立网络及井模型

采用水平井均质地层判断压裂后地层的渗透率范围，网格为 teb 网格，选择模型为均质地层水平压裂井模型，详细模型图见图 3、图 4。

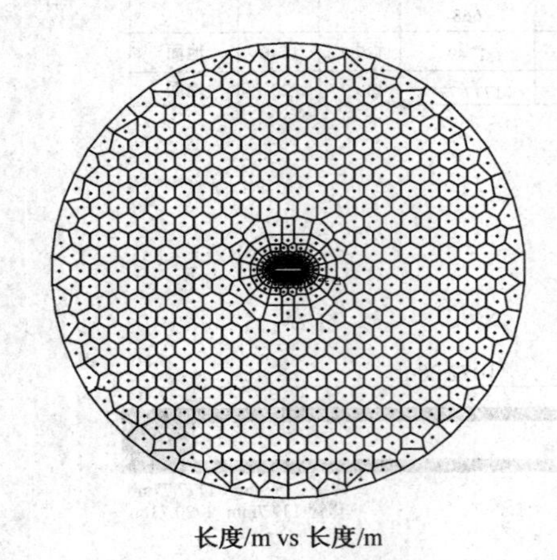

图 3　水平井模型及网格图

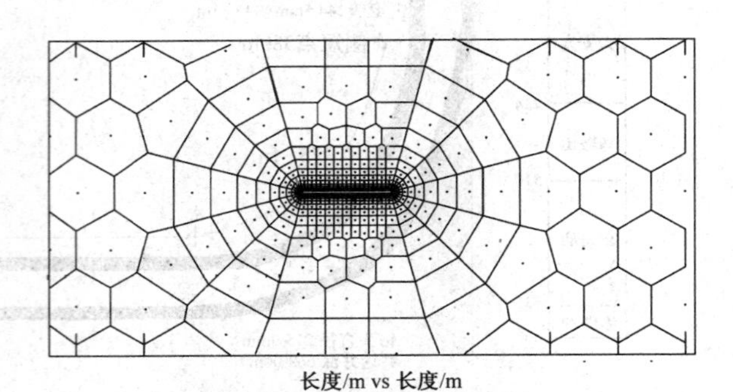

图 4　水平井模型及网格局部放大图

（2）输入模拟参数进行压力史模拟

在流量历史中输入已有的产量数据，再输入不同的渗透率数值进行模拟计算，分析生成的时间压力数据(图 5、图 6)。

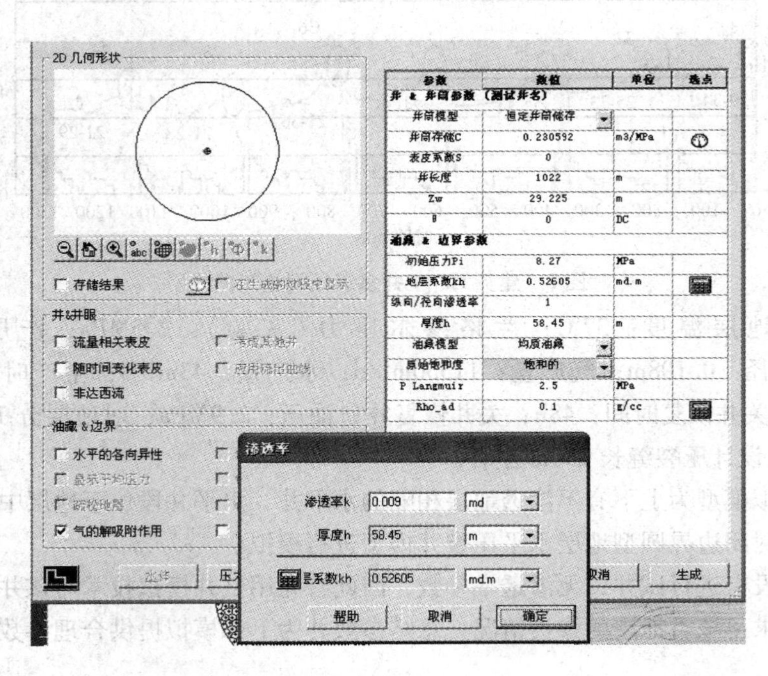

图 5　模拟参数表输入表

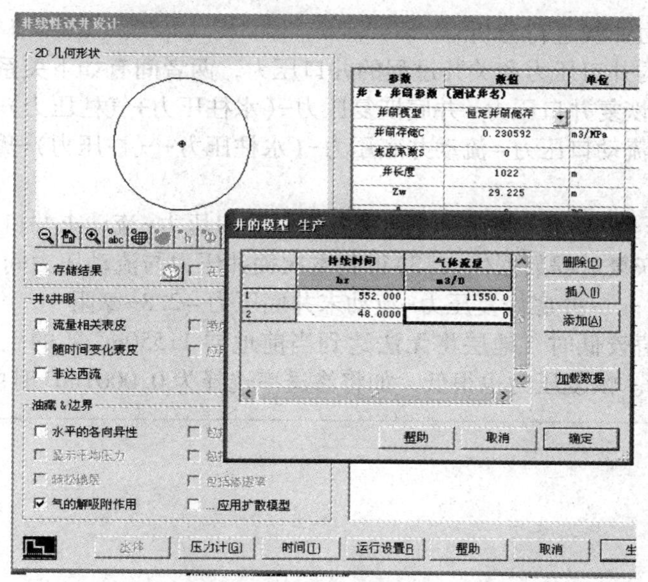

图 6　流量历史数据输入表

利用上述参数生成与实际生产历史时间一致的时间-压力曲线，如图 7、图 8 所示。

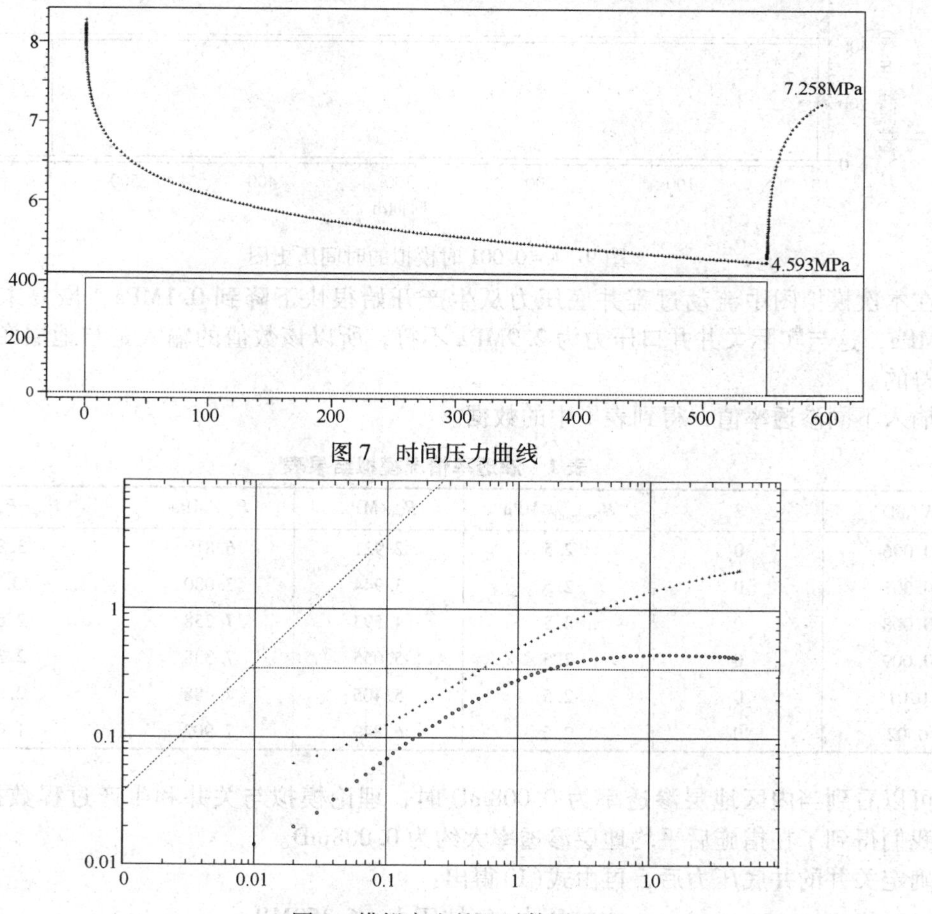

图 7　时间压力曲线

图 8　模拟产生的双对数图

(3) 对时间压力曲线进行分析

分析流动过程的井口压力和关井过程的井口压力，两者间有如下关系：

$$恢复井口压力=井底恢复压力-(水柱压力+气柱压力) \quad (1)$$

$$流动口压力=流动井底压力-(水柱压力+气柱压力)-摩阻 \quad (2)$$

所以有：

$$井底恢复压力-流动末井底压力=关井恢复井口压力-流动末井口压力-摩阻 \quad (3)$$

将本次生产及恢复过程数据代入(3)得到本次关井压力与流动压力间关系式得到：

$$井底恢复压力-流动末井底压力=2.8-摩阻 \quad (4)$$

当渗透率输入值较低时，地层将无法达到当前地层 11550m^3/d 的生产能力，井底流压曲线将降为 0.1MPa。恢复压力也很低，如将渗透率选择为 0.0001mD 时曲线情如图 9 所示。

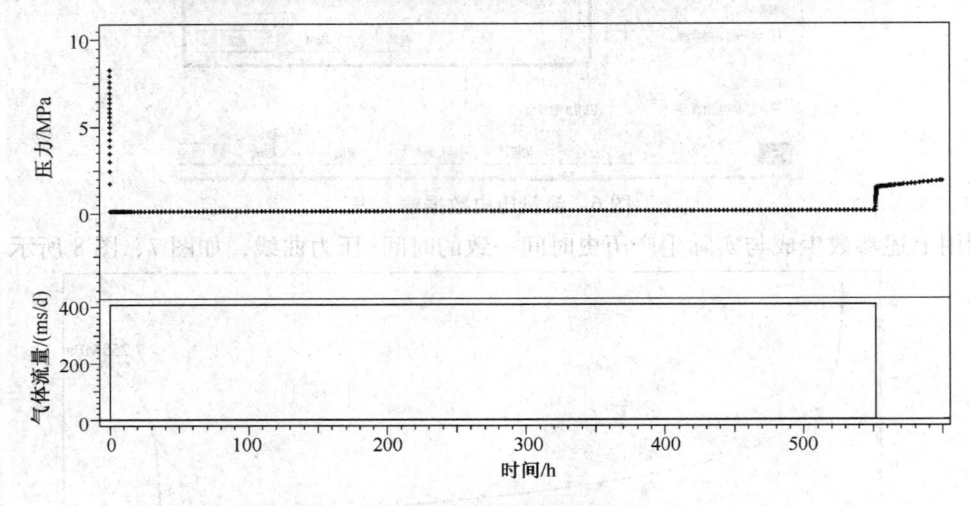

图 9 K=0.001 时模拟的时间历史图

在本次模拟图中流动过程井底压力从生产开始很快下降到 0.1MPa，恢复末点压力为 1.94MPa，这与实际关井井口压力为 2.9MPa 不符，所以该数值的输入是与地层实际渗流能力不符的。

输入不同渗透率值，得到表 1 中的数据。

表 1 渗透率情况模拟结果表

K/mD	S	$P_{langmuir}$/MPa	P_{wf}/MPa	P_{ws}/MPa	$P_{ws}-P_{wf}$/MPa
0.006	0	2.5	2.921	6.819	3.898
0.007	0	2.5	3.944	7.080	3.13
0.008	0	2.5	4.593	7.258	2.665
0.009	0	2.5	5.055	7.338	2.333
0.01	0	2.5	5.405	7.488	2.083
0.02	0	2.5	6.849	7.902	1.053

可以看到当内区地层渗透率为 0.008mD 时，理论模拟与关井和生产过程数据最接近，由此我们得到了在措施后平均地层渗透率大约为 0.008mD。

确定关井的井底压力后，再由式(1)得出：

$$水柱压力+气柱压力=4.358MPa$$

根据建南地区常见气体压力梯度，假定气体压力梯度为 0. 15MPa/100m，则可以计算出井筒水柱高度为 204m。

3. 3　进行水平井压裂地层模型的模拟

由于本次压裂设计裂缝长度为 250m，流体沿裂缝流动必然产生压力降落，所以选择有限导流裂缝进行模拟，地层渗透率值从 10^{-3}mD 开始模拟，改变 F_{cd} 值得到不同结果，然后将渗透率减少一个数量级，模拟不同渗透率及导流系数下地层的压力反应。

（1）建立水平压裂井模型及网络

网格为 teb 网格，选择模型为水平压裂井模型，详细模型图见图 10、图 11。

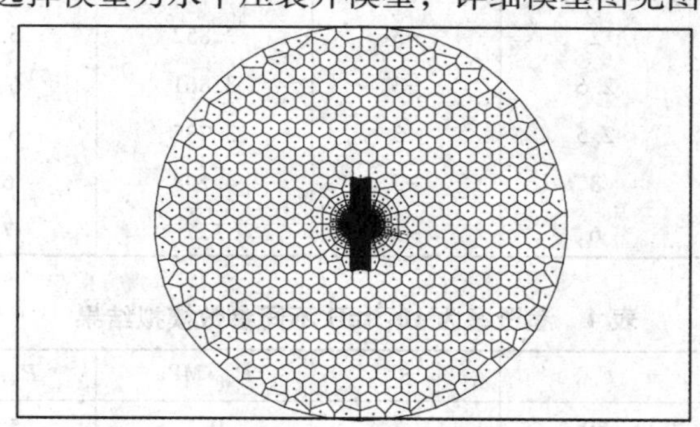

长度/m vs 长度/m

图 10　井与裂缝模型图及网格图

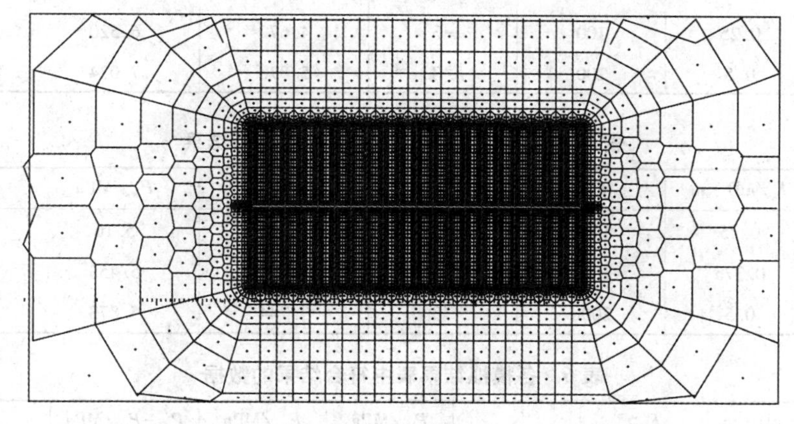

长度/m vs 长度/m

图 11　井与裂缝模型图及网格局部放大图

（2）模拟结果及分析

输入不同渗透率值及裂缝导流系数，得到表 2~表 6 结果。

表 2　渗透率为 10^{-3}mD 不同参数模拟结果

K/mD	F_c/mD · m	F_{CD}	S	P_{wf}/MPa	P_{ws}/MPa	$P_{ws}-P_{wf}$/MPa
10^{-3}	0. 025	0. 1	−3	4. 056	6. 51	2. 45
10^{-3}	0. 05	0. 2	−3	5. 58	7. 08	1. 5
10^{-3}	0. 075	0. 3	−3	6. 15	7. 33	1. 18

续表

K/mD	F_c/mD·m	F_{CD}	S	P_{wf}/MPa	P_{ws}/MPa	$P_{ws}-P_{wf}$/MPa
10^{-3}	0.75	3	−3	7.67	7.99	0.32
10^{-3}	7.5	30	−3	8.08	8.18	0.1
10^{-3}	75	300	−3	8.19	8.22	0.03
10^{-3}	750	3000	−3	8.21	8.22	0.01

表3 渗透率为 10^{-4}mD 不同参数模拟结果

K/mD	F_c/mD·m	F_{CD}	S	P_{wf}/MPa	P_{ws}/MPa	$P_{ws}-P_{wf}$/MPa
10^{-4}	0.025	1	−3	0.1	5.16	5.15
10^{-4}	0.05	2	−3	2.852	5.981	3.129
10^{-4}	0.065	2.6	−3	3.861	6.347	2.486
10^{-4}	0.065	2.5	−3	3.735	6.298	2.563
10^{-4}	0.075	3	−3	4.298	6.53	2.232
10^{-4}	0.15	6	−3	5.7	7.09	1.39

表4 渗透率为 10^{-5}mD 不同参数模拟结果

K/mD	F_c/mD·m	F_{CD}	S	P_{wf}/MPa	P_{ws}/MPa	$P_{ws}-P_{wf}$/MPa
10^{-5}	0.075	30	−3	0.1	5.098	4.998
10^{-5}	0.125	50	−3	2.348	5.629	3.281
10^{-5}	0.15	60	−3	3.186	5.913	2.727
10^{-5}	0.25	100	−3	4.672	6.520	1.848
10^{-5}	0.5	200	−3	5.876	7.074	1.198

表5 渗透率为 10^{-3}mD 不同参数模拟结果

K/mD	F_c/mD·m	F_{CD}	S	P_{wf}/MPa	P_{ws}/MPa	$P_{ws}-P_{wf}$/MPa
10^{-6}	0.25	1000	−3	0.1	5.16	5.06
10^{-6}	0.375	1500	−3	2.722	5.453	2.731
10^{-6}	0.5	2000	−3	3.744	5.873	2.129

表6 各模拟结果表中符合结果的数据

K/mD	F_c/mD·m	F_{CD}	S	P_{wf}/MPa	P_{ws}/MPa	$P_{ws}-P_{wf}$/MPa	分析结论
10^{-3}	0.025	0.1	−3	4.056	6.51	2.45	F_{CD}偏低
10^{-4}	0.065	2.5	−3	3.735	6.298	2.563	关井压力高
10^{-5}	0.15	60	−3	3.186	5.913	2.727	接近
10^{-6}	0.375	1500	−3	2.722	5.453	2.731	F_{CD}偏高

对表6中选择出的数据进行分析，渗透率为 10^{-3}mD 栏中 F_{CD} 低于有限导流裂缝模型的下限值，且流动压力偏高，舍去。渗透率为 10^{-6}mD 栏中 F_{CD} 高于有限导流裂缝模型的上限值，舍去。渗透率为 10^{-5}mD 栏中 F_{CD} 处于正常范围，但流动压力和关井压力略高，所以渗透率值介于 10^{-5}~10^{-6}mD。再将渗透率由低到高进行模拟。

表 7　详细模拟结果

K/mD	F_c/mD · m	F_{CD}	S	P_{wf}/MPa	P_{ws}/MPa	$P_{ws}-P_{wf}$/MPa
2×10^{-6}	0.15	300	−3	0.1	4.738	4.6
3×10^{-6}	0.225	300	−3	2.590	5.540	2.95
4×10^{-6}	0.3	300	−3	4.081	6.178	2.97
5×10^{-6}	0.225	180	−3	3.492	6.007	2.515
6×10^{-6}	0.2	133	−3	3.371	5.972	2.6

从表 7 中确定基质地层渗透率为 6×10^{-6}mD，裂缝无因次导流能力 133。

3.4　对本层页岩气不同条件下的产能预测

在得到基质地层的渗透率后我们就可以通过修改井眼条件，裂缝条数、裂缝长度、井底压力计算不同井况及生产条件下的产能而达到预测页岩气产能的目的。

如表 8 所示。本井地层在无措施条件下即使井筒无水，井口完全放开产能只有 105m³/d。如在水平井眼长度为 500m，压裂 12 条裂缝，200m 水柱高度的情况下气产量为 7100m³/d。井筒无水，井底压力为 1.125MPa 的生产条件下产量将达到 8200m³/d。1022.28m 水平井筒无水的情况下气产量为 14100m³/d。如在水平井眼长度为 1500m，压裂 36 条裂缝 200m 水柱高度的情况下气产量为 19800m³/d，井筒无水，井口压力为 1.125MPa，的生产条件下产量将达到 24600m³/d。

表 8　建页 HF-1 井不同井眼、不同措施条件下的产能预测

产层段长/m	压裂条/mD	K/mD	F_{CD}外	S	水柱高度/m	井底压力/MPa	气产量/(m³/d)
500	0	6×10^{-6}	0	0	0	1.34	48
1022.28	0	6×10^{-6}	0	0	0	0.96	105
2000	0	6×10^{-6}	0	0	0	1.17	230
500	12	6×10^{-6}	133	−3	200	3.1	7100
500	12	6×10^{-6}	133	−3	0	1.125	8200
1022.28	21	6×10^{-6}	133	−3	200	3.39	11550
1022.28	21	6×10^{-6}	133	−3	0	1.206	14100
1500	36	6×10^{-6}	133	−3	200	3.482	19800
1500	36	6×10^{-6}	133	−3	0	1.125	24600

4　结　　论

通过表 8 的模拟可以看出，页岩地层未经措施其产能是很低的，水平井加措施是使地层达到工业气流的重要手段。通过表 6 可以看到，当地层原始渗透率降低时，所需压裂缝的导流能力迅速增加，即对措施提出更高的要求。当地层渗透性低到一定程度对水平井眼长度和措施规模要求很高，而产出甚少，造成效益变差。试井模拟可以大体了解不同渗透性地层达到所需产能的水平井眼长度和所需措施参数，为页岩气地层开发提供初步决策依据。

5 存在的问题

① 页岩地层措施井渗透率的改善程度与基质的矿物性质不同种矿物含量、孔隙度、措施规模和措施方式相关，目前这方面的统计资料很少，需要一定数量的措施井统计数据以建立相互的关联，为产能预测提供可靠基础。

② 软件模型有限无法完全模拟实际地层情况。

目前的软件只提供了对页岩气均质地层直井和水平井压裂地层分析手段，且水平井压裂模型在水平井眼内平均分配压裂裂缝，与实际施工情况有差异，由于页岩气地层压裂后往往在井眼周围形成网状缝，而远井眼地层保持地层原始状态，与实际地层更接近的地质模型应该是压裂井双重介质复合地层模型，而软件目前仅有均质地层压裂井模型，需要进一步发展。

6 建 议

6.1 加强对页岩气试井基础分析

在今后的页岩气地层勘探中在措施前和措施后分别进行试井施工，目的在于：

(1) 了解页岩的岩性、物性与原始渗透率间的关系

在措施前进行试井以了解地层原始渗透率，建立页岩地层测井孔隙度饱和度与试井渗透率产能之间的关系，为产能预测提供基础数据。

(2) 进行压后对比试井，了解措施规模与裂缝导流能力之间的关系

对比措施前后渗透率的改变情况，了解措施规模、措施方式与渗透率改善间的关系，为较准确地预测渗透率提供统计数据。

(3) 利用试井了解地层物性横向变化情况，为措施提供依据

对比何页1井，建111井、建页HF-1井压裂施工图(图2、图12、图13)可以看出，何页1井压裂后期在排量不变的情况下油压不断上升，而建111井在排量稳定的情况下油压稳定，只有在增加砂比和排量的情况下油压上升，建页HF-1井在保持排量稳定的情况下油压不断下降，这三种不同的压裂曲线显示了远井眼地层物性的不同变化情况，其中何页1井远井眼地层物性变坏，而建111井远井眼地层物性稳定，建页HF-1井远井眼地层物性变好。

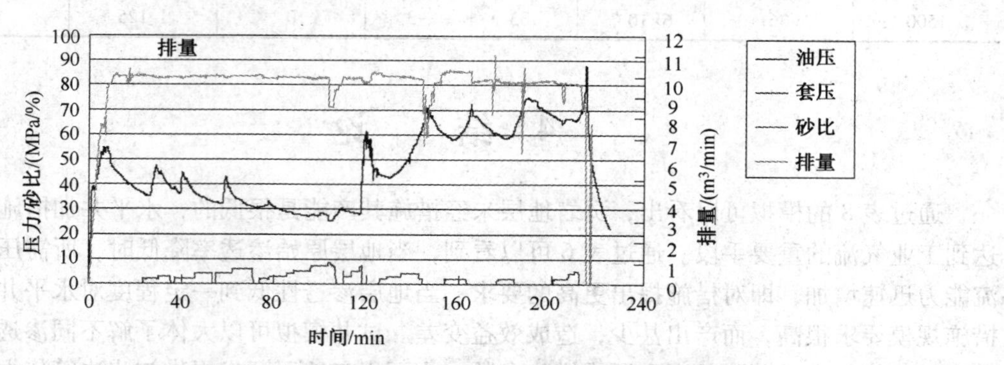

图12 何页1井下志留统龙马溪组底部-上奥陶统五峰压裂施工图

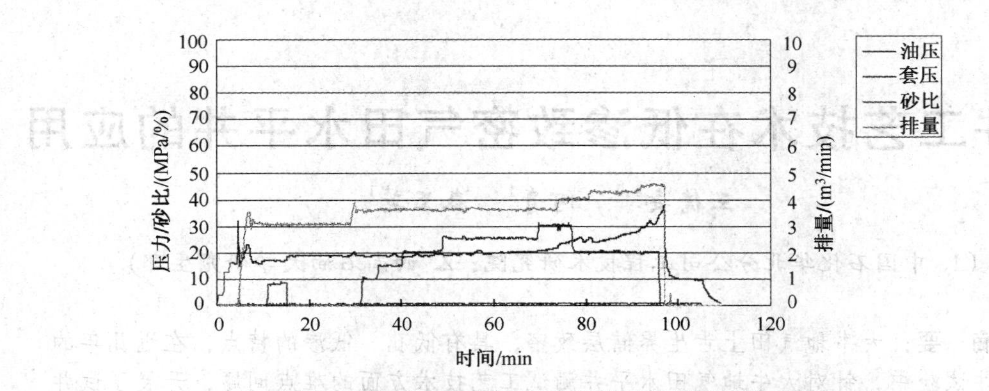

图13　建111上三叠系须家河组须六段压裂施工图

试井资料可以深入地层精确反映物性横向变化情况，这是其他技术难以达到的，利用试井资料进行缝洞性碳酸盐岩措施选层技术已有很大突破，对页岩地层进行试井施工并对资料进行研究将促进页岩气试井技术发展，可以为页岩施工决策提供更多的技术支持手段。

6.2　深入进行页岩气渗流模型研究

建立更加符合页岩气渗流的地质模型并完成数值模拟算法研究，为现场施工人员提供更接近于地层实际情况，更加简便易行的数值模拟工具，以便在将来大规模施工中应用。

试井工艺技术在低渗致密气田水平井的应用

王德安[1,2]　何青[1]　秦玉英[1]

（1. 中国石化华北分公司工程技术研究院；2. 西南石油大学研究生部）

摘　要：大牛地气田上古生界储层致密，具有低孔、低渗的特点，在近几年的水平井试验中，针对大牛地气田水平井测试工艺技术方面的难点问题，开展了试井工艺技术研究，实施了一点法测试和修正等时试井两种稳定试井工艺以及压恢测试的不稳定试井工艺，取得了一定效果，为气井的合理配产提供必要的资料，为评价储层奠定了基础。

关键词：低渗　致密　水平井　试井

引　　言

大牛地气田位于鄂尔多斯盆地北部伊陕斜坡，上古生界自下而上发育了太 1、太 2、山 1、山 2、盒 1、盒 2 和盒 3 七套气层。各套气层具有储层物性差、气层薄、地层压力低、非均质性强的特点。主要目的层的孔隙度为 6.8%~7.9%，渗透率 0.325~0.906mD，地层压力系数为 0.85~0.99，含气饱和度平均为 57%，是一个典型的低压、低孔、低渗透的致密气藏。

为了进一步提高单井产量和气田的开发经济效益，2002 年开始在大牛地气田开展了水平井试验，截至 2011 年年底大牛地气田已成功测试了 30 口水平井，其中 8 口井获经济可采的自然产能，14 口井压裂后无阻流量大于 $5.0\times10^4m^3/d$，主要采用的试井工艺方法有：一点法试井、修正等时试井、不稳定试井工艺。水平井主要采用了一点法试井工艺进行测试，在 DF2 井、DP3 井和 DP27H 井三口井进行了修正等时试井，有 26 口水平井投入生产，有 18 口井产量大于 $1.0\times10^4m^3/d$。

1　试井工艺技术

气井试井的主要目的是确定不同地层压力以及井底压力下的气井生产能力，确定由于井的损害而在井筒附近造成的表皮阻力。一般地说，试井分为两类：①稳定试井；②不稳定试井。

稳定试井是逐步改变若干次气井的工作制度，测量在各个不同工作制度下的稳定产量及与之相对应的井底压力，依据相应的稳定试井分析理论，从而取得气井的产能方程和无阻流量。

不稳定试井是当气井开井、关井时，引起地层压力的重新分布，测量井底压力随时间的变化，根据这一变化结合产量等资料，分析求得气层各种地层参数及气井的污染程度。

1.1　稳定试井工艺

稳定试井包括系统试井、等时试井、修正等时试井和一点法试井。针对大牛地气田低压低渗的储层地质特点，水平井稳定试井主要采用了一点法试井和修正等时试井。

一点法试井只测一个工作制度下的稳定产量和压力，它的应用要求取得稳定的地层压力和一个工作制度下的稳定产气量和井底流压，由此可求取气井的无阻流量。

气井二项式产能方式可表示为：

$$P_e^2 - p_{wf}^2 = Aq_g + B_{q_g}^2 \tag{1}$$

对二项式产能方程整理、推导，最终会得出以下公式：

$$Q_{AOF} = \frac{2(1-\alpha)q_g}{\alpha\left[\sqrt{1+4(1-\alpha)p_D/\alpha^2} - 1\right]} \tag{2}$$

其中 α 为经验参数，确定了经验参数 α 值，便能够建立针对性的一点法产能经验公式。针对鄂尔多斯盆地气田致密低渗的特点，根据前期探索试验的结果，选取 $\alpha = 0.8793$，建立了水平井一点法的产能经验公式：

$$Q_{AOF} = \frac{0.2748Q_g}{\sqrt{1+0.6244P_D} - 1} \tag{3}$$

$$P_D = 1 - \left(\frac{P_{wf}}{P_e}\right)^2 \tag{4}$$

式中 Q_g——气产量，单位 m^3/d；

P_e——地层压力，MPa；

Q_{AOF}——无阻流量，m^3/d；

P_{wf}——井底流动压力，MPa；

P_D——拟压力；无因次。

修正等时试井是等时试井方法的改进，在修正等时试井中，各次关井时间相同（一般与生产时间相等，也可以与生产时间不相等，不要求压力恢复到静压），最后也以某一稳定产量生产较长时间，直至井底流压达到稳定。此方法现场操作简便，既缩短了开井流动期的时间，也减少了关井恢复期的时间，修正等时试井开关井时间相同，该方法与等时试井相比具有省时、高效的特点。结合大牛地气田自身储层特点，选取开关井时间 $\Delta t = 24h$，并在以某产量延续生产之后，进行关井测试压力恢复 30d，工作制度如图 1 所示。

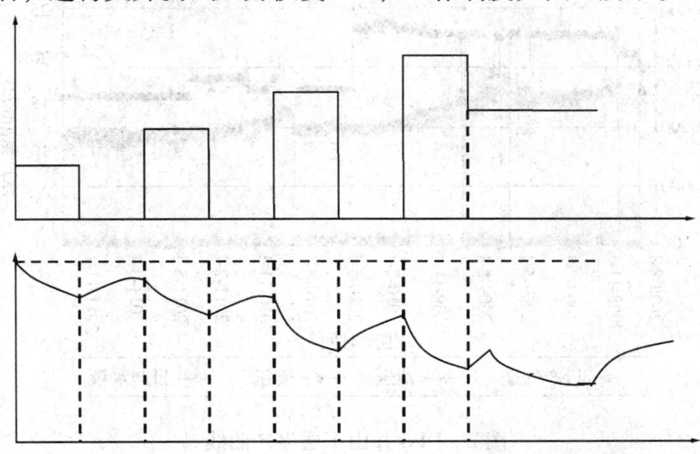

图 1 气井修正等时试井产量压力变化示意图

1.2　不稳定试井工艺

最常用的不稳定试井工艺方法是压力恢复试井和压力降落试井（简称“压降试井”）两种。而压降试井是将长期关闭的井开井生产，测量产量和井底流动压力随时间的变化。大牛地气田处于水平井试验性开发初期阶段，不具备长期关井条件的情况，水平井不稳定试井采用了压力恢复试井。

2　现场应用

2.1　准确获取水平井产能，指导水平井合理配产

（1）一点法试井工艺应用

大牛地气田的大部分水平井采用了一点法进行测试，依据放喷时产能情况，选择合适油嘴进行求产，压差控制在地层压力的20%~25%，求产时间3d。在18口井的应用中，平均气产量$3.8\times10^4m^3/d$，平均无阻流量$7.13\times10^4m^3/d$。

DP6井山1层求产的实施情况为：采用5mm气嘴控制和针阀控制流量，使用高级孔板流量计30.679mm孔板计量，在井口油压为15.4MPa，套压为18.5MPa，地层中部流压20.049MPa/2867.85m（垂深），温度82.674℃/2867.85m（垂深），地层中部压力25.6199MPa/2867.85m（垂深），排液后期平均气产量$3.4381\times10^4m^3/d$的条件下，使用一点法经验公式（3）计算山1气层无阻流量为$8.2453\times10^4m^3/d$。

该井于2008年8月29日开井生产，以无阻流量的2/5比例$3.5\times10^4m^3/d$进行配产，初期生产184d，套压由16.9MPa降至15.3MPa降速率为0.0087MPa/d。

截至2011年12月31日，累计生产1220d，累计产气$3408.8120\times10^4m^3/d$，平均气产量$3.03\times10^4m^3/d$，累计产水$483.66m^3$，平均日产水$0.44m^3/d$。期间井口油压由15.4MPa降至10.7MPa，压降速率0.0038MPa/d；套压由18.5MPa下降至11.7MPa，压降速率0.005MPa/d。生产曲线见图2。

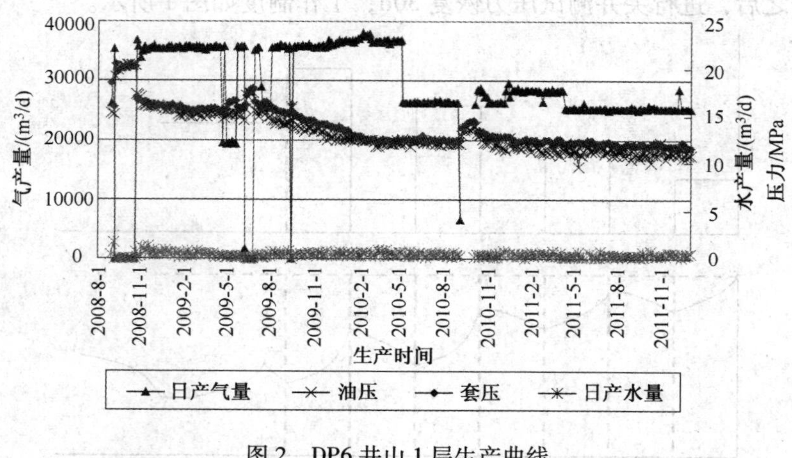

图2　DP6井山1层生产曲线

套压下降的速率小于0.03MPa/d，说明此配产能够实现稳产，也说明采用一点法计算的无阻流量基本反映了水平井的真实产能。

(2) 修正等时工艺应用

大牛地气田目前共进行了三井次的修正等时试井作业，均采用4个工作制度，开关井时间为24h，产量选择递增的方式进行，之后以某一产量延续生产。

其中DF2井是一口2007年完钻的水平井，采用8½in裸眼完井方式，三开采用无黏土相漂珠钻井完井液体系，水平段钻遇总气层长度664.90m，测井解释平均孔隙度为6%，平均渗透率为0.43mD，平均含气饱和度为56%。

DF2井修正等时试井工作制度情况见表1、修正等时试井曲线见图3。

表1 DF2井修正等时试井工作制度

工作制度	压力/MPa	第一		第二		第三		第四		延续
		开井	关井	开井	关井	开井	关井	开井	关井	开井
产量/($10^4m^3/d$)		1.007		1.9722		3.9099		5.3343		4.9547
时间/h		24	24	24	24	24	24	24	24	336
压力/MPa	24.94	23.818	24.796	22.554	24.516	20.161	24.002	17.573	23.93	16.514
日产液量/(m^3/d)		0		0.05		0.3		1.64		0.65

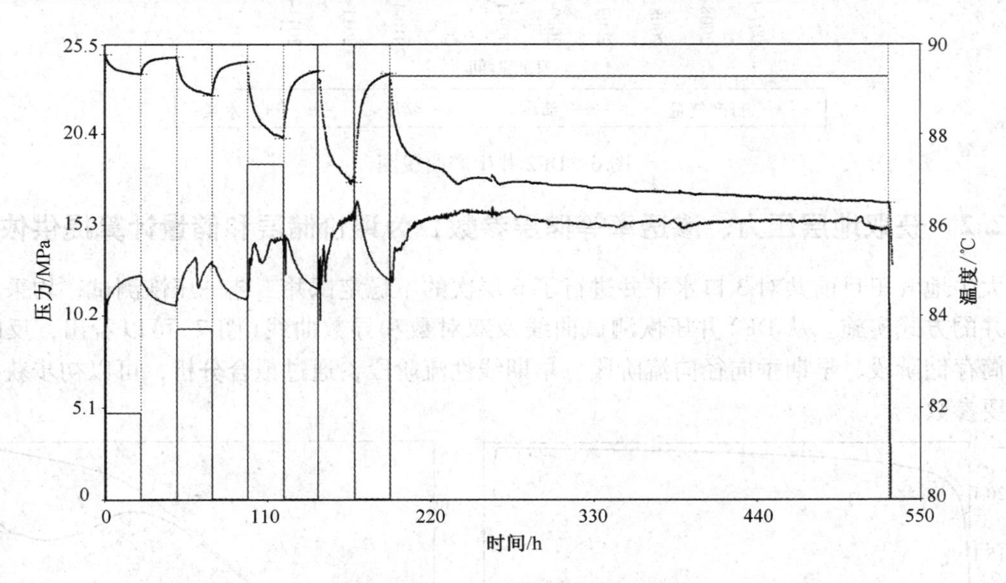

图3 DF2井修正等时试井曲线

依据修正等时试井设计的产量和时间，用二项式对DF2井修正等时测试数据进行试井分析，但由于低渗透的储层特征、测试时间短、井筒积液等因素影响，二项式曲线出现了反向的异常现象(图4)，解释紊流系数B为-1.81。对其进行校正，校正后的二项式特征曲线如图5所示。

根据修正等时试井及试采结果，DF2井无阻流量为$9.52\times10^4m^3/d$，以无阻流量的2/5比例$4\times10^4m^3/d$进行配产基本能够稳产(图6)，连续生产182d，套压下降速率为0.027MPa/d。

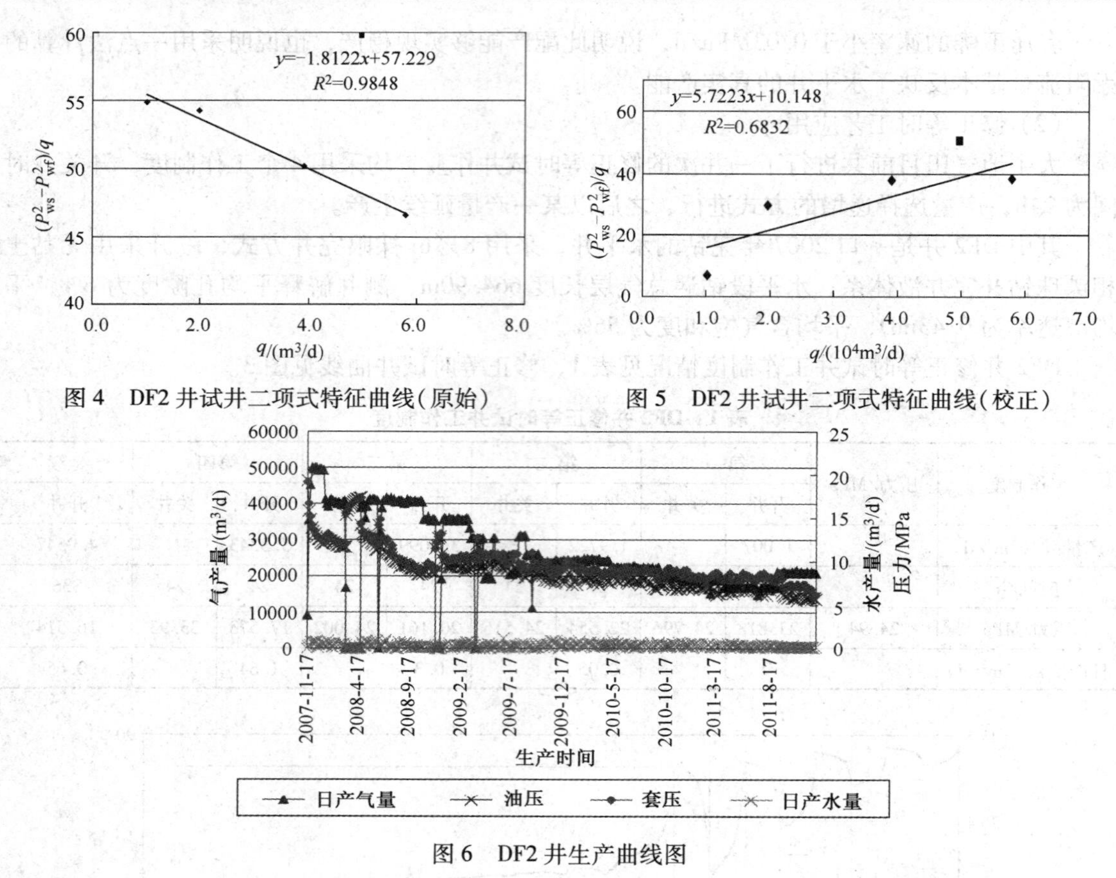

图 4　DF2 井试井二项式特征曲线(原始)　　图 5　DF2 井试井二项式特征曲线(校正)

图 6　DF2 井生产曲线图

2.2　获取地层压力、渗透率等储层参数，为评价储层和储量计算提供依据

大牛地气田目前共对 3 口水平井进行了 6 层次的不稳定试井工艺—压恢测试，均采用井口关井的方式实施。从 DF2 井压恢测试曲线及双对数和导数曲线(图 7)可以看出，反映出了井筒存储阶段、早期垂向径向流阶段、早期线性流阶段，通过拟合分析，可以初步获得储层主要参数。

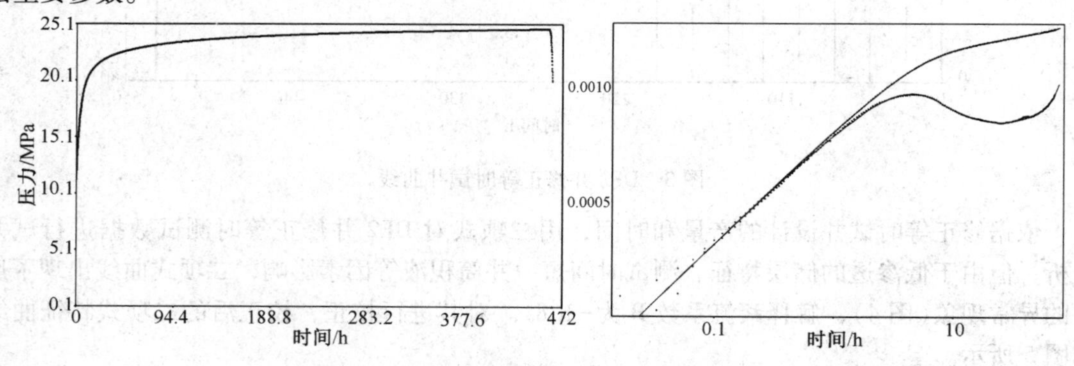

图 7　DF2 井压恢测试曲线及双对数和导数曲线

从压恢测试结果(表 2)可以看出压恢解释的参与流动的有效渗流长度与测井解释的水平段长接近，说明整个水平段均参与了流动。从解释出的表皮系数来看，DF2 井初期解释的表

皮系数为 11. 26，放大产量生产了一段时间后，降为-2. 26，试采三个月后，降为-3. 27，说明随着生产时间的延长以及液体的不断产出，井筒污染程度逐渐降低。从解释出的渗透率来看，渗透性较差，反映出了储层低渗的特征。不稳定试井所获取的储层主要参数为评价储层和储量计算奠定了基础。

表 2　水平井压恢测试解释结果表

参　　数	单位	DF2 井		
关井时间	d	4	19. 3	30
井筒储存系数 C_s	m^3/MPa	16. 7867	11. 90	9. 48
有效渗透率 K	$10^{-3}\mu m^2$	0. 0114	0. 0343	0. 1146
垂向渗透率	$10^{-3}\mu m^2$	0. 6791	0. 0022	0. 0013
表皮系数 S_f		11. 26	-2. 269	-3. 27
水平段有效长度	m	673. 405	634. 91	620. 19
湍流系数		0. 0015	0. 000015	0. 000026
折算中部压力 P_i	MPa	25. 629	26. 309	25. 03
压力系数	无因次	0. 91	0. 93	0. 89

3　结　束　语

通过试井技术在大牛地气田的应用，获取了准确可靠的储层参数，为评价储层，储量计算提供了依据，同时取得了真实的水平井产能，为气田合理配产奠定了基础。

川西致密砂岩气藏水平井测试难点及应对措施

雷先轸　王宁　叶子琳　王均　何灿

（中国石化西南石油局井下作业公司）

摘　要：川西地区中浅层致密气藏水平井开发的难点主要表现在井筒清洗困难、管柱遇卡频繁、工序复杂、井下工具无法满足水平井开发需要等，结合川西水平井气藏自身特点，通过优化射孔工序，实施通井刮管一体化工艺，研制出特殊冲砂工具，改进封隔器内部结构和优化管柱结构，最终形成了以套管射孔、多封隔器压裂完井的川西水平井测试工艺技术。

关键词：水平井　测试　措施　封隔器改进　工艺优化

1　概　　况

川西中浅层气藏主要包括蓬莱镇组、遂宁组和沙溪庙组气藏。储层埋深 2000~3000m，总体属于低渗[$(0.05\sim4.0)\times10^{-3}\mu m^2$]、低孔(3.7%~13.0%)、致密~超致密、非均质性强气藏，储量动用程度低，单层贡献率较低。经过几年的探索，从以往的直井纵向多层压裂完井，发展到目前的以套管多封隔器分段压裂改造为主的水平井完井工艺技术，井下管柱采用液压座封封隔器和投球滑套配合的管柱结构，作业特点是单井分段数较多(4~10 段)，加砂量较大($200m^3$以上)，井口压力高(60~95MPa)，施工排量较高($5\sim8m^3/min$)。通过对现场试验过程中出现的事故进行分析和总结，充分认识到造成水平井测试效率降低、施工失败的问题，并提出了相应的应对措施，为 2012 年川西地区水平井大开发提供了有力技术保障。

2　川西水平井测试难点

2.1　井筒准备期间事故种类多、事故率高

(1) 通井、刮管管柱遇阻事故多、施工效率低

井筒完善是顺利投产的前提，由于泥浆沉淀、井眼不规则、井筒内固相杂质等原因，造成通井、刮管、压裂管柱遇阻等现象频发，作业工序重复操作，极大降低了施工效率。表 1 列出了部分井管柱遇阻情况。

(2) 水平段循环难度大，洗井、冲砂、替浆不彻底

由于重力影响常造成水平段替喷、冲砂难度大，受水平段所处井筒的特殊性导致部分固相杂质在水平段不易被清除，从而影响后期工具入井和封隔器正常坐封。

表1 部分井管柱遇阻统计与分析

序号	井号	通井情况	射孔前冲砂洗井情况	耽误时间/d	备注
1	XS21-15H	光油管通井1次，通井规通井2次，磨铣1次	冲砂洗井9次	884	套管找漏后在泥浆中作业
2	XS21-16H	清水介质通井1次，泥浆介质通井1次	清水介质冲砂1次，泥浆介质冲砂1次	181	通过刮管解决遇阻
3	XS21-18H	清水介质通井2次，泥浆介质通井1次	清水介质冲砂2次，泥浆介质冲砂1次	210.6	

(3) 封隔器下入过程中易遇卡导致意外坐封

水平井的压裂封隔器仍然沿用直井所使用的封隔器(Y241、Y341)，封隔器在进入狗腿角度较大的井段后，由于无法像油管一样弯曲并柔性通过，因此封隔器遇阻后，其坐封销钉极易在机械力的作用下被剪断，造成提前坐封。

2.2 封隔器内径较小，压裂改造分段数受限

川西地区水平井大多采用ϕ139.7mm套管，以及Y241-114型号的封隔器和ϕ73mm油管进行完井，施工时需要通过从小到大依次投入不同直径钢球来打开不同层位滑套实现分段压裂改造目的。目前Y241-114的最大内径为46mm，而最小的钢球直径为28.575mm，钢球间的直径差必须满足大于3mm要求才能确保各级滑套开启不受影响，内通径大小以及钢球级差决定了最大分段数。因此，采用Y241-114封隔器只能进行5段及5段以下压裂，无法满足更多分段数压裂需求。表2为钢球与配套滑套尺寸表。

表2 钢球与配套滑套尺寸

钢球尺寸/mm	配套滑套尺寸/mm	钢球尺寸/mm	配套滑套尺寸/mm
28.575	26/52	44.45	42.5/70
31.75	30/52	47.625	46/70
34.925	33/52	50.8	49/70
38.1	36.5/60	55	52.5/70
41.275	39.5/60	60.325	57/75

2.3 多封隔器压裂管柱难以满足长时间施工要求

川西地区沙溪庙组水平井单段加砂量一般在30~40m^3，单段作业时间1个小时左右，井口施工压力60~80MPa，施工3h后须对车辆补充油料。因此，一口井压裂施工时间在8~10h，封隔器在长时间高压条件下极易失去密封性能，压力上窜至上部套管，造成无法进行正常加砂压裂施工。

3 工具改进及工艺技术优化

3.1 通井、刮管一体化工艺

为提高作业效率，通井、刮管采用一趟管柱，为避免管柱遇阻后卡钻，刮管器设计在通

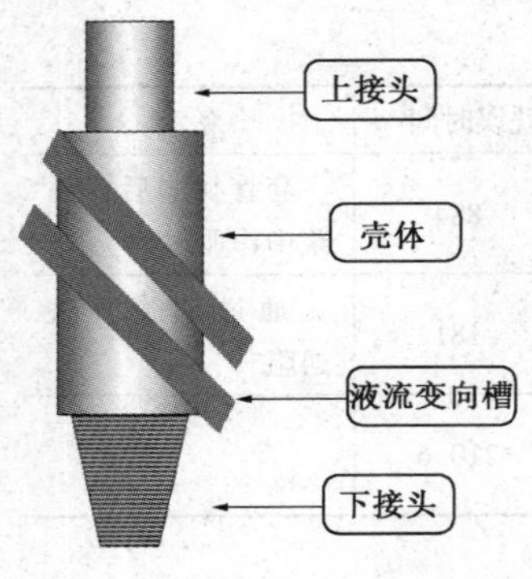

图1 液流变向器

井规下面；为确保水平段能够彻底循环、洗井，优化出适应于水平井的液流变向器(图1)，在通井规本体外侧加工螺旋形水槽，循环液通过液流变向器上的斜向槽使液流改变流向，井底液流形成旋流状态，有助于循环液携带磨屑和杂物的能力，降低了杂物和磨屑的沉降速度，使洗井更为彻底。

3.2 加工特殊冲砂工具，优化冲砂工序

针对水平井前期固井洗井不彻底的问题，例如XS21-16H井、XS21-18H井等。特殊加工了带孔眼的洗井笔尖(孔眼倒角45°，孔眼4个)与刮管器一并使用，利用水泥车大排量的进行冲洗，效果比较好，为后期通井、下射孔枪等工序提供了合格的井筒条件。

工序：冲砂作业时，下改进型侧面斜开孔的笔尖，必须保证排量不低于0.8m^3/min，中途不能停泵，冲砂过程要上下活动管柱，防止卡钻。

① 当油管下至A靶点(第1造斜点)上10m时开始冲洗，开泵循环，边下边冲，冲过A靶点以下50m；

② 下到砂面位置时，先上提3~5m开泵循环，观察悬重、泵压情况并做好记录，循环正常后控制速度缓慢下放油管进行冲砂至井底，循环洗井至进出口水质一致，上提管柱至原砂面位置静停2h再次下管柱实探人工井底无变化后起出油管(返出冲砂液需经过沉淀或振动筛等方式除砂后才能循环再使用)。

3.3 优化射孔工序

射孔工序优化：针对水平井射孔可能遇到的卡枪风险，结合在川东北普光地区水平井测试经验，提出水平井应对措施：一是采用压井泥浆为射孔液，以防喷器为射孔井口装置进行射孔，射孔后及时活动管柱，提射孔管柱出水平井段，避免射孔后因压井及拆采气树、装防喷器长时间作业造成卡枪；二是为确保射孔后的提管串井控安全，采用正循环泥浆，对水平段泥浆循环后上提射孔管柱至直井段观察，再次复探至水平段，有效避免泥浆沉淀带来的风险。

射孔后观察工序优化：射孔后观察不低于2h，观察期间至少每15min活动管柱上下距离不小于10m；若无溢流、漏失和气侵则循环压井液2周后起管柱；若出现气侵或溢流，测油气上窜速度，当油气上窜速度小于50m/h则循环2周后起管柱，当油气上窜速度大于50m/h则加重泥浆压井稳定后方可起钻；若有漏失情况，则进行循环堵漏。压井平稳后上提井内射孔管柱至上部射孔段顶界，观察“起下一趟钻”所需时间，若井筒平稳，则再次下至射孔段底界循环压井液2周以上，确保压井平稳和后期施工安全前提下，提出井内射孔管串。

3.4 复杂井筒条件的工具改进

针对水平井井眼轨迹不规则造成下工具时封隔器易遇卡造成胶皮损坏和提前坐封的情况，开展了封隔器结构优化及改进研究，去掉封隔器卡瓦装置和反洗井通道，缩短中心管长度，改进后的Y341封隔器长度为0.92m，较以前缩短了0.41m，极大降低了封隔器下入过

程中的遇阻概率；另外，增加了Y341封隔器的锁定机构，避免了封隔器坐封销钉在机械力的作用下被剪断，造成封隔器提前坐封的事故。

3.5　5段以上多层压裂封隔器改进

由于原来用的Y241封隔器带有单向卡瓦，卡瓦尺寸限制了工具内径的进一步提升(内径最大46mm)，不能满足5段以上的分段压裂，通过优选，选用了Y341封隔器，取消了单向卡瓦，并优化改进了封隔器内部结构，将通径从54mm增大为57mm，从而满足了水平井10段分段压裂的需要。

3.6　优化管柱结构，提高多层压裂封隔器密封性能

对于5段及以上分段水平井压裂管柱采用在最上面一级的喷砂滑套附近加如水力锚(水力锚位置根据最上部滑套内径确定，水力锚内径54mm，须确保球能达到滑套)，以固定整个施工管柱，防止长时间施工对管柱的抖动，水力锚的作用起到一定的扶正器的作用，另外，加入顶部封隔器，有利于防止压裂施工过程中的油套串通。

3.7　微过量顶替，确保滑套开启

水平井一般采用投球实现分段压裂改造，分段级数越多，低密钢球间的直径差异越小，影响钢球通过性能的因素则越多，少量的陶粒滞留在油管水平段内有可能导致钢球无法顺利通过，鉴于此，在水平井改造过程中采用了微过量顶替工艺，确保钢球的顺利到位；同时当邻近两水平段施工间歇较长，滞留在油套环空内的携砂液破胶后极易沉砂，现场及时投球开启滑套，有效防止了砂卡滑套。

4　现场应用

XS21-16H井是在四川盆地川西坳陷新场背斜构造轴部北翼部署的一口水平井，该井完钻井深2933.00m，垂深2771.4，水平段603.0m，完井方式为套管射孔完井(图2)。

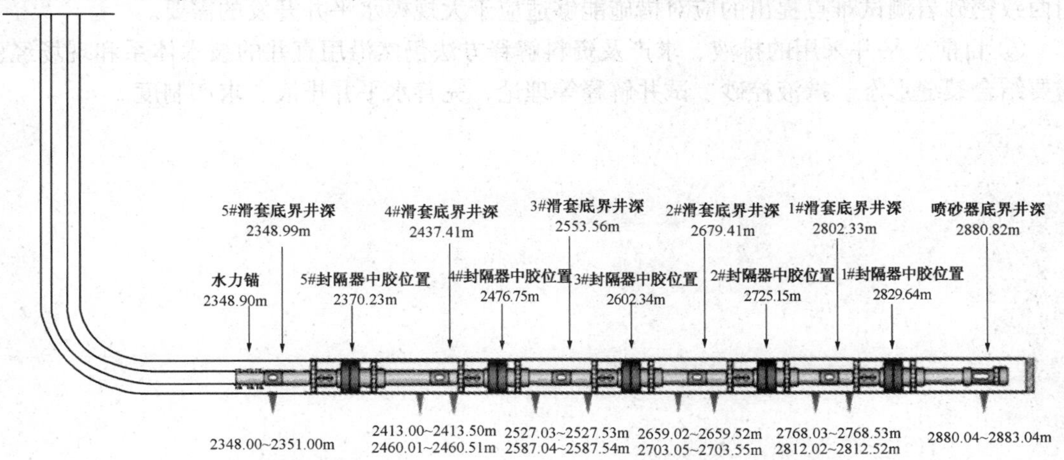

图2　XS21-16H井分段压裂改造井下管柱

在井筒准备期间，通井管柱遇阻且多次循环仍无法下入，起出后发现管柱壁附着物较多。采用特殊加工的冲砂工具，有效清洗了井筒，保证了通井、刮管一体化管柱顺利下入井底，并且在下入完井管柱期间未出现遇卡现象。

本井设计压裂改造 6 段，为确保长时间施工管柱的抖动造成封隔器失效或管柱疲劳损坏，在管柱中设计加入水力锚以固定管柱，水力锚内径（56mm）大于最上部滑套内径（49mm），因此将水力锚放置于整个工具串的最上部，不会影响投球滑套的开启。该井压裂封隔器全部采用改进后的 Y341 封隔器，地面管线采用三管线高压管线连接油管注入方式，压裂施工累计加入陶粒 228m^3，入地液量 1708.82m^3，施工压力 60~95MPa，施工排量5.2~6.0m^3/min，在井底流压 26.94MPa 下获天然气测试产量 5.3264×10^4m^3/d，天然气绝对无阻流量 7.1238×10^4m^3/d，施工过程中未出现封隔器失效、滑套未打开等情况，验证了优化后的工具和管柱结构完全满足水平井分段压裂改造需要。

5　结　论

① 研制出的特殊冲砂工具和改进过的通井规，能够适用于川西水平井前期井筒准备作业，有效清洗水平段井筒，确保后期完井工具的顺利下入。

② 通过对射孔工序、射孔后观察工艺的优化，不仅有效避免了射孔枪在水平段卡枪、管柱被卡埋的事故，并且大大缩短了作业周期。

③ Y341 封隔器结构优化后整体长度缩短，并加入锁紧机构，能够避免封隔器下入时卡钻和提前座封的风险。同时，改进后的 Y341 封隔器内通径扩大为 57mm，可以满足 10 段分段压裂需要。

④ 对于作业层段为 5 段或 5 段以上时，可在最上部滑套附近加入水力锚以固定管柱，防止长时间高压作业导致管柱过度疲劳；对于固井质量不好或套管存在破损的气井，可在工具串最上部加入一个顶部封隔器，以保证上部套管不受过压损坏。

⑤ 在 2011 年进行了 17 口井现场试验，最高分段数 10 段，最高加砂量 238m^3，单井最大无阻流量 23.7118×10^4m^3/d，未出现打捞、管柱断裂、压裂失败等施工失败，验证了针对川西致密砂岩测试难点提出的应对措施能够适应于大规模水平井开发的需要。

⑥ 目前水平井采用的排液、求产及资料解释方法仍然沿用直井的技术体系和现场经验，需要结合裂缝形态、携液控砂、试井解释等理论，完善水平井排液、求产制度。

中原油田微地震裂缝监测技术

赵斌[1]　彭武[1]　朱军[2]　岳远志[2]

（1. 中国石化中原油田分公司采油工程技术研究院；
2. 中国石化中原油田分公司采油四厂）

摘　要：对微地震裂缝监测技术原理进行了研究，主要包括微地震发生机制、定位原理、裂缝空间分布描述原理；对微地震裂缝监测技术工艺进行了描述，并对工艺原理进行了分析。微地震压裂裂缝监测技术分别在油田压裂转向、压裂效果的判定、双封分层压裂、普光气田酸压、内蒙探区水力喷射压裂五个方面进行了应用，有效地优化了压裂施工过程和压裂方案设计，提供了油气藏资源评价、油气藏驱替信息和未来钻井位置图及二次勘探的规划依据，达到了增产目的。

关键词：裂缝监测　微地震波　中原油田　水力压裂

引　　言

中原油田是复杂的断块油气田，地质构造复杂，断层多，油层差异大，具有井深、低渗等特性。水力加砂压裂作为油气井增产、油水井增注的一项重要技术措施，在油田开发过程中得到了广泛应用。高压注水驱油也是中原油田普遍采用的生产手段。水力加砂压裂和高压注水驱油均是在井底附近形成具有一定几何尺寸和高导流能力的裂缝，从而达到增产增注的目的。为了有效地对增产增注效果进行评价，需要对裂缝形态及空间分布状况进行描述。

人工裂缝监测有示踪剂法、电位法、地倾斜法、微地震法等多种方法，其中微地震裂缝监测是将井下地震技术用于探测油气藏裂缝形态及空间分布状况的一种技术。该方法即时、控制范围大、适应面广，在国际上得到了广泛应用。近年来，中原油田开始致力于微地震监测技术的研究，并发展了自己独立的微地震监测系统，且在不同领域应用过程中取得了良好的效果。

1　微地震裂缝监测原理及工艺

1.1　微地震裂缝监测原理

水力压裂及注水破裂机理是张性破裂，即用高压液体能量，克服地层中最小主应力和岩石抗张强度，达到破裂储层的目的。由于地层压力的升高，根据摩尔-库伦准则，沿着压力高区边缘会发生微地震。准确定位这些微地震源，便可准确得出压裂井或注水井的裂缝状态及空间分布情况。

微地震源形成的力学条件可以写为：

$$\sqrt{a}\int_{0}^{a}(p_{\mathrm{f}}-\delta_{\mathrm{n}})\sqrt{(a+x)/(a-x)}\,\mathrm{d}x \geqslant k_{\mathrm{IC}}$$

式中 a 是微裂缝的半长度；p_{f} 是裂缝岩石的水压；δ_{n} 是裂缝面的法向应力；k_{IC}是岩石断裂韧性，即岩石的固有强度。

由上式可以看出，破裂的临界强度极限由岩石本身的性质决定，与激励条件无关，只在作用达到有破裂条件瞬间才会有微地震发生，因此微地震信号的强度与激励条件无关。而破裂发生的频度与激励条件有关，激励强度越大，单位时间发生的微地震个数也越多。

用六个放在地面上的地震仪，接收来自同一个地震源的到时，由于地震波到达不同的台站，路径不同，到时也不同，用到时差计算出微地震位置。该位置由四个参数表示：X_0、Y_0、Z_0、T_0。X_0、Y_0、Z_0 是震源的空间坐标，T_0 是发震时刻。四个参数均为未知数。

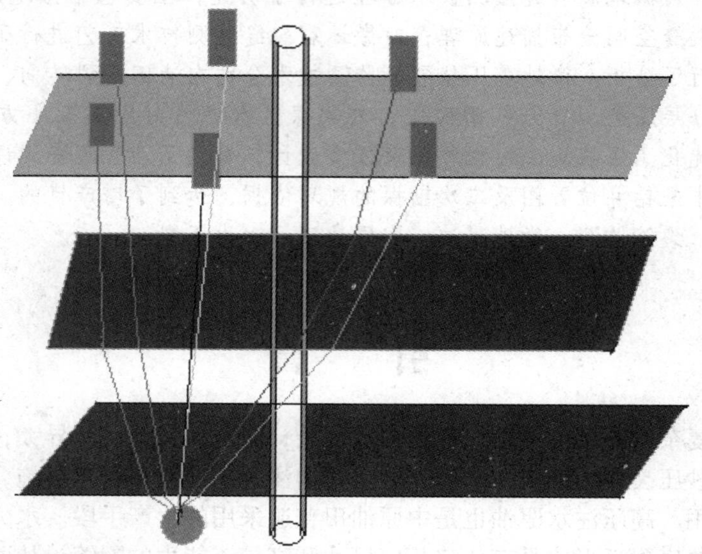

设 6 个台站的观测到时为 t_1，$t_2 \cdots t_6$，求震源(x_0, y_0, z_0)及发震时刻 t_0，使得目标函数 $\phi(t_0, x_0, y_0, z_0)=\sum_{i=1}^{n} r_i^2$ 最小。其中 r_i 为到时残差 $r_i=t_i-t_0-T_i(x_0, y_0, z_0)$，$T_i$ 为震源到第 i 个台站的计算走时。

通过计算 X_0、Y_0、Z_0、T_0 的值可准确定位某个时刻微地震源的位置分布情况。

在水力压裂或注水过程中，当裂缝开裂时会出现一系列的微震点，把这些点标在以压裂井或水井为原点的直角坐标图上，便可准确得出压裂井或注水井的裂缝状态及空间分布情况。

1.2 FLSJ-III 型裂缝监测系统

微地震裂缝监测技术采用 FLSJ-III 型裂缝监测系统进行现场施工工作。FLSJ-III 型裂缝监测系统能给出本次压裂实际形成的人工裂缝在空间的分析状况，对整个压裂过程进行实时监测，通过计算机对实时监测数据的回放处理可以得出压裂时产生裂缝的方位(方向)、裂缝长度、裂缝的高度(范围)等地层参数。该系统不要求压裂井周围有油水井，不需要通过套管连接而直接从地下接收到微地震信号，可全天候监测。

FLSJ-III 型裂缝监测系统由一辆值班车、一个主站、六个分站、GPRS 定位仪、一台打印机、一台笔记本电脑和七名工作人员组成。具体施工过程为：

① 接到监测任务后，用GPS根据井斜及现场情况确定主、分站位置；

② 计算机自动控制主站与分站进入监测状态，开始进行自动采集、处理、解释数据，实时显示裂缝空间扩展形态；

③ 监测结束、打印监测结果；

④ 监测设备打包、装箱，完成监测任务。

FLSJ-III型裂缝监测系统依据地球物理勘察微地震传播原理研制而成。在水力压裂或注水过程中，地层破裂产生微地震波，微地震波在地层中以球面波的形式向四周传播，频段从几十到几百周，相当于-2~-5级地震，监测这些微震，确定震源位置，就可以确定裂缝轮廓。

摩尔-库伦准则可以写为：

$$t \geqslant \tau_0 + \mu(S_1 + S_2 - 2 \times P_0)/2 + \mu(S_1 - S_2)\cos(2\Phi/2)$$

$$\tau = (S_1 - S_2) \times \sin(2\Phi)/2$$

式中，t是作用在裂缝面上的剪切应力；τ_0是岩石固有的无法向应力抗剪断强度，数值由几兆帕到几十兆帕，沿已有裂缝面错断，数值为零；S_1，S_2分别是最大，最小主应力；P_0是地层压力；Φ是最大主应力与裂缝面法向的夹角。

上式成立时发生微地震。$t_0=0$时，公式成立，说明微地震易于沿已有裂缝发生，这为静态裂缝提供了依据。P_0增大，右侧减小，也会使某些特定点出现右侧小于左侧，这使地层压力变化面成为微地震发生的必然条件。这为压裂裂缝监测或注水前缘监测提供了依据。

由上式可以看出，形成的微地震是地下原有能量的释放，而不仅仅是施工作业能量，理论上辐射强度可以被地面检波器接收到。

监测静态、压裂或注水时出现的微地震点分布，用微地震点分布描述裂缝形态、走向。微地震震源以走时方法定位，假定自震源发出的再地震信号以直张传入地震检波器，把弧张传播途径拉直为一条直线，以方便油田使用。这一假设是测试误差的主要来源。

随深度的减小，波速降低，近地表地震波传播途径与地面趋势垂直。由于P波的振动方向沿传播途径，S波的振动方向与传播途径垂直。即P波的振动方向垂直于地面，S波的振动方法平行于地面。

有的油田油层松软，S波不稳定。本系统检波器垂直放置，对沿传播途径振动的P波敏感；垂直于传播途径振动的S波衰减大，信号较弱，本系统只记录分析P波。

(1) 微地震信号识别技术

微地震信号识别技术是本技术成败的关键，识别不出可用的信号，自动识别，实时监测不可能实现。只有微地震信号大于折算到仪器前端的仪器噪声，信号才是可以检测的，本监测系统6分站，无线传输，主站分析实时定位系统，可在现场显示监测结果，同时存有全部的原始波形数据记录。由于低噪声运算器件的广泛使用，及我们对仪器电路结构的独到改进，目前，折算到仪器前端的仪器噪声可以低于2μV，微地震信号是可以被检测到。

微地震信号是与大地噪声同时进入检波器的，在噪声背景中检测出信号是软件编制的主要内容。我们根据计算机智能理论，编制了计算机自学习软件，输入多年人工裂缝观测结果，由计算机进行训练，提取出压裂或注水时的普遍信号特征。这些特征包括：幅度谱、频率谱、信号段的频谱分布、包络前递增及后递减特征、包络的拐点特征、导波特征、信号的升起特征、尾波特征及互相关等13个特征。

在现场识别前训练5min，可以与计算机中有的领带特征对比，对点的噪声及信号特征予以鉴别及留存，提取频率谱，幅度谱，导波，包络特征，拐点特征及互相关等标志去区分当地的信号与噪音。

正式工作时，逐路、逐段的予以识别。经严格检测，在其中任一路上检测出可用的信号，与其他路做互相关。在由台站分布所限定的时段内，其他路也有可用信号，互相关存在，则信号为真，否则为假；这一功能避免了压裂、注水、过车等干扰，只在不是各台同时的噪音，即使它很像信号，也可以被剔除掉。如果震源间过近，彼此间可能形成干扰；实时监测时会扔掉一些过密的信号，避免干扰。后分析时分自动加大处理时间，拉大时间间距，以避免干扰。后分析时会获得更多的再地震信号。

（2）系统软件功能

该程序是人工裂缝监测系统配套程序，具有完备的功能：

① 12 通道微震信号实时分析、连续采集。

② 实时微地震事件监测，裂缝面上的震源点定位。

③ 在线裂缝拟合，长度、宽度、高度、方位估计，并输出参数数据表。

④ 现场观测直接显示三维观测结果，结果是真三维图形，在三维空间可任意旋转，可从任意角度观测人工裂缝。

⑤ 后自动识别，以现场实际采样数据记录为依据，自动识别微地震信号，给出独立于实时监测的结果，既可以检验监测结果的可重复性，又在现场门槛值选择不合适时，弥补现场监测结果的缺陷。如现场门槛值选择得过高，微地震点数过于稀疏，就会影响到观测分析结果的直观性。此时可以调低门槛值进行后自动识别，以提高微地震点数，改善直观效果。在新开展监测的现场，由于对地层、裂缝方面的特征的不了解，常常使用这一技术。

2 应用实例

2.1 压裂裂缝监测技术在油田压裂转向中的应用

2007 年 3 月 14 日监测了濮 7-55 井的人工压裂过程，该井压裂层位 S3 中 9，压裂深度 3478.25m。图 1 是濮 7-55 井的压裂转向观测结果。表 1 是濮 7-55 井压裂裂缝监测结果。

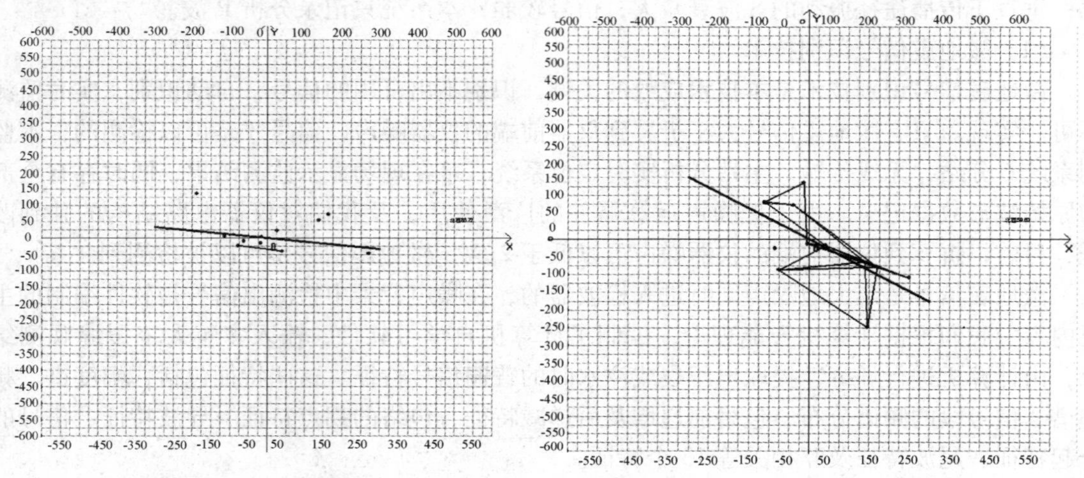

图 1 濮 7-55 井的压裂观测结果

表 1　压裂人工裂缝监测结果

方位/(°)	裂缝进水全长/m	东翼进水长度/m	西翼进水长度/m	裂缝进水全高/m	倾角/(°)
北西向 85. 5	250. 67	124. 88	125. 79	22. 67	3
北西向 83. 6	256	140. 77	115. 23	18. 67	7

濮 7-55 井二次压裂，人工裂缝方位发生了近 2°的变化，为北西 85. 5°和北西 83. 6°，裂缝的高度差别也很大，图 1 中左侧的图是第一次压裂的监测结果，右侧的图是第二次压裂的监测结果。

2. 2　双封分层压裂，改善地层渗流条件

2007 年 10 月 10 日我们监测的濮 144 井的人工压裂过程，该井第一层压裂层位 S3 中 8. 1～8. 2，压裂深度 3176. 4m，第二层压裂层位 S3 中 6. 5，压裂深度 3153. 85m。

图 2 为濮 144 井二次压裂观测结果。表 2 位濮 144 井压裂裂缝监测结果。

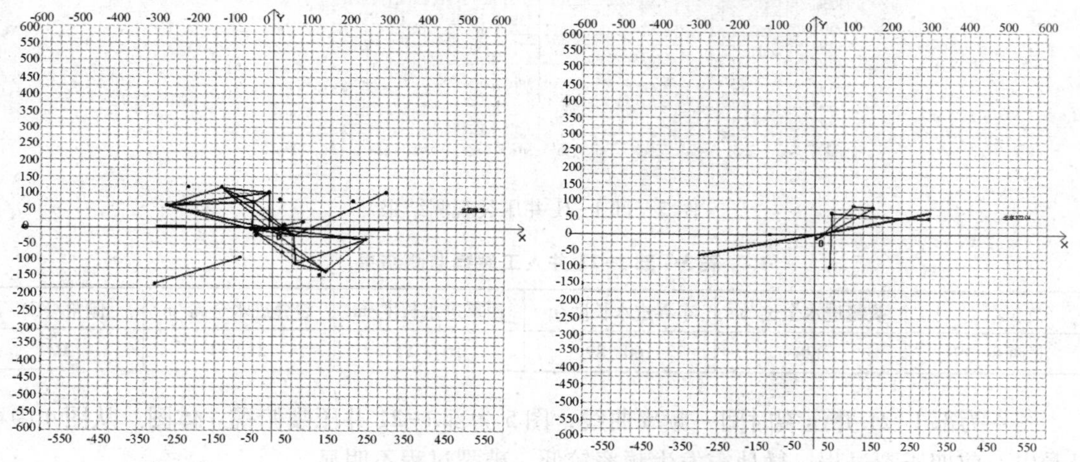

图 2　濮 144 井二次压裂观测结果

表 2　濮 144 井人工裂缝监测结果

方位/(°)	裂缝进水全长/m	东翼进水长度/m	西翼进水长度/m	裂缝进水全高/m	倾角/(°)
北西 85. 4	298. 67	146. 59	152. 08	20	2
北东 77. 8	176	127. 67	48. 33	14. 67	0

图中绿色线是近井裂隙方向，蓝色线是统计人工裂缝方向。从图 2 和表 2 中可以看出，濮 144 井二次压裂，人工裂缝方位发生了很大的变化，为北西 88. 7°和北东 77. 8°，裂缝的高度差别也很大。图 2 中，左侧的图是第一次压裂的结果，右侧的图是第二次压裂的结果。

裂缝对低渗透油田注水开发起到了双重作用。微地震波可以监测裂缝的条数、走向、延伸长度及注入水流的方向，弄清裂缝发育方向及展布规律。通过转向压裂，改善地质渗透条件，为油田开发井网布置和注水调整提供依据。

2. 3　压裂效果的判定

2007 年 5 月 4 日，我们监测了部 1-21 井的人工压裂过程，该井的层位 S 四 4MZ，压裂

深度 3673. 55m。在压裂的过程中，发生了意外，使施工不能正常进行，通过对该井压裂监测的资料分析，我们得出如下结论：图 3 为部 1-21 井压裂观测结果。表 3 为部 1-21 井压裂裂缝监测结果。

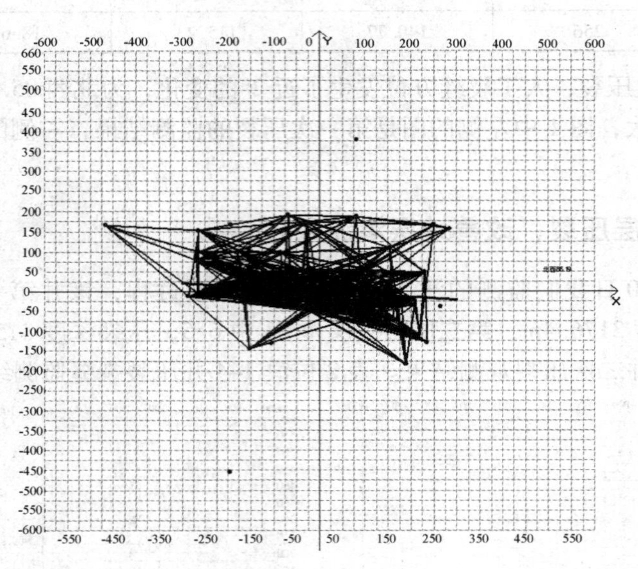

图 3 部 1-21 井压裂观测结果

表 3 部 1-21 井人工裂缝监测结果

方位/(°)	裂缝进水全长/m	东翼进水长度/m	西翼进水长度/m	裂缝进水全高/m	倾角/(°)
北西 86. 9	328	160. 89	167. 11	21. 33	0

图 4 为部 1-21 井压裂时间—频率曲线，图 5 为部 1-21 井压裂俯视立体图。从图 4 中可以看出，前期压裂过程，微地震发生频率较低，破裂过程不明显。

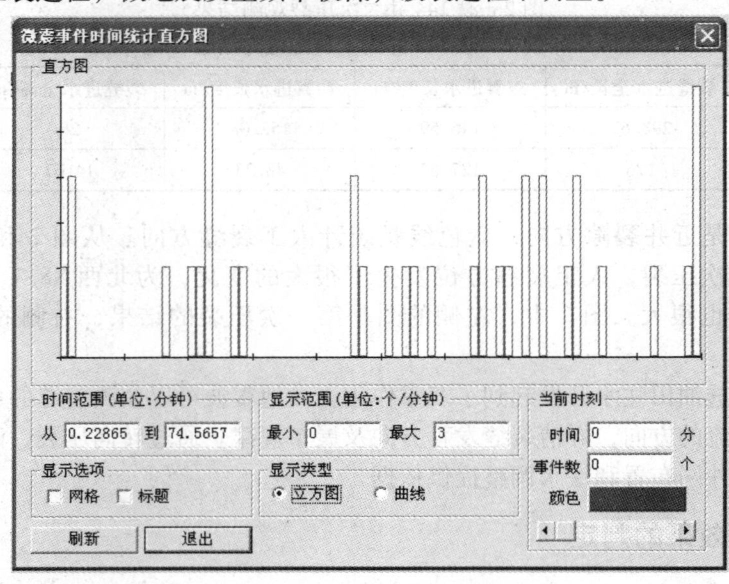

图 4 部 1-21 井压裂时间-频率曲线

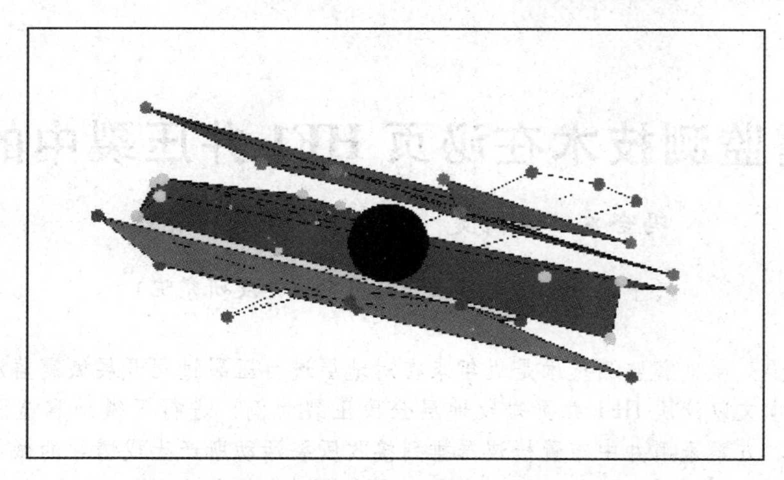

图 5　部 1–21 井压裂俯视立体图

从图 5 中可以看出，实际人工裂缝由三条并行的裂缝组成，吸水强度大，易脱砂。

在油田开发过程中，尤其是低渗透油田，采用压裂工艺是油、气、水井增产增注的重要措施，而压裂时所产生的裂缝几何形态和压裂效果如何又一直是油田急需解决的问题，从本例中可以看出，前期压裂过程，微地震发生频率较低，破裂过程不明显，吸水强度大，易脱砂，为评价压裂效果提供了重要依据，对压裂方案的确定也有重要作用。

3　结论与认识

在油气开发过程中，会有一些新井，也有以前采取过多种措施的老井，对新井要合理布井，一定要躲开注水井储层裂缝。对调整井，要对它们进行井网调整，井位设在注水井两条裂缝平行中间为最佳。

① 检查压裂的效应，对压裂过程参数，如压力、混合支撑物的排液量、或酸液等，实施调整，从而进一步实施压裂控制，直至将来可能的实时控制；压裂时注意预防油井裂缝与注水井交叉连通，造成水淹油井，使压裂效果大打折扣。

② 对注水(气)驱油生产过程中的井网布置和调整提供参数数据，从而开发专家能够据此以及驱油过程原理确定新的井位，或采取其他有效生产措施；油水井的排列应避开人工裂缝方位和原声裂隙走向。

③ 为估计剩余油分布提供重要边界条件。在研究注水前缘和剩余油分布中，作为边界条件，人们常常根据各井抽取注入液量模拟地下油水分布。由于上述裂缝及裂缝带的形成，这种数值模拟的边界条件有了很大的变化。因而最好首先通过日常微破裂监测和压裂裂缝监测抓住主要的破裂通道。之后，现有的裂缝分布数据、注水抽液数据等就形成为更完整的边界条件，可实施正确的数值模拟，以确定剩余油地域。

微地震监测技术在泌页 HF1 井压裂中的应用

冯全东　章新文　程文举　罗曦　胥玲

（中国石化河南石油分公司勘探开发研究院）

摘　要： 微地震监测技术是近年来在对地层进行压裂过程开展微震监测出现的新技术，本文以泌页 HF1 井页岩段地层分段压裂为例，进行了微地震监测和应用效果分析。方案采用井中布置检波器排列接收压裂活动所产生或诱导的微小地震事件，运用测井和地震资料建立监测井区的速度模型，优化技术参数对接收到微地震事件反演，用纵横波时差法计算从监测井到微震事件起源点的距离，求取微地震震源位置，实现对裂缝发育的方向、大小、压裂的包络形态进行描述，实时监测评价分段压裂情况，并根据监测情况对分段压裂进行实时调整。微震监测表明，泌页 HF1 井分段压裂造缝达到了预期的目的，实现了陆相页岩商业油流的突破。

关键词： 微地震　监测　裂缝　页岩

引　　言

页岩油为一类以泥页岩为储层的油藏，页岩孔隙和裂缝为储集空间，但页岩油的储层一般呈特低孔、特低渗透的物性特征，油流的所受阻力比常规油气藏大，需要实施储层压裂改造才能开采出来，因此要求大规模储层压裂改造，以获取较大的渗透率，实现持续有效的油气稳产。

微地震监测技术在国内外进行储层压裂中被广泛采用，能实现及时跟踪、描述压裂造缝的过程和评价压裂效果，认为是当前监测技术中最精确、最及时、信息最丰富的一种监测手段。

1　微地震监测原理与目的

微地震压裂监测技术原理起源于天然地震的监测。在水力压裂井中，由于压力的变化，地层被强制压开一条较大裂缝，沿着这条主裂缝，能量不断地向地层中辐射，形成主裂缝周围地层的张裂或错动，这些张裂和错动可以向外辐射弹性波地震能量，包括纵波和横波，类似于地震勘探中的震源，但其频率相当高，其频率通常从 200~2000Hz 左右变化。

微地震监测技术就是通过观测、分析生产活动中所产生的微小地震事件来监测压裂生产活动的影响、效果及地下人工造缝状态的地球物理技术。其目的就是：①实时评估压裂生产过程，了解裂缝生长过程和范围（包括方向、长度、高度）；②实时评价压裂效果，对压裂方案进行优化；③掌握人工裂缝的实际几何学特征（高度、长度和方位）。

2　泌页 HF1 井压裂中的微地震监测

泌阳凹陷古近系核桃园组在南襄盆地湖盆相对稳定沉积时期，发育有分布广泛的灰色泥岩、黑色页岩，综合研究成果认为泌阳凹陷深凹区的页岩有如下特点：①分布广，单层厚度大(单层厚度最大 84m，单层面积最大 105km^2)；②有机质丰度高(1.59%~4.35%，平均 2.93%)；③热演化程度适中(0.5%<*R*o<1.8%)；④脆性矿物含量高(脆性矿物 73.47%，黏土矿物 20.15%)；⑤岩心观察及裂缝预测表明，泌页 HF1 井区微裂缝发育。

泥页岩不仅是泌阳凹陷主力烃源岩，也是泌阳凹陷陆相页岩油勘探的主要目的层。由于页岩本身低孔低渗的特点，按常规标准划分为差储层，同时过去的钻探中也没在南部深凹区的泥页层获得商业油气流的突破。在集团公司“开展页岩油气勘探开发会战、尽快形成规模产能”战略决策指导下，河南油田在安深 1 井页岩层大型压裂后获得最高日产 4.68m^{3}工业油气流，使泌阳凹陷成为国内首个陆相页岩油突破地区。为进一步扩大非常规勘探的成果，随后部署了泌页 HF1 水平井的钻探，分十五级压裂，为及时了解和评估压裂效果，为此该井压裂过程中开展了微地震监测的工作。

2.1　根据监测目的，确定采用井中监测方式

井中监测方式的传感器直接布置在压裂储层附近，不论储层深度多大，微地震信号都可被传感器检测识别，相对于其他监测方式，准确度和精度更好。

泌页 HF1 井设计目的层是核桃园组核 3 段的页岩层，设计靶点 A 点垂深 2446m，靶点 B 垂深 2410m，从北向南水平位移 1500m，分 15 级进行分段压裂。考虑到其与东面的安深 1 井位置邻近，同时安深 1 井也钻到这套页岩层，为确保微地震监测的可靠性和高精度，决定采用井中监测的方式。在监测井安深 1 井中测量深度 2128~2458m(以这套页岩层为中心)，按 30m 间隔放置 12 级三分量检波器(图 1)。这样的设计保证水平段靶点落在监测井微地震可观测的范围内(700m 左右)，最远点的震级为-0.8 级，能满足仪器接收的精度。

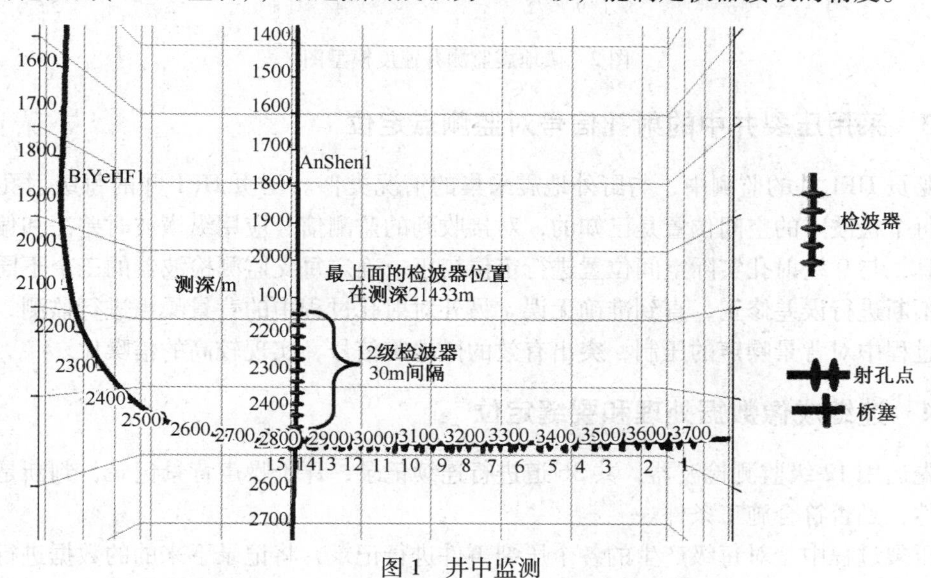

图 1　井中监测

2.2 建立监测井速度模型

泌页 HF1 井和安深 1 井的在目的层页岩段的地层倾角和深度位置不一样，无法直接使用泌页 HF1 井的声波数据直接建立安深 1 井的速度模型。由于安深 1 井的常规测井没有测得横波数据，且 DTCO/AC 的比值不为 1，约为 0.7。将 DTCO 和 AC 按相同刻度 100 ~ 300μs/DTSM/DTCO，利用安深 1 井的常规纵波进行换算出一条横波 DTS 曲线，最终建立起监测井的速度模型(图 2)。

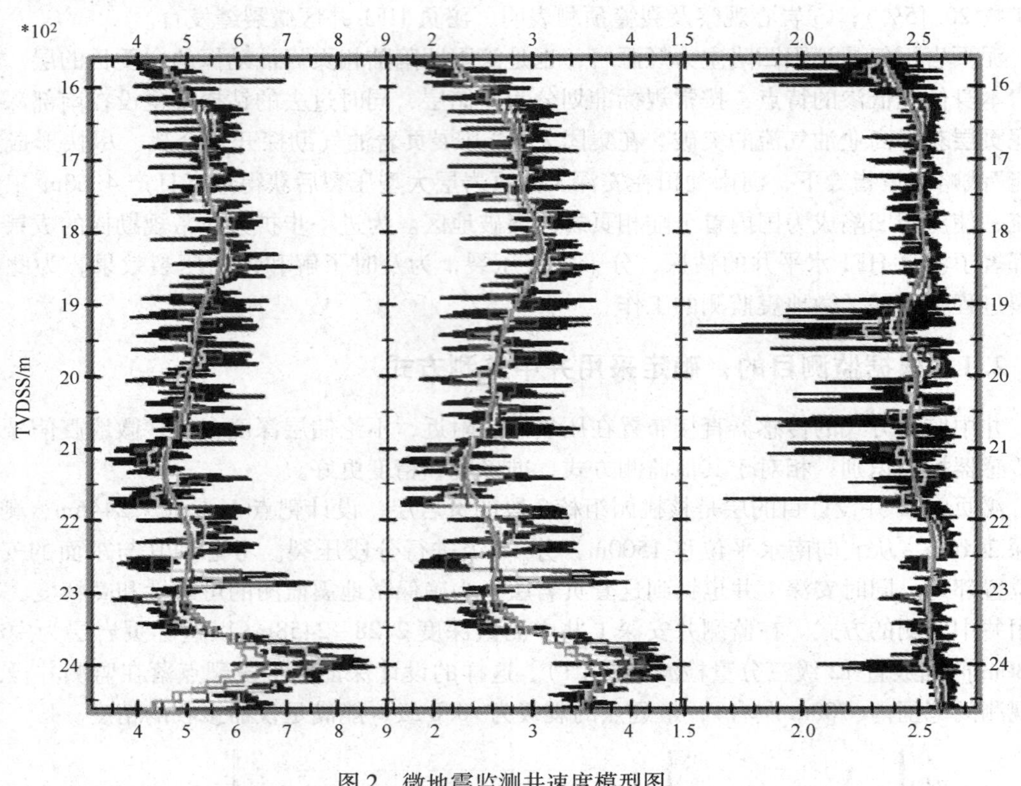

图 2 微地震监测井速度模型图

2.3 采用压裂井中的射孔信号对监测点定位

在泌页 HF1 井的监测中，与野外地震采集的情况类似。泌页 HF1 井的每级射孔点和监测井的每个检波点的空间位置是已知的，对接收到的监测信号应用纵横波时差法和偏振原理进行计算，与 9 级射孔实际空间位置进行定位校正，确定每支监测检波器的三个不同分量的方位，不断进行误差修正，直到准确无误。另外对射孔过程中的背景噪声进行监测，用于后续处理过程中对背景噪声的压制，突出有效的微地震信号，实现较高的信噪比。

2.4 造缝成像数据处理和裂缝定位

首先运用 12 级监测检波器，共 36 道进行连续记录，评价噪声背景记录，判断是否满足采集条件，是否符合施工条件。

在压裂过程中，对每级产生的各个压裂事件进行记录，将记录下来的的数据进行微地震事件提取，进行振幅恢复处理，计算各个微地震事件的空间位置(图3)，处理后得到事件的空间图像，并能直观显示。

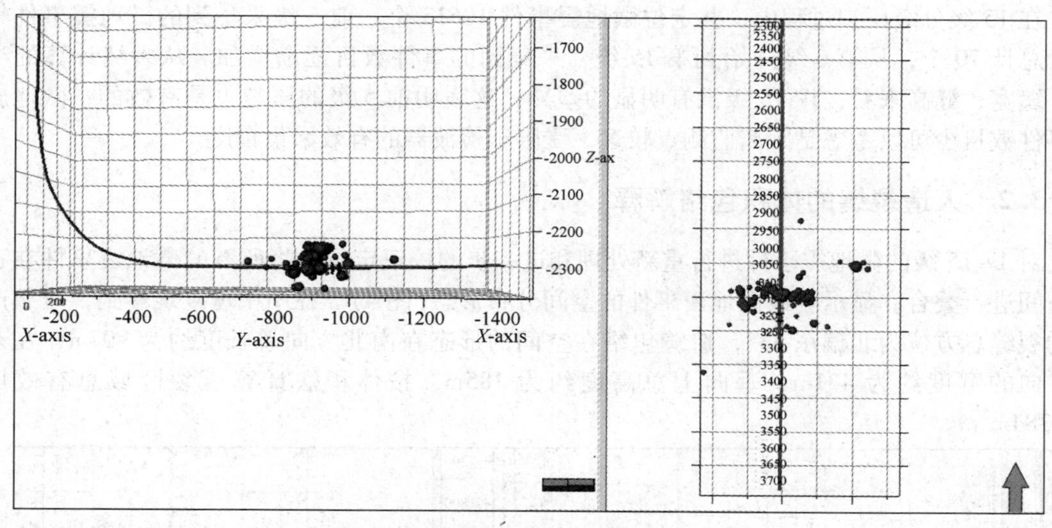

图3　第7级压裂效果定位图

3 微地震裂缝监测的地质解释

泌页HF1井的实时水力压裂微地震监测非常成功，采集数据质量优良(表1)。该井压裂成功后，曾经达到最高日产22m^3油当量，目前日产量稳定在15m^3左右。表明在该页岩段地层压裂的工作完成了地质设计任务，实现了人工造缝的目的。

表1　分级压裂微地震监测事件数据

压裂级	微震事件数	微震裂缝方位	微地震裂缝半长/m	微地震裂缝宽度/m	微地震裂缝高度/m
1	5	N87°E	166	71	136
2	29	N90°E	108	164	148
3	20	N90°E	147	155	142
4	10	N90°E	87	160	108
5	6	N90°E	118	188	87
6	418	N90°E	84	127	163
7	114	N90°E	192	246	136
8	176	N50°E	232	174	159
9	343	N35°E	315	200	137
10	2033	N40°E，N80°E	395，158	168，110	59，74
11	974	N50°E	225	147	163
12	1108	N50°E	265	250	176
13	1507	N50°E	256	177	177
14	1696	N50°E	213	160	190
15	2174	N50°E	243	182	195

3.1 监测事件受微地震激发点与接收点空间距离远近的影响

在15级分级压裂过程中，共定位微地震事件10613个。前5级采集到的微地震事件较少，总计70个，从第6级开始到第15级，采集到的事件数目逐渐增加。从裂缝计算的半长、缝宽、缝高来看，1~15级没有明显的差异，这表明前5级的压裂也是有效的，微地震的事件数目少可以考虑是距离监测点较远，受限于检波器的有效采集精度。

3.2 人造裂缝的体积包络解释

对1~15级的微地震事件进行重新处理和进一步的校正定位，将所有的微地震事件在三维空间进行叠合，显示各级微地震事件的空间分布形态(图4)。在图中可以观察到，压裂产生的裂缝总方位为北偏东33°，造缝包络在空间的形态在南北方向总长度约为907m，在东西方向的宽度约为431m，垂向上总高度约为185m，按体积法计算压裂区域总有效压裂2384m^3。

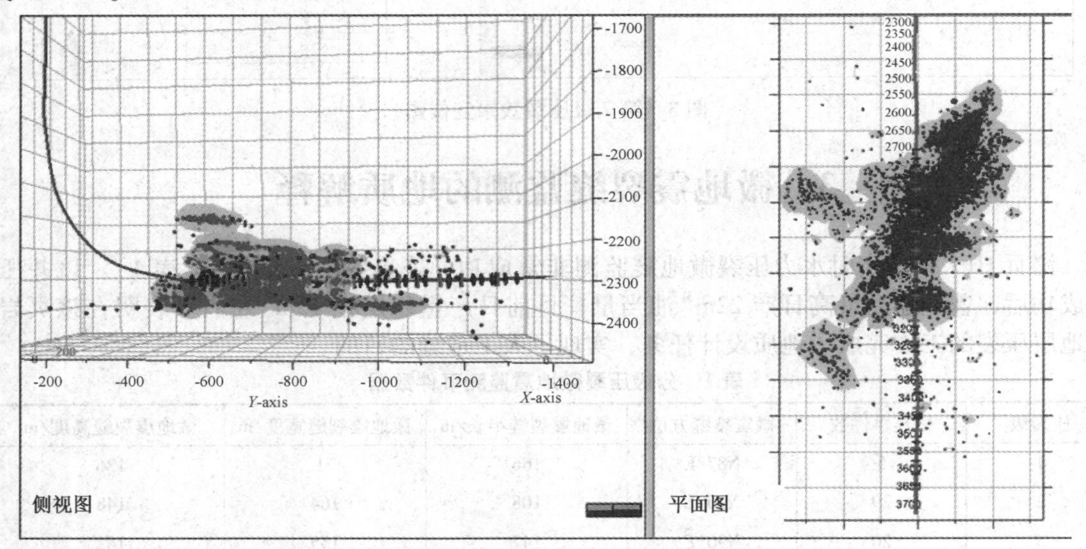

图4 压裂效果平面图

3.3 人造裂缝的走向一般应沿现今最大主应力场的方向

泌页HF1井的FMI的图像显示在部分井段可见到明显的井壁崩落，方位比较稳定，为北北西-南南东方向，反映了井周现今最小水平主应力的方位为北北西-南南东向，因此推测泌页HF1井现今最大水平主应力方向为北东东-南西西向。经与安深1井该页岩段的FMI的图像解释成果对比，两井现今最大水平主应力的方向基本一致，为近东西向。

表1中第1~7级的微地震裂缝方位一致，裂缝方位均为东西向，微地震裂缝方位参数与从成像测井结果具有较高的吻合，为近东西向。

3.4 微断层对人造裂缝的走向的影响

微断层在FMI图像上的特征与天然裂缝相似，不同之处在于，微断层附近的地层可以看到清晰的位移，断面两侧的地层不连续，或者断层上下的地层产状发生一定的变化。此外，微断层发育的地方，图像上有时并不是一个清晰的界面，而是一个小的破碎带。

微地震事件从第8级开始到第15级，裂缝方位为北偏东(N50°E)，压裂产生的微地震事件的方位与前7级的微地震事件的方位出现了转向的变化，从近东西向变为北东向(图5)。而FMI测井解释的微断层的走向为北东向，倾向为南东向，与微地震事件的裂缝方位恰好近于一致，难道这是一个巧合吗？

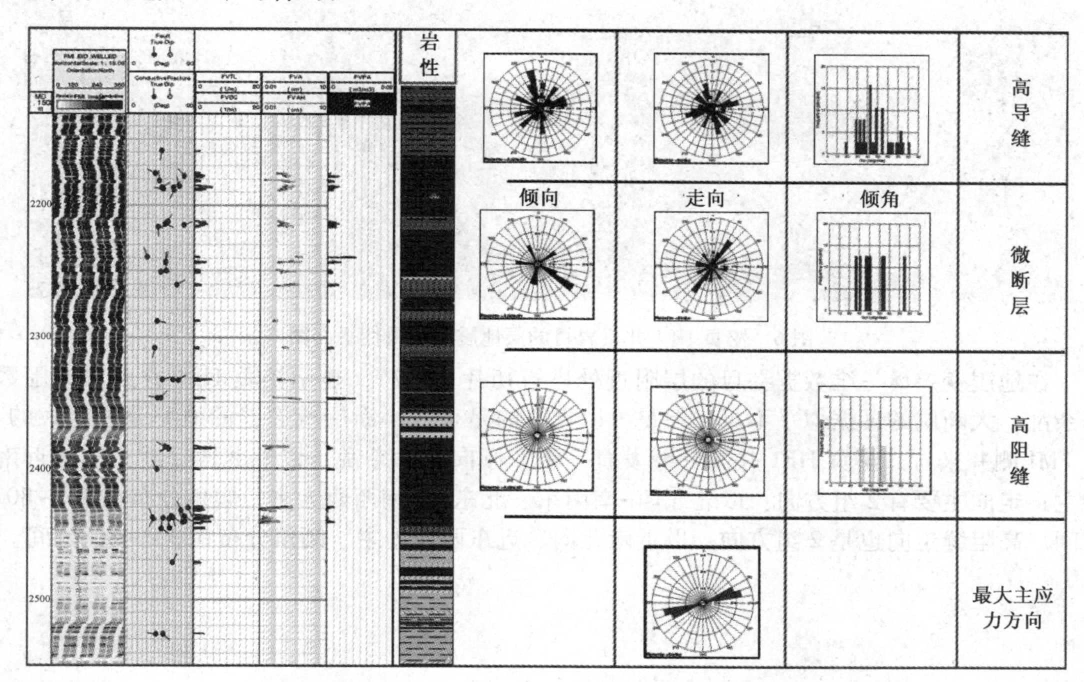

图5　泌页HF1导眼井裂缝与地应力关系图

根据FMI测井解释的泌页HF1井裂缝与地应力关系的成果，推测微地震事件从8~15级人造裂缝方位的变化是否可看作微断层对人工造缝产生的影响。首先原因在于人工压裂造缝时，有微断层的地方抗张强度要小于岩石本身的抗张强度，微断层处的裂缝或破碎带就会优先张开形成压裂裂缝，使得人工压裂裂缝不再严格地沿着最大水平主应力方向延伸。

其次相对于纯人工缝来说，微断层造缝产生的微地震事件的能量较小。将震级在-0.5~0.5级之间的事件进行统计，表明微断层产生的裂缝的概率较大，对这类级别的事件进行汇总分析，发现其方位在北偏东30°内，也与FMI测井解释的微断层的走向很好的吻合。

3.5　天然裂缝对人工造缝的影响

在天然裂缝较发育的地区实施人工压裂造缝时，由于天然裂缝的抗张强度小于岩石本身的抗张强度，因此当条件适合时，天然裂缝就会优先张开并相互连通形成压裂裂缝。

天然裂缝在平面上主要分布在断层和构造变化较大的位置附近。对泌页HF1井井区的三维地震数据体转构造体属性沿层提取的反射层倾角平面图观察，A靶点到B靶点的地层倾角不同，中间存在一个过渡带(图6)。地层的倾角不同表明其受到了构造的影响，地层产状会产生某种程度上的变形，相对于倾角值稳定区域，天然裂缝易于发育。

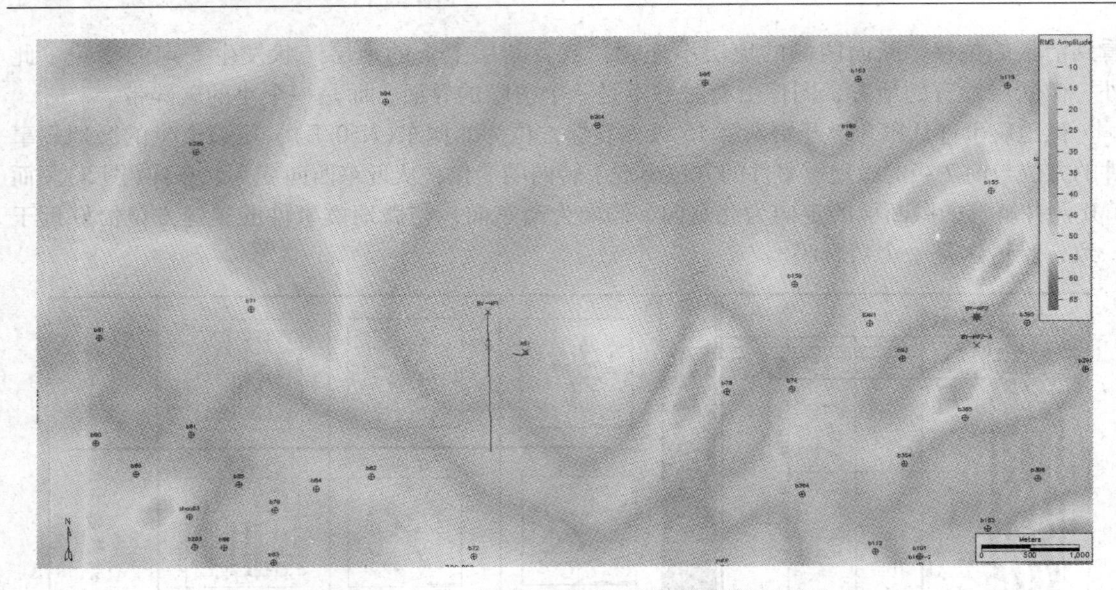

图 6　泌页 HF1 井页岩目的层地震倾角属性平面图

在地震变差体三维数据在目的层附近处进行切片（图 7），显示泌页 HF1 井井区周围数据杂乱，大断层的证据似乎不足，但是可以肯定的是存在小断层或裂缝的概率是相当大的。从 FMI 测井来看，泌页 HF1 井高导缝发育一般，倾向较为杂乱，以北北西、北东东、近南为主；走向主要有 2 组方向：以北北西-南南东、北东东-南西西为主，倾角分布在 30°~80°之间。高阻缝走向也是 2 组方向：以近南北向、近东西向为主，倾角分布在 30°~80°之间。

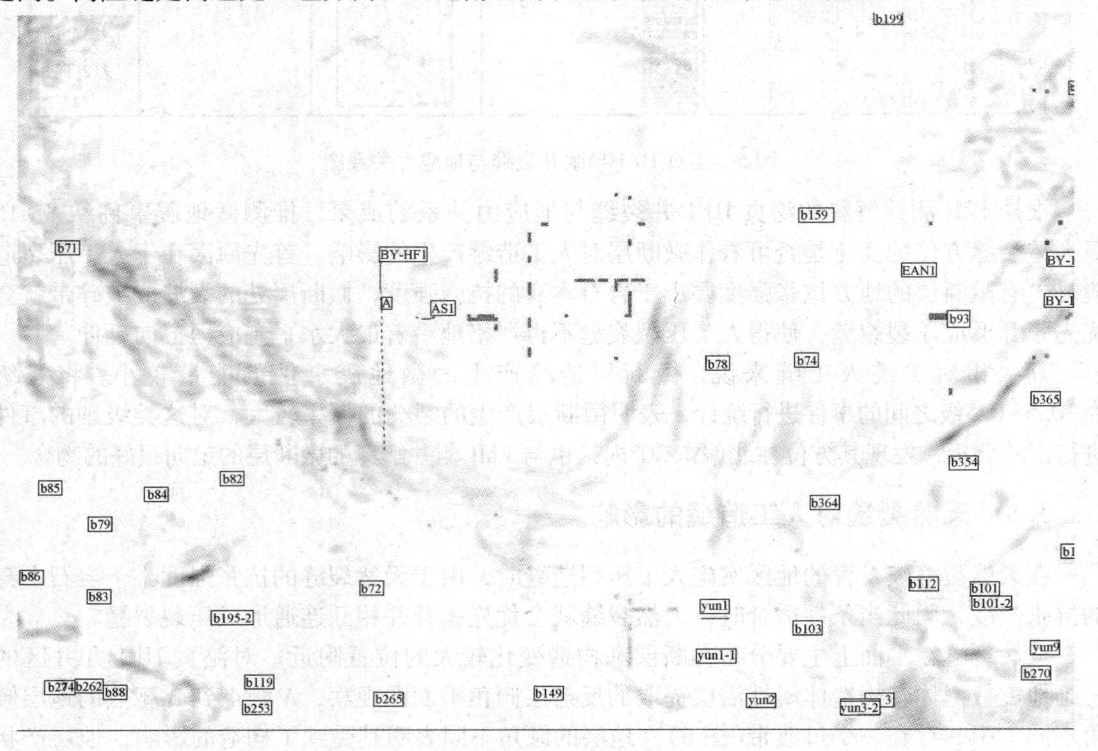

图 7　泌页 HF1 井区变差体 1600ms 切片图

从压裂情况看，第10级的压裂的微地震事件与其他级压裂有三项区别、一是裂缝方位出现了两组，分别是N40°E，N80°E；二是压裂监测到的事件次数也是最多的，达到2033次，仅次于第15级的压裂事件数；三是造缝包络的半缝长最长，裂缝高度值最小。因此推测压裂过程中，由于天然裂缝的发育，在同样的压裂条件下产生的裂缝数较多，造成的微地震事件也相应多。此时天然缝本身的空间特征对新形成的人工缝的空间特征起着主要的影响，压裂的人造裂缝的延伸方向就会有如天然缝一样具有多个方向的可能性，而且压裂过程中可能出现多组人工裂缝同时活动，使压裂裂缝可能有分叉现象，形成压裂裂缝带，形成较好的压裂效果。

人造裂缝系统储层的情况要比上述分析的情况复杂的多，加之地应力的大小和方向也有一定的变化，因此，压裂裂缝的延伸规律要比上述分析结果复杂的多。简单的讲，本次压裂产生的裂缝走向可划分为两组：一组受微断层影响呈现北偏东向；另一组受现今地应力的影响呈近东西向。

4　体会与建议

泌页HF1井的微地震监测在压裂造缝过程中，持续监测跟踪压裂造缝时的信息，达到了预期的目的。但在微地震监测的应用过程中，还存在着一些的问题有待于改进和完善。

① 受当前设备的精度所限，建议监测接收点与微地震源的空间距离在600m以内的范围最佳。泌页HF1井的压裂成果中，在距离检波接收点空间600m的范围内(第6级到第15级)接收到的微地震事件数目多，比在距离600m外的(第1级到第5级)接收到的微地震事件数目高出1~2个数量级。

② 微地震监测只能描述微地震事件的裂缝空间的包络图，不能对人造缝的具体形态进行成像。在泌页HF1井的每级次的压裂，在监测到微地震信号的同时，处理同步启动，并将处理成果直观显示，描述压裂后产生的裂缝的空间包络形态，及时评价地层压裂效果。但是由于不能对具体的人工缝单独成像，在地质解释中压裂后产生的层间缝和层内缝的情况难以准确的描述，进而影响着对压裂后的储集性能改善的量化评价。

③ 微地震监测成像与三维地震数据体的联合解释有待于加强。在泌页HF1井的微地震监测中，如果将人工裂缝解释的结果导入到三维地震数据体和地震属性反演中显示，与页岩段地震反射层位进行联合解释，重新刻画页岩段储层特征，划分有利区域，对下步的水平井位部署和压裂方案设计，能提供更形象、更具体的科学依据。

④ 建议延长微地震监测的时间，持续录取裂缝闭合的微地震信息。从而充分描述裂缝的形成和闭合的全过程，进一步提高裂缝评价的准确性和可靠性。

总之，随着勘探向非常规页岩油气方向的转移，利用当前最新的压裂技术，不但能迅速地改善储层的性质，让过去低产或无油气的地区实现工业油气的突破，并维持较高的油气生产当量。但是通过微地震监测技术的应用，能够及时准确地了解压裂后的储层特征、岩石物性，从而对非常规油气藏进行更加经济有效地开发。

利用PDA方法在致密气藏进行试井解释应用探讨

杜娟[1]　秦玉英[2]　庞伟[1]　王德安[2]

（1. 中国石化石油工程技术研究院　2. 中国石化华北分公司工程院）

摘　要： 本文针对致密气藏地层特征，对生产数据进行试井解释方法（PDA方法）研究，提出了一套利用生产数据解释致密气藏，并进行产能评价与预测的解释思路，通过对井1的生产数据解释结果同该井历次压力恢复测试解释结果对比分析，两种方法具有很好的一致性，由于利用多种解释方法可以更好地减少试井解释的多解性，更验证了PDA方法在致密气井上应用的可行性，最后利用产能预测方法再次验证该方法的正确性。

关键词： 致密气藏　压力恢复试井解释　生产数据试井解释　产能预测

1　引　言

针对低孔、低渗致密气藏的储层特性，常规的不稳定试井和产能试井在测试时测试时间大大延长，经常关井一个月以上也不能测到径向流，并且试井曲线表现出多解性强的特点，无法得到有效地层参数。而大量的气井产量、压力等数据直接反映气井的动态特征，是优化生产、进行措施方案调整的基础资料，却没有应用起来。利用生产数据进行试井分析，能够充分利用现场大量的生产数据，减少关井测压对产量的影响，提高生产数据利用率，降低测试成本。利用生产数据进行试井解释及产能评价，以确定气井或整个区块的渗透率、表皮系数、地层压力、产能等参数，为准确认识评价地层，进行整个油田宏观调整，有针对性地进行措施选择及实施，诸如：压裂、酸化、布新井、关老井、补孔、提液等，从而为气井测试、增产措施一体化优化设计奠定基础。

2　生产数据试井解释方法——PDA方法

生产数据试井解释方法——PDA方法是以典型曲线拟合和历史拟合为主要手段，进行生产数据分析，将变产量/变压降数据转换成等效定压力系统，引入了等效时间和流量重整压力的定义，同时分析产量数据和压力数据的生产动态分析方法。

2.1　物质平衡时间

$$t_e = \frac{Q}{q} = \frac{1}{q}\int_0^t q_t \, \mathrm{d}_t \tag{1}$$

采用物质平衡时间时，定压解转化为常流量解，在拟稳态流动期符合调和递减规律。

2.2　流量重整压力方法

RNP（Rate Normalized Pressure）即流量重整压力方法采用流量重整压力的方法分析变流量或变压力生产数据。其无因次压力和时间的定义与试井解释相同。

重整压力：

$$\Delta p/q \tag{2}$$

重整压力积分：

$$\left(\frac{\Delta p}{q}\right)_i = \frac{1}{t_e}\int_0^{t_e}\frac{\Delta p}{q}\mathrm{d}t \tag{3}$$

重整压力积分导数：

$$\left(\frac{\Delta p}{q}\right)_{id} = \mathrm{d}\,t_e \cdot \mathrm{d}\left(\frac{\Delta p}{q}\right)_i / \mathrm{d}\,t_e \tag{4}$$

重整压力和重整压力导数都是通过实际生产数据来拟合递减曲线典型图版的方法获得 K，s，re，Gi 等，试井分析模型可以直接用于分析 RNP 分析方法。利用对试井解释方法去拟合由原始数据生成的 RNP 数据，按照试井分析理论寻找拟合模型，然后利用拟合模型进行进一步的生产预测，能够得到产量递减的趋势和累计产量增加的趋势。

3　井1解释结果对比

井1位于鄂尔多斯盆地，于2002年8月完钻，之后进行了 DST 测试，测试后压裂投产。生产期间共进行了6次关井压力恢复测试，有完整的压力恢复测试数据；该井取了自投产以来近9年的生产数据进行试井解释，对两种试井解释方法进行对比分析。

3.1　DST 测试解释曲线分析

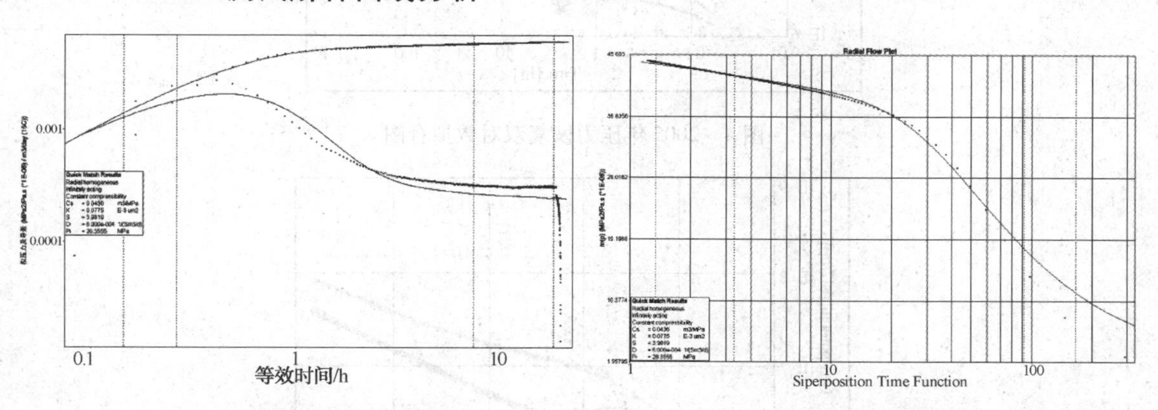

图1　井1双对数曲线拟合图　　　　图2　井1霍纳曲线拟合图

DST 测试曲线来看（图1～图2），二次关井恢复双对数曲线出现明显的径向流直线段，霍纳法获得地层渗透率为0.086mD，可认为是地层真实渗透率，在探测半径为24.53m 的范围内无边界反映，表皮系数5.01，说明地层存在轻微污染。曲线拟合图如图3，解释结果见表1。

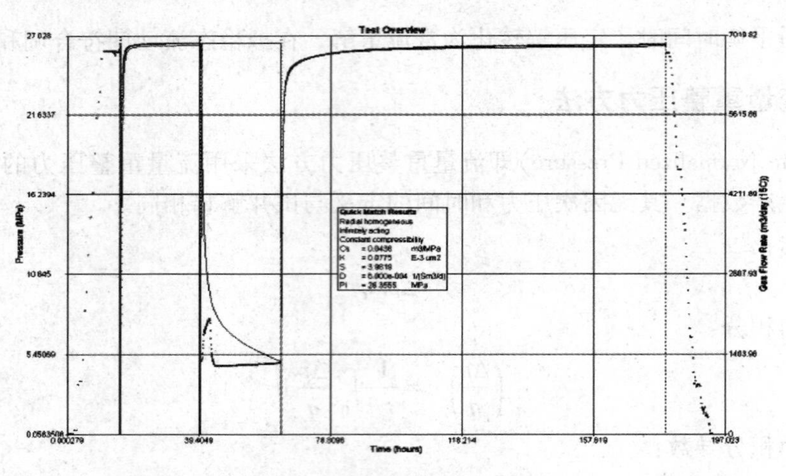

图 3　井 1 压力历史曲线拟合图

3.2　历次压力恢复测试曲线分析

该井于 2005 年、2006 年、2007 年、2008 年、2009 年、2010 年都进行了关井压力恢复测试，图 4~图 9 是历次压恢测试双对数拟合图。从图中可看出明显的压裂井形态，虽然前面井储段曲线不规则，但是曲线后面的形态比较一致，具有很好的继承性，反映地层性质没有大的变化，历次测试结果较为准确。历次压恢解释结果见表 1。

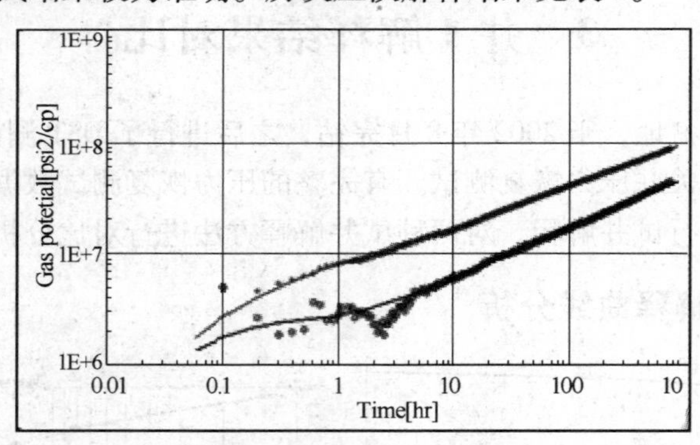

图 4　2005 年压力恢复双对数拟合图

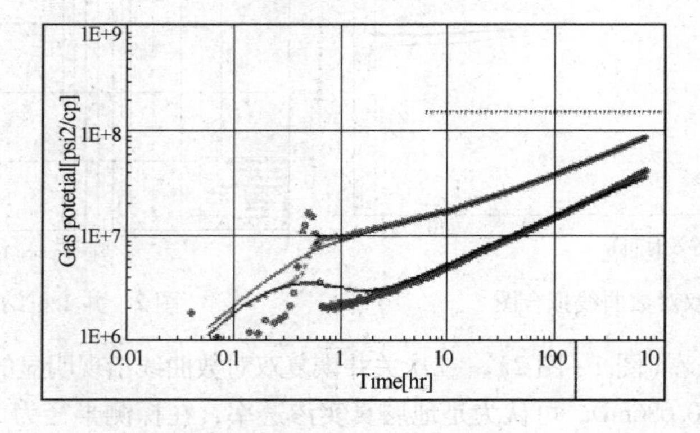

图 5　2006 年压力恢复双对数拟合图

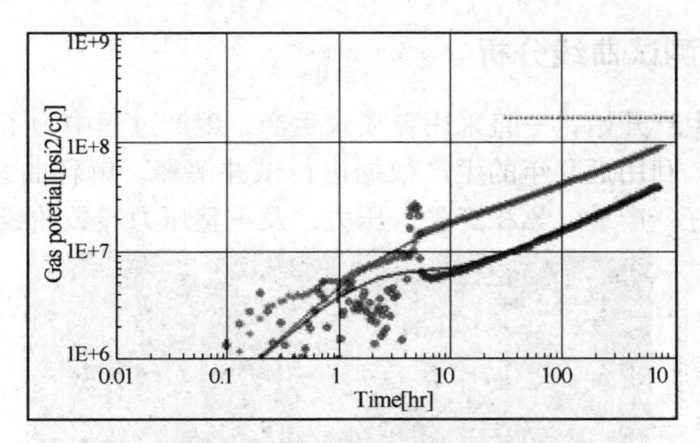

图 6　2007 年压力恢复双对数拟合图

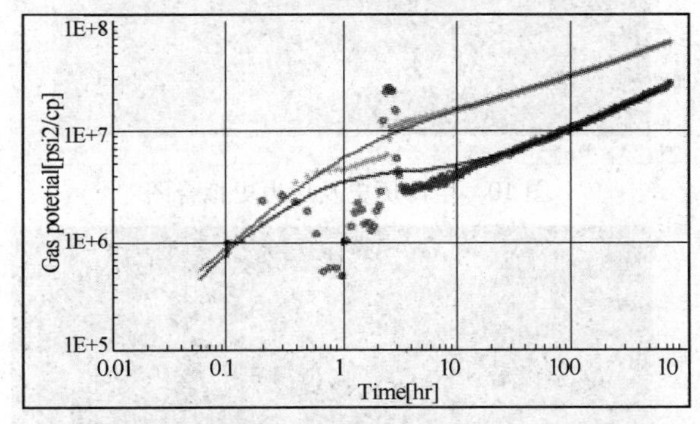

图 7　2008 年压力恢复双对数拟合图

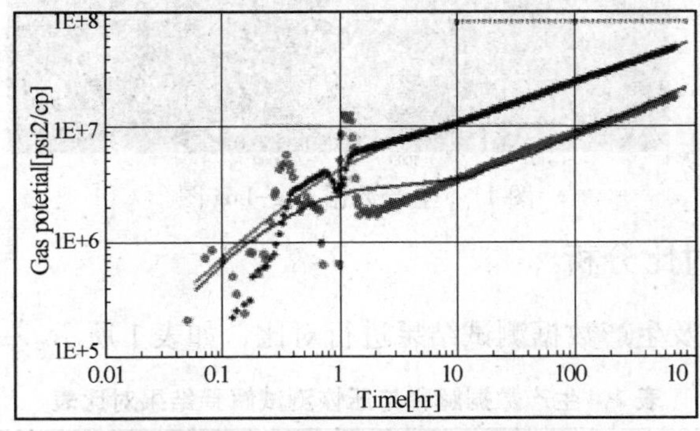

图 8　2009 年压力恢复双对数拟合图

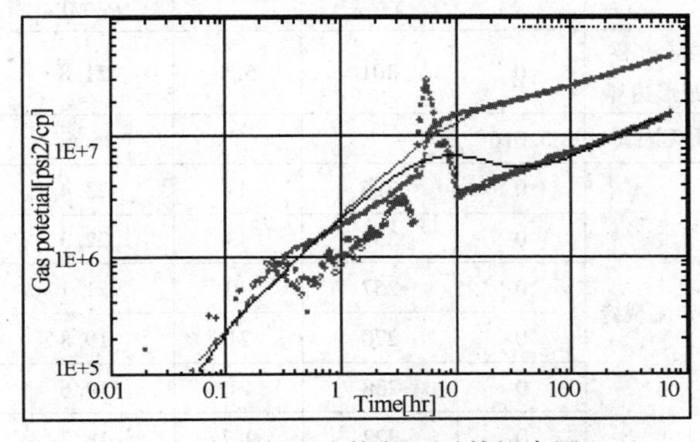

图 9　2010 年压力恢复双对数拟合图

3.3 生产数据测试曲线分析

井 1 自正式投入生产开始，一直采用自喷式生产，生产过程中为了降低水合物堵塞，采油套注甲醇作业措施。利用近 9 年的生产数据进行试井解释，解释曲线如图 10、图 11。如图显示，拟合效果较好，产量、累积产量、压力，及重整压力导数曲线拟合效果均较好。

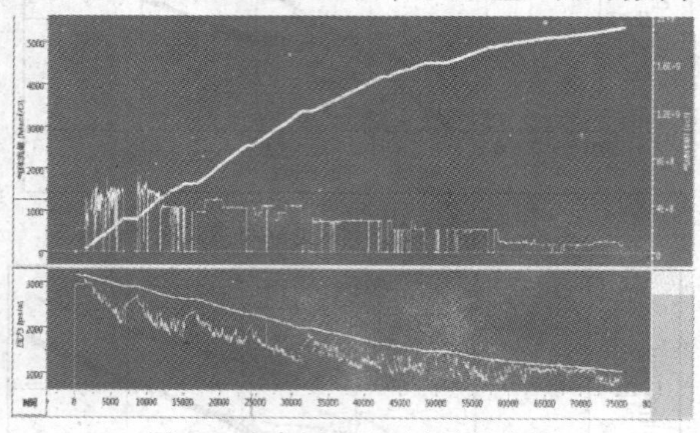

图 10 生产历史及压力史拟合图

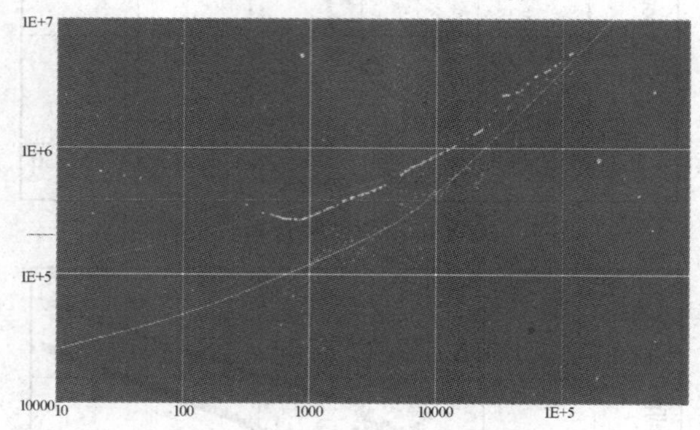

图 11 生产数据 Log-Log 图

3.4 测试结果对比分析

将 DST、压恢测试及生产数据测试结果进行对比，如表 1 所示。

表 1 生产数据解释与压恢测试解释结果对比表

方法	测试时间	解释模型	表皮 S	裂缝半长 Xf/m	导流能力	初始压力 Pi/MPa	渗透率 K/mD	边界距离 L/m
PDA	2003.9	有限导流裂缝+圆形边界	0	301	5.5	21.8	0.086	402
PTA	DST 测试	均质无限大	5.016			26.64	0.086	
	2005 年	有限导流裂缝	0	226	49	23.4	0.086	
	2006 年		0	259	43	22.3	0.086	
	2007 年		0	257	40	21.1	0.086	
	2008 年		0	270	21	19.8	0.086	
	2009 年		0	238	21	19.6	0.086	
	2010 年		0	322	9.7	18.7	0.086	

表 1 中 PDA 代表生产数据解释结果，PTA 代表压力恢复测试解释结果。DST 测试是在压裂前进行的，因此选用均质模型，表皮较大，表示地层近井附近存在污染；观察 6 次压恢测试结果，因为认为 DST 霍纳法解释的渗透率是地层真实渗透率，所以在进行压恢解释时选用 DST 解释的渗透率，因此渗透率一致，压裂后由于选用压裂模型，表皮都为 0；井筒存储系数差异很大，这与曲线上井储阶段曲线异常有关；从 6 次压恢测试结果看，裂缝半长有增大的趋势，导流能力有减小的趋势，但数值差距不大，压裂井性质明显，地层系数变化不大，几次压恢解释有较好的一致性，说明模型选择比较合理。生产数据解释也采用 DST 测试解释得到的渗透率，生产数据解释得到的裂缝半长 301m，无因次导流能力 5.5，均与 2010 年压力恢复测试结果相近，总体说明压恢和生产数据反映的地层性质相同，地层模型选择比较合理。

将 2005~2010 年 6 次压恢曲线去掉前面井储阶段的异常曲线后，绘制在一张坐标图上，如图 12，可以看出，双对数曲线和导数曲线开口，以及压裂曲线趋势基本一致，反映在测试期间地层性质基本保持不变，没有经过大的措施调整来改变地层情况；但是 6 条曲线并不能完全重合，说明 6 次测试井的性质、裂缝的性质并不完全一致，从解释结果也能看出，地层渗透率、表皮系数保持不变，但是随着生产时间的延长，裂缝半长逐渐增大，而裂缝导流能力则慢慢变小。

取多次压恢曲线做反褶积变换，可由压力恢复得到测试全部历程的压力降落响应，进而同生产数据解释结果进行对比，综合分析解释。

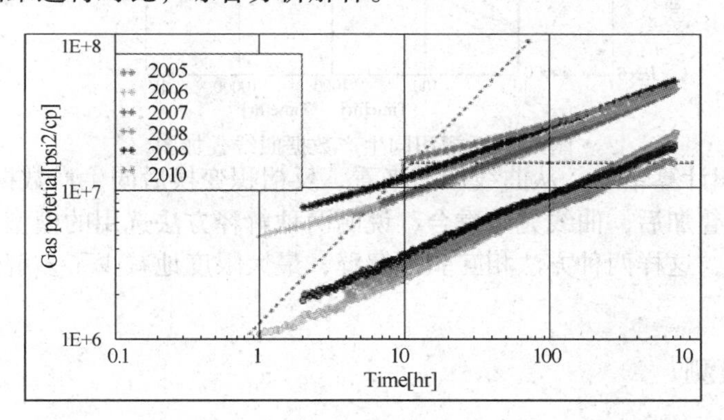

图 12　6 次压恢测试曲线对比图

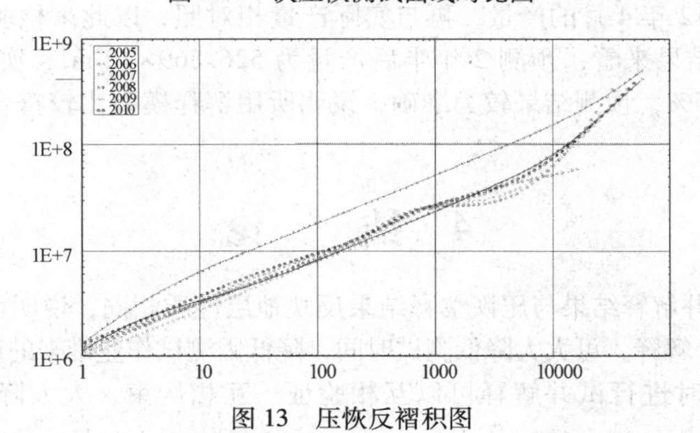

图 13　压恢反褶积图

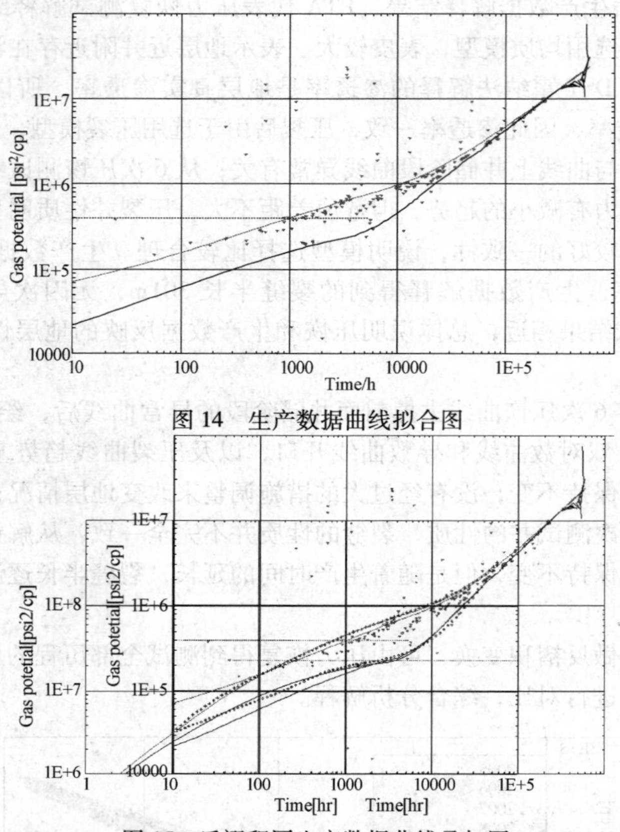

图 14 生产数据曲线拟合图

图 15 反褶积同生产数据曲线叠加图

图 13 是反褶积计算结果，从曲线形态来看，反褶积变换后同生产数据曲线形态（图 14）相似，将两条曲线叠加后，曲线完全重合，说明两种解释方法选用的模型是合理的，反映的地层信息是相同的，这样两种方法相互验证解释，最大限度地减少了多解性，大大提高了试井解释的准确程度。

3.5 产能预测

用产量预测验证生产数据解释模型是否正确，首先把生产数据截取到 2009 年 1 月，用现有模型预测到 2012 年 4 月的产量，再与实际产量相对照，以此来检验模型是否符合实际地层特征。从预测结果来看，预测 2 年半后产量为 $526.869\times10^4m^3$，实际产量为 $525.027\times10^4m^3$，误差为 0.35%，预测结果较为准确，说明所用解释模型比较符合实际地层特征，解释结果可信。

4 结 论

① 生产数据试井解释结果与压恢解释结果反映地层性质相同，说明可以在致密气井中利用生产数据进行试井解释，可大大降低测试时间，降低因测试作业带来的产量减少的影响。

② 多种方法同时进行试井解释可以互相验证、互相约束，大大降低了试井解释的多解性。

电缆地层测试在低渗储层应用的挑战与对策

邸德家[1,2]　张同义[1]　陶果[2]

（1. 中国石化石油工程技术研究院，2. 中国石油大学）

摘　要：电缆地层测试技术在油气田勘探开发中得到了越来越多的应用，然而在低渗储层中的应用遇到了很大的挑战。本文通过数值模拟和现场资料分析了电缆地层测试在不同渗透性储层中的压力响应和抽吸流体的时间，指出在低渗储层中压降幅度大，压力恢复和抽吸地层流体的时间变长，容易造成预测试失败和仪器卡在井下的危险，阐明了在低渗储层中仪器的管储效应明显，地层容易出现超压现象。针对电缆地层测试在低渗透储层遇到的各种问题，本文在数据处理方面分析了FRA算法（Formation Rate Analysis）原理，探讨了其在低渗储层的适用性。在仪器选择上分析了大面积坐封胶垫探针（LAPA）和双封隔器模块在低渗储层的应用效果，同时指出精密数字泵抽技术是其成功应用于低渗储层的关键。

关键词：电缆地层测试　低渗透储层　FRA　地层超压　管储效应

前　言

随着我国油气勘探开发的不断深入和发展，低渗透油气藏对于石油工业的重要性日益突出，在陆上油田中其探明储量约占全部探明储量的30%，而且分布很广，在全国21个油气区均有分布。由于低渗储层孔隙结构、岩性和油气层分布复杂，泥浆侵入明显，使得测井评价储层物性和含油气性面临很多困难，因此综合应用各种测井方法，特别是测井新方法是提高低渗储层测井评价的有效途径。电缆地层测试作为唯一测量储层动态渗透率的测井仪器在油气田勘探开发中得到了越来越多的应用。地层测试器通过压力测试数据的处理和分析，可以求取与储层物性和产能密切相关的诸如有效渗透率、表皮系数、原始地层压力等参数。通过单井多点的压力数据分析，可以确定储层有效厚度、油水界面和储层间的封隔特征等，为油田开发提供依据，也可结合多井对比，进行油藏评价。

电缆地层测试器通过抽吸地层流体，引起探针周围地层压力变化，通过记录的压力降和压力恢复数据，应用压降分析法、球形流分析法和柱形流分析法等工业上常用的地层测试分析方法，求取地层压力、地层流度和流体压缩系数。电缆地层测试在高渗透率的储层成功率很高，然而在低渗透地层中的应用遇到了很多的问题。在低渗透储层中，地层的流度减小，流体流动困难，需要较大的压力降才能抽吸到地层流体，并且低渗储层压力扩散速度很慢，因此压力恢复的时间很长，很容易出现仪器卡在井下的危险；然而预测试压降不够，将导致压力恢复过小或者没有压力恢复，容易混淆低渗储层和致密层的压力响应特征，造成对储层性质的错误认识。

在低渗储层的流体取样时，应避免抽吸流量过快，否则短时间将在探针附近形成很大的压力降，如果压力降低到流体泡点压力以下会引起地层流体状态的变化，溶解气将从流体中析出，从而导致流体取样的失败。因此需要精确控制泵抽的速度，并对测试数据的质量进行实时监测。在低渗地层中，仪器的管储效应增加，泥浆侵入明显，并伴有地层超压现象，这些都会给数据采集和后续的处理解释带来很大的挑战。

本文通过数值模拟和现场资料分析了电缆地层测试在低渗储层应用的各种挑战，介绍了一种新的地层测试分析方法—FRA 算法(Formation Rate Analysis)，这种方法综合利用预测试的压力降和压力恢复数据，以图形的方式方便、直观的解释储层参数。该方法在充分考虑管储效应的基础上，绘制地层流量和压力的线性关系式，通过与压力轴的截距获得原状地层压力，通过斜率计算地层流度。FRA 算法可以实时判断测试数据的质量，避免无效的测试占用更多的工作时间，也可以识别地层超压现象，并在后续的处理中进行校正。因此该算法能够很好的解决地层测试在低渗储层所遇到的相关问题。本文最后根据目前国际上电缆地层测试器的最新进展，提出了大面积坐封胶垫型探针和斯伦贝谢模块化动态地层测试器 MDT 的双封隔器模块适用于低渗储层的应用，同时指出精密泵抽技术是保证低渗储层成功测试的关键。

1 电缆地层测试在低渗储层中遇到的挑战

1.1 预测试的压力响应和饱和度变化

为了研究电缆地层测试在低渗储层的压力响应和地层流体流向探针的过程，本文通过电缆地层测试器有限元数值模拟软件模拟了不同渗透率地层预测试的压力响应和地层流体的饱和度变化。首先设计了电缆地层测试的三维几何模型，根据泥浆侵入情况，设置了油水两相模型，其中侵入带的含水饱和度为 0.8，原状地层的含水饱和度为 0.2，地层孔隙度为 0.3，地层和流体总的压缩系数为 1×10^{-9}(1/Pa)，其中油的压缩系数为 1×10^{-8}(1/Pa)，水的压缩系数为 5×10^{-10}(1/Pa)，油的黏度为 20cP，水的黏度为 0.96cP，油的相对渗透率为 0.05，水的相对渗透率为 0.38，仪器探针半径为 1.25cm，探针抽吸流量为 1mL/s，通过模拟计算探针处的油相压力和含水饱和度随时间变化的响应特征。图 1 表示了不同渗透率地层测试压力随时间变化的响应特征，当地层渗透率为 1mD 时，预测试的压降明显变大，压力恢复时间变长，并且出现预测试不稳定的情况；图 2 表示了不同渗透率地层探针处含水饱和度随时间变化的响应特征，当含水饱和度由 0.8 下降到 0.2 时，表示探针抽吸到的流体均为原状地层流体。相对于渗透率较高的储层，储层渗透率为 1mD 时，抽吸原状地层流体所需的时间明显增加。

根据我国四川盆地的现场地层测试数据，图 3 和图 4 分别表示某口井不同深度的预测试压力数据，其中图 3 的地层流度为 0.7mD/cP，图 4 的地层流度为 0.01mD/cP。通过对比分析，渗透率相对较高的地层，压力恢复快，测试数据符合要求；而渗透率低的地层压降幅度大，压力恢复时间长，并且伴有超压的现象。

1.2 仪器的管储效应

电缆地层测试器的探针和活塞之间由管线连接，由于流体的压缩性质，使得仪器与地层

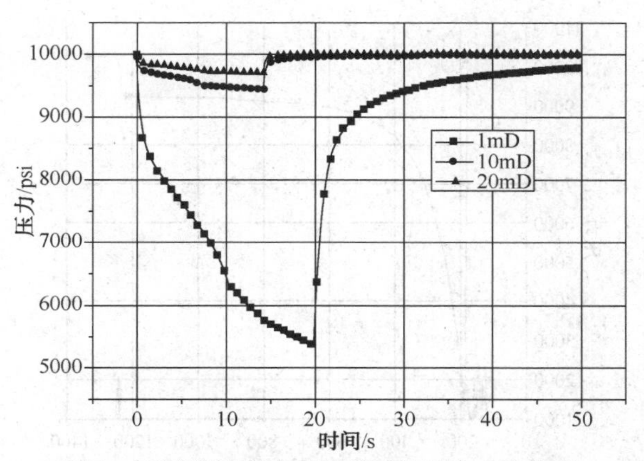

图 1　不同渗透率地层预测试的压力响应特征

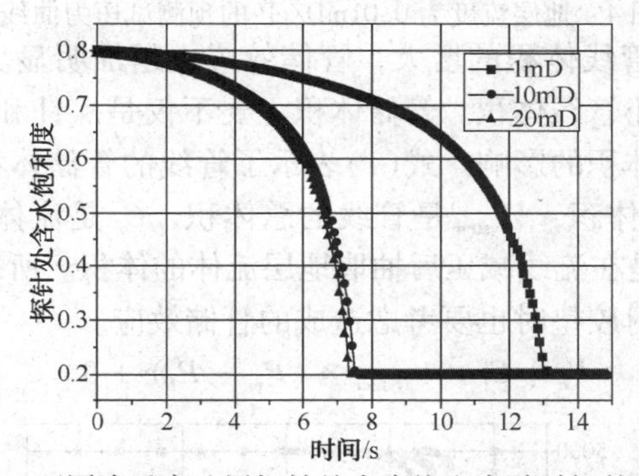

图 2　不同渗透率地层探针处含水饱和度随时间的变化

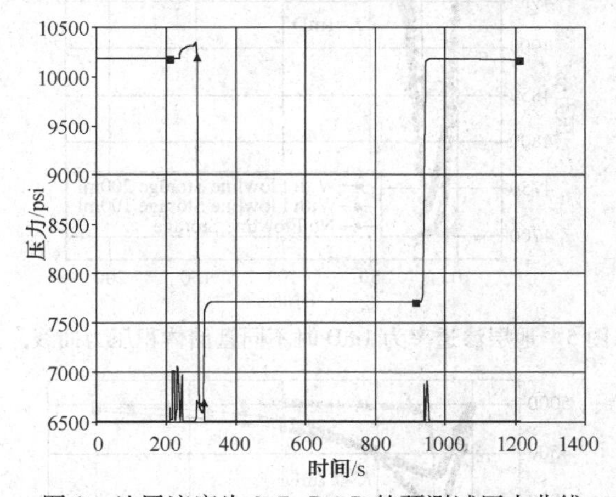

图 3　地层流度为 0.7mD/cP 的预测试压力曲线

接触的砂面上的流量与泵抽流量并不完全同步改变。当预测试开始时，活塞开始运动，由于探针和地层的压差使得地层流体流入探针；当预测试结束时，活塞停止运动，探针和地层的压差仍然存在，流体继续向管线中流动，直到压差达到平衡。管线的存储效应给预测试的后续处理和解释带来了很大的困难，从而导致储层渗透率等参数的计算不准确。下面通过有限元数值模拟，分析不同渗透率地层的管储效应。图 5、图 6 是地层渗透率分别为 1mD 和 0.1mD 时不同管储体积的压力响应特征。从模拟结果可以得到，在低渗储层中，仪器管储

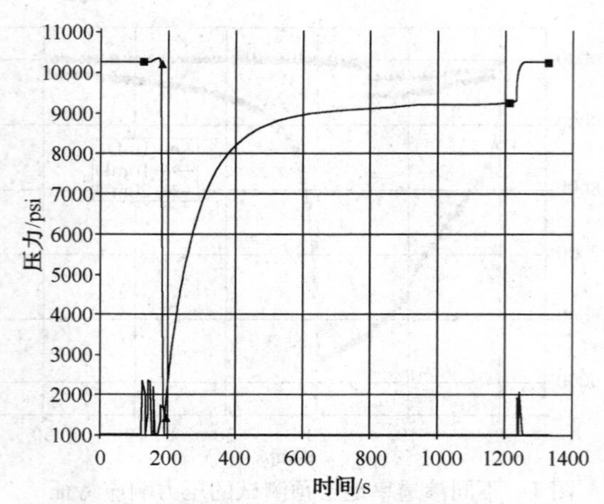

图 4　地层流度为 0.01mD/cP 的预测试压力曲线

效应非常明显，而且随着管线体积的增大，管储效应也越加明显。所以在低渗透地层测试时，仪器的设计要尽量减小管线体积。管储体积主要不仅是探针和活塞间连接的管线体积，同时也受探针和密封胶垫体积的影响。式(1)表示了管线的管储体积与仪器和地层参数的关系，其中 V_c 是管线的管储体积，V_{system} 是管线的总体积，C_f 是流体的压缩系数，P_m 是泥浆压力，P_f 是地层压力。3 是在流线减压后抽取地层流体的体积。所以为了完成预测试，在选择大直径探针和大面积坐封胶垫时也要考虑造成的管储效应。

$$V_c = C_f \times V_{system} \times (P_m - P_f) + 3 \tag{1}$$

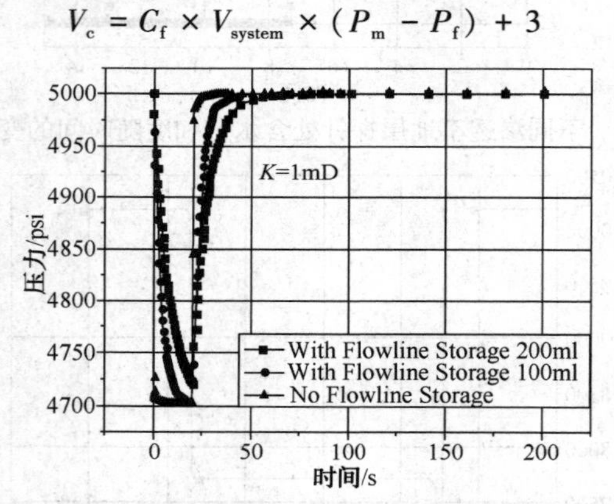

图 5　地层渗透率为 1mD 时不同管储体积压力曲线

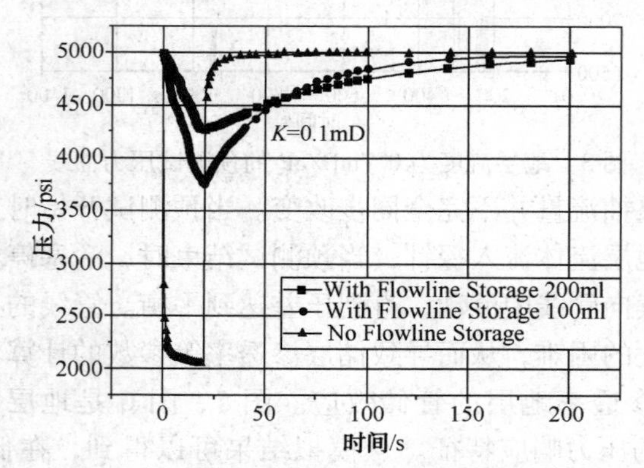

图 6　地层渗透率为 0.1mD 时不同管储体积压力曲线

1.3　地层的超压现象

超压是指由于井眼中泥浆的侵入使得侵入带地层中的压力高于原状地层压力的现象(图7)。地层超压的形成在钻井的过程中和完井后都可能形成，主要形成的原因有两点：一、泥饼的渗透性比较好，或者泥饼遭到破坏，导致泥浆的侵入。二、地层的渗透性比较差，砂岩表面的压力与原状地层压力短时间难以达到平衡。超压现象在低渗储层中普遍存在，造成预测试得不到真实的原始地层压力。式(2)表示了超压和储层参数的关系。其中 Δp_{sc} 为侵入带超出地层的压力，p_w 为井筒的压力，p_s 为砂岩面的压力，k_{mc} 为泥饼的渗透率，k_f 为地层的渗透率，r_f 为砂岩面到原状地层的距离，r_w 为井筒半径，l_{mc} 为泥饼厚度。

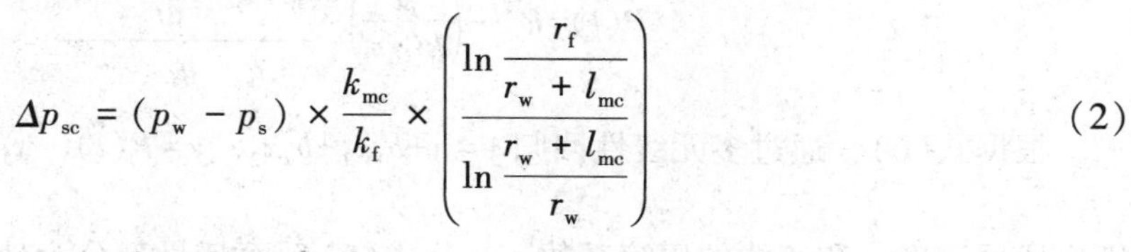

$$\Delta p_{sc} = (p_w - p_s) \times \frac{k_{mc}}{k_f} \times \left(\frac{\ln \dfrac{r_f}{r_w + l_{mc}}}{\ln \dfrac{r_w + l_{mc}}{r_w}} \right) \tag{2}$$

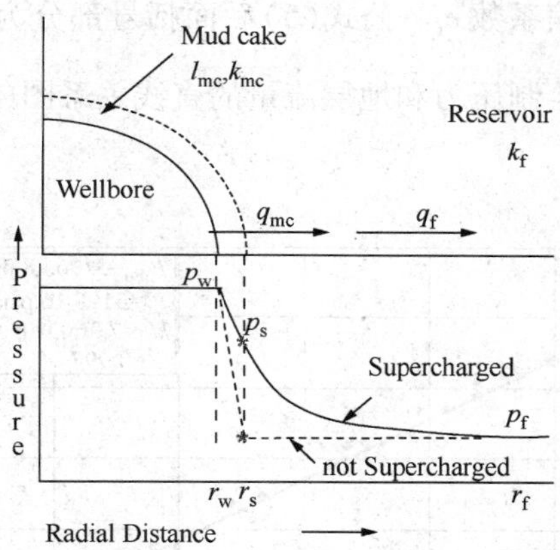

图7　地层超压示意图

2　FRA 算法在低渗储层中的应用

2.1　FRA 算法的基本原理

FRA(Formation Rate Analysis)是 E. Kasap 等在 1996 年基于仪器管线物质平衡理论提出地层测试算法。该算法在充分考虑管储体积的基础上，同时应用压力降和压力恢复数据绘制测试压力和地层流量的关系图，从图中能够获得地层压力、地层流度和流体压缩系数。FRA 算法不需要长时间的压力恢复，能够实时监测测试数据的质量，并能对超压进行识别和后续校正，因此该算法适用于低渗储层。

根据物质平衡理论，仪器管线中的流量 q_{ac} 等于地层的流量 q_f 减去泵抽的流量 q_{dd}。其中管线中流量 q_{ac} 等于流体压缩系数 c_t 与管线体积 V_{sys} 和压力对时间导数 $\dfrac{\partial P(t)}{\partial t}$ 的乘积。根据达西定律推导出地层流量的式(5)，其中 P^* 为地层压力，$P(t)$ 为测量的压力，$\dfrac{k}{\mu}$ 为地层流度，

G_0 为几何因子，r_p 为探针半径。将式(5)和式(4)代入到式(3)中，整理得到式(6)和式(7)。

$$q_{ac} = q_f - q_{dd} \tag{3}$$

$$q_{ac} = c_t V_{sys} \frac{\partial P(t)}{\partial t} \tag{4}$$

$$q_f = \frac{kG_0 r_p}{\mu}[P^* - P(t)] \tag{5}$$

$$P(t) = P^* - \frac{\mu c_t V_{sys}}{kG_0 r_p} \frac{\partial P(t)}{\partial t} + \frac{\mu}{kG_0 r_p} q_{dd} \tag{6}$$

$$P(t)=P^* - \left(\frac{\mu}{kG_0 r_i}\right) \underbrace{c_{sys} V_{sys} \frac{dP(t)}{dt} + q_{dd}}_{q_f} \tag{7}$$

根据式(6)，通过多元线性回归 $y=a+b_1x_1+b_2x_2$，$y=P(t)$，$x_1=\frac{\partial P(t)}{\partial t}$，$x_2=q_{dd}$，能够计算出地层流度$\frac{k}{\mu}$和流体的压缩系数 c_t。公式(5)后面括号部分为地层的流量，等于泵抽流量加上管线的管储流量。通过绘制压力和地层流量的直线关系图(图 8)，从图中能够得到一个斜率 $\frac{\mu}{kG_0 r_i}$ 和一个截距 P^*。

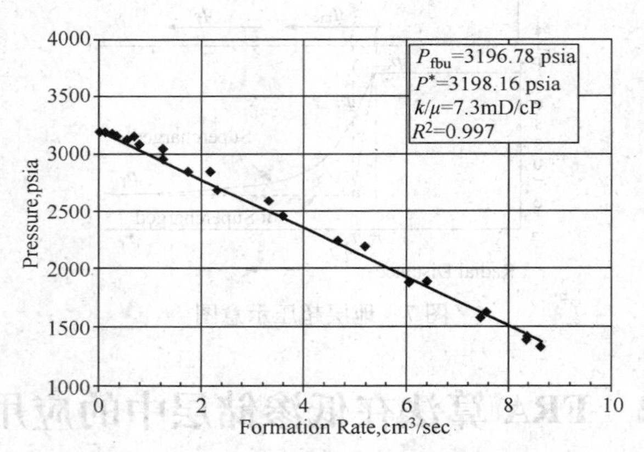

图 8　FRA 算法—测试压力与地层流量的关系图

根据现场测试数据，通过 FRA 算法计算的地层参数，其中地层流度为 10mD/cP，地层的压缩系数为 6.8×10^{-6}1/psi，通过有限元方法模拟了其压力响应，与现场数据的压力降和压力恢复有很好的匹配(图 9)，证明了 FRA 算法的有效性和可靠性。

2.2　FRA 算法实时监测测试数据的质量

通过 FRA 算法的图形关系能够及时判断测试数据的质量。图 10 和图 11 中测试压力和地层流量呈现非线性关系，说明测试过程中出现了问题。图 10 中，当抽吸停止，压力恢复期间，测量的压力突然下降，表明仪器探针滤网或者管线发生了堵塞现象。图 11 中，由于抽吸流量过快，压降达到泡点压力以下，气体从流体中析出，致使在压力恢复期间测量的测试压力呈现“)”形状。及时判断测试数据质量，可以节约测试时间，安排重复测量或者选择新的测试点。

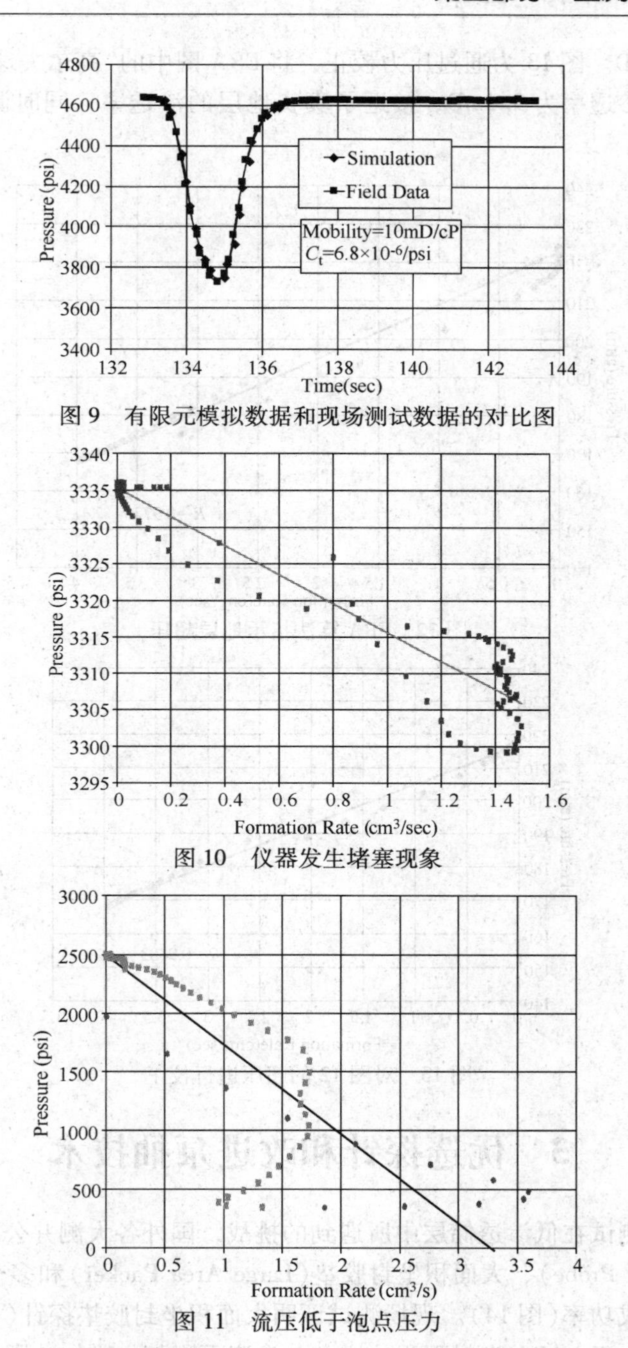

图 9　有限元模拟数据和现场测试数据的对比图

图 10　仪器发生堵塞现象

图 11　流压低于泡点压力

2.3　FRA 算法有效识别超压

FRA 算法可以有效识别超压并进行后续校正，在一定程度上解决了低渗储层的超压问题。通过数值模拟，设置地层的压力 200atm，井筒的压力为 250atm，地层的渗透率为 10mD，泥饼的渗透率为 0.01mD。图 12 为根据 FRA 算法绘制的测试压力与地层流量的关系图，当地层流量接近零时，测试压力突然向上增加，使测试的压力点与拟合的直线呈现“高尔夫球杆”形状，这是因为泥饼的渗透性，使井筒周围出现了超压。通过直线斜率计算，地层的渗透率为8.8mD。图13为通过压力校正，将FRA图中的“高尔夫球杆”去掉，通过直线斜率的计算，地层渗透率为9.4mD，接近了真实地层的渗透率，同时测到的地层压力也更接近原状地层压力。

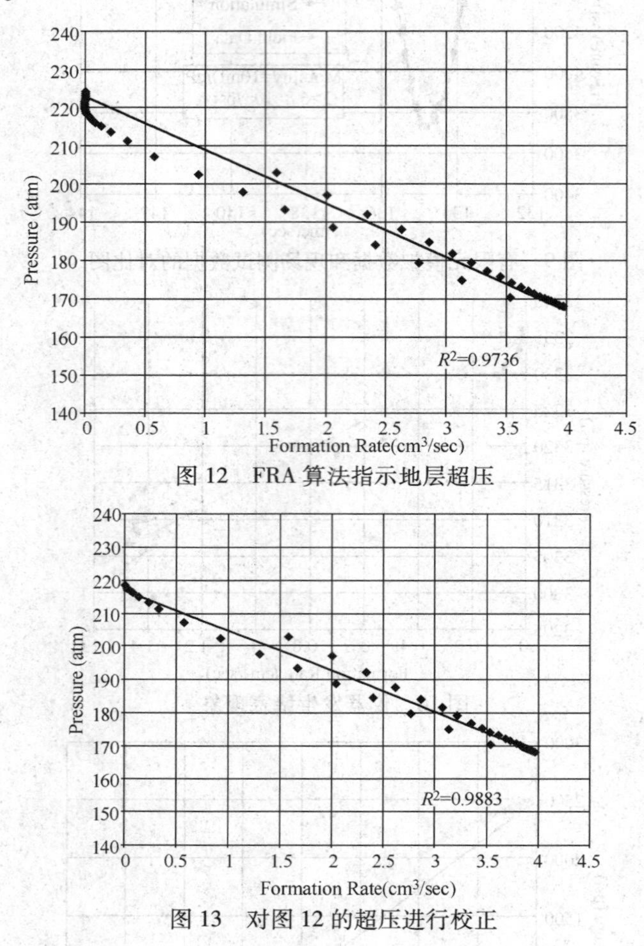

图12 FRA算法指示地层超压

图13 对图12的超压进行校正

3 优选探针和改进泵抽技术

针对电缆地层测试在低渗透储层中所遇到的挑战，国外各大测井公司分别研制了大直径探针(Large Diameter Probe)、大面积坐封胶垫(Large Area Packer)和多个预测试体积等提高在低渗储层测试的成功率(图14)。现场测试证明大面积坐封胶垫探针(LAPA)适用于低渗透地层的数据采集，由于LAPA坐封面积的增大，渗流面积随之增加，因此预测试的压降可以减小，这在低渗透地层中是非常重要的，LAPA大的坐封面积同样适用于具有裂缝、固结不好和井眼不规则的地层。

针对低渗透地层等特殊条件下的电缆地层测试，斯伦贝谢公司的模块化动态地层测试器(MDT)研制了双封隔器模块(图15)。双封隔器模块具有两个封隔器原件，膨胀以后就产生了大约1m左右的隔离带，一旦膨胀，流体首先自隔离段被吸出。因为很大一部分的井壁没有与地层连通，这一工具的流体流动区域是常规探测器的流动区域的好几千倍。根据式

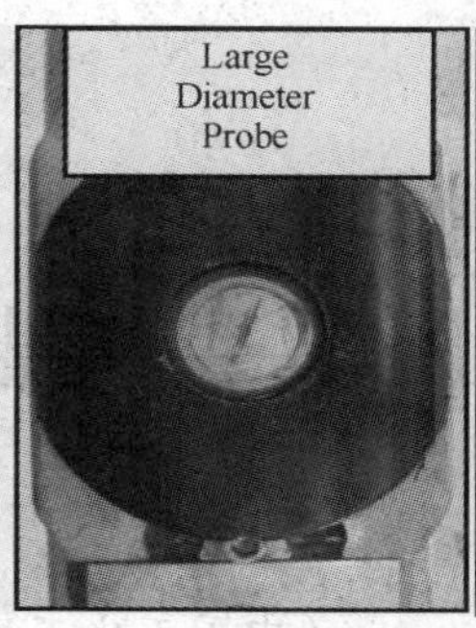

图 14　电缆地层测试器不同型号的探针

(8)，由于流动面积的增大，压降大大减小。这样就可以保证压差在泡点压力以上，避免流体状态发生变化。所以双封隔器模块在低渗透率地层有着很好的应用。同时双封隔器模块还可以和压力监测探针模块配合使用，用于干扰测试(类似 Mini DST)，测量地层的水平渗透率和垂直渗透率。

$$\Delta P_{ss} = \frac{Cqu}{4\pi k_d r_p} \tag{8}$$

图 15　斯伦贝谢 MDT 的双封隔器模块

国外的第三代地层测试器都采用了高效率的泵抽技术，这种技术可以精确控制泵抽体积和流速，实时监测压力变化和流体性质，泵抽体积的精度达到 0.1mL，流速的精度达到 0.05mL/s。国内中海油服务有限公司研发的新型电缆地层测试器(ERCT)，采用了精密数字泵抽技术。采用由脉冲频率和脉冲总量控制的步进电机驱动双螺旋内反馈方向流量液压阀来精确控制泵排速度和抽吸体积。在低渗储层中，精确控制流量和流速对于预测试的成功和地层流度的计算是非常关键的。

4　结　　论

本文讨论了电缆地层测试在低渗储层应用所遇到的各种困难和挑战，主要特点为预测试不稳定，流体取样和压力恢复时间变长，仪器管储效应明显，地层超压现象严重等。

针对以上问题，本文分析了 FRA 算法应用于低渗储层的可行性和实用性，FRA 算法不需要长时间的压力恢复，可以快速、直观地获取地层压力和计算地层流度，同时考虑了仪器管储效应，并能够识别和校正超压现象，因此该算法适用于低渗储层。

根据低渗储层的特点，在仪器方面应该优先选择大面积坐封胶垫和 MDT 的双封隔器模块，能够增加测试的成功率，同时精密泵抽技术是电缆地层测试成功应用于低渗储层的关键。

地面测斜仪在大牛地气田“井工厂”压裂裂缝监测中的应用

周健　张保平　张旭东　徐胜强

（中国石化石油工程技术研究院）

摘　要： 为了更好的认识大牛气气田“井工厂”压裂模式中裂缝的形态和方位，指导该区块其他井组合理部署井网，优化压裂设计，采用地面测斜仪对其中的两口井的水平井分段压裂进行了裂缝监测，获得了该井组共计15条压裂裂缝的裂缝长度、方位和地面变形场等参数。此外，通过对监测结果的分析，初步研究了水平井同步压裂工艺对裂缝复杂性的影响，研究表明在上述两口井的同步压裂过程中，由于局部应力场的变化和裂缝间的干扰等原因，造成部分裂缝的水平分量显著增加，提高了裂缝的复杂性。这为今后的优化压裂设计和部署井网提供了科学依据。

关键词： 地面测斜仪　井工厂　裂缝形态　同步压裂　裂缝监测　大牛地气田

大牛地气田位于鄂尔多斯盆地伊陕斜坡北部，上古生界砂岩气藏埋深2500~2900m，水平井开发目的层主要为太2、山1、山2及盒1气层。储层以辫状河流相沉积为主，纵向上交错叠合发育，平面上分片展布，非均质性较强，气藏内部差别较大，呈现出“三低两高”的特征（低压、低渗、低孔，有效应力高、基块毛管压力高），是一个典型的低压、低孔、低含气饱和度的致密气藏。大牛地气田盒1气层平均孔隙度9.09%，平均渗透率0.55mD，地层压力系数0.91，采用水平井分段压裂工艺获得了较好的改造效果，截至2012年5月底，盒1气层水平井压后平均无阻流量达$7.56\times10^4m^3/d$。

为进一步提高大牛地气田盒1气层的储量动用程度，掌握“井工厂”水平井分段压裂后裂缝走向、裂缝几何参数，对大牛地气田R井组的水平井同步压裂工艺，进行了地面测斜仪裂缝监测工作。采集倾斜角度变化信号，并通过数据解释软件反演求取裂缝参数，获得每一段的水力裂缝的方位、裂缝长度与裂缝复杂性参数，可以为优化压裂设计、评价压裂效果以及合理布置注采井网提供依据。

1　地面测斜仪测试原理简介

地面测斜仪测试法是依靠布置在压裂井周围的数个传感器，测量由于压裂而在地面引起的形变，经过地球物理反演来确定造成该变形场的压裂参数的一种裂缝测试方法。从理论上来说，水力压裂是将地下岩石分开，伴随着岩石裂缝两个面的变形，最终形成一定宽度的裂缝。压裂裂缝引起的岩石变形场向各个方向辐射，引起地面及井下地层变形，如图1所示。

裂缝引起的地面地层变形典型的量级为万分之一英寸，几乎是不可测量的。但是测量变形场的变形梯度即倾斜场是相对容易的，裂缝引起的地层变形场在地面是裂缝方位、裂缝中心深度和裂缝体积的函数(图2)。变形场几乎不受储层岩石力学特性和就地应力场的影响，比如一条定尺寸的南北向扩展的垂直水力裂缝，不管裂缝位于低模量的硅藻岩、非常硬的碳酸岩以及疏松的砂岩，在地面产生的变形模式将是一样的，变形的模式是具有南北向趋势的由周围对称隆起环绕的槽(若裂缝有倾斜则隆起不对称)，隆起的大小决定于裂缝的体积和缝中心的深度。

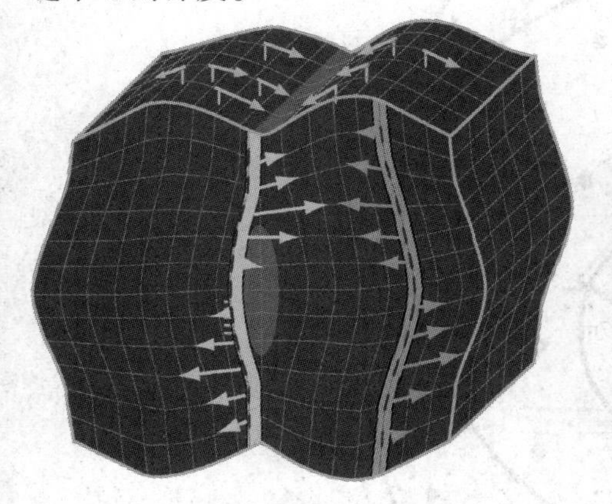

图1 倾斜仪裂缝绘图原理

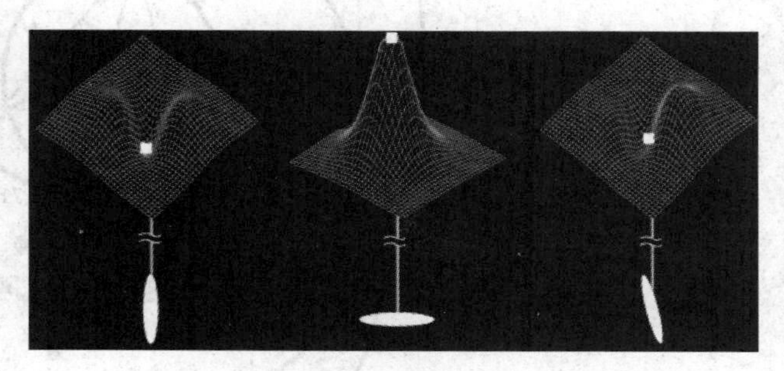

图2 水力裂缝在深度300英尺的不同方位产生的变形

在压裂井周围布置多个地面倾斜仪记录压裂造成的地面倾斜量，可以通过数值分析来确定裂缝方位、裂缝倾角以及精度稍低的裂缝体积、裂缝中心深度、裂缝不对称扩展诱发的偏移。

该技术近些年来在国内外进行了广泛的应用。但是基本上都是在单一直井或者单一水平井分段压裂监测中进行了应用，本文所阐述的工作是该技术首次在大牛地气田“井工程”压裂模式中进行了应用，且监测的两口井是采用了水平井同步压裂工艺，具有一定的创新性。

2 R井组压裂裂缝监测方案优化设计及现场监测

R井组是一米子形水平井组，水平段平均垂深2540m左右。测斜仪对米子形下方的R-1H、R-3H和R-5H进行压裂裂缝监测(图3)。在图3中下部的三口井中，从左到右分别是R-5H、R-3H和R-1H。其中R-5H和R-3H采用的是水平井同步压裂工艺，而R-1H采用的水平井单井分段压裂。

依据射孔深度、水平井井段长度和施工规模确定地面测斜仪的支数和布置。依据R井组实际情况及目前完钻的水平井长度和压裂施工参数情况，单段压裂需布测斜仪36只。依据3口水平井多段压裂需要，考虑井深允许的测斜仪布放机动余量，设计55支左右可以满足监测要求。在水平井射孔位置按深度的25%~75%的半径范围内随机布孔。而这三口井的垂直深度为2540m，因此测斜仪地面观测点布置在以措施段中心位置为圆点约635~1905m环形范围内，在井的东、西、南、北尽量布置大致相同数目的井眼内随机布置。依次压裂R-1H、R-3H、R-5H三口井时，完成3口井监测时以中间井为基准进行布放，左右适当增加。图3是针对这三口井的压裂监测任务进行的测点布置优化方案。

结合设计方案和现场地表实际条件，项目组在井组地面4km范围内布置了54支测斜仪

(图4)；在现场下完地面测斜仪工作完成之后，由于现场压裂作业制度的临时调整，监测任务调整为只对R-3H和R-5H进行压裂裂缝监测。

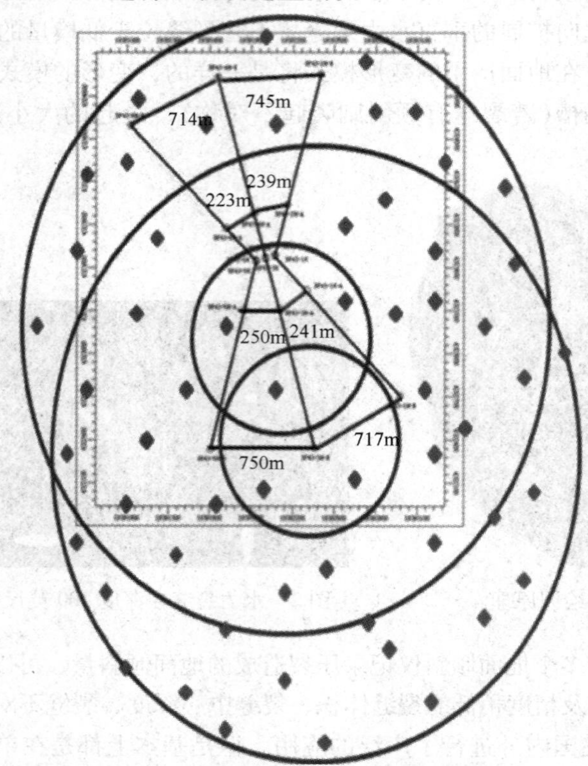

图3 R井组地面测斜仪设计测点分布图

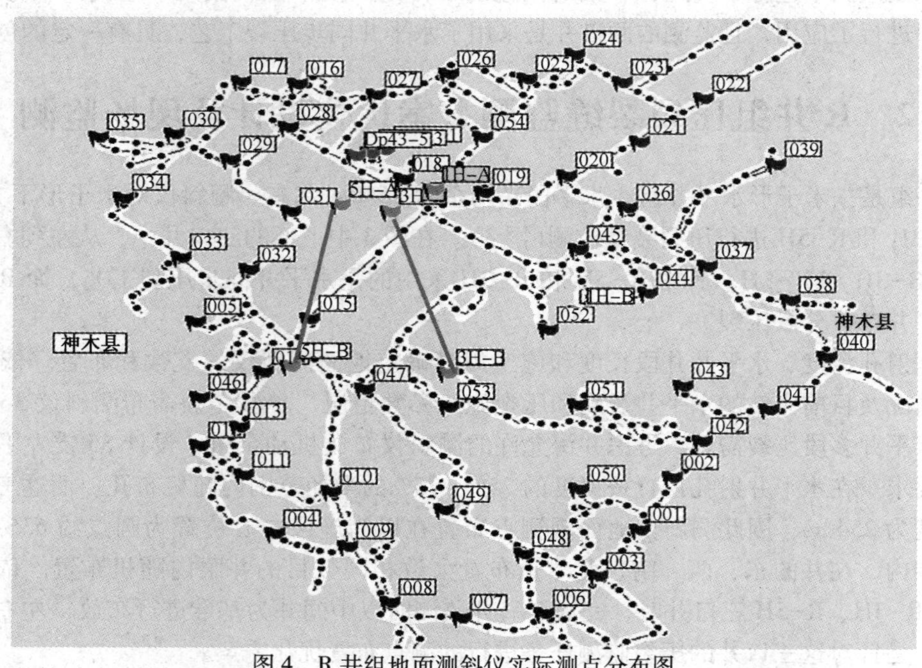

图4 R井组地面测斜仪实际测点分布图

3　R 井组压裂裂缝监测结果及分析

在现场作业过程中，由于其中 R-3H 井因投球滑套提前打开，甲方放弃了前 3 段施工。因此实际采用地面测斜仪对 R 井组的 R-5H 和 R-3H 两口水平井的同步压裂进行了裂缝监测，这两口井总共压裂 15 段，裂缝监测得到 15 个裂缝监测结果，其中包括裂缝方位、裂缝半场、裂缝的水平和数值分量，以及压裂裂缝扩展而引起地表变形趋势面及其矢量场。

图 5 为两口水平井裂缝方位汇总示意图，清晰地反映了两口水平井组的位置、每一段裂缝的形态方位、地面测斜仪测点的分布、井口的位置等关键参数，图中颜色代表变形的大小，颜色越深，变形量越大。表 1 和表 2 则分别对这两口井的裂缝参数进行了汇总。

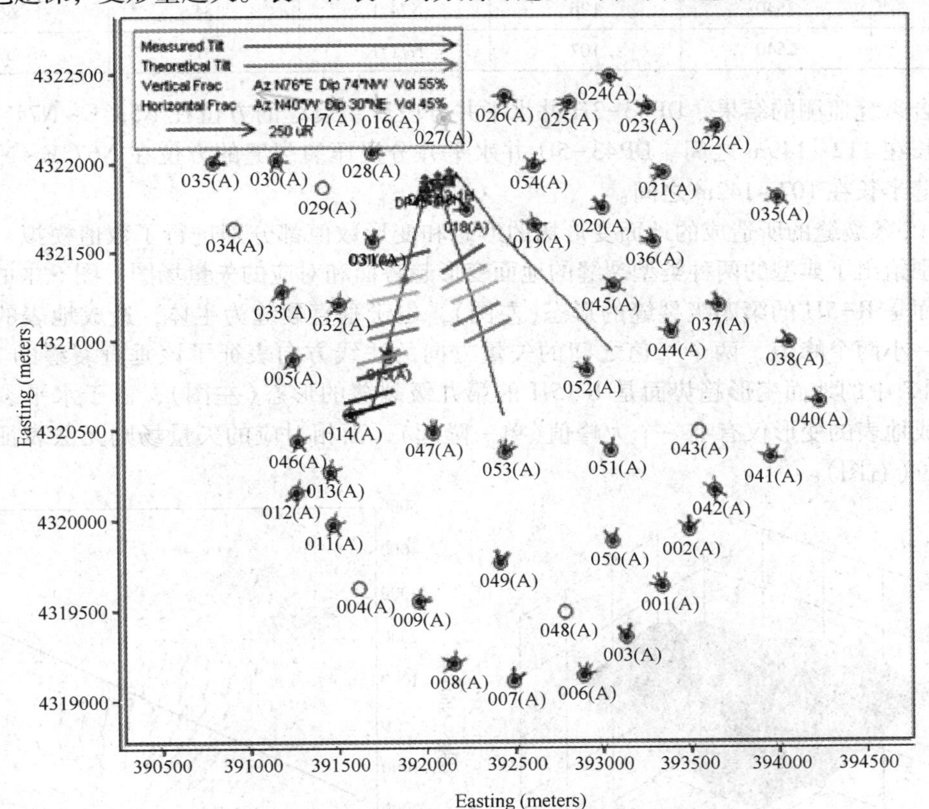

图 5　R 井组地面测斜仪裂缝监测方位结果

表 1　R-3H 分段压裂测斜仪裂缝监测结果

级数	射孔深度/m	半缝长/m	垂直裂缝方位	垂直缝比例/%	水平缝比例/%
4	2540	149	N60°E	82	18
5	2540	113	N69°E	86	14
6	2540	123	N63°E	95	5
7	2540	129	N62°E	83	17
8	2540	121	N71°E	78	22
9	2540	112	N53°E	66	34

表 2　R-5H 分段压裂测斜仪裂缝监测结果

级数	射孔深度/m	半缝长/m	垂直裂缝方位	垂直缝比例/%	水平缝比例/%
1	2540	138	N72°E	100	0
2	2540	142	N72°E	90	10
3	2540	137	N70°E	99	1
4	2540	132	N67°E	80	20
5	2540	134	N74°E	80	20
6	2540	131	N71°E	50	50
7	2540	128	N76°E	55	45
8	2540	126	N74°E	34	66
9	2540	107	N71°E	31	69

综合裂缝监测的结果，DP43-3H 井水平井分段压裂裂缝的方位在 N53°E～N71°E 之间，裂缝半长在 112～149m 之间。DP43-5H 井水平井分段压裂裂缝的方位在 N67°E～N76°E 之间，裂缝半长在 107～142m 之间。

对 15 条裂缝的所造成的地面变形场的形态和变形数值都分别进行了数值模拟。图 6 和图 7 分别给出了典型的两种类型裂缝的地面变形趋势面和对应的矢量场图。图 6 中的地面变形趋势面是 R-5H 的第四级裂缝的形态(左图)，由于垂直裂缝为主体，造成地表的变形具有一大一小两个峰值，两个峰值之间的矢量方向的法线方向表征了该垂直裂缝的方位(右图)。图 7 中的地面变形趋势面是 R-5H 的第九级裂缝的形态(左图)，由于水平裂缝为主体，造成地表的变形仅有唯一个大峰值(单一隆起)，而相对应的矢量场则无法表征出该裂缝的方位(右图)。

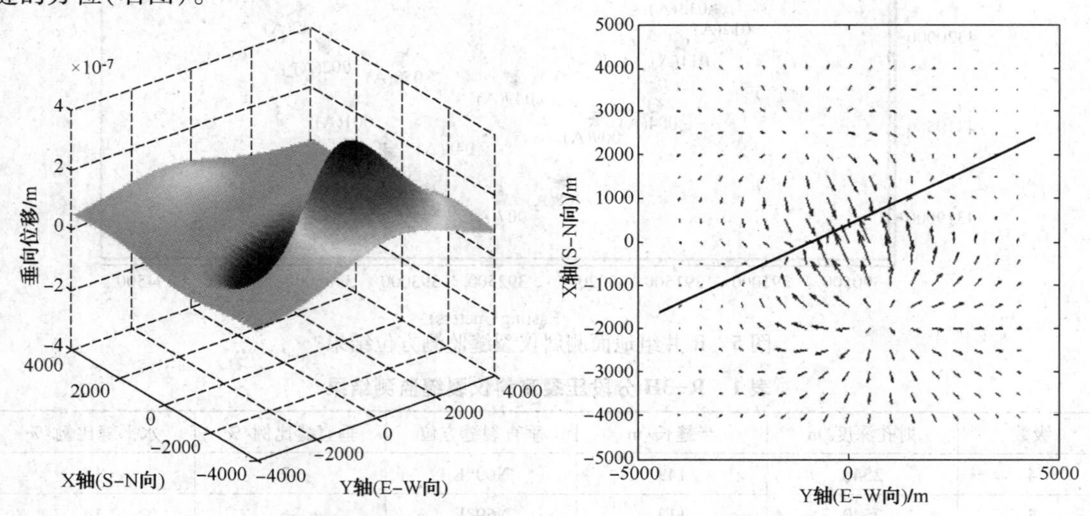

图 6　R-5H 第四级裂缝造成的地表形变趋势面和矢量场

通过表 1 和表 2 中不同级数裂缝的垂直分量和水平分量的对比研究发现，水平井同步压裂对裂缝形态的影响十分显著。由于这两口井相对应的压裂级数基本是属于同步压裂(泵车开泵时间前后不超过 20min)，因此会造成局部地应力的变化，发生裂缝之间的干扰，从而

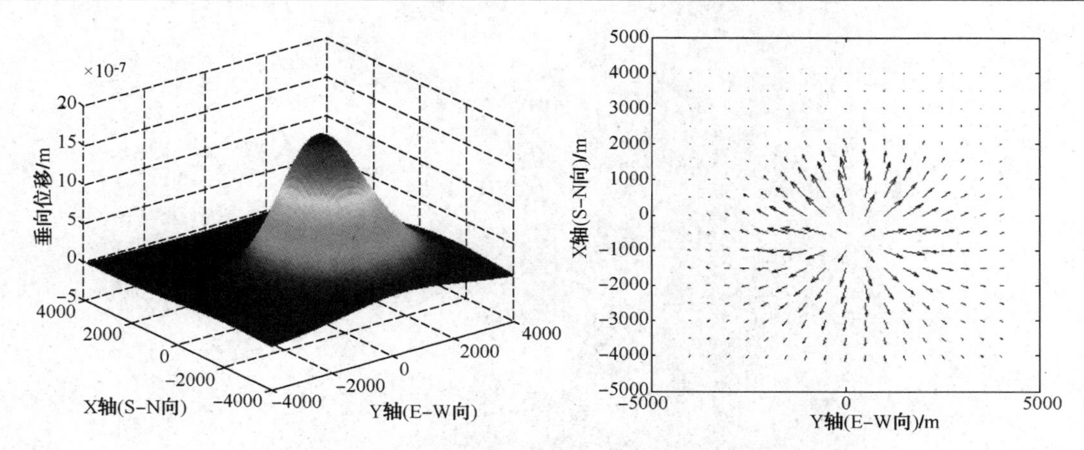

图 7 R-5H 第九级裂缝造成的地表形变趋势面和矢量场

在一定程度上使得裂缝形态更加复杂。表 1 中可以看出，从第七级裂缝到第九级裂缝的水平分量在逐渐增加(17%~34%)；表 2 中从第五级裂缝到第九级裂缝的水平分量显著的增加(20%~69%)。从第一级到第九级之间的两井的水平段之间的距离是逐步减少的，因此随着水平段之间的距离的减少，同步压裂所造成的应力干扰程度逐渐在增加，造成裂缝的水平分量显著的增加，进而提高了裂缝的复杂性。上述研究结果表明，在今后的“井工厂”的水平井钻井设计和压裂设计中，把水平井的水平段之间的距离和压裂设计中的裂缝规模(缝长)设计进行综合考虑，既要充分的在水平井的水平段之间造长缝，提高压裂裂缝的有效改造体积，又要适度控制裂缝规模，避免不同井之间的裂缝发生过度的干扰。

4 结 论

(1) 测斜仪裂缝监测技术在水平井井组“井工厂”压裂模式 R 井组中的成功应用表明，地面测斜仪是一种独特和高效的水力裂缝监测和诊断技术，可以为压裂后评估及压裂设计方案优化提供依据，具有较好的推广前景。

(2) 通过对 R 井组两口水平井的同步压裂中 15 级压裂的监测，确定了所有 15 条裂缝的方位，缝长、地表变形趋势面及其矢量场。结果显示上述两口井水力裂缝形态比较复杂，有垂直缝、水平缝和垂直缝相交的情况。但是主体裂缝为垂直缝，且其方位为北东向。

(3) R 井组中水平井同步压裂工艺对裂缝形态的影响十分显著。通过对测斜仪监测结果的初步研究发现，在靠近两井井口的水平段部分的多条裂缝形态中发现裂缝的水平分量显著提高，因此随着水平段之间的距离的减少，同步压裂所造成的应力干扰程度逐渐在增加，造成裂缝的水平分量显著的增加，提高了裂缝的复杂性。

第六部分

钻 完 井 篇

川西凹陷浅层气藏千米水平段一趟钻关键技术

李琳涛　徐文浩　赵洪山

（中国石化胜利石油工程有限公司钻井工艺研究院）

摘　要： 川西凹陷浅层气藏的长水平段水平井存在井眼轨迹控制难度大、井眼清洁困难、PDC 钻头进尺低、钻井液性能要求高、无线随钻测量成功率低等施工难点，为了提高钻井效率，提出了以水平段轨迹控制技术、润滑防塌钻井液技术及无线随钻测量技术为核心，配合优选高效 PDC 钻头和水力加压器，形成千米水平段一趟钻关键技术，并成功应用于川西地区多口水平井的现场施工，取得了良好的应用效果，为川西地区钻井施工积累了宝贵的经验。

关键词： 川西凹陷　一趟钻　水平井　轨迹控制　钻头优选

前　言

川西凹陷浅层气藏由侏罗系蓬莱镇组、遂宁组和沙溪庙组气藏构成，气藏孔隙度和渗透率低、非均质性强的地质特点决定了气井的自然产能较低，很多气井达不到工业产能，为提高气井单井产量和采收率应用了长水平段水平井和大型加砂压裂技术，其经济效益和工业效益得到显著提升。然而，长水平段水平井的井眼轨迹控制、摩阻扭矩的降低、岩屑床的清除、润滑防卡和井壁稳定等技术难题是制约气藏规模发展的技术瓶颈，亟待开发配套钻井工艺技术和高效工具，完成一趟钻钻完千米水平段目标，进一步提高对气藏的勘探开发效率。

1　长水平段水平井施工难点分析

① 井眼轨迹控制难度大。水平井随着水平段的延伸，井眼的摩阻扭矩随之增加，滑动钻进钻压传递困难，导致钻井时效低；设计靶框的靶半高 2m，靶半宽 15m，同时考虑到钻井安全以及后续工艺要求，要求水平段狗腿度不超过 10°/100m，严格的设计要求增加了施工难度。

② 井眼清洁困难。水平井的长裸眼、大斜度、及软硬交互夹层导致钻井液携岩困难，容易在井眼低边形成岩屑床。岩屑床的存在，一方面减小了环形空间的面积，容易造成卡钻事故；另一方面由于钻具的滑动和转动，岩屑会被反复碾碎，使岩屑颗粒变细，造成钻井液固相含量升高，导致摩阻、扭矩急剧增加。

③ PDC 钻头进尺低。浅层气藏目的层石英含量高、抗压强度大、可钻性差，导致钻头机械钻速低，起下钻频繁，在钻井液密度高、摩阻扭矩大的情况下易引发井下复杂事故发生。

④ 钻井液性能要求高。川西浅层气藏长水平段水平井存在水平段较长、泥砂岩互层频

繁、钻时较快、目的层油气显示活跃等特点，因此钻井液必须解决井眼净化、井壁稳定、润滑防卡、防漏堵漏、保护油气层等技术难题。

⑤ 无线随钻测量成功率低。川西地区水平井的测量环境恶劣，存在地层情况复杂、环空岩屑床易堆积、钻井液密度高等不利因素，对仪器信号干扰较大，导致仪器脉冲测量曲线峰值较弱，译码错误率高，甚至引起脉冲发生器内阀砂卡，需起钻更换仪器，影响钻井效率。

2 千米水平段一趟钻关键技术

2.1 水平段轨迹控制技术

2.1.1 底部钻具组合力学分析

导向钻具组合复合钻进可以视为一个导向工具面不断有规律改变的过程，其总体导向效果不能用某一特定工具面装置角时钻头上的侧向力来描述，而应该用钻柱旋转一周、工具面装置角从0°转到360°的变化过程中钻头上的合导向力矢量来表述。设导向钻具在某一时刻的工具面装置角为 ω，在这一装置角位置可计算出钻头上的造斜力为 $zxl\omega$。取钻具组合旋转一周为研究对象，ω 的取值范围为0°~360°，均匀取值。设计算点数为 n，则装置角变化步长为 $\Delta\omega=360°/n$。计算点数应大于或等于36。钻具组合旋转一周内在钻头上作用的增斜力合力为：

$$fzxl=\frac{1}{n}\sum_{\omega=0}^{360} zxl\omega \tag{1}$$

式中，$fzxl$ 为造斜力合力，称为复合钻进增斜力，单位为kN。

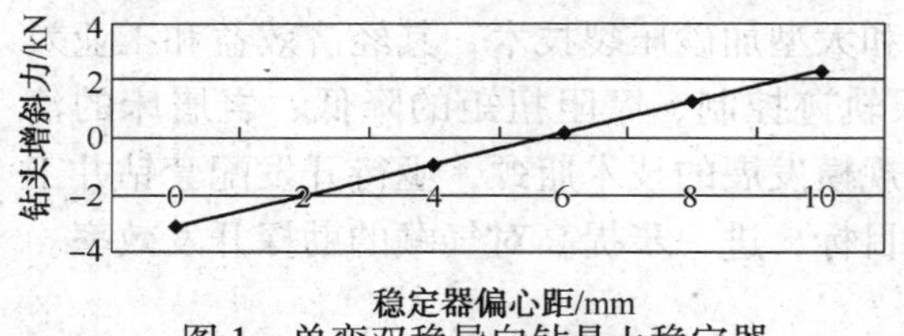

图1 单弯双稳导向钻具上稳定器直径变化对复合钻进增斜力的影响

在井眼轨迹控制施工过程中通过计算作用在钻头上的增斜力来评价钻具复合钻进过程中的稳斜能力。川西地区水平井通常使用单弯双稳导向钻具组合：钻头+螺杆钻具+欠尺寸扶正器+无磁承压钻杆+斜坡钻杆+加重钻杆+斜坡钻杆。结合现场情况，对该钻具组合进行力学计算。图1是单弯双稳导向钻具上稳定器直径变化对复合钻进增斜力的影响，可以看出上稳定器偏心距越大，即上稳定器直径越小，单弯双稳导向钻具复合钻进的增斜力越大，但增加幅度较小。

2.1.2 水平段稳斜钻进控制技术

通过钻具的力学性能分析表明，合理选择上稳定器直径有助于导向钻具复合钻进时尽量稳斜。因此，川西水平井水平段选用钻具组合如下：Φ215.9mm钻头+Φ172mm1.25°螺杆钻具(本体扶正器外径 Φ212mm)+Φ(208~209)mm扶正器+Φ127mm无磁承压钻杆+MWD+Φ127mm斜坡钻杆+Φ127mm加重钻杆+Φ127mm斜坡钻杆。在主力油层钻进时，钻压控制在50~70kN，配合低转盘转速40~60r/min，排量在33~36L/s的范围内，减小方位漂移率和井斜变化率，可以达到稳斜效果。川西凹陷浅层气藏水平段钻遇的泥岩夹层和斑点状砾石层较多，地层岩性变化频繁，仪器测斜零长15m，滞后的井眼轨迹测量数据影响水平段延伸能力和钻井效率。施工中，实时监测地质钻时录井、气测录井的地质录井情况，及时获取资料并进行对比分析，提前预测地层变化，根据地层变化调整钻井参数。什邡104-3HF水平段钻进中，当砂岩中泥质含量较高时，复合钻进有降斜趋势，泥质含量越高，降斜趋势越明显，甚至达到3°~4°/100m，提高复合钻进钻压至70~80kN，排量降至28~33L/s，降斜趋势缓和，并配合滑动钻进进行轨迹调整，以勤调微调为原则，确保了轨迹平滑和较高的复合钻进进尺比例。图2反映什邡104-3HF、广金6-2HF和新沙21-27HF井水平段采用稳斜钻进控制技术井斜变化率波动情况，图中井斜变化率曲线较为平缓，波峰高值较少，表明井眼平滑且复合钻进比例较高。

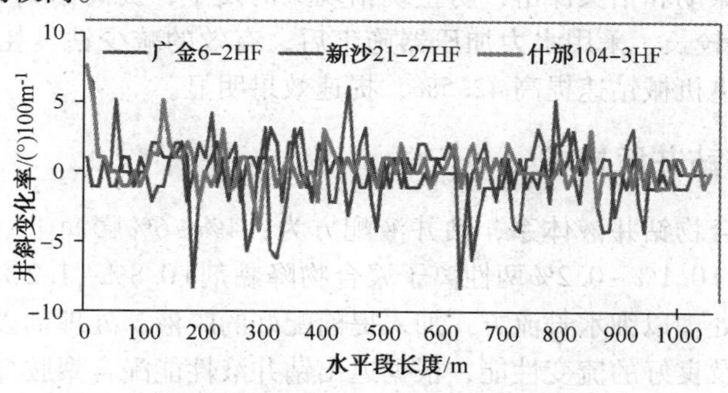

图2 三口井水平段井斜变化率示意图

2.1.3 井眼清洁与减摩降阻措施

井眼清洁是钻大位移水平井的技术难点，较高的井眼清洁程度能够减小管柱的摩阻扭矩，保障井下安全，增加水平段延伸能力及提高钻井效率。井眼清洁控制的关键就是要破除岩屑沉积床，主要采取如下措施：①增大排量，提高钻杆转速，使钻井液在环空内以螺旋流形式流动；②改善钻井液性能，提高钻井液的动切力和初切；③钻井过程中要根据岩屑床的情况，适时做短程起下钻，有效清除岩屑；在起下钻时，分段循环钻井液，利于清除岩屑；如果岩屑床比较严重，则需要多次划眼以清除岩屑床；④优化井眼轨迹设计，施工中严格控制造斜段狗腿度，防止岩屑在造斜段堆积；⑤简化井底钻具组合，钻具外径不易过大。什邡310HF井实施井眼清洁技术措施，在井深2400~2844m时，滑动钻进摩阻范围200~260kN，较邻井下降35%。

2.2 PDC钻头优选

川西凹陷浅层气藏地层抗压强度在60MPa左右，岩石内摩擦角在35°以内，地层可钻性级值在4左右，适合使用PDC钻头，PDC钻头定向具有机械钻速高、工作寿命长、成本低、起下钻次数少等优点。针对川西气田岩石可钻性较好，上部井段含细砾石的特性，优选了ABS1605F型PDC钻头。该钻头采用19mm切削齿，5个螺旋刀翼胎体式设计和宽深排屑槽，喷嘴采用5个可换喷嘴和1个中央喷嘴组合，设置的中心喷射水眼，采用开放多射流技术，可强制冷却PDC钻头的鼻、肩部齿，提高钻头中心部位的岩屑运移，可中和横向力，有效防止泥包，消除滞留和回流区域，有效杜绝钻头水眼堵塞、托压和泥包现象，解决了因岩屑运移不畅而导致机械钻速不高的问题。为适应造斜要求，切削齿后增加耐磨节，并对钻头冠部形状和高度进行优化以提高其导向控制能力。什邡104-3HF、广金6-2HF、什邡310HF井水平段使用后平均钻速分别是7.39m/h、7.10m/h、7.24m/h，实践证明优选出的PDC钻头应用效果较好，提高了钻井效率。

2.3 水力加压器

水力加压器的原理是借助钻井液作用在活塞上下端面的压力差而产生动力，并通过伸缩杆传递至钻头，连续不断的使活塞和钻头向下移动而形成进尺，将水力储存为动能，然后释放使钻具总长伸长从而产生额外附加钻压。水力加压器改变了仅靠钻具重量加压的方式，将刚性加压变为液压式柔性加压，克服了刚性加压存在的送钻不均、跳钻、假钻压等弊端，可最大限度的吸收钻柱振动和钻头冲击，防止跳钻现象的发生，提高钻头和钻具的使用寿命。广金6-2HF井水平段较长，采用水力加压器施工后，有效的减少钻具托压现象，与邻井相近地层比较，滑动钻进机械钻速提高42.5%，提速效果明显。

2.4 润滑防塌钻井液技术

一开采用聚胺聚合物钻井液体系，钻井液配方为：4%~6%膨润土+0.2%纯碱+0.2%~0.3%两性离子包被剂+0.1%~0.2%两性离子聚合物降黏剂+0.8%~1.2%两性离子聚合物降滤失剂。钻井液日常处理以细水长流方式加入提前配好的胶液，处理剂以两性离子聚合物为主保持钻井液抑制性及良好的流变性能，根据返出钻井液性能配合聚胺抑制剂、聚合物降滤失剂、磺化褐煤等配成胶液进行维护。二开采用聚胺仿油基聚合物钻井液体系，基本配方为：上部基浆+2%~4%沥青类防塌剂+0.2%~0.5%聚胺抑制剂+2%~3%甲基葡萄糖甙+1%~3%液体润滑剂+0.5%~1%极压润滑剂。在基浆中按配方加入磺化沥青、聚胺控制剂、仿油基聚合物、液体润滑剂等，将钻井液转换为聚胺仿油基聚合物体系后开始二开钻进，确保钻井液具备很强的抑制性、封堵性，并加强维护，保持钻井液性能稳定。进入水平段后加入超细碳酸钙，对油气层实施屏蔽暂堵保护，有效地防止井漏和减小钻井液对产层的损害；加入聚胺抑制剂、磺化沥青等保持井壁稳定性；在摩阻扭矩较大井段加入MEG、MLL-1、RRH-3等润滑材料，提高钻井液润滑性能。在钻井液循环系统方面采用四级净化系统，同时配合短起下钻、大幅度活动钻具、提高转盘转速、大排量循环等工程措施，破坏环空堆积的岩屑床，确保携岩效果。

2.5 无线随钻测量技术

选用负脉冲MWD测量系统，系统的井下部分主要由4部分组成，包括井下探管、脉冲发生器、驱动短节及锂电池总成。MWD探管传感器采集定向数据，计算储存并传输到驱动器，控制和驱动负脉冲发生器通过开关内阀，使少量的钻井液从钻柱内流向井眼环空中，在钻柱内产生压力降低，由此产生脉冲，钻井液脉冲将井下信息传输到地面，计算机系统将信号转换成定向数据。该系统具有信号好，信噪比高，抗干扰强，仪器自身压差小，对钻头适应性强等优点，可避免因井筒中岩屑含量大，需多次停泵测量及引发脉冲发生器内阀砂卡等故障。新沙21-27H井使用负脉冲MWD测量系统后，工作性能稳定，未发生因仪器故障原因起钻，提高了钻井效率。

3 应用效果

自川西凹陷浅层气藏应用长水平段水平井开发以来，胜利油田钻井院应用千米水平段一趟钻技术完成了多口井的轨迹控制，取得了丰富的施工经验，并创出了几项川西地区施工新指标，表1是完成的部分水平井水平段指标的统计情况。

表1　川西部分水平井水平段钻成指标

井　　号	设计水平段长度/m	实钻水平段长度/m	储层钻遇率/%	平均机械钻速/(m/h)	滑动钻进进尺比例/%	趟　　次
什邡104-3HF	1015.86	1034.00	100.00	7.39	1.12	1
什邡310HF	880.54	1160.83	100.00	7.24	1.59	1
广金6-2HF	969.62	1098.00	98.98	7.10	1.63	1
新沙21-27H	1038.67	1039.21	99.23	7.25	1.92	1

新沙21-27H井全井平均机械钻速6.63m/h，台月效率2561.65m，创川西地区3001~3500m水平井平均机械钻速最高、台月效率最高2项纪录。什邡310HF井创造了川西水平段单趟进尺1160.83m的最高纪录。什邡104-3HF、什邡310HF、广金6-2HF、新沙21-27H实际钻井周期分别是26d、43.58d、33d、39.96d。

4　结论及认识

① 水平段轨迹控制技术、PDC钻头优选、水力加压器、润滑防塌钻井液技术及无线随钻测量技术是实现川西凹陷浅层气藏千米水平段一趟钻技术的关键。

② 高效定向PDC钻头与水力加压器的配套使用，减少了滑动钻进时粘滞托压、易憋泵等现象，有利于进一步提升钻井速度，缩短钻井周期。

③ 什邡104-3HF、什邡310HF、广金6-2HF、新沙21-27H等多口水平井实现了一趟钻钻完千米水平段，为川西凹陷浅层低渗透油气资源的水平井施工提供了有益借鉴。

④ 长水平段水平井提速提效问题依然突出，需要继续在井眼清洁技术、高效定向PDC钻头优选技术、润滑防塌钻井液技术和裸眼段减摩降阻技术等方面展开深入攻关。

红河油田长8裂缝性致密砂岩油藏水平井钻完井技术

张永清　邓红琳　牛似成　王翔　王锦昌　党冰华　张辉

（中国石化华北分公司工程技术研究院）

摘　要： 红河油田长8油藏埋深2000m左右，是典型的低压致密裂缝性砂岩油藏，主体开发方式为水平井配合压裂改造。针对其钻井时易井壁失稳、井漏及压裂、采油作业困难等问题，从钻完井角度出发，基于室内实验和现场实践，形成了二级井身结构及其配套的轨道优化及轨迹控制技术、钻头选型技术、井壁稳定技术、防漏堵漏技术和长裸眼段套管固井完井技术。现场应用后，平均钻井周期缩短37.5%，平均机械钻速提高18.1%，平均单井钻完井工程约节约307.37万元，且为压裂、采油后期治理提供了良好的先决条件，降本增效效果显著。

关键词： 致密裂缝性砂岩油藏　二级井身结构　井壁稳定　防漏堵漏　固井钻完井

引　言

红河油田位于鄂尔多斯盆地西缘、天环向斜南段，面积2515.603km²，石油探明储量6084×10^4t。长8油藏是典型的低压、低孔、超低渗、裂缝性油藏，2012年其主体开发方式为三级井身结构水平井配合裸眼预置管柱压裂改造，压裂是其见产、增产乃至稳产的重要手段，投产后地层能量衰减快、产量递减快、含水上升快，稳产时间短。钻井过程中井壁失稳率达13%，浪费时间207.39天；钻井漏失率高达65%，漏失钻井液$9.2\times10^4m^3$，堵漏513天；压裂时，窜通率达17.1%；采油时能量补充见效慢、找堵水困难。因此，采用何种钻完井技术，安全快速建井并最大限度的利于后期作业，是降本增效、提高水平井的投入产出比的关键因素之一。为此，笔者在工程地质特征和水平井钻采难点的基础上，以室内实验和现场实践为依据，开展了相关研究，以期能推动实际生产并为同类油藏的高效开发提供借鉴。

1　红河油田工程地质特征及水平井钻采难点

红河油田地层从上到下依次钻遇第四系、罗汉洞组、环河组、华池组、洛河-宜君组、安定组、直罗组、延安组和延长组。上部第四系、洛河-宜君组天然裂缝发育，安定组、直罗组泥页岩发育，延安组发育大段煤层；长8油藏地层压力系数0.92，平均孔隙度10.8%、平均渗透率0.4×$10^{-3}\mu m^2$，储层非均质性严重，部分区域天然裂缝发育，应力敏感性强；油层原始含水饱和度高，存在可动水。

基于以上工程地质特征，在钻采过程中存在以下难点：①井壁失稳：泥岩、煤层坍塌压力高，物理化学作用显著，长时间浸泡易垮塌，为平衡坍塌压力易导致井漏；②井漏：地层压力低、人工裂缝、天然裂缝形态复杂，防漏堵漏难度大，漏失又易导致井塌、井涌和储层伤害；③储层保护难度大：水平段过平衡钻进，固相堵塞、液相水锁、压力波动及大型漏失均会造成储层伤害；④压裂作业困难：储层天然裂缝发育，压裂改造易沿裂缝纵向、横向上窜通，沟通邻井；⑤采油作业困难：由于裂缝发育，能量补充时注入介质易沿裂缝窜流。

2 水平井高效钻完井技术

2.1 井身结构与完井方式优化

2012年红河油田主要使用三级井身结构（表1），平均钻井周期60.98天，平均机械钻速7.69m/h；主要完井方式为裸眼预置管柱分段压裂完井，水平段井眼小，井筒易出砂，有砂卡管柱的风险；压后管柱无法提出；裂缝起裂位置只能确定在封隔器之间；井筒无法实现全通径，通径小、台阶多，抽吸、测试受井眼空间的限制，后期产水时找堵水工具下入、拖动困难，二次增产时重复压裂管柱下入难度大、风险大，且每段对单井产能的贡献不明。

表1 三级井身结构水平井数据表

开数	井眼尺寸×井深	套管尺寸×下深	备注
一开	Φ14 3/4in(374.7mm) × 301m	Φ10 3/4in(273mm)× 300m	水泥返至地面
二开	Φ9 1/2in(241.3mm)×A点	Φ7in(177.8mm)× A点	水泥返至地面
三开	Φ6in(152.4mm)×B点	Φ4 1/2in(114.3mm)	裸眼预置管柱完井

鉴于三级井身结构提速空间较大以及后期作业困难的问题，根据井眼尺寸与套管匹配、地层压力、地质与工程等相关资料，经论证在红河油田中浅层致密裂缝性砂岩油藏水平井中实施二级井身结构、固井分段压裂完井的可行性强，将三级井身结构优化为二级井身结构（表2）。

表2 二级井身结构水平井数据表

开数	井眼尺寸×井深	套管尺寸×下深	备注
一开	Φ12 1/4in(311.2mm) × 301m	Φ9 5/8in(244.5mm)× 300m	水泥返至地面
二开	Φ8 1/2in(215.9mm)×B点	Φ5 1/2in(139.7mm)× B点	水泥返至地面

与三级井身结构相比，二级井身结构减少一级套管使用量，减少了二开A靶点的测井、固井、侯凝、扫塞等中完步骤，在A点前二级井身结构使用尺寸较小的钻头，有利于井壁稳定，且单位面积钻压增大、井底比水功率提高，有利于提高机械钻速；A点后采用固井射

孔压裂完井与裸眼预置管柱完井相比可节约大量成本；水平段139.7mm的套管与114.3mm的套管相比可提供更大的作业空间，且能实现全通径，为增产措施及找堵水措施提供了良好的先决条件；此外，与裸眼预制管柱分段压裂完井相比固井分段压裂完井不仅能确定裂缝起裂位置、减少压窜，而且能确定每段对单井产能的影响，还能在一定程度上减弱能量补充时注入介质的窜流。

2.2 井眼轨道优化及轨迹控制技术

2.2.1 井眼轨道优化

井眼轨道优化以利于提高机械钻速、降低摩阻；利于着陆点的控制和水平段井眼轨迹调整为原则，根据水平井实施过程中出现的问题，对井眼轨道进行了优化。

前期为有效缩短钻遇泥岩、煤层段长，稳定井壁，靶前距为300m，但实践证明：当水平段超过1000m时，摩阻扭矩大，托压现象严重，后期压裂管柱下入较困难，经过软件模拟计算与实践，将靶前距优化为350m。

长8储层非均质性强，深度预测可能存在一定的误差，在钻井过程中需根据储层变化及时调整着陆点，若仍采用“直-增-平”井眼轨道，轨迹调整困难，很难光滑的实现地质中靶，通过软件模拟综合考虑采油泵的高效利用，将井眼轨道优化为“直-增-稳-增-平”轨道，该轨道的第二稳斜井段不仅可克服地质不确定因素，保证着陆，提高中靶成功率，而且为采油泵的合理下入，提供了良好的井眼条件。

2.2.2 井眼轨迹控制技术

一开地层松软，为控制井斜，采用塔式钻具组合，开孔吊打，轻压钻进，起钻投测电子多点，确保井身质量。

室内微钻头试验和测井资料表明二开地层PDC可钻性好，考虑采用动力钻具复合钻进时钻头转速高以及满足测斜需要，优化出“PDC钻头+螺杆+MWD”钻井模式。二开上部直井段采用“PDC+螺杆+MWD”配合钟摆钻具组合钻井技术，防斜纠斜能力强；二开下部井段采用“PDC+螺杆+MWD”配合倒装组合钻井技术，有效加压，提高钻速同时通过MWD随钻测斜，能够及时纠斜，井眼轨迹控制能力强。

2.3 钻头选型

钻头选型需根据地层岩性的软硬程度不同而选择，常用的方法有两种：①利用岩石性质进行选型；②利用已有钻头进行选型。本文依据微钻头试验和测井资料结合现场应用情况以进尺和机械钻速为约束条件优选钻头，优选出的钻头如表3。

表3 钻头优选数据表

应用井段	钻头类型	钻头型号	平均进尺/m	平均机械钻速/(m/h)
直井段 斜井段	PDC	G1905ST、GDF515TQ、GMD1625TX、SX1957X、HHF335LC、B935JG	1845.00	13.71
水平段	PDC	M1952FG、6M516KS、HHF335LC、S1655FGA2、B665JG	1208.00	7.81

2.4 稳定井壁技术

2.4.1 确定安全钻井液密度

上部井段含大段泥页岩和煤层，岩石自身强度较低；储层段非均质性强、易钻遇泥岩且砂岩段的微裂缝发育。在二级井身结构水平井中，二开钻进将形成长裸眼段。上部泥页岩和煤层的胶结物长时间浸泡易发生垮塌，若提高密度平衡地层坍塌压力，由于地层压力低且存在裂缝极易发生井漏，若井漏处理不当将进一步导致井壁失稳。

因此，要从防涌、防塌、防漏的角度出发，确定安全的钻井液密度窗口。安全钻井液密度窗口可根据下式来确定：

$$\max(P_{c1}, P_p) \leqslant P \leqslant (P_f, P_{c2}) \tag{1}$$

式中，P 为钻井液的液柱压力；P_p 为地层孔隙压力；P_{c1} 为地层坍塌压；P_{c2} 为地层剪切破坏压力；P_f 为地层破裂压力。

由此，依据地层三压力剖面及岩石强度剖面，利用任意大斜度井井壁稳定力学公式确定安全钻井液密度窗口为0.9~1.15g/cm^3。

2.4.2 优化钻井液性能

优化钻井液性能，提高井壁抗张、剪切能力，提高机械钻速是防止井壁失稳的主要手段之一。

通过对泥页岩和煤层中黏土矿物的分析、地层水的分析，结合储层物性特征，优化出了一套低固相、低失水、强抑制、弱碱性的钾氨基聚合物钻井液体系。利用药品中的 K^+ 和 NH_4^+ 有效抑制黏土颗粒的膨胀、分散、运移；利用乳化沥青在微裂缝表面形成屏蔽膜，提高地层的承压能力；利用LV-CMC降低钻进液滤失，提高钻井液的悬浮和携岩能力，提高机械钻速。

2.5 防漏堵漏技术

井漏不仅浪费大量的堵漏材料，增加钻井成本，而且目的层的井漏还在一定程度上伤害储层。由于裂缝发育、地层压力低，钻井过程中第四系、洛河-宜君组、延长组极易发生漏失且堵漏难度大。明确漏失机理后，针对漏失特征开展了防漏堵漏研究。

2.5.1 防漏技术

地层漏失的根本是因为地层存在漏失通道和漏失空间且钻井液液柱压力大于地层压力(漏失压差)以及漏失材料尺寸小于漏失通道尺寸。因此，提前减小漏失通道尺寸、减小漏失压差是防漏的关键。

为此，除了在易漏层上部提前加入粒径匹配的堵漏材料、减少工程上造成高激动压力等措施外，还基于室内实验自主研制了微泡沫钻井液体系。微泡钻井液密度在0.9g/cm^{3}左右，与常规钻井液密度(1.02 g/cm^{3}以上)相比可有效的减小漏失压差，且泡沫进入地层后因外压减小而增大从而减小漏失通道尺寸，防漏效果良好。

2.5.2 堵漏技术

根据漏失机理及红河油田的漏失特点，针对不同程度的漏失，形成了不同的对策。

针对中小型漏失，基于1/2~1/3架桥理论研制了封堵强度与桥接材料成正比的交联成膜堵漏浆体系；针对中型漏失，根据化学原理研制了化学触变堵漏浆体系；针对大型漏失，研制了化学固结堵漏浆体系；此外，还针对储层漏失研制了保护储层的酸溶性堵漏浆体系。

2.6 固井技术

致密裂缝性砂岩油藏二级井身结构水平井全井段固井存在以下问题：①裂缝发育、裸眼段长，固井过程中易出现漏失；②套管居中困难；③顶替效率低；④高边析水，固井质量差。

针对上述问题通过现场试验与实践形成了压力节点、压稳防漏固井技术及配套技术。采用高强度、低密度双凝水泥浆体系(低密度+微膨胀防窜尾浆体系)，水泥浆即时稠化，限压、限时、限排量(压力节点)顶替；顶替时根据地层承压能力不同，采用紊流+塞流复合顶替技术(≥5MPa)或全程塞流顶替(≤3MPa)，同时水平段使用树脂旋流扶正器。上述技术确保和大幅度提高了二级井身结构水平井长裸眼段的固井质量。

3 现场应用及经济分析

3.1 现场应用

红河油田第一口二级井身结构水平井，采用“直-增-稳-增-平”轨道、“PDC+螺杆+MWD”钻井模式、优选出的钻头以及相应的井壁稳定技术、防漏堵漏技术和固井技术，较2012年钻井周期缩短了54.73%，机械钻速提高了35.04%。

2013年红河油田完钻二级井身结构水平井91口，平均钻井周期38.11d，机械钻速9.39m/h。与2012年三级井身结构相比平均钻井周期缩短22.87d，缩短了37.5%；平均机械钻速提高1.7m/h，提高了18.1%；井壁失稳率由13%下降到8.7%；漏失率由65%下降到46%；固井优良率达到83.67%。

3.2 经济分析

平均单井钻井周期缩短22.87d，以40钻机钻井日费7.44万元计算，节约成本170.15万元；套管约节约3.86万元；A点测井成本约节约7.5万元；管材附件节约4.74万元；固井成本约增加3.88万元，单井钻井工程平均约节约182.37万元。2013年钻井成本约节约16595.93万元(不计堵漏和井眼垮塌回填等费用)。

按压裂10段计算，裸眼预制管柱分段压裂448万元，而固井完井连续油管带底封压裂仅需328万元，节约120万元；连续油管带底封作业周期比裸眼预制管柱短16.1d；在加大施工规模的前提下，连续油管带底封压窜率比裸眼预制管柱低8.3%。此外，由于5½in套管固井完井提供了较大的内通径，压裂、采油的后期治理费用将大大降低，带来巨大的经济效益。

总之，通过现场应用该套钻完井技术从点到面，从局部到整体达到了较好的降本增效效果。

4　结论及认识

通过室内试验与现场实践相结合，研究出的中浅层致密裂缝性砂岩油藏水平井钻完井技术，大幅提高了该类油藏的开发效率。可得到以下结论及认识：

① 二级井身结构水平井配合固井完井分段压裂可在中浅层致密裂缝性砂岩油藏中带来良好的经济效益。

② 在该类油藏中“直-增-稳-增-平”井眼轨道、“PDC 钻头+螺杆+MWD”钻井模式及钻头优选技术可大幅提高机械钻速、缩短钻井周期。

③ 形成的井壁稳定、防漏堵漏及压力节点、压稳防漏固井技术在该类油藏中具有良好的适应性。

渭北超浅层致密油藏丛式井钻完井技术

陈晓华　王翔　王锦昌　杨大足

（中国石化华北分公司工程技术研究院）

摘　要： 渭北油田为低渗致密油藏，且地形沟壑纵横，征地困难，为降低钻井综合成本，采用丛式井组开发，根据渭北地层特点及超浅层丛式井钻井技术难点，开展平台部署优化技术、防碰绕障技术、井眼轨迹控制技术、钻井液重复利用技术等钻完井技术研究攻关，形成一套适合渭北超浅层油藏的丛式井优快钻井技术，有效解决了因地面条件限制引起的征地困难问题，征地费用较单井节约77.9%，机械钻速提高110%，搬迁周期缩短54%，钻井周期缩短45.6%，实现了渭北超浅层油藏的高效快速开发。

关键词： 渭北油田　低压低渗　丛式井　定向井　钻井技术

引　　言

渭北油田位于陕西省境内，区域构造上位于鄂尔多斯盆地伊陕斜坡东南部，渭北隆起与伊陕斜坡交汇处，区块地表环境属陕北黄土高原，沟壑纵横，峁塬交错，森林密布，地面条件复杂，面积2028.9km^2；石油资源量1.46×10^{8}t。渭北油田地层自上而下有第四系，白垩系志丹群，直罗组、延安组，上三叠统延长组，第四系为黄土及砂砾层，直罗组为砂岩泥岩互层，延安组顶部、中部厚煤层，下部泥岩砂岩互层，上三叠统延长组为砂岩泥岩互层，长3为主要含油层系，平均埋深550m，属于“低压，低孔，低渗”油藏，地层压力系数为0.65，平均孔隙度12.2%，渗透率0.76mD，储层温度为20~30℃，发育少量北东向小断层，属于裂缝不发育区。

2011年对渭北油田进行勘探开发，截至2012年底，完钻直井77口，平均完钻井深1116.83m，钻井周期14.7d，建井周期17.98d，机械钻速8m/h；完钻水平井15口，平均完钻井深1783m，钻井周期41.97d，机械钻速5.63m/h。2013年，为解决征地困难，实现高效快速开发，以长3油藏优质储量为主要目标，采用丛式井注水方式进行规模开发，有效解决了征地问题，节约大量井场建设投资，大幅缩短搬迁周期，取得较好效果。

1　超浅层丛式井实施难点

① 由于地面条件复杂，征地面积受限，为最大化开发油藏，尽量多布井，从平台整体设计、防碰及井眼轨迹控制考虑，平台规划及井口合理布局难度大。

② 油藏埋深浅，长3储层埋深在340~670m，地质设计最大靶心位移达540m，井眼曲率大，井壁摩阻大，且上部地层松软不易造斜，施工难度大。

③ 井间距小，水平位移大，目的层靶心距要求精度高，防碰及井眼轨迹控制难度大。

④ 泥岩地层易缩径，煤层易坍塌掉块，钻井、测井中易发生遇阻；另外，最大井斜角60°，软测井难度大。

⑤ 油藏致密低渗，造斜点浅，井斜、位移大，摩阻大，地层含泥岩煤层，在钻井液储层保护、井眼清洁、防塌及润滑方面要求高，由于实施低成本高效开发，钻井液重复利用要求高。

⑥ 储层温度、压力低，尾浆封固段长，易压不稳；施工压力窗口小，提高顶替效率和固井防漏矛盾突出。

2　从式井钻完井技术

2.1　平台部署优化技术

① 渭北丛式井平台位置及井组内井数确定。主要考虑提高开发综合效益，降低综合成本，加快投资回收速度；平台位置交通等条件便利，有利于井场建设，有利于井眼防碰要求，有利于安全施工；在保证中靶的前提下，尽量满足轨迹总长最短；在满足地下要求条件下，各靶点呈圆形分布在井口周围(图 1)，充分利用井场，一个丛式井组布井 3~8 口。

② 井口排布方式及选择。井组井口呈"一"字排开，井口相隔 5m(图 2)，利用狭长山谷，利于搬迁，节约搬迁时间，相邻井口间搬迁耗时 3~4h，井口相距 20m，搬迁耗时 8~10h。根据整个平台部署，有利于井眼轨迹控制和防碰要求原则进行井口选择，根据井组内各井方位，均匀分布井口，尽量使井组内各井轨道在水平投影图上呈放射状分布(图 3)，避免交叉。一个井组利用 1~2 台钻机施工(图 4)。

③ 钻井施工顺序。基于优化原则，确定整体防碰设计优化思路，利用钻井软件进行井眼轨道优化，根据扫描结果与轨道参数的合理性不断调整钻井顺序，最终确定整体最优钻井顺序。同时，根据实钻显示的地质情况，部署新的靶点，再次按照总体优化的方法不断优化总体钻井顺序，直至平台实施完成。总体原则：先钻水平位移大、造斜点浅的井，再钻水平位移小、造斜点深的井，若有直井最后实施。

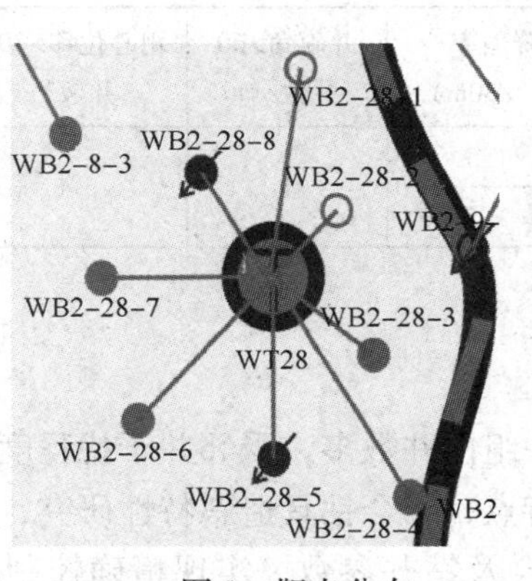

图 1　靶点分布

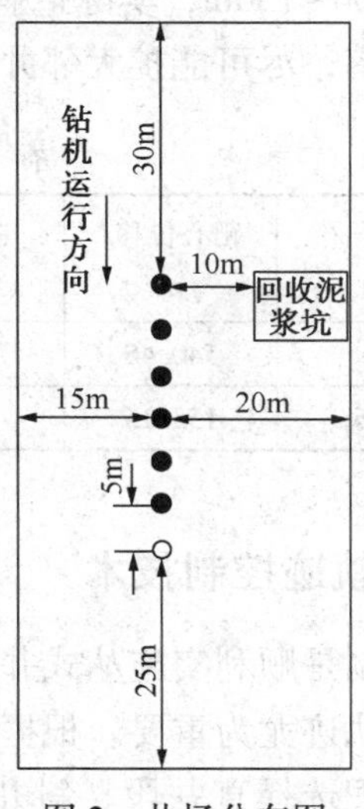

图 2　井场分布图

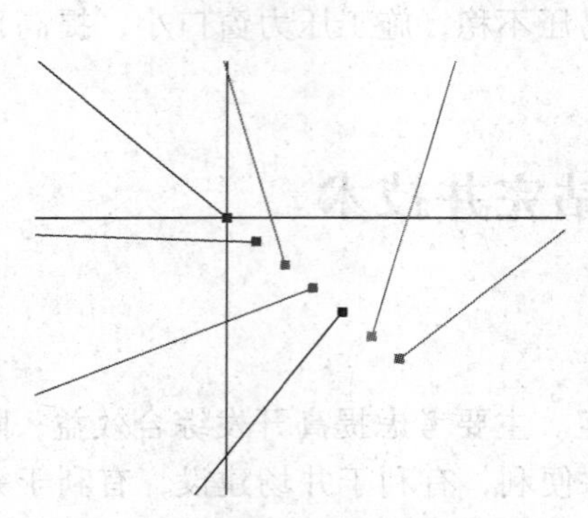

图 3　井口"一"字排布

图 4　一个井组两台钻机

④ 钻机整体搬迁。采用带滑轨的钻机，完钻后机械滑动至下一个井口，行动快速，缩短搬迁时间。

2.2　井眼轨道优化技术

井眼轨道优化是对轨道类型及轨道参数进行优化，井眼轨道类型选用原则是简单平滑易于施工、保证钻井进尺最小化，基于此原则，渭北丛式井采用直-增-稳-缓降四段制轨道类型，中靶后自然降斜以减少钻井进尺，且放开靶点至井底段井眼质量要求，保证快速钻至井底。

轨道参数优化主要根据以下原则：①造斜点选择必须出表套 20m，相邻井造斜点错开 20m。②常规定向井造斜率 4°~5°/30m，最大井斜角 35°~45°；大位移定向井(靶心距大于 250m)造斜率不大于 9°/30m，最大井斜角不大于 60°，确保携岩能力，满足测井及采油要求。③造斜点在 60~150m，实际造斜点位置根据靶心位移及防碰设计而定。④通过调整造斜点，改变造斜率，尽可能扩大邻井间最小间距。优化后 WB2-8 井组井眼轨道参数见表 1。

表 1　WB2-8 平台轨道参数

数值	井斜角/(°)	靶心位移/m	造斜率/(°/30m)	降斜率/(°/30m)	井斜角>60井数/口	靶心位移>300m井数/口	平台总井数/口
最大值	60	540.45	9	1.5	1	4	7
最小值	22.5	155.15	5	1.5			

2.3　井眼轨迹控制技术

井眼轨迹控制是顺利实施丛式井的关键，井组内井数多，受邻井干扰程度大，因此，控制好单井的井眼轨迹尤为重要。根据渭北地层特点，结合钻具造斜特性研究，制定相应的轨迹控制措施，合理选择直井段、斜井段钻具组合及钻井参数，实现精确控制轨迹，准确中靶，避免相碰。

2.3.1 直井段轨迹控制

直井段防斜打直是保证防碰及下步定向施工顺利的基础，须选用合理钻具组合并采取防斜打直技术。优选钻具组合1：ϕ311.2mm 钻头+630×630+ϕ203.2mm 钻铤×1 根+ϕ310mm 扶正器+ϕ203.2mm 钻铤×2 根+ϕ177.8mm 钻铤串+ϕ127mm 钻杆×1 根。钻具组合2：ϕ311.2mmPDC 钻头+630×410+411×431+ϕ172mm 螺杆(1.25°)×1 根+411×4A10+ϕ158mm 无磁钻铤×1 根+ϕ158mm 钻铤串+4A11×410+411×410+方钻杆。防碰扫描井间距 3~4m 的井优先选用钻具组合2，精确控制轨迹，避免相碰。对于上部含砾石地层选用牙轮钻头 HJ517G，不含砾石地层选用 PDC 钻头 M1952C，最高机械钻速达 52.88m/h，进尺 50m。采用低转速、低钻压、大排量钻进，保证防斜打直，控制井斜角不超过 1°。钻进中不划眼、中途不循环、打完进尺循环一周起钻，以保证井眼规则。施工过程中加强监测，测斜间距 30~50m，并随时绘制轨迹变化图，遇危险井段加密测斜，以便采取相应措施。经钻具选用及措施处理，一般均能将井斜控制在 1°以内，均未对邻井构成威胁。

2.3.2 斜井段轨迹控制

针对渭北浅层丛式井特点，造斜点浅，上部疏松地层定向造斜困难，造斜井段选用比设计造斜率高一级的钻具组合，采用定向造斜一次到位，稳斜中靶，自然缓降至井底，直井段、造斜段、稳斜段、降斜段一次施工的方法，选用四合一钻具组合：ϕ215.9mmPDC 钻头+ϕ172mm 单弯动力钻具(1.25°~1.5°)+MWD 循环短节+ϕ158mm 无磁钻铤×1 根+ϕ158mm 钻铤×4 根+4A11×410+ϕ127mm 钻杆串+411×410+方钻杆。

钻头选择 F5445H、4FPDC，最高机械钻速达 34.05m/h，进尺 698m。优化排量在(28~32) L/s 之间，满足螺杆钻具高效使用的需求，同时也满足高效携岩所需的环空返速；钻压 20~40kN，泵压 10~12MPa，复合钻进时控制转速在螺杆+55r/min 左右。

通过调节合理的钻井参数，有效发挥和利用钻具特性，满足不同井段的要求，保证实钻井眼轨迹与设计井眼轨道吻合率。2013 年在渭北完成的 158 口井中，井斜和方位基本一次达到要求，提高了造斜段井眼轨迹控制精度；85%的井实现二开一趟钻，避免了频繁起下钻，提高了钻井效率。

2.3.3 防碰技术

① 丛式井组内不同井的相同直井段，采用相同的钻头、钻井参数、钻具组合，以有利于轨迹走向预测、预判，降低轨迹控制难度，同时，可通过适当增大钻压来提高机械钻速，避免吊打防斜时钻井效率低。

② 严格掌握直井段及斜井段的实钻轨迹，运用最小距离法与邻井防碰扫描，计算防碰扫描数据，绘制局部放大防碰图，协助指导钻进时防碰。

③ 防碰井段钻进时，密切注意测量的地磁参数出现异常、蹩跳、钻时突然加快、钻时突然变慢、放空、铁屑返出或振动筛有水泥等异常现象，如有异常，停钻观察，及时分析原因并采取有效措施。

2.4 钻井液优化及重复利用技术

根据渭北丛式井垂深浅、位移大，泥岩、煤层含量多的特点，要求钻井液具有较高的润滑性、抑制性，渭北储层三低的特点，要求储层保护至关重要。优选低固相钾铵基钻井液体系，具有低固相、低失水，低伤害，良好的流变性和抑制性的特点，经现场施工，确定该体系从润滑防止阻卡、防塌稳定井壁、携岩净化井眼方面，能够满足渭北浅层丛式井的要求，使用效果较好。

① 丛式井钻井液技术。通过K^+和NH_4^+的晶格固定和离子交换作用来抑制泥页岩吸水水化膨胀，稳定井壁；进入煤层前50m，加入1%~2%的单向压力封闭剂，0.6%铵盐，有效封堵煤层裂隙；井斜角大于30°井段，加入1%~2%润滑剂，使钻井液具有良好的润滑性，保证井下安全。综合考虑环空返速、钻井液流变性能、钻井液流态、钻柱旋转、钻柱偏心、井斜角等因素对岩屑携带的影响，选用增加排量、提高钻井液性能和机械除屑三者结合的方法清洁井眼岩屑，控制黏度在45~50s，动塑比0.48~0.5，保持悬浮携岩能力，排量控制在28~32L/s，并定时定井段起下钻，起钻的同时转动钻具并循环钻井液，以搅动清除岩屑床。

② 储层保护技术。采用近平衡钻井，合理控制压差，控制钻井液密度小于1.08g/cm³，减少因压差引起液相和固相的侵入而造成固相堵塞和黏土水化等问题；加入NH_4HPAN和CMC提高滤液黏度，控制失水≤5mL，减少水锁伤害；钾铵基钻井液有较强的抑制性，使分散、运移难以发生，减少固相颗粒对储层的伤害；二开一趟钻快速钻完，减少储层浸泡时间。

③ 钻井液重复利用技术。为实现低成本开发战略，丛式井钻井液采用循环利用技术，降低成本。第一口井一开钻井使用清水聚合物钻井液，随着二开的实施，钻遇泥岩、煤层，逐渐加入处理剂转化为钾铵基钻井液，同时固控设备按规范配齐四级净化设备，清除固相微粒，完钻后回收钻井液，根据实际情况加入适量清水稀释，再加入一定量聚丙烯酰胺，纯碱，静置沉降固相颗粒，控制微粒达最低限度；第二口井一开用第一口井处理后的钻井液，二开再根据设计要求加入LV-CMC、钾盐、铵盐、防塌剂、润滑剂、纯碱等处理剂，优化钻井液性能，满足施工要求。反复进行上述过程，即可实现钻井液重复利用，减少污染，节约用水。

2.5 固井完井技术

2.5.1 复合套管技术

渭北油田长3储层目的层垂深在340~670m之间，为满足注水开发和后期压裂开采，定向井采用二级井身结构套管固井完井。其中注水井根据套管强度校核与套管腐蚀速率计算，注入清水腐蚀速率是0.09mm/a，地层水的腐蚀速率是0.4mm/a，以套管15年年限计算，注水井垂深小于460m井段，采用J55壁厚7.72mm的生产套管，垂深大于460m井段采用N80壁厚7.72mm的生产套管。

2.5.2 固井技术

根据渭北长3储层特点，采用近平衡固井工艺见表2，精细化压稳防漏设计，采用低密度双凝水泥浆体系，水泥浆即时稠化，限压限时限排量（“压力节点”）顶替，保证压稳防漏。根据固井前地层承压能力不同，采用不同顶替技术，提高顶替效率。地层承压能力>5MPa，紊流+塞流复合顶替技术；地层承压能力<3MPa：全程塞流顶替。采用一次注水泥双凝水泥浆体系全井封固固井工艺，尾浆（密度1.75g/cm³）封油层以上150~200m；低密度水泥浆（密度1.35g/cm³）返至井口。2013年，丛式井固井质量优良率达100%，优质率98%。

表2 近平衡固井工艺

	水泥浆	密度/(g/cm³)	过渡时间/min	顶替工艺
近平衡固井工艺	领浆	1.30	30	前置液出套管，大排量（1.6~1.8m³/min）紊流顶替
	尾浆	1.75	10	尾浆出套管，低排量（0.3~0.5m³/min）塞流顶替，防漏

3 实施效果

2013 年，渭北油田累计完成 35 个丛式平台优化设计和施工(单井 158 口)，钻井指标见表 3，平均机械钻速 16.8m/h，钻井周期 5.8d，完井周期 8.6d，建井周期 10.11d，实现了轨迹零碰撞。平台单井最多 8 口井，单井最大靶心位移 540m，平台钻井最短周期 22.85 天。WB2-13-1 井完钻井深 721m，钻井周期 2.44 天，机械钻速 33m/h。

表 3 丛式井钻井指标统计

钻井指标		井数/口
机械钻速/(m/h)	大于 30	4
	30~20	38
钻井周期/d	小于 3	16
	3~4	43
纯钻利用率/%	大于 60	10
	40~60	82
平均完钻井深/m	750	

2013 年丛式井平均单井征地及协调费用 11 万元，较非丛式井单井节约 38.91 万元；采用钻井液重复利用技术，一个 5 口井的丛式井组可节约用水 320m^3，节省 2.4 万元，2013 年完成 35 个井组，节省 84 万元。

4 结 论

① 渭北采用丛式井组开发，有效解决了征地困难问题，降低了钻井综合成本，形成一套适合渭北油田的超浅层丛式井优快钻井技术，多项成果证明渭北采用丛式井开发可行。

② 丛式井平台优化部署、钻井整体设计是实现安全钻井的关键，对节省投资，避免相碰，方便施工等起至关重要的作用。

③ 采用“直-增-稳-缓降”剖面完全能满足渭北浅层丛式定向钻井要求，易于中靶，减少钻井进尺，方便施工。

④ 使用四合一钻具组合，根据工况实时调整钻井参数，实现了二开一趟钻，避免了频繁地更换钻具，有效实现快速钻进。

⑤ 采用钾铵基钻井液体系，避免井内复杂情况，有效保护储层；钻井液的重复利用实现了节水环保的要求。

⑥ 优化的固井技术保证了丛式井的固井质量，优良率达 100%。

胜利油田工厂化丛式井钻井模式评价方法研究

牛洪波　马永乾　曹向峰　孙连坡　吴明波

（中国石化胜利石油工程公司钻井工艺研究院）

摘　要：本文结合国内非常规油气藏特点，形成了以钻机选型与配套、井场布置与井口排列等为核心的工厂化丛式井施工模式，根据对钻井成本构成分析，找到同台井成本变化的部分及其影响因素，建立了非常规油气藏工厂化丛式井评价模型，针对不同施工模式特点给出工序优化方案，以此为基础分别针对盐227区块和青东5人工岛进行了方案评价，并根据方案经济评价结果，优选出不同情况下的最佳钻井模式和施工方案，并取得了显著的经济效益。

关键词：非常规　工厂化丛式井　经济评价

前　言

随着我国国民经济的持续、快速发展，油气资源的需求量越来越大。特别是近几年东部各大油田进入开发中后期，非常规能源在国家能源结构中所占的比例越来越大，开发非常规能源越来越受到重视。在今后相当长一段时期内，我国能源的快速发展将主要依赖非常规能源的高效开发和不断接替来实现。对于非常规油藏的开发国外主要采用工厂化丛式井模式。但是由于国内外非常规油气藏特点差异和钻井设备的差距，无法照搬国外的“井工厂”开发模式，尤其是胜利油田的致密砂岩和页岩为陆相沉积，构造起伏大、断层多，限制了区块整体部署开发。需要提出适合国内油气藏特点及设备能力的非常规丛式井施工模式。

1　施工模式

考虑非常规丛式井的特点结合国内钻井设备条件以及工艺技术能力，实施工厂化丛式井主要有以下几种模式：交替施工模式、批量施工模式和流水线施工模式。

（1）交替施工模式

交替施工模式是在并行施工模式基础上进一步优化得到的，即将整个井组分为两个平台，平台间最近两井距离大于压裂施工安全距离，每个平台双排布井，采用一部钻机施工，该模式对钻井设备的要求较低，现有钻机即可，不需要对现有钻机进行改造或者引进滑轨钻机。虽然由于平台间只能整体搬迁增加了搬迁周期，但是相对于单排布井方式优化了井眼轨道节约了总进尺，也减少了了井场使用面积，而且集中压裂可以提高压裂液和设备的工作效率，降低了费用和周期，整个井组投产周期短。

（2）批量施工模式

批量施工模式采用类似于海洋平台的钻井模式，采用一部钻机先钻完所有井一开，再钻进所有井二开、三开的方式，同时在具体施工过程中利用上口井的候凝时间，高效移动到下口井施工，节约固井候凝时间，提高钻机施工效率。钻完所有井后，可以实施整体压裂技术。本模式由于提高了钻机效率整个成本降低，但是由于需要钻机高效移动并且精确定位，需要对钻机进行滑轨式改造或者购置滑轨钻机，从而成本提高。

（3）流水线施工模式

流水线施工模式顾名思义就是采用类似于工厂流水线的方式，将钻井过程分为若干部分依次完成的模式，就是采用大小钻机配合集中压裂的方式，具体的就是首先采用小钻机钻进一开，在下入套管后不等固井候凝后直接整体滑移至第二口井钻进一开，在完成一定井数后，大钻机开始进入钻进余下井段，同样不等固井候凝整体运移至下一口井，在移动出安全距离之后开始同步压裂或者集中压裂。此模式需要对所有钻机进行滑轨式改造或者购置滑轨钻机，增加了设备成本和费用，但是此模式能够实现钻机设备最优化，提高钻机效率，缩短施工工期。

2 评价方法

通过分析钻井成本构成，发现非常规丛式水平井中，同台井之间各井成本均包含两部分：相对固定的部分和变化的部分，对于相对固定部分不做研究，重点分析了变化的部分及其影响因素，在此基础上建立成本增减模型，通过对施工方案评价分析，给出最优的施工模式和施工工序。

2.1 评价模型的建立

钻机费用可以按照不同的影响因素进行分类，从而可以通过研究不同因素的变化情况，优化钻井费用和周期。例如定向井服务费中人工费与施工周期有关，测量费与定向段进尺有关，其他服务费基本固定。套管及附件费与进尺和完井方式有关，钻具费用与进尺及周期有关，水泥及添加剂费用基本固定。钻井液费用基本固定。钻前工程费用中施工补偿费用与井场面积有关，钻机搬迁费用与钻机类型搬迁距离有关，设备校安费、水电讯工程费、锅炉工程费按定额分别取值（不分钻机类型）。

对于非常规井而言其主要影响因素是钻井周期、井深、井场面积以及使用的工艺。为研究降低成本提高效率的钻井模式，提出了非常规油气藏丛式井成本增减模型：

$$Q = f(\Delta T,\ \Delta L,\ \Delta S) + \Delta Q_{钻井液} + \Delta Q_{搬迁} + \Delta Q_{改造} \tag{1}$$

式中，Q 为成本增量，单位万元，f 为因周期 T、井深 L 和井场面积 S 变化产生的费用变化，单位万元；各项下标分别指费用产生的种类，具体细化如公式(2)～(10)所示。

$$f(\Delta T,\ \Delta L,\ \Delta S) = \Delta Q_{钻机} + \Delta Q_{定向人工} + \Delta Q_{测量} + \Delta Q_{套管} + \Delta Q_{钻前} \tag{2}$$

式中各分项计算方法如下列公式所示：

$$\Delta Q_{钻机} = f_{钻机}(\Delta T) = C_{日费} \times \Delta T \tag{3}$$

$$\Delta Q_{定向} = f_{想}(\Delta T_{定向}) = C_{定向} \times \Delta T_{定向} \tag{4}$$

$$\Delta Q_{测量} = f_{测量}(\Delta T_{定向}) = C_{定向} \times \Delta T_{定向} \tag{5}$$

$$\Delta Q_{套管} = f_{套管}(\Delta L) = \sum_{i=1}^{n} C_{套管i} \times \Delta L_{i}\ (n\ 为套管层数) \tag{6}$$

$$\Delta Q_{钻井液} = \sum_{i=1}^{n} C_{钻井液i} \times C_{i}(n\ 为所钻井液体系序号，C_{i}\ 为钻井液重复利用比率) \quad (7)$$

$$\Delta Q_{钻前} = f_{钻前}(\Delta S) = C_{钻前} \times \Delta S \quad (8)$$

$$\Delta Q_{搬迁} = \sum_{i=1}^{n} C_{搬迁i}(n\ 为搬迁次数) \quad (9)$$

$$\Delta Q_{改造} = C_{改造} \quad (10)$$

式中，$C_{日费}$为不同钻机综合日费，按照目前油田的标准，给出大部分钻机的综合日费；$C_{定向}$为定向井服务费中人工费用；$C_{测量}$为不同测量仪器的使用费；$C_{套管}$为每一种套管的定额，最终套管费的差别在套管层序，完井方式和套管长度上；$C_{钻井液}$为每一体系钻井液的费用，C_{i}为重复利用率；$C_{钻前}$为钻前井场土石方费用、井场道路土石方费用和井场补偿费用定额。在同一个井台内，搬迁费用与钻机搬迁次数有关；$C_{改造}$为使用批量钻井模式和流水线作业时，由于钻机整体运移需要对钻机和井场进行滑轨式改造，从而增加了一定费用，一般的改造费用为300万元。

2.2 工序优化

对于交替施工模式主要通过优化完井作业期间的工序来节约周期具体包括：完井固井候凝测声幅无需等候，钻机整拖，钻机安装简化。这里需要说明的是基于整拖运移的特点，虽然整拖仅需0.5天，但是由于安全的考虑，整拖必须甩钻具和重新配钻具，这样时间就超过了候凝时间，没有必要整拖至下口井一开，另外考虑整拖后井口定位问题不适于整拖后。

对于批量钻井模式和流水线施工模式，由于钻机可以往复滑移，中完和完井以及运移安装等均可优化，具体包括：钻机滑移，钻机无需安装，各开次固井候凝测声幅无需等候，电测不使用钻机，通过优化泥浆及钻井参数不通井。基于滑移钻机特点，一个区块开发中一口井大钻机打完所有井一开后，不候凝直接开始钻所有井二开。钻机由于改造滑移移动仅需0.25天，不需要重新安装，所以大幅缩短时间。

3 应用实例

通过不断完善，本方法分别在胜利油田盐227区块和青东5大型海油陆采平台上进行了应用，取得了不错的应用效果。

3.1 盐227区块

在盐227区块设计阶段，分别参考了国内外工厂化运作的模式，以盐227-1HF井的工序，以及费用情况为参考，对余下井进行工序优化设计以及经济性评价，从而对于几种施工模式分别作了经济技术评价分析。

（1）交替施工模式

计算结果如图1所示，可以看出在交替施工模式下，单台6井双排布井方式平均单井节约成本和周期均最优，且从节约周期与成本的关系来看，平均单井节约成本与节约周期变化趋势一致，从而说明在本模式下费用主要受周期影响。

（2）批量钻井施工模式

计算结果如图 2 所示，可以看出在批量钻井施工模式下，单台 10 井双排布井方式平均单井节约成本最多，但是从单台 6 井到单台 10 井平均单井节约成本相差不大，而单台 6 井平均单井节约时间最多。从节约周期与成本的关系来看，当同台井数超过 10 口，平均单井节约成本与节约周期变化趋势一致，这是因为在单台 10 井以下设备改造费用的影响大，随着井数的增加设备改造费用的影响逐渐降低，在达到单台 10 井后费用主要受周期影响。

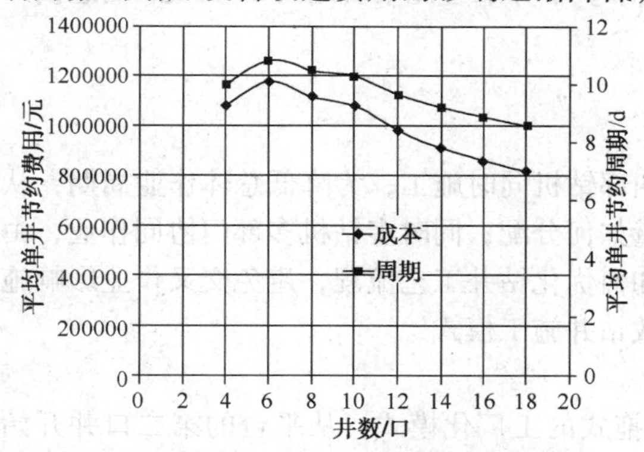

图 1　交替施工模式下节约周期与节约成本情况

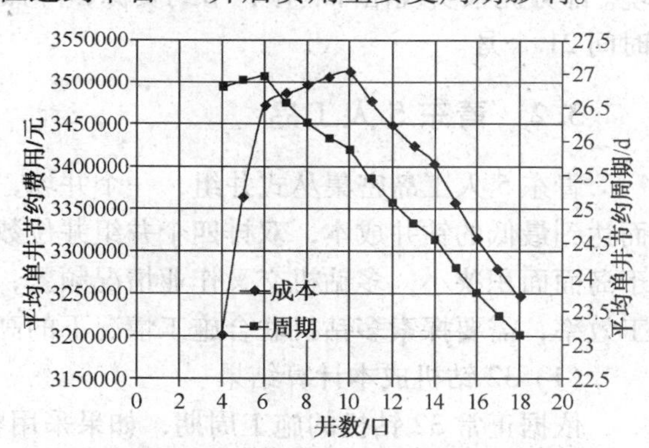

图 2　批量钻井施工模式下节约周期与节约成本情况

（3）流水线施工模式

计算结果如图 3 所示，可以看出在流水线施工模式下，单台 10 井双排布井方式平均单井节约成本最多，但是从单台 6 井到单台 10 井平均单井节约成本相差无几，而单台 4 井平均单井节约时间最多，从单台 4 井到单台 6 井平均单井节约周期变化不大。且从节约周期与成本的关系来看，当同台井数超过 10 口，平均单井节约成本与节约周期变化趋势一致。在单台 10 井以下设备改造费用的影响大，随着井数的增加设备改造费用的影响逐渐降低，在达到单台 10 井后费用主要受周期影响。

从图 4 可以看出流水线施工模式下，单台 10 井双排布井方式平均单井节约成本最多。同时也可以看出，虽然最优的施工模式是流水线钻井施工模式，但是由于流水线施工需要多部钻机精确配合，各个环节无缝对接，管理难度较大，而且大小钻机配合施工每一部钻机和压裂设备均有其作业距离和安全距离，一般的钻机间作业距离为 50m，压裂设备安全距离也为 50m，如果作业距离不能超过这一范围，则无法实现流水线施工作业，则需选择批量钻井施工模式。

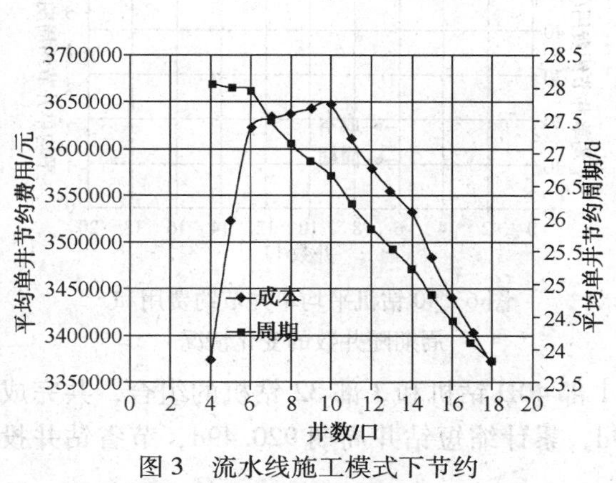

图 3　流水线施工模式下节约周期与节约成本情况

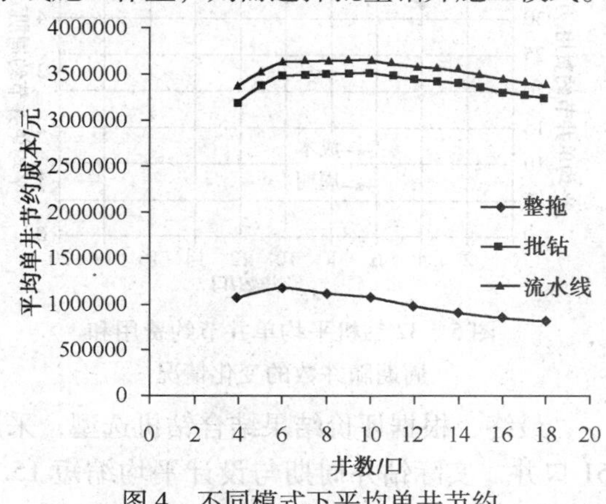

图 4　不同模式下平均单井节约成本随井数的变化情况

最终受钻机能力限制，只能采用整拖施工模式，且为了减少投资回报周期，采用三部70钻机并行作业，一个井台，3台钻机"品"字形分布，同时施工。一是便于后期压裂设备集中摆放，二是附近地表水丰富。三台钻机总占地面积108亩，节约征地46亩，每3口井使用1个泥浆池，实现钻井液循环使用。通过3台钻机，网电共享，减少碳排放，保护环境。部分泥浆实现循环利用，节约资源，降低成本。单井节省泥浆费用约20万元。缩短投产时间21个月。

3.2 青东5人工岛

青东5人工岛密集丛式井组，一个井场，四部钻机同时施工，为降低总体作业周期，从而达到最低的钻井成本，双排四个井组井位数量如何分配；同时多钻机多部门协同作业，由于岛面面积狭小，多钻机交叉作业情况频繁，如何优化钻井工艺流程，避免交叉作业影响施工效率，需要探索多钻机联合施工情况下的高效钻井施工模式 。

（1）32钻机成本计算结果

依据正常32钻机的施工周期，如果采用整拖式的工厂化模式，从平台的第二口井开始每口井都会节约搬迁及安装时间3天，后期节约固井候凝及搬迁准备时间3天，同时考虑平台每增加一口井该井井深增加80m，计算结果如下：

从结果来看(图5)，使用32钻机应用工厂化模式开发青东5区块，同台16井左右平均节约成本最多，节约周期相差不大，从而在开发时推荐采用单台15~17井开发。

（2）40钻机成本计算结果

依据正常40钻机的施工周期，如果采用整拖式的工厂化模式，从平台的第二口井开始每口井都会节约搬迁及安装时间4天，后期节约固井候凝及搬迁准备时间4天，同时考虑平台每增加一口井该井井深增加80m，计算结果如下：

从结果来看(图6)，使用40钻机应用工厂化模式开发青东5区块，同台16井左右平均节约成本最多，节约周期相差不大，从而在开发时推荐采用单台15~17井开发。

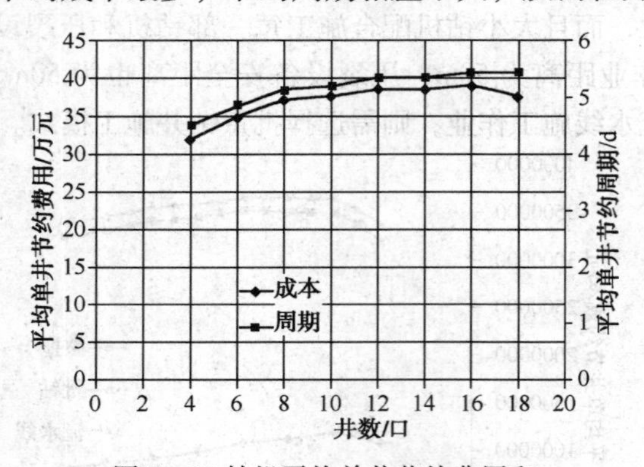

图5 32钻机平均单井节约费用和周期随井数的变化情况

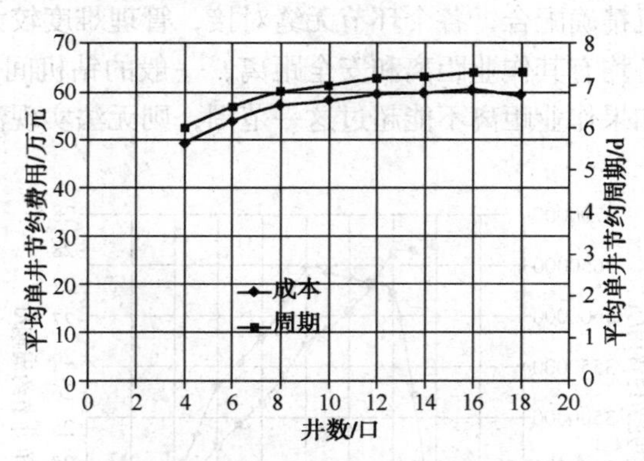

图6 40钻机平均单井节约费用和周期随井数的变化情况

最终，根据评价结果结合钻机选型，采用1部40D钻机和3部32钻机的组合，共完成61口井，实际钻井周期与设计平均缩短15.09d，累计缩短钻井周期920.49d，节省钻井投资6394.62万元。

4 结　论

① 根据钻机的运移方式不同，考虑胜利油田工艺及装备技术水平，形成了 3 种工厂化钻井施工模式：交替施工模式、批量施工模式和流水线施工模式。

② 通过考虑同一个丛式井组各井间钻井成本可变的部分及其影响因素，首次建立了非常规油气藏工厂化丛式井经济评价模型。

③ 在盐 227 区块的综合评价结果表明，综合考虑成本及施工难度，采用批量钻井施工模式综合效益最好，但是由于缺乏轨道式钻机及相应的技术能力，最终采用了整拖施工模式，但是通过参考评价结果对布井等因素进行优化，取得了显著的经济效益。

④ 在青东 5 人工岛的应用结果表明，工厂化模式及经济评价方法不仅仅适用于非常规油气藏，对于常规的丛式井仍然适用，并且效果显著。

梨树断陷长裸眼井段井壁稳定技术研究

葛春梅　李继茂　张天笑　陈晓峰　陈玉平

（中国石化东北油气分公司工程技术研究院）

摘　要： 梨树断陷中深井及深井二开裸眼井段长，钻井过程中井壁失稳问题突出，通过岩石力学和矿物组成等分析井壁失稳原因为地层黏土矿物遇水后膨胀分散，钻井液抑制性不足所致，为提高钻井液抑制性，研制了防塌钻井液，该体系具有滤失量低、抑制性强、储层保护效果好的特点，泥页岩回收率能够达到90%以上，现场应用井径扩大率有所降低，未发生井壁失稳问题，达到了强抑制防塌的效果。

关键词： 梨树断陷　井壁稳定　黏土矿物　抑制性　钻井液

梨树断陷位于松辽盆地南部，是松辽盆地断陷群南端，断陷期持续最长，地层发育最为齐全，沉积厚度、埋藏深度最大的断陷。是松南地区主要油气聚集区，是中石化在东北工区的重点勘探开发对象。

近年来，随着勘探开发的不断深入，梨树断陷中深井及深井逐渐增多，二级井身结构，裸眼井段长度达3000m以上，钻井过程中井壁失稳掉块严重，部分井局部井段井径扩大率达到30%以上。梨树断陷地层层序多，岩性特征复杂，上部地层泥页岩发育，下部地层又是砂泥岩互层，大部分地层多有泥岩夹层，地层水敏性强。随着钻井液浸泡时间的延长，泥页岩地层易吸水膨胀、井壁岩石易剥落掉块匀膨胀性裂隙，使井壁失稳，长裸眼井段井壁稳定问题突出，因此对钻井液的防塌能力提出了更高的要求。井壁稳定问题一直困扰着优快钻井。因此开展井壁稳定技术研究，对保证井下安全，对加快勘探开发进程具有重要意义。

1　井壁失稳原因分析

1.1　地层潜在影响因素分析

梨树断陷地层情况复杂，岩性多样，为弄清影响井壁稳定的潜在影响因素，分别对梨树断陷不同地层的岩样进行了X射线衍射分析，其分析结果见表1。

表1　梨树断陷不同层位黏土矿物组成

层位	岩性	全岩矿物中黏土矿物总量/%	黏土矿物中蒙脱石相对含量/%
嫩江组	灰色泥岩、浅灰色粉砂岩	24~34	40.0~62.4
姚家组	棕红色泥岩、浅灰色粉砂岩	23~30	33.7~44.3
青山口组	棕红色泥岩、浅灰色泥质粉砂岩	18~25	11.4~34.2
泉头组	棕红色泥岩、灰色细砂岩	5~39	11.1~41.0

续表

层位	岩性	全岩矿物中黏土矿物总量/%	黏土矿物中蒙脱石相对含量/%
登娄库组	深灰色泥岩、灰色细砂岩	6~22	10.35~39.0
营城组	灰色细砂岩、灰色含砾细砂岩	8~79	2.5~51.7
沙河子组	深灰色泥岩、浅灰色含砾细砂岩	14~27	7.5~9.6

通过已完钻井全井段岩屑 92 样次的岩石矿物组成分析，黏土矿物在各层位都有分布，主要集中在泉头组以上地层，营城组地层含量也较多，黏土矿物蒙脱石含量高，并且从上至下蒙脱石有下降的趋势。

在 X 射线分析的基础上，进一步将现场提供的岩样进行了电镜扫描，扫描结果(图 1、图 2)表明：该地层属伊蒙混层，蒙脱石含量高，蒙脱石遇水后晶格膨胀，易分散运移，是黏土矿物水化膨胀的主要源头，因此为维护井壁稳定，需要抑制这种黏土矿物水化膨胀，即提高钻井液的抑制性。

图 1　HS3 井电镜扫描成像图

图 2　S3 井电镜扫描成像图

如图 3、图 4 所示，黏土矿物含量高的井段井径有扩大的趋势，伊蒙混层中膨胀型黏土矿物蒙脱石含量高时，井径扩大现象明显。

1.2　岩石力学分析

梨树断陷中深井坍塌压力当量密度范围普遍在 0.5~1.25g/cm^3(图 5)，实际现场钻井液液柱压力高于地层坍塌压力，维持了力学平衡。

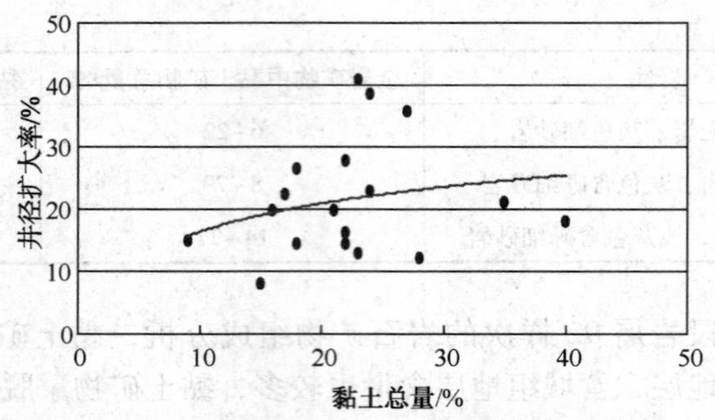

图 3　S4 井不同井段黏土矿物总量与井径关系

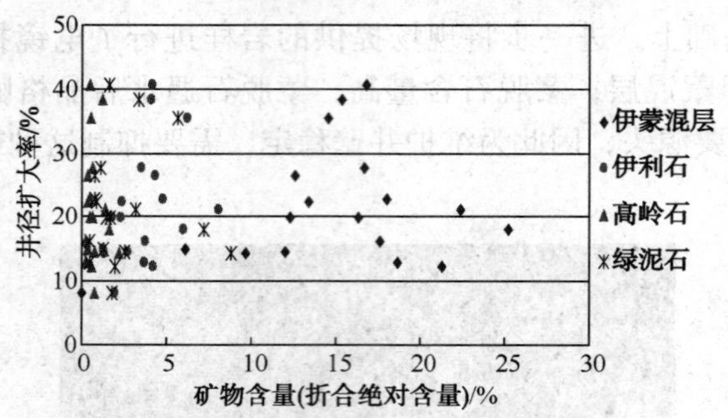

图 4　S4 井黏土矿物与井径的关系

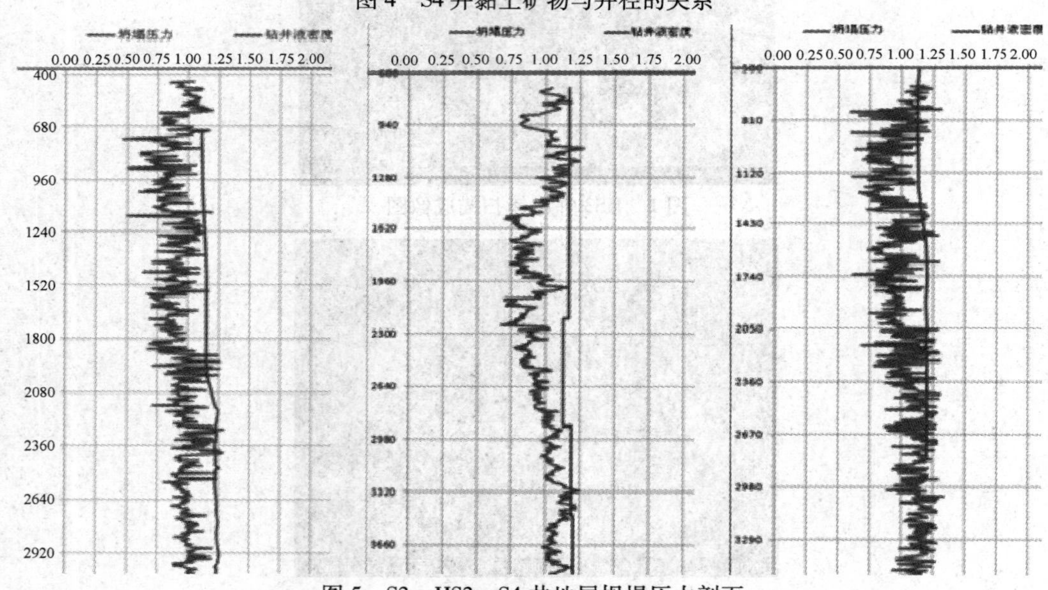

图 5　S3、HS3、S4 井地层坍塌压力剖面

1.3　井壁失稳原因

① 地层稳定分析：这类地层蒙脱石含量较高，地层不稳定主要是由于蒙脱石遇水膨胀分散运移所致。

② 力学稳定分析：钻井液密度高于地层坍塌压力当量密度，力学稳定已经满足。

③ 化学稳定分析：地层膨胀型黏土矿物含量高，钻井液抑制性不足易导致井壁坍塌掉块，井径扩大率高。

1.4　井壁失稳对策

（1）控制合理的钻井液密度

依据地层孔隙压力、坍塌压力、破裂压力等来确定合理的钻井液密度，保持力学平衡，平衡地层坍塌压力，防止地层出现应力性坍塌和塑性变形。

（2）提高钻井液的抑制性

利用聚胺等高效抑制剂镶嵌在黏土层间，限制黏土吸水膨胀，从而防止黏土颗粒的分散运移，提高钻井液的抑制性。

（3）降低滤失量

减少钻井液向地层的滤失，加强降滤失效果，通过多种处理剂配合降低泥饼渗透率，减轻水化膨胀带来的影响。

2　防塌钻井液体系研究

针对井壁失稳的问题，主要通过基本性能、抑制性及储层伤害三个方面的室内实验评价，对降滤失剂、抑制剂等多种处理剂进行了优选，综合实验结果，优化出适合梨树断陷的低伤害强抑制钻井液配方。

2.1　抑制剂优选

抑制剂优选方面，不同抑制剂的作用机理各不相同，对13种处理剂进行了横向和纵向上的对比，优化配方时也进行了复配的实验，重点针对具有不同抑制机理代表种处理剂进行了抑制性评价。

根据泥页岩滚动回收率测定结果表明，优选出了聚胺高效抑制剂，4%膨润土浆配合0.5%聚胺，泥页岩滚动回收率能够达到90%以上，聚胺同时具有非离子和阳离子表面活性剂的特征，镶嵌在黏土层间，限制黏土吸水膨胀；在配方优化过程中，由于KPAM能改善钻井液的流变性能，有效地包被钻屑，从而达到抑制地层造浆的作用，回收率也能够达到90%以上。所以形成了主要以这两种处理剂代表的强抑制防塌钻井液体系。

2.2　流变性和抑制性评价

对原聚磺钻井液重新调整优化，加强了钻井液的抑制性，增强了降滤失性能，与原钻井液配方相比，优化后的配方无论是中压还是高温高压滤失量都有了明显的降低，泥页岩回收率和膨胀率两项指标评价结果表明，抑制性有了大幅度的提高（表2）。

表2　优化前后钻井液性能对比（140℃）

备注	体系	*PV*/mPa·s	*YP*/Pa	*FL*/mL	*HTHP*/mL	泥页岩回收率/%	泥页岩线膨胀率/%
优化前	聚磺钻井液	16	1	4.0	15	55.3	146.4
优化后	非渗透双聚防塌钻井液	28	3	2.5	12	92.2	10.5

2.3 储层伤害评价

利用梨树断陷中深井目的层营城组的岩芯，开展了优化后配方的室内储层伤害评价，测得渗透率恢复值都在80%以上(表3)，储层保护效果明显。

表3 储层伤害评价

编号	井号	井段/m	层位	渗透率恢复值/%
1-4/30-1	LS2	2673.76~2675.49	营城组	91
4-9/26-5	LS3	2130.97~2132.90	营城组	95
4-9/26-1	LS3	2130.97~2132.90	营城组	93
3-15/28-1	LS5	3243.31~3245.3	营城组	96
4-5/26-2	LS3	2129.11~2130.97	营城组	86
5-14/25-2	LS3	2478.02~2479.91	营城组	82.5

2.4 现场应用效果与评价

2013年，非渗透双聚防塌钻井液体系在梨树断陷3口井中应用，在钻井液密度相当的情况下，平均井径扩大率相比邻井有所降低(表4)，钻井施工顺利，未出现复杂问题，并且钻井液漏斗黏度变化稳定(图6、图7)，说明钻井液抑制性强，有效抑制了泥岩的水化膨胀。

表4 优化前后钻井液体系单井井径扩大率对比

钻井液体系	井号	完钻井深/m	二开裸眼井段长度/m	二开平均井径扩大率/%	钻井液密度/(g/cm³)
优化后钻井液	LS6-5	3726	3221	6.63	1.07~1.33
	LS6-9	2968	2507	10.21	1.15~1.31
	LS6-4	4049	3548	12.78	1.12~1.33
原钻井液	LS601	3800	3345	12.00	1.15~1.33
	LS602	3500	3049	13.00	1.15~1.41
	LS6	3100	2749.4	14.58	1.15~1.33
	LS6-1	3266	2816	12.00	1.15~1.33

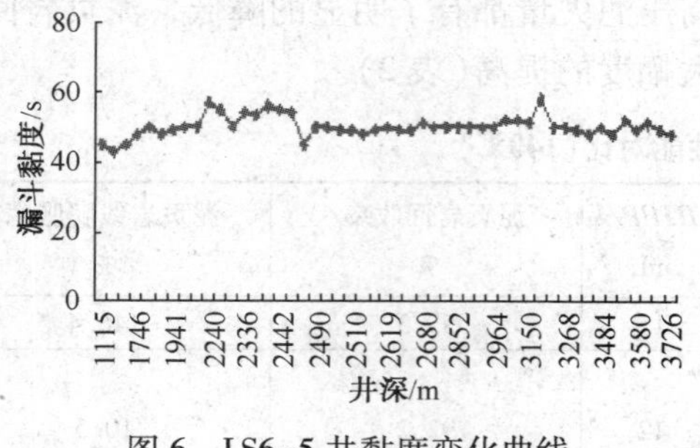

图6 LS6-5井黏度变化曲线

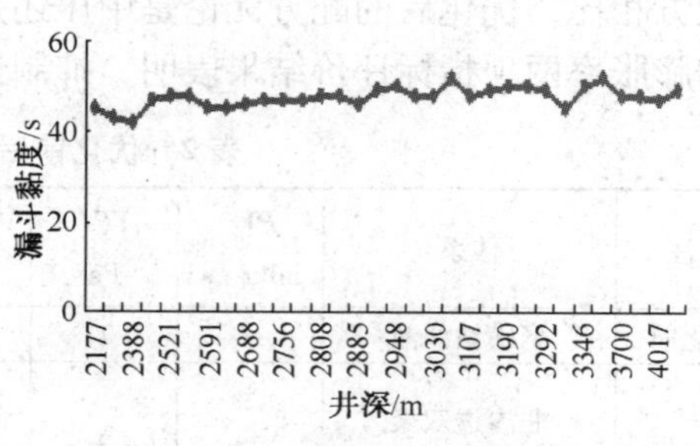

图7 LS6-4井黏度变化曲线

3　结论与认识

① 井壁失稳原因主要为地层黏土矿物含量高，钻井液抑制性不强导致局部井径扩大。

② 增强井壁稳定性需要控制合理的钻井液密度、提高钻井液抑制性、降低钻井液滤失量，防止黏土矿物水化膨胀。

③ 通过室内实验评价，优化后的非渗透双聚防塌钻井液体系泥页岩回收率达到 90%以上；8 小时线膨胀率达到 10.51%；动态渗透率恢复值达到 80%以上，抑制性和储层保护效果都有显著提高。

④ 现场应用效果表明，非渗透双聚防塌钻井液体系有效抑制了井壁坍塌，井径扩大率明显降低，无任何复杂情况发生，施工顺利。

川西蓬莱镇组长水平井低成本钻井技术研究

房舟　朱化蜀　任茂　齐从丽　谭玮

（中国石化西南油气分公司工程技术研究院）

摘　要：川西地区中浅层蓬莱镇组是中石化西南油气分公司天然气增储上产的重点层位。受储层物性制约，产能的获得必须依靠水平井后期压裂改造。针对前期水平井钻井先导试验中存在的轨迹难控制、套管难下入和钻井成本高等难题，分公司工程技术研究院重点对井身结构、轨迹设计与控制、钻井液润滑减阻和套管下入等关键技术开展了攻关研究，形成了以“二开制+聚胺仿油基”为核心的水平井钻井技术，解决了大位垂比水平井的钻井难题。2012~2013 年成功实施了 40 余口井，大幅提高了钻井技术经济指标，降低了钻井成本，为大规模有效开发提供了技术支持。

关键词：水平井　低成本　川西　蓬莱镇　二开制

前　　言

川西中浅层蓬莱镇组气藏，为典型的低孔、低渗、低丰度致密气藏，单井自然产能低，多数井压后产量递减快、高产稳产期短、低产期长，开采难度大、投资成本高、经济效益差，难以达到高效、经济的开采目的。西南油气分公司 2011 年开始在蓬莱镇组试验大位垂比水平井，采用较为保守的三开制井身结构，虽然能够确保安全成井，但钻井周期长、钻井成本高，直接制约了蓬莱镇组气藏的大规模有效开发。针对这些难题，分公司工程技术研究院开展了专题研究，重点对井身结构、轨迹设计与控制、钻井液润滑减阻、井眼净化、套管下入等关键技术开展攻关研究，并成功实施 XP2-1H 等一批高难度水平井。

1　技术难点

川西会战以来，西南油气分公司开始在川西蓬莱镇组部署长水平段水平井，并规划“十二五”期间在川西中浅层每年部署 100 余口水平井，且绝大多数为蓬莱镇组长水平井。针对川西蓬莱镇水平井位垂比大（最大超过 1.9：1）和水平段长（最长超过 1500m）的特点，前期主体上采用了较为保守的以三开制井身结构为核心的钻井方案，完钻井造斜段和水平段普遍采用 MWD 实时监测轨迹，确保了顺利中靶，但施工过程中也暴露出一些钻井技术难题，主要表现在以下几个方面。

（1）储层非均质性强，轨迹频繁调整导致实钻轨迹复杂

蓬莱镇组岩性主要为砂岩和泥页岩不等厚互层，岩石疏松，胶结性差，且储层属于河道砂，砂岩厚度从 5~25m 不等，多口井在实钻中发生频繁调整靶点和增加控制点的情况，井眼

轨迹在入窗点和水平段中全角变化率大，导致全井摩阻增大，给后期作业增加了难度(表1)。

表1　实钻靶点调整统计

井　　号	A靶调整/次	B靶调整/次
什邡7-1H	1	1
孝蓬105-1H	3	2
孝蓬101-1H	3	1
孝蓬103-1H	1	1
马蓬75-1H	4	3
平均	2.4	1.6

(2) 长水平段套管下入问题有待突破

随着水平段的增加，裸眼段增长，井壁稳定性、钻井液润滑性、井眼净化等问题逐渐突出，特别是套管能否顺利下入需深入研究。前期施工井，水平段长普遍低于600m，位垂比低于0.5，已经出现起下钻摩阻大，下套管前划眼时间长等情况，如XS21-6H井，下套管前模拟通井4次。随着水平段长的增加，位垂比大于1甚至大于2时，这些复杂情况将更加突出。因此，长水平段钻井时，应充分考虑复杂情况，制定切实可行的技术措施。

(3) 长水平段井壁稳定性问题仍然突出

从川西中浅层钻遇地层特征可知，蓬莱镇组砂岩与泥岩互层，含有大段棕褐色、褐色泥岩，粘土矿物以伊利石为主、伊蒙间层次之，属于易膨胀泥岩，且泥岩的定向指数高，泥岩的结构变得致密，密度大。泥岩中伊蒙混层含量较高，导致伊蒙混层中蒙脱石较强的膨胀能力与伊利石较弱的膨胀能力引起的膨胀不均匀，从而产生一种膨胀压力，当这种膨胀压力超过岩石的强度时，就必然引起泥页岩分散垮塌。由于长水平井裸眼段较长，相应钻井周期延长，裸眼井段中砂岩泥岩同时遭受长时间浸泡，容易发生井壁失稳，形成不规则井眼，不利于安全快速钻井需求。

(4) 大尺寸井眼钻时慢

二开ϕ311.2mm井眼主要为造斜段，滑动钻进较多，钻时较慢，再加上该段地层以砂泥岩复层为主，胶结差，易发生掉块，拖压严重，造斜率难度大。PDC钻头钻进造斜率更低，发挥不了PDC钻头的优势。马蓬86-2H井在此井段钻进时，牙轮钻头滑动钻进时平均机械钻速1.13m/h，PDC钻头滑动钻进时平均机械钻速仅为3.9m/h，PDC钻头复合钻进时平均机械钻速为4.38m/h。

(5) 全井钻井周期长，钻井成本高

2011年分公司在蓬莱镇完钻7口水平井，平均完钻井深2386.14m，平均机械钻速4.52m/h，平均钻井周期46.11d，同比沙溪庙水平井井深少500m，但钻井单位成本高11%(表2)。

表2　2011年蓬莱镇组水平井钻井成本统计

序号	井号	井深/m	水平位移/m	水平段长/m	完井周期/d	钻井工程/万元	单位成本/(元/m)
蓬莱镇组平均		2552	1346	1033	67.48	1181	4627
沙溪庙组平均		3046	/	621.59	61.57	1250	4103

2 技术对策

通过技术论证、攻关研究和现场试验与完善，形成了川西蓬莱镇组长水平段低成本钻井关键技术，基本满足安全钻井和规模开发需要。

（1）随钻地质导向技术

针对储层非均质性强，轨迹调整频繁的难点，从设计根源和现场施工入手，做到了优化设计、强化跟踪，同时引进了随钻地质导向——LWD。通过对随钻测井仪提供的实钻曲线进行分析、解释，结合岩屑和气测资料，与邻井资料对比、相互验证，及时准确的划分地层岩性和油气属性，引导钻井队快速高效地在砂岩储层中实施钻井施工。

该工具在广金 6-2HF 井中开展了现场试验，水平段成功钻遇砂岩总厚 1025m，砂岩钻遇率达 98.84%，同比同井场广金 6-1HF 储层钻遇率提高了 23%，并节约了完井测井时间2~3d。

（2）套管下入能力分析

通过对蓬莱镇长水平井下套管情况的统计分析，发现什邡气田蓬莱镇组地层砂泥岩变化大，目的层非均质性强，导致多口井轨迹变化频繁，与水平段轨迹较为平滑的井相比，摩阻显著增大。因此，针对水平段平滑轨迹和“W”型轨迹的摩阻情况，反演计算得出了不同的摩阻系数。

使用软件反演计算，套管内仍然采用软件推荐摩阻系数 0.25，计算可得平滑轨迹裸眼内平均摩阻系数为 0.46，“W”型轨迹裸眼内平均摩阻系数为 0.58（表 3）。

表 3 平滑轨迹摩阻反演计算结果数据表

类型	井号	通井最大摩阻/(kN)/井深(m)	摩阻系数	
			套管内	裸眼
平滑轨迹	广金 10-1H	244.6/2130	0.25	0.45
	马蓬 23-12HF	300/2535	0.25	0.44
	马蓬 15-1HF	460/2377	0.25	0.49
	平均	334.87	0.25	0.46
“W”型轨迹	马蓬 23-3HF	500/2603	0.25	0.6
	什邡 21-1HF	420/2021.97	0.25	0.56
	平均	460	0.25	0.58

将反演的摩阻系数带入软件计算套管下入能力。根据不同轨迹类型选取不同实钻井进行模拟：平滑轨迹选取广金 10-1H 井为模板，“W”型轨迹选取什邡 21-1H 井为模板，模拟计算增加加重钻杆长度后，套管的极限下入深度。根据上述分析，可以形成套管下入方式和极限能力的图版，如图 1。

根据图版分析可以优选套管下入方式，如平滑轨迹当水平段长小于 740m 时选用全管柱固井方式，当大于 740m 时须选用尾管固井；当轨迹类型属于 A 区时选用全管柱固井，属于 B 区时须选用尾管固井。

（3）井身结构优化设计技术

根据蓬莱镇组水平段长度普遍大于 800m 的实际轨迹情况，结合套管下入能力分析的结

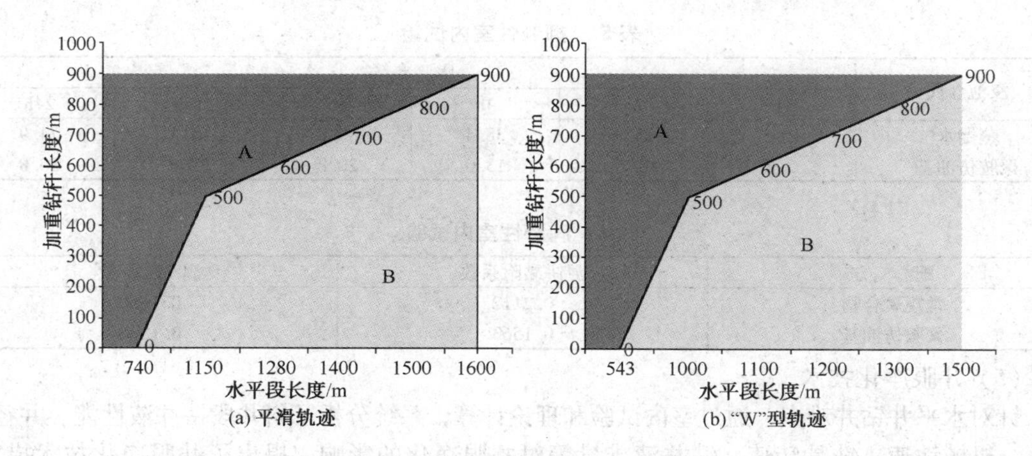

图1 套管下入极限长度分析图版

论，优选采用尾管固井；通过井壁稳定性研究，蓬莱镇组水平井钻井液密度高于 1.33g/cm³，低于地层漏失压力。为提高压裂效果，水平段可以沿最小水平主应力方向；根据"气井生产系统"分析，完井油管采用 ϕ73mm 复合油管能够满足产能、携液、抗冲蚀及增产要求，射孔完井时全井采用 ϕ73mm 油管；根据分段压裂模拟预测，水平段采用 ϕ89mm 油管，悬挂封隔器以上直井段采用 ϕ73mm 油管，能够满足裸眼分段压裂时 4.0~5.0m³/min 排量施工要求，裸眼完井时采用复合油管。

通过上述分析，选择 API 常规"钻头-套管"配合，形成了以"加深一开、悬挂尾管"为核心的二开制井身结构优化设计(表4)。

表4 二开制井身结构优化设计表

开钻程序	钻头程序		套管程序		备注
	井眼尺寸/mm	完钻井深/m	尺寸/mm	下入井段/m	
0	ϕ444.5	52	ϕ339.7	0~50	导管
1	ϕ311.2	1002	ϕ244.5	0~1000	油层套管，由于川西地区地层非均质性强，根据各区域的实际情况一开套管下至 800~1200m
2	ϕ215.9	2500	ϕ139.7	850~2498	尾管

（4）钻井液润滑减阻技术

长水平段钻井施工中由于钻具紧贴井壁，钻井过程中摩阻和扭矩较大，因此对钻井液润滑性要求极为严格，钻井液需具备强润滑性，降低摩阻。针对蓬莱镇储层薄、砂泥岩互层、非均质性强特性，水平段采用聚胺仿油基钻井液体系。该体系在聚合物钻井液中加入聚胺抑制剂提高钻井液抑制防塌性，降低泥岩段的水化膨胀分散，防止井壁失稳，利于形成规则井眼，从而降低钻井施工中的摩阻和扭矩。同时，还加入了高剂量的 MEG(甲基葡萄糖甙)和液体润滑剂(如 RH220)，通过协同作用有效降低钻井液的极压润滑系数和泥饼黏滞系数，提高了钻井液润滑性(表5，表6)。在 SF7-1H 井、XP105-1H 等井应用，摩阻低于 10t，未出现井下复杂情况。

表 5 抑制性室内试验

浸泡介质	膨胀率/%					
	1h	2h	4h	8h	16h	24h
蒸馏水	16.5	25.9	38.4	49.8	64.1	74.9
聚胺仿油基	5.6	8.2	13.0	20.8	27.8	30.8

表 6 润滑性室内试验

配　方	泥饼黏附系数	润 滑 系 数
常规聚合物	0.2112	0.1660
聚胺仿油基	0.1563	0.1376

（5）井眼净化技术

针对水平井钻井难点，通过室内试验和理论计算，系统分析了斜井段钻井液性能、井径扩大率、机械钻速、钻具转速、钻井液排量等对井眼净化的影响。提出了井眼净化技术措施，①优化钻具结构，减少循环压耗。根据不同钻具组合施工时泵压变化，优选了 3 套钻具组合；②合理调整钻井液性能。建议施工过程中调整钻井液性能，适当降低流性指数，提高动塑比，间断泵入一定量的比原浆粘度低的钻井液，再配合泵入比原浆粘度高的钻井液来清除环空岩屑；③加强短程起下钻，清除死角岩屑。执行定时间、定井段短起下钻作业，起下钻过程中分段循环，循环时要上下活动钻具或旋转钻具，对普遍认为岩屑床最易形成的井斜角 60°~80°的井段，要进行划眼处理机械破坏岩屑床；④选择合理的钻进方式和钻井速度。通过对机械钻速和钻具转速的不同配置时岩屑床厚度分析，推荐采用复合钻井方式，钻具转速大于 60r/min。

3 现场应用分析

根据研究成果，2012~2013 年西南油气分公司已在蓬莱镇组顺利实施了 40 余口二开制水平井，水平段长均大于 800m，与 2011 年完钻井相比，钻井技术指标大幅提升，钻井周期缩短了 37%，机械钻速提高 74%，钻井成本降低了 24%，累计降本 1.1 亿元以上（表 7）。

表 7 钻井指标对比情况

施 工 时 间	平均井深/m	水平段长/m	钻井周期/d	机械钻速/(m/h)	钻井工程/万元	备　注
2011 年	2552	1033	48.27	4.50	1181	三开制
2012 年	2470	874	30.82	7.74	929	二开制
2013 年	2588	912	29.69	7.88	871	二开制
二开制平均	2529	893	30.26	7.81	900	

4 结论及认识

① 通过集成二开制井身结构优化、MWD/LWD 轨迹控制、聚胺仿油基钻井液和套管下入等配套钻井技术，解决了长水平井钻井周期长、钻井成本高的难题，实现了长水平段轨迹光滑、井壁稳定和快速高效钻井。

② 通过套管下入能力分析，优化形成了长水平井二开制井身结构，简化了井眼层次，结合聚胺仿油基钻井液技术，提高了长水平段机械钻速，为缩短钻井周期提供坚实的基础。

③ 聚胺仿油基钻井液体系性能稳定，抑制性强、润滑性好，为确保井壁稳定和轨迹光滑，实现快速钻进提供了技术支撑。